国家高端智库
NATIONAL HIGH-END THINK TANK

上海社会科学院重要学术成果丛书·论文集

科技时代的哲学探索

Philosophical Explorations
in the Era of Science and Technology

成素梅／著

上海人民出版社

本书出版受到上海社会科学院重要学术成果出版资助项目的资助

编审委员会

总　序

　　当今世界,百年变局和世纪疫情交织叠加,新一轮科技革命和产业变革正以前所未有的速度、强度和深度重塑全球格局,更新人类的思想观念和知识系统。当下,我们正经历着中国历史上最为广泛而深刻的社会变革,也正在进行着人类历史上最为宏大而独特的实践创新。历史表明,社会大变革时代一定是哲学社会科学大发展的时代。

　　上海社会科学院作为首批国家高端智库建设试点单位,始终坚持以习近平新时代中国特色社会主义思想为指导,围绕服务国家和上海发展、服务构建中国特色哲学社会科学,顺应大势,守正创新,大力推进学科发展与智库建设深度融合。在庆祝中国共产党百年华诞之际,上海社科院实施重要学术成果出版资助计划,推出"上海社会科学院重要学术成果丛书",旨在促进成果转化,提升研究质量,扩大学术影响,更好回馈社会、服务社会。

　　"上海社会科学院重要学术成果丛书"包括学术专著、译著、研究报告、论文集等多个系列,涉及哲学社会科学的经典学科、新兴学科和"冷门绝学"。著作中既有基础理论的深化探索,也有应用实践的系统探究;既有全球发展的战略研判,也有中国改革开放的经验总结,还有地方创新的深度解析。作者中有成果颇丰的学术带头人,也不乏崭露头角的后起之秀。寄望丛书能从一个侧面反映上海社科院的学术追求,体现中国特色、时代特征、上海特点,坚持人民性、科学性、实践性,致力于出思想、出成果、出人才。

　　学术无止境，创新不停息。上海社科院要成为哲学社会科学创新的重要基地、具有国内外重要影响力的高端智库，必须深入学习、深刻领会习近平总书记关于哲学社会科学的重要论述，树立正确的政治方向、价值取向和学术导向，聚焦重大问题，不断加强前瞻性、战略性、储备性研究，为全面建设社会主义现代化国家，为把上海建设成为具有世界影响力的社会主义现代化国际大都市，提供更高质量、更大力度的智力支持。建好"理论库"、当好"智囊团"任重道远，惟有持续努力，不懈奋斗。

上海社科院院长、国家高端智库首席专家

目 录

总序   1

自序   1

第一篇　量子科学哲学

第一章　科学与哲学在哪里相遇？
　　　　——从量子理论的发展史来看   3

第二章　量子力学的哲学基础   23

第三章　量子纠缠证明了"意识是物质的基础"吗？   37

第四章　量子理论的哲学宣言   52

第二篇　科 学 哲 学

第一章　当代科学实在论的困境与出路   69

第二章　语境论的真理观   89

第三章　普特南的实在论思想   101

第四章　技能性知识与体知合一的认识论   120

第五章　德雷福斯的技能获得模型及其哲学意义　　　　134

第六章　"熟练应对"的哲学意义　　　　147

第三篇　智能革命的哲学审视

第一章　人工智能研究的范式转换及其发展前景　　　　159

第二章　人工智能本性的跨学科解析　　　　174

第三章　智能化社会的十大哲学挑战　　　　190

第四章　智能革命与个人的全面发展　　　　208

第五章　智能社会的变革与展望　　　　222

第四篇　休 闲 哲 学

第一章　智能革命与休闲观的重塑　　　　233

第二章　后疫情时代休闲观与劳动观的重塑

　　　　——兼论人文为科技发展奠基的必要性　　　　249

第三章　幸福生活的哲学思考

　　　　——全面建成小康社会进程中的幸福观　　　　264

第五篇　科学技术与社会

第一章　如何理解基础研究和应用研究　　　　277

第二章　析智力的内涵与本质　　　　288

第三章　洛克菲勒基金政策对早期玻尔研究所的影响　　　　299

第四章　信息文明的内涵及其时代价值　　313

第六篇　学　术　访　谈

第一章　哲学与人工智能的交汇
　　——访休伯特·德雷福斯和斯图亚特·德雷福斯　　335

第二章　海伦·朗基诺的语境经验主义
　　——在斯坦福大学的访谈　　347

第三章　拉图尔的科学哲学观
　　——在巴黎对拉图尔的专访　　356

第四章　科学知识社会学的宣言
　　——与哈里·柯林斯的访谈录　　367

第五章　如何理解微观粒子的实在性问题
　　——访斯坦福大学赵午教授　　378

第七篇　报　纸　文　章

第一章　从人类文明转型中把握智能革命影响　　395

第二章　"元宇宙"构建的"喜"与"忧"　　398

第三章　"十四五"新词典："加强网络文明建设"　　401

第四章　形成引领全国的超大城市"数治"新模式，上海应该怎么做？　　404

第五章　科学创新亟待一体化机制保障　　407

第六章　量子理论孕育了怎样的新科学哲学范式　　411

第七章　量子科学哲学的兴起　　417

自　序

梅森在《自然科学史》一书的导言中指出,科学有两个历史根源:一是技术传统,这种传统由工匠保持下来,使实际经验与技术代代相传,并使之不断更新换代;二是精神传统,这种传统最初由祭司、书吏保持下来,将人类的理想和思想发扬光大,后来哲学家从祭司和书吏中分化出来,不同的工匠也各自分化,到中古晚期和近代初期,这两大传统汇合起来,诞生了新的传统:科学传统。因此,科学传统中天生地蕴含了实践和理论两部分,其成果也就蕴含了技术和哲学两方面的意义。

20世纪以来,科学、技术、哲学三者的相互关系变得越来越密切。如果没有先进的测量仪器,就不会有量子力学的诞生;如果没有量子力学的诞生,就不会有今天更加先进的仪器,以及随处可见的智能设备,乃至具有颠覆性作用的量子信息技术。当代科学与技术的这种互动发展,不仅正在重新定义我们的时代,导致人类文明从工业文明时代向着智能文明时代转型,而且带来了许多深刻的哲学挑战。智能文明越向纵深发展,在工业文明时代形成的概念范畴的解释力就越弱,所建构的社会制度及其管理机制的适用性就越差。因此,如何促进由科技力量驱动发展的文明健康转型,如何理解源于直觉判断的颠覆性创新,就不再是发展信念的转变,而是概念范畴的重建。

首先,作为第二次科学革命核心力量的量子力学既是量子物理学家在力图摆脱实验困境的过程中共同创新的结果,也是他们在创新过程中不断超越经典概念框架的结果。就新的理论体系而言，不论是从数学方程的建构、波函数物理意义的重建，还是一系列相互联系的具有突破性价值的各种原理的提出（比如，态叠加原理、不确定性原理、微观粒子的全同性原理等），在很大程度上，都与物理学家对问题域的深度嵌入，基于直觉判断的科学创新，以及共同体之间的不断交流等因素密切相关。虽然当代量子理论已经有了很大的发展，但是，量子理论带来的哲学挑战主要还是集中在量子力学的形式体系中。因此，深入研讨量子力学哲学，特别是在量子力学的基本原理成为开发量子信息技术理论资源的今天，如何拓展传统的哲学框架，赋予量子力学一种实在论的解释，如何真正消化吸收量子力学带来的哲学挑战等，成为当代科学哲学研究的核心论题。

其次，作为第四次技术革命关键因素的人工智能等技术的聚合发展，正在不断地解构与摧毁工业文明，建构与缔造智能文明。智能文明是建立在信息化、网络化、数字化和智能化基础上的文明。然而，信息化、网络化、数字化和智能化技术的深度发展，不仅模糊了真实世界与虚拟世界之间的界线，打破了私人空间与公共空间、劳动与休闲、主观与客观、实体与关系等概念的二分，而且使人们淡化了求真意识，进入数据流动和碎片化阅读的不确定时代，从而在更深层面上使人的认知系统成为与社会—技术相互交织的复杂系统，使认知关系潜在地承载或蕴含了权力关系，提出了将认识论—伦理学—本体论—方法论等问题整合起来协同研究的时代需求。

再次，合成生物学、基因编辑、神经科学、脑机接口、再生医学等技术的大力发展与深度应用，将会使人的身体增强和精神增强成为可能，这会进一步带来新的公平与公正、自由与自主、健康与安全等伦理问题。关于是否应该大力发展人类增强技术的争论所突出的问题，并不只是技术对人性的改变问题，而是要求我们前瞻性地反思一系列关乎人类文明未来的大问题。对这些问题的探讨，无疑将使希腊哲学家曾经热衷于讨论的"认识自我"的灵魂拷问，转化为我们如何守望"人，成之为人"的内在本性，如何前瞻性地引导、约束、规制未来科学与技术的研发与应用，以及如何使伦理担当内化为人的基本素养的时代之问。因此，这些重大问题已经不再是理论问题，而是我们生活中的现实问题。

概而言之，智能文明时代是人类有可能获得全面解放的时代，是科学—技术—社会—人文内在协调发展的时代，也是重塑概念框架、思维方式、生产方式、生活方式，使哲学探索前所未有地变得同发展科学技术与经济同样重要的时代，或者说是从根本意义上需要哲学的时代。本书收入的22篇学术论文、5篇学术访谈和7篇学术随笔，反映了我对上述问题的一些粗浅思考，这也是我将书名定为《科技时代的哲学探索》的原因所在。书中前两部分重点对颠覆性的科学创新的获得进行哲学考量，希望有助于拓展科学哲学的研究框架；后面五个部分重点挖掘智能革命所带来的哲学挑战及其应对措施。这些文章是从我自1999年破格晋升为教授以来在《中国社会科学》《哲学研究》《哲学动态》《学术月刊》《自然辩证法研究》等刊物发表的158篇文章中挑选出来的。这些文章代表了我过去所关注的问题域。

这些文章之所以能够结集出版完全是机缘巧合的结果。2021年12月16日，我收到了"2022年《院重要学术成果出版资助》申报通知"的群发邮件。当时，我刚过60虚岁的生日，并且，还在感叹流年似水之时，读到《通知》中有出版个人论文集的信息，突然萌生了在2022年花甲之年，出版一本个人文集以示纪念的想法。于是，春节之后，我第一次认真梳理了自己从2000年至2022年初公开发表的文章，然后，请我指导的硕士研究生张紫东同学帮忙从知网上下载所选文章，并转化成可编排的格式。我很高兴也很荣幸本书的初稿能够顺利通过院里组织的匿名评审，也十分感谢院里提供的出版机会，激励我首次对自己的学术生涯进行了认真的回顾。

本书的出版使我有机会能够表达发自内心的一系列感谢。我要感谢父母、两位兄长和两位弟弟的宠爱，他们使我拥有了快乐的童年和充实的中年；感谢我先生35年来的默默支持，他使我能够将热爱的学术工作变成日常的生活方式;感谢女儿的顺利成长,她凭自己的努力保送进入高中和清华大学,使我避开了绝大多数家长所要承受的中考和高考压力;感谢活泼可爱的小外孙,他带给我无尽的天伦之乐。我要感谢把我领入学术之门的硕士生导师申仲英先生,先生渊博的学养积淀为我打下扎实的学术基础;感谢使我在学术道路不断前行的博士生导师郭贵春先生,先生深邃的学术远见深化了我对科学哲学问题的理解;感谢中山大学物理系的关洪先生,自1990年以来,我在与关先生的合作发表论文的过程中,对量子力学的理论精髓有了更加深入的理解。我要感谢对我在量子力学哲学和科学哲学方面有过实质性帮助的国际哲学家:他们是牛津大学物理哲学家布朗(H.R. Brown)、科学哲学家牛顿-史密斯(W.H. Newton-Smith)、斯坦福大学科学哲学家苏佩斯(P.C. Suppes)和朗基诺(H.E. Logino)、玻尔文献馆馆长和科学史家奥瑟鲁德(Finn Aaserud)、南加州大学分析哲学家索姆斯(Scott Soames)等教授。我要感谢国内哲学界的学术前辈、学术挚友、同学、同事以及我的学生们,与他们的交往与讨论激发了我的学术热情,并深化了我的学术思想。我要感谢上海社会科学院的周昌忠研究员、俞宣孟研究员和何锡蓉研究员以及曾经担任哲学所所长的童世骏教授对我在上海工作与生活期间各方面给予的关心与帮助。我要感谢国家社科基金委、国家留学基金委、教育部、山西省留学基金委、山西大学科学技术哲学研究中心、上海市浦江人才计划、上海市领军人才等各类基金项目的资助,以及日本亚行贷款项目的资助,使我们有机会在牛津大学、剑桥大学、斯坦福大学、南加州大学、亨廷顿图书馆、京都大学、哥本哈根大学等国际名校进行学术访问与合作研究。我要感谢工作单位的领导与同事所营造的良好学术氛围。我还要感谢上海社会科学院将本书列入重要学术成果系列给予的出版资助和上海人民出版社编辑的辛苦劳动。

书山有路乐相伴,学海无涯趣相随! 花甲之年再出发……

第一篇

量子科学哲学

第一章
科学与哲学在哪里相遇？*
——从量子理论的发展史来看

　　以卡尔纳普等人为代表的逻辑经验主义者虽然在量子力学成熟时期创建了第一个科学哲学流派，并奠定了尔后科学哲学的论域空间，但在拒斥形而上学和倡导观察与理论二分等主张中，他们所理解的科学依然是经典意义上的科学，他们将科学发现排斥在哲学研究范围之外的做法，使哲学远离了真实的科学实践过程。然而，科学哲学家的研究方式及其成果与科学实践的分离，并不等于哲学本身远离了科学，同样，当前的科学教育设置中对哲学的远离，也不等于科学本身远离了哲学。事实上，当代科学已经发生了很大变化，不论是基于数学模型的理论物理学，还是依赖于技术的实验室科学或工程科学，都与哲学错综复杂地交织在一起。本文试图立足于量子理论的发展史，尝试对"科学与哲学在哪里相遇"这个宏大议题作出一种可能的回答，希望这种回答有助于促进当代科学哲学的转型发展，有助于体现科学与哲学之间的相互依存和互动演进关系，更重要的是，揭示在交叉学科时代加强对理工科学生进行科学技术哲学教育的迫切性与必要性。

＊　本章内容发表于《社会科学战线》2022年第1期。
　　［基金项目］国家社科基金重大项目"当代量子论与新科学哲学的兴起"（项目编号：16ZDA113）和国家社科基金重大项目"当代量诠释学研究"（项目编号：19ZDA038）的阶段性成果。

一、科学与哲学相互远离的学科背景

科学与哲学最初并没有截然分明的界线,暂且不说在古希腊时期哲学本身就是科学或力求成为科学,单就始于伽利略时代的近代科学而言,在很长一段时间内,科学与哲学仍然被统称为自然哲学,比如,牛顿的成名之作取名为《自然哲学的数学原理》。那时的科学家与哲学家的工作只是侧重点和问题域的不同,不是两个互不交流或往来的群体,科学家有神学或哲学背景,哲学家有数学或科学修养,他们中的许多人同时涉及两个领域内的工作,比如,牛顿、莱布尼兹、笛卡尔、康德等。在近代自然科学的早期岁月里,实验室被看成是生产可靠知识和人们容易接近的公共场所,实验的可观察性与可感知性,使得实验事实成为科学发现和科学检验的权威证据。自然哲学史的研究者认定,"事实"这个术语是 17 世纪的一个发明,自然哲学家将"事实"定义为脱离理论的"经验块",人们对事实的这种理解一直持续存在。①

大约到 19 世纪初,随着精密科学的兴起,自然哲学的研究方式开始发生变化,做实验对环境与技能的要求越来越高,而且,高度敏感的测量谢绝目击者在场,实验操作开始从原先的公开演示转向相对封闭的专业化操作。定量实验不仅改变了自然哲学家的注意力,产生了专业化的仪器制造者、技工、实验员以及测量标准的制定者等新型职业和仪器生产部门等新型行业,而且,实验事实的可靠性越来越从信任人的传统习惯转向信任程序以及测量仪器所提供的各类数据或图像。对仪器的这种信任同样一直延续至今,人工智能的发展更是强化了这一趋势。实验越来越远离人的感官经验或直

---

① 奥托·斯巴姆:《19 世纪的黄金数:一个科学事实的发展史》,马小东译,成素梅校,《哲学分析》2012 年第 1 期。

接感知,出现了去身体化的趋势。①这种趋势不仅进一步强化了自然哲学家关于事实的原初定义,而且极大地影响了曾经孕育了科学的哲学的发展方向。

自19世纪以来,科学与哲学的论域空间和研究旨趣呈现出相背而行的现象。当科学越来越向着工程化或实验室科学的方向发展时,哲学则反其道而行之,越来越向着抽象化和思辨性的方向发展。到19世纪中叶之后,自然科学的相对全面发展,不仅深刻地改变了经济社会的发展面貌,确立了科学的优势地位,而且从作为母体的哲学领域内完全独立出来,乃至以罗素为代表的哲学家倡导以科学家为榜样,追求运用精密而确定的逻辑方法来重新思考传统的哲学问题,由此拉开了拒斥思辨哲学或形而上学的帷幕。这场哲学运动不仅使哲学与传统神学分道扬镳,改变了哲学训练或哲学教育的方式,而且滋养了新一代哲学家的成长。在罗素看来,哲学应该像科学那样,是合作的、发展的和尝试性的,而不应该像神学那样,是固执的、僵化的和教条的。②在这种思想影响下,20世纪哲学家的学术训练或多或少也像科学家的训练一样,囿于某一学派或某个哲学分支的有限范围,研究兴趣也只限定于这一传统内的哲学研究。

19世纪的哲学虽然因其思辨性而远离了具体科学,但从自然哲学延续下来的作为科学之母的雄心依然没有减弱,或者说,那时的"哲学家是这个世界中的人,没有什么利益是他可以置之度外的,没有什么消息是与他无关的,没有什么问题是'无意义的';在这一传统中,哲学家们认为其抽象概念对于解决人类的各种问题将会产生实际效果,至少是间接的效果,并且他们对运用理智解决这些问题持乐观态度"③。也就是说,思辨哲学是站在整合

---

① 奥托·斯巴姆:《19世纪的黄金数:一个科学事实的发展史》,马小东译,成素梅校,《哲学分析》2012年第1期。

② 伊丽莎白·R.埃姆斯:《罗素与其同时代人的对话》,于海、黄伟力等译,谢遐龄校,昆明:云南人民出版社1997年版,第1章"导论",第2页。

③ 同上,第1页。

各门学科的高度来俯视科学的发展,而相比之下,20世纪兴起的逻辑经验主义学派则以效仿科学研究的方式或以"科学的"方式发动了哥白尼式的哲学革命,使哲学放弃认知功能,转而成为科学的"仆人",追求为科学服务。

最早运用数理逻辑方法和语言分析方法来研究哲学的主要哲学家或先驱者,与自然哲学家一样,也具有数学或科学背景。罗素和怀特海合著的《数学原理》一书堪称是数理逻辑和分析哲学的奠基之作。受罗素和维特根斯坦等人的影响,并作为维也纳学派奠基者或领袖人物的石里克是物理学家普朗克的学生。①石里克认为,传统的哲学观将哲学命题的真正意义和最后内容看作可以用陈述来表述的目标,这是"荒谬的"。因为这种哲学观致使历史上的哲学家很少相信前人的研究成果,每个人(比如,笛卡尔、康德、黑格尔等)都是从头开始建构自己的新体系,因而导致无休止的争论。哲学家只有掌握逻辑分析方法,并从这些方法所导致的立场出发来思考哲学问题,才能结束忙于建构哲学体系所造成的混乱,进而使这些无法解决的争论原则上成为不必要的。石里克在20世纪30年代初发表的《哲学的转变》一文中更加明确地阐述了这种科学的哲学观。

在石里克看来,凡是可以表达的,都是可以认识的,或者说,任何认识都是一种表达或一种陈述,都能对其提出有意义的问题。因此,解决认识论问题的方法与指出问题的意义相一致,换言之,人们解决"认识的有效性和界限"的问题,需要运用对表达和陈述之本质的思考,也就是说,运用对语言之本质的思考替代对人的认识能力的研究,因为关于人的认识能力问题可以归入心理学领域来研究。检验和证实真理的方法是观察和经验科学。每一门学科都是一种知识体系,即为真的经验命题的体系,而哲学并

① 1922年,石里克担任维也纳大学设立的归纳科学的哲学讲座教授。在他之前,享有这一教授席位的三位著名人物是布伦坦诺、马赫和玻尔兹曼。布伦坦诺是心理学家和哲学家,马赫既是哲学家也是物理学家,其哲学思想曾影响了爱因斯坦。而玻尔兹曼则是一名深受哲学困扰的物理学家。玻尔兹曼是原子实在论者,曾与马赫以及奥斯特瓦尔德就原子是否存在的问题展开过激烈争论。

不是一个命题体系,而是一种活动的体系,他说:"哲学使命题得以澄清,科学使命题得到证实。科学研究的是命题的真理性,哲学研究的是命题的真正意义。"①

石里克的这些思想通过他的著作、讲座以及他在维也纳大学组建的关于物理学、数学和逻辑前沿问题研究小组的成员中传播开来。1929 年,以卡尔纳普为代表的维也纳学派的主要成员,为了纪念石里克的奠基性工作,于 9 月 15 日到 17 日在布拉格举行的关于精确科学的认识论会议上,联合发表了一个有影响的哲学宣言,标志着维也纳学派的诞生。②这个宣言的宗旨强调哲学研究的科学取向,其目的在于,坚定地废黜作为"科学之母"的思辨哲学体系,确立反形而上学的方法论和科学的世界观,使哲学成为对经验科学基本命题的逻辑与语言分析,或者说,使哲学成为科学的"服务生"。20 世纪 30 年代,卡尔纳普提出应该将维也纳学派改名为"逻辑经验主义"。

在逻辑经验主义的重要代表性人物中,很多人都与石里克一样接受过良好的科学教育,尤其是物理学教育。③一方面,这些科学哲学家目睹了相对论和量子力学对曾经被当作绝对真理的经典物理学概念体系的超越,深

---

① 石里克:《哲学的转变》,载郭贵春、成素梅主编:《科学哲学名著赏析》,太原:山西科学技术出版社 2007 年版,第 42—43 页,原文节选自洪谦主编:《逻辑经验主义》(上册),北京:商务印书馆 1989 年版,第 1 节。

② 1929 年夏天,石里克离开维也纳大学到美国斯坦福大学作访问教授。

③ 卡尔纳普在柏林大学学习物理学,他的博士学位论文《空间与时间的公理化理论》被物理学家认为是属于哲学而被哲学家认为是物理学的文章。赖欣巴赫在柏林大学、哥廷根大学和慕尼黑大学学习物理学、数学和哲学,对相对论力学和量子力学的解释与概率等问题有所研究,撰写了《原子和宇宙:现代物理学的世界》(1933 年)、《从哥白尼到爱因斯坦》(1942 年)、《量子力学的哲学基础》(1944 年)等有影响的著作。弗朗克在维也纳大学学习物理学并成为职业物理学家,在科学哲学领域内有影响的著作有《物理学的基础》(1946 年)、《当代科学及其哲学》(1949 年)、《科学哲学:联结科学与哲学的纽带》(1957 年)等。费格尔曾跟随石里克学习物理学与数学,出版专著《物理学中的理论与实验》(1927 年)。亨普尔曾在哥廷根大学、海德堡大学和柏林大学学习物理学、数学和哲学,1934 年在柏林大学完成了概率论方面的博士学位论文。关于逻辑经验主义与量子论发展的更多论述参见成素梅:《理论与实在:一种语境论的视角》,北京:科学出版社 2008 年版,第四章。

受玻尔和海森堡倡导的量子力学的哥本哈根解释的影响①,而且,运用他们所掌握的先进的数理逻辑分析方法,发动了变革思辨哲学的运动;另一方面,他们又是在成熟的经典物理学的概念框架和思想体系内成长起来的,不可避免地继承或默认了将观察事实作为"经验块"的传统理解,即假定经验事实是不可错的和纯客观的,或者说,是价值无涉的。这两方面结合起来,使他们很快在一些反传统的观点上达成共识,主要包括:拒斥形而上学,坚持经验证实的意义标准,信任现代逻辑方法,主张哲学的未来在于成为科学的逻辑。

赖欣巴赫在剖析理性主义和经验主义的哲学失误之基础上所论证的观点,代表了逻辑经验主义的基本立场。赖欣巴赫认为,哲学家应该永久地放弃从心理结构或洞察存在的本性来得出知识框架的哲学的知识论,因为所有的综合知识只能来源于观察,知识的本性只能通过科学的分析才能进行研究。哲学不会对知识的内容有任何贡献,不存在先于科学而独立存在的知识领域,哲学只是研究科学提供的知识的形式,以及审查所有陈述的有效性,哲学家需要将科学看成达到这些目标的立足点,或者说,哲学依赖于科学,哲学家应该使这种依赖性成为自己工作的自觉状态。就像量子力学放弃因果性和确立概率观归功于实验科学的兴起一样,哲学在最终将知识概念转化为假定的体系时,也依赖于在哲学家控制范围之外的科学发展。所以,哲学家的最高目标是通过逻辑分析来清晰地表达真理,而不是发现真理。②

问题在于,逻辑经验主义的兴起虽然主观上是为了改造思辨哲学,超越各种哲学体系之间不必要的争论,使哲学走上可对话的科学化发展道路,但

---

① Maxwel, G., "The Ontological Status of Theoretical Entities", In *Philosophy of Science*: *The Central Issues*, edited by Maitin Curd/J.A. Cover, New York/London: W.W. Norton Company, Inc., 1988, p.1052.

② Hans Reichenbach, "Rationalism and Empiricism: An Inquiry into the Roots of Philosophical Error", *The Philosophical Review*, Vol.57, No.4, 1948, pp.344—346.

在客观上,却是将整个科学发现的具体过程排斥在哲学研究的视域之外。在后来的发展中,当科学哲学家纷纷基于对逻辑经验主义观点的批判性剖析来阐明自己的立场时,这条批判—建构相结合的线索构成了 20 世纪科学哲学的发展主线。但问题是,不管是热衷于澄清科学命题意义的逻辑经验主义,还是以科学史为基础来理解科学发展过程的新旧历史主义学派,抑或各种形式的科学实在论、反实在论以及非实在论之间的争论,在总体上,主要是强化科学的成功,或者,力求为科学的成功进行辩护,而不是有效地质疑科学的基础或参与科学前沿问题的哲学讨论。

与这种辩护主义的科学哲学截然相反,以布鲁尔、拉图尔和柯林斯为代表的社会建论者以及以德里达、福柯等人为代表的后现代主义者则走向另一个极端。它们基于人文社会科学的视域,来揭示科学活动中存在的社会、政治、文化等非科学因素,从而全盘否定科学的客观性与真理性。20 世纪末发生的“索卡尔事件”代表了这两种极端立场之间矛盾冲突的白热化,同时也揭示了科学主义与人文主义之间的根本分歧。但事实上,后现代哲学家与传统科学哲学家一样,也是从近代自然科学观出发,阐述他们对科学的理解。他们之间的最大差异在于,大多数科学哲学家都受过科学训练,但这些人文学者却像物理学家玻恩所批评的那样,只是知道一些科学事实,而且是一些连玻恩本人都难懂的科学事实,而对真正的科学思想却没有一点知识。[①]科学哲学家主要是以科学进步为背景,在远离当代科学实践活动的基础上为科学辩护,而后现代哲学家则主要是用人文社会科学的放大镜,有选择性地挑出科学活动中潜存的各类人为因素,来全面否定科学的进步或客观性。

这些二元对立与冲突表明,科学主义者和人文主义者虽然都是基于近代自然科学的思想观念来理解科学,但由于其视域不同或立场迥异,产生了

---

① 　M.玻恩:《我的一生和我的观点》,李宝恒译,北京:商务印书馆 1979 年版,第 26 页。

截然相反的科学观。因此,当代科学哲学的深化发展,既有必要回到现实的科学实践活动中重新检视 20 世纪的这场哲学革命,也需要意识到,当代大科学的研究范式与近代小科学的研究范式相比,在各个方面都发生了很大变化。正是这些变化将镌刻在科学家背景知识中的哲学意识激发出来,使科学与哲学在科学变革的前沿领域和科学思想的交汇地带深刻地交织在一起,呈现出一体化的互动发展趋势。本文接下来主要基于量子理论的发展史对此展开论证。

二、科学与哲学相遇在科学变革的前沿领域

石里克在 20 世纪 30 年代曾指出:"在古代,真正说来一直到近代,哲学只不过等于每一种纯理论的科学研究;这就表明科学当时正处于那样的一个阶段,仍然必须以澄清自己的基本概念为主要任务;各门科学从它们的共同母体哲学中解放出来,则表示某些基本概念的意义已经足够清楚,可以用来进一步进行富有成效的工作……如果在具有坚固基础的科学当中,突然在某一点上出现了重新考虑基本概念的真正意义的必要,因而带来了一种对于意义的更深刻的澄清,人们就立刻感到这一成就是卓越的哲学成就……科学上那些决定性的、划时代的进步,总归是这一类的进步:它们意味着对于基本命题意义的一种澄清,因此只有赋有哲学活动才能的人才能办到:这就是说,伟大的科学家也总是哲学家。"①

在石里克的文章发表近 70 多年之后的 1999 年,美国分析哲学家塞尔在《哲学的未来》一文中谈到科学与哲学的关系时,也表达了与石里克大致

---

① 石里克:《哲学的转变》,载郭贵春、成素梅主编:《科学哲学名著赏析》,太原:山西科学技术出版社 2007 年版,第 44 页,原文节选自洪谦主编:《逻辑经验主义》(上册),北京:商务印书馆 1989 年版,第 1 节。

相同的看法。塞尔认为,虽然科学与哲学之间并没有截然明确的分界线,但是,它们在方法、风格和前提假设方面存在着很大差异。哲学问题具有科学问题所没有的三个特征:第一,哲学在很大程度上关注我们还没有找到令人满意的系统方法去回答的那些问题;第二,哲学问题往往是处理关于现象的"框架"问题,而不是处理具体的个别疑问;第三,哲学问题是典型的概念问题,它们通常是关于概念以及概念与其所表征的世界之间的关系问题。这三个特征决定了,科学家只要能够找到系统的方式修正和阐述属于哲学的问题,那么,该问题就转化为科学问题。比如说,"致癌症的原因是什么"是科学问题,"因果关系的本质是什么"是哲学问题,关于"意识"的问题当前在很大程度上是哲学问题,但未来随着神经科学、认知科学等的发展,就可能会转化为科学问题。①

但是,塞尔并不接受逻辑经验主义者只将哲学定位于澄清命题意义而与真理无关的观点。在塞尔看来,尽管哲学问题会被不断地转化为科学问题,但这并不意味着,科学会使哲学终结,或放弃哲学的认知功能,因为科学的发展也会不断地推进哲学的发展,比如,量子力学、哥德尔定理等产生的悖论就提出了许多新的哲学问题,而这些问题是希腊哲学家不可能遇到的问题。原则上,哲学与科学一样以求真为目标,也会对人类的知识作出直接或间接的贡献。塞尔的这种观点也得到了其他分析哲学家的支持。蒯因早在20世纪50年代就发出"恢复本体论承诺"的号召,认为形而上学内在于科学理论之中,蒯因明确指出,我们一旦"择定了要容纳最广义的科学的全面的概念结构,我们的本体论就决定了"②。凯茨则在《实在论的理性论》一书中鲜明地论证说,哲学本质上是科学事业的一个组成部分,哲学开始于科

---

① John R. Srarle, "The Future of Philosophy", *Philosophical Transactions of the Royal Society of London*, *Series B*, *Biological Science*, Vol. 354, No. 1392, Millenium Issue, 1999, pp. 2069—2080,中文版参见,约翰·塞尔:《哲学的未来》,龚天用译,《哲学分析》2012年第6期。

② 威拉德·蒯因:《从逻辑的观点看》,江天骥、宋文淦、张家龙、陈启伟译,上海:上海译文出版社1987年版,第16页。

学停止的地方。①

　　然而,虽然蒯因等哲学家在批判与超越逻辑经验主义的过程中,努力重建哲学的认知功能,但是,他们对科学与哲学关系的阐述,事实上依然是站在科学的外围看问题,还没有深入到科学发展的具体实践过程。从相对论与量子理论的产生与发展来看,哲学不仅仅开始于科学停止的地方,更重要的是,还贯穿于科学发现过程中出现思想歧义的每个环节。在这些环节中涉及的哲学问题往往是"春江水暖鸭先知",也就是说,只有具备哲学素养的科学家才能感知并落实到他们科学研究的实际行动中。

　　正如爱因斯坦在 1936 年发表的《物理学与实在》一文中指出的那样,人们常说,科学家是拙劣的哲学家,肯定不是没有道理的。但对于物理学家来说,让哲学家进行哲学化,并不总是正确的事情。当物理学家相信,他们很好地建立起来的基本概念和基本定律的严格体系是毫无疑问的时候,确实是正确的事情;但当物理学家认为,物理学本身的基础变成问题的时候,就像量子力学那样,就成为不正确的事情。当经验迫使物理学家寻找更新的和更坚固的物理学理论基础时,他们就不能完全任由哲学家对物理学的基础进行批评性的反思。因为只有物理学家才能更好地知道和更确定地感觉到"鞋子在哪里夹脚"。物理学家在寻找新的物理学基础时,必须力求搞明白,他们运用的概念在多大程度上是合理的和必要的。②

　　爱因斯坦完全有资格这么说,因为他本人正是通过澄清时间、空间、质点、同时性、力、场等概念的意义以及剖析经典物理学的基本概念体系中隐含的不一致性,创立了狭义相对论;通过阐明运动定律中的"惯性质量"和万有定律中的"引力质量"之间的关系以及各向同性的引力场中物体的加速度与质量之间的关系等,创立了广义相对论。这两个理论的创立改变了牛顿

---

① Katz, J.J., *Realistic Rationalism*, Cambridge: MIT Press, 1998, p.5.

② Einstein, A., "Physics and Reality", trans. Jean Piccard, *Journal of the Frankin Institute*, Vol.221, No.3, 1987, pp.349—382.

力学提供的时空观与质量观,提出了尺缩、时延、时空弯曲等新概念,比牛顿的理论更好地解释了水星近日点的进动现象,还预言了红移现象、宇宙背景辐射、引力波等的存在,而这些现象后来陆续得到了实验的证实。

相对论力学虽然限定了因果性概念的使用范围,带来了时空观等方面的哲学变革,但是,在理论的前提假设中并不与经典物理学相冲突。然而,量子理论的诞生不仅导致了更深刻的科学革命,而且还带来了前所未有的哲学革命。正是在这种双重革命的前沿领域,科学与哲学汇聚在一起。在量子理论的发展史上,爱因斯坦是最早支持普朗克提出的能量量子化假说的物理家。他不仅最早根据量子化思想,提出了光具有粒子性的概念,很好地说明了光电效应,并因此荣获诺贝尔物理学奖,而且还对德布罗意在博士学位论文中提出的实物粒子具有波动性的思想给予肯定。德布罗意的物质波假设成为薛定谔创立波动力学的牵引器。然而,爱因斯坦却在量子力学创立之后,从量子化思想的积极的推广者和奠基者变成了对量子力学的最有影响的批评者和反对者。这种态度的反转是出于对量子力学概念体系的自洽性和完备性以及海森堡提出的不确定关系的有效性的强烈质疑。正如他在 1926 年 12 月 4 日写给玻恩的信中所说的那样:"量子力学固然是堂皇的。可是有一种内在的声音告诉我,它还不是那真实的东西。这理论说得很好,但是一点也没有真正使我们接受这个'恶魔'的秘密。我无论如何深信上帝不是在掷骰子。"①

后来,"上帝不会掷骰子"成为爱因斯坦反对量子力学的哥本哈根解释的代表性口号。爱因斯坦与玻尔之间关于量子化学解释的三大论战,实际上就是关于世界观和物理学理论基础的哲学争论,这揭示了科学家在探索前沿问题时,他们的思想深受所固有的世界观和认识论态度所产生的影响。比较有名的事例是,1935 年,爱因斯坦与罗森、波多尔斯基合作发表的质疑

---

① 《爱因斯坦文集》第 1 卷,许良英、范岱年编译,北京:商务印书馆 1976 年版,第 221 页。

量子力学完备性的 EPR(由三位作者姓的第一个字母组成)论证,与其说是一篇物理学文章,不如说是一篇哲学文章。因为 EPR 论证不是从现实的实验结果出发,而是以作者设定的理论的完备性条件和关于物理实在的概念判据为前提进行的论证与质疑。这种论证与质疑事实上是作者所坚信的理论观与实在观的外化,相当于把是否满足概念判据的问题,转化为潜在地接受什么样的哲学假设或理论观乃至实在观的问题。①

然而,有意思的是,正是这样一篇基于哲学假设的质疑性文章,激发薛定谔撰写了详细探讨经典测量与量子测量之差异的文章,并设计了著名的"薛定谔猫"的思想实验来揭示以经典测量观念看待量子测量问题时所导致的悖论所在,更重要的是,发明了用"量子纠缠"概念来指称受爱因斯坦质疑的多粒子之间具有非定域性关联的量子效应。之后,当以玻姆、贝尔等为代表的物理学家基于 EPR 论证,为寻找隐变量量子论而努力奋斗时,20 世纪 80 年代以来的实验结果却提供了支持量子力学的证据。

贝尔认为,这种结果并不出乎预料。他说:"这种实验把量子力学最奇特的一个特征分离了出来。原先,我们只是信赖于旁证。量子力学从没有错过。但现在我们知道了,即使在这些非常苛刻的条件下,它也不会错的。"②到目前为止,量子理论不仅为固体物理学、核物理学、原子能、激光、晶体管、核磁共振、全球定位系统、凝聚态、纳米、量子调控、量子精密测量、量子通讯、量子计算等学科与技术的发展奠定了理论基础,而且很好地解释了原子结构、原子光谱、光的吸引与辐射以及光的传播等现象,这些发展使量子力学的正确性得到了进一步证实。

这个事例表明,在创立量子力学的过程中,爱因斯坦等物理学家为了坚

---

① 关于这部分内容的详细阐述参见成素梅:《改变观念:量子纠缠引发的哲学革命》,北京:科学出版社 2020 年版,第 5 章。

② Whitaker, A., *Einstein, Bohr and The Quantum Dilemma*, Cambridge: Cambridge University Press, 1996, p.42.

守自己的哲学信念,对量子力学基础问题的质疑,确实有助于澄清量子概念的意义,或者说,确实深化了物理学家关于量子化概念体系的理解。但反过来,量子化思想的确立又从更深层次上深化了物理学家关于世界的本性、理论的本性、日常概念的运用范围等哲学相关问题的思考。但是,量子力学确立的新观念,却是爱因斯坦的实在观与理论观无法容忍的。这足以表明,当哲学信念内化为物理学家的基本素养和自觉意识时,概念批判的力量就会在他们创建、评判、审视与接受新理论的过程中或在科学前沿领域体现出来。然而,对于物理学家而言,已经确立的哲学信念一旦固化,则又会适得其反地变成进一步接受新观念的绊脚石。矩阵力学的创始人海森堡对此有过明确的论述。

海森堡在为《爱因斯坦与玻恩的通信集》撰写的序言中评论说,所有科学家的工作,不管是有意识的,还是无意识的,都以某种哲学看法为基础,特别是,以作为进一步发展的可靠根据的特定思想结构为基础。如果没有这种明确的看法,所产生的观念之间的联系和概念就不可能达到清晰的程度。所以,这种清晰性对科学工作来说是必不可少的。大多数科学家都愿意接受新的经验证据,并且,承认与他们的哲学框架相符合的新结果。但是,在科学进步的过程中,也会发生这样的情况:一系列新的经验证据,只有当科学家付出巨大努力扩展他们的哲学框架和改变思想进程的结构时,才能得到完全的理解。在量子力学的问题域中,爱因斯坦显然不愿意迈出这一步或不会再这么做。爱因斯坦与玻恩之间的通信以及玻恩后来增加的评论足以证明,科学家的哲学态度基本上决定了他们的工作所能达到的程度。[1]

在这里,海森堡将爱因斯坦看成恪守经典哲学信念的保守派,将能够根据新的经验证据扩展自己哲学框架的物理学家看成勇于变革思想的先锋

---

[1] *The Born-Einstein Letters*: *Correspondence between Albert Einstein and Max and Hedwig Born from 1916 to 1955*, with commentaries by Max Born, Trans. Irene Born, London and Basingstoke: The Macmillan Press Ltd., 1971, p.x.

派。这也表明,哲学信念与科学发展之间的关系是非线性的和复杂的。哲学既构成了科学家深耕科学前沿领地的"前结构",也随科学的发展而发展。虽然科学家无法将这些先存观念条理分明地或清晰地表述出来,但他们对世界的理解或把握却在某种程度上受到这些奠基性观念的促进或制约。与爱因斯坦在接受量子力学时的态度正相反,玻恩在赋予薛定谔方程中的波函数以概率解释之后,将概率看作基本的,将决定论看作概率等于 1 的特殊情况。玻恩认为,在原子世界里放弃决定论,是一个哲学问题,只靠物理学的论证是不能决定的。[1]据此,玻恩作出了"理论物理学是真正的哲学"之类的断言。[2]由此可见,从量子理论的发展来看,在科学变革的前沿领域或库恩所说的科学革命时期,科学与哲学在总的发展趋势上总是相伴而行并相得益彰。

三、科学与哲学相遇在科学思想的交汇地带

在量子化概念提出的 1900 年,物理学家是一个很小的群体。据统计,那时全世界的物理学家总数大约在 1 200—1 500 人之间,而且,这个小世界几乎是极少数几个国家的天下,英国、法国、德国和美国是其中最重要的国家,他们的物理学家总数约 600 人,几乎占全世界物理学家总数的一半。其次是意大利、俄罗斯和奥地利—匈牙利,然后是包括比利时、荷兰、瑞士和斯堪的纳维亚国家。十多年之后,亨利·罗兰把这个物理学家群体称为"智力贵族和理想贵族"[3]。

---

① M.玻恩:《碰撞的量子力学》,王正行译,载关洪主编:《科学名著赏析:物理卷》,太原:山西科学技术出版社 2006 年版,第 251 页。
② M.玻恩:《我的一生和我的观点》,李宝恒译,北京:商务印书馆 1979 年版,第 20 页。
③ 赫尔奇·克劳:《量子时代》,洪定国译,长沙:湖南科学技术出版社 2009 年版,第 18 页。

　　与第一代科学哲学家具有深厚的数学或物理学背景相似,被誉为智力贵族的第一代量子物理学家也具有良好的哲学素养和人文情怀。但有所不同的是,在第一代科学哲学家中,大多数人是在大学期间系统地学习某一门科学,而第一代量子物理学家的哲学潜能则来源于家庭熏陶和人文教育的学养积淀以及主动的学习热情。比如,海森堡在中学时代不仅凭兴趣阅读柏拉图的《蒂迈欧篇》,而且,由于崇拜爱因斯坦的相对论,阅读相关的科普读物,由于迷恋数学,阅读数学家赫尔曼·外尔的《空间、时间与物质》。这些凭兴趣的主动阅读和对相关问题的思考,使海森堡能够将在中学教育中被割裂开来的数学、物理和哲学潜在地关联起来。[1]玻恩甚至说,他自己对科学的哲学背景比对科学的特殊成果更感兴趣。[2]物理学家马克斯·劳厄甚至根据自己从事科学研究的体会,把在中学时代能够较多地学习古代语言看作日后在科学上有所发展的秘方。[3]

　　量子物理学家所具有的这种综合性的学科背景,在他们创立量子理论的过程中潜在地起到了"思维拐杖"或智力工具的作用,有助于他们在长期的科学实践活动中升华出一种特有的直觉能力或洞察力。这种直觉能力或洞察力虽然并不像理论或数据那样总是能够以命题的形式明确地表达出来,但却同理论与数据一样有价值,有时,甚至会更有价值。因为它们能够使知识融会贯通,能够引导量子物理学家超越实验证据的束缚,创造性地提出革命性的概念和理论,还能够引导实验室里的科学家或工程科学家有针对性地设计出精妙设备来挖掘量子世界中有意义的新问题和验证新理论等。

　　物理学研究领域越远离人的知觉范围,其潜在的直觉判断力与洞察力

---

[1]　参见成素梅:《跨越界线:哲人科学家海森堡》,福州:福建教育出版社 1998 年版。
[2]　M.玻恩:《我的一生和我的观点》,李宝恒译,北京:商务印书馆 1979 年版,第 5 页
[3]　转引自沃尔特·穆尔:《薛定谔传》,班立勤译,吕薇校,北京:中国对外翻译出版公司 2001 年版,第 11 页。

的作用就越突出和越重要。在经典领域内,物理学家的重点是提出系统的理论框架来理解和说明实验现象。而在量子领域内,物理学家除了提出新的理论框架来理解和说明在经典物理学框架内无法说明的现象之外,更重要的是,还需要进一步理解他们提出的理论本身,需要在坚持传统的理论观还是接受新的理论之间作出艰难抉择。这就导致了两个层面的理解:一是创建理论体系来理解和说明现象;二是形成哲学见解来理解新的理论体系。因为在经典物理学中,研究对象较为直观,理论本身蕴含的哲学假设与日常思维基本吻合,但在量子领域内,却出现了截然不同的新情况。

首先,量子化概念的确立意味着,微观粒子的运动不再像宏观粒子的运动那样是可追溯的。微观粒子在测量过程中既能体现出波动性,又能体现出粒子性,具体显示出哪一种特性,则取决于所提出的问题与相应的测量设置,也就说是,微观对象的行为表现是依赖于测量设置的。这就赋予测量概念本身新的含义,使"现象"一词只能应用于观察结果本身,而不能应用于两种观察之间的中间状态。同样,运用像粒子和波动之类的经典术语来描述量子测量现象,其用法和内涵也随之发生变化。因为量子理论表明,微观粒子本身具有许多宏观粒子所没有的特性,比如,遵守态叠加原理、全同性原理等,具有不可分辨性特征,表现出量子纠缠效应、量子不可克隆等运用日常思维方式无法理解的现象。

其次,这些微观粒子的存在方式也完全不同于宏观粒子,它们不再是一直存在于那里,静等研究的对象,而是通过仪器制备出来的,有些微观粒子还极不稳定,乃至稍纵即逝,其存在性和特性必须借助于更为间接的方式推导出来。[1]比如说,物理学家在测量不稳定粒子(比如,τ介子)的半衰期时,通常需要根据其速度和留在检测装置上的痕迹长度来推出,这些痕迹代表了从产生到衰变为其他粒子的过程。这些粒子是通过高能碰撞而产生的,

---

[1] 罗杰·G.牛顿:《何为科学真理:月亮在无人看它时是否在那儿》,武际可译,上海:上海科技教育出版社 2009 年版,第 182 页。

它们在云雾室里的速度接近于光速,所以,物理学家在测量极不稳定粒子的基本性质时,需要考虑相对论效应。还有一些粒子的寿命短得没有可见的痕迹,半衰期的测定更为间接。诸如此类的情况表明,实验事实的确立需要利用其他理论和事实的说明。①这样,作为科学定律基础的事实,不再像在经典物理学中那样被简单地作为"经验块"来对待,而是与理论密切联系在一起。这种情况支持了"观察渗透理论"的观点,意指科学事实的呈现方式和真正含义是依赖于理论的。

再次,当代量子论的发展趋势越来越呈现出与经典物理学诞生时完全相反的情况。经典物理学被认为是以经验为基础或以事实为准绳的概念体系。但在当代量子论的发展中,物理学家却越来越借助于抽象的数学来构造理论,而且,这种依赖程度越来越高,乃至有些理论在近期内根本看不到有可能获得实验检验的希望。更准确地说,有些理论从提出之日起就注定不会得到实验的证实,或者,物理学家可能也不会奢望他们的理论能够得到实验的证实,因为现有的技术证实其理论预言所要求的条件在技术上很难达到;而有些理论预言虽然被公认为是得到了实验的检验(比如,引力波),但这种实验检验的可重复性条件极其苛刻,或者说,理论的可检验性在当代科学的发展中受到了条件的限制。

最后,量子理论与经典物理学的主要差异在于抛弃了决定论的因果性概念。在经典物理学中,描述一个系统状态的所有动力学变量(比如,位置和动量)都有确定的值。而在量子理论中,系统的"状态"这一术语的含义发生了变化,我们不可能从系统的状态定义中获得全部信息,因为两个不可对易的可观察量需要满足海森堡的不确定性关系,意指这两个量不能同时被精确地测量,对一个量的精确测量以牺牲对另一个量的精确测量为代价。不仅如此,薛定谔方程只提供测量时获得某个值的可能性或概率,而不能像经

---

① 罗杰·G.牛顿:《何为科学真理:月亮在无人看它时是否在那儿》,武际可译,上海:上海科技教育出版社 2009 年版,第 101—103 页。

典理论那样给出测量时将会获得的具体数值,因而无法因果性地预言像位置之类的变量的变化情况,或者说,使对系统变量变化的预测成为非因果性的。

微观粒子和量子理论具有的诸如此类的新特征意味着,在微观领域内,现象、事实、概念、理论、测量设置等不再是彼此分离的独立单元或相互无关的分立元素,而是成为相互塑造或共同建构的有机整体。这就提出了在微观领域内什么是实在以及如何适当地描述实在等尖锐的哲学问题。比如,如何理解像光子、电子之类的理论实体的实在性问题成为 20 世纪科学实在论与反实在论争论的核心。但对于物理学家而言,他们对最难以捉摸的微观"对象所花的工作时间和努力越多,那些对象对他们就变得越真实和直观"[1]。然而,物理学家虽然不怀疑由仪器制备出来的微观粒子的实在性,但在量子理论是否是对实在世界的真实描述等问题上,却持有不同的态度;物理学家虽然能够自如地运用量子力学的形式体系来解决具体的物理学问题,并且,建立了相应的解题直觉,但对这个形式体系本身的理解却至今没有达成共识。

这种情况迫使物理学家在创立了理论体系的同时,需要形成新的哲学见解来传播他们的理论成果。玻尔认为,物理学家对"物理实在"的表达,不是从先验的哲学概念推出来的,而是基于一种实验和测量的直接要求,量子力学的新特征意味着物理学家需要修改关于物理实在的态度。为此,他率先基于微观粒子的波粒二象性和海森堡的不确定性关系概括一个更有普遍的互补性原理来理解量子力学,后来,还进一步将互补性原理推广到生物学、社会学及心理学领域。但是,玻尔的互补性原理不再以可存在量(beable)为基础,而是以可观察量(observable)为基础,由此形成了物理学的任务不是直接探索自然界是如何运行的,而是讨论我们对自然界能够说些什么的观点。海森堡将重点放在语言上,认为我们对实验和测量结果的

---

[1] 罗杰·G.牛顿:《何为科学真理:月亮在无人看它时是否在那儿》,武际可译,上海:上海科技教育出版社 2009 年版,第 175 页。

描述与交流只能依赖于经典概念和日常语言，因为"大自然比人类要早，但是人类比自然科学要早"①。诸如此类的哲学见解正是以爱因斯坦为代表的老派物理学家所无法接受的。

这里的关键问题在于，我们的日常语言和经典概念是对象性的，是在本体论意义上讨论问题，这些思维方式使认识论问题本体论化。而在量子理论中，物理学家则是在认识论意义上继续使用这些概念和语言。如果我们意识不到运用概念层次的这种变化，就无法对量子理论的这些新特性有清晰的认识。因此，量子物理学家在理解量子力学的形式体系时所产生的不一致，"与其说是一个物理学内部的问题，还不如说是一个关系到哲学和一般人类知识的问题"②。这也是为什么爱因斯坦与玻尔关于量子力学概念问题的争论曾经成为好几届索尔维会议上的最大亮点，量子物理学家关于如何理解量子力学的争论会出现在科学哲学的会议上以及其文章会发表在哲学杂志上的重要原因之一。

正如普里戈金所言："在科学会议上最令人激动的时刻经常是发生在科学家们讨论这样一些问题的时候，这些问题看来似乎没有任何实用性，没有什么存在价值———例如对量子力学作出某些可能的解释，或者是这个膨胀着的宇宙在我们的时间概念中所起的作用。"③量子物理学家虽然很少抛开物理学的具体问题来讨论纯哲学意义上的概念问题，也很少撰写系统性的哲学论著，他们的哲学见解通常散见在对特殊听众的学术报告中，或者说，在科普类的演讲或作品中反映出来，但是，他们之间的争论足以揭示出，科学与哲学在"科学思想"的交汇地带深刻地交织在一起。

---

① 转引自罗杰·G.牛顿：《何为科学真理：月亮在无人看它时是否在那儿》，武际可译，上海：上海科技教育出版社 2009 年版，第 189 页。

② Max Born, "The Interpretation of Quantum Mechanics," *The British Journal for the Philosophy of Science*, Vol.14, No.14, 1953, pp.78—132.

③ 伊·普里戈金、伊·斯唐热：《从混沌到有序：人与自然的新对话》，曾庆宏、沈小峰译，上海：上海译文出版社 1987 年版，第 141 页。

四、结　语

量子理论的发展史表明,理论物理学家们深刻地意识到自己的工作总是同哲学思维错综地交织在一起的,玻恩就告诫其学生说,如果不关心哲学,研究工作将是无效的,并且呼吁,科学家不应该和人文学科的思想割裂开来。①第一代量子物理学家的成长之路和他们在科学研究中得到的这些切身体会,无疑为我们今天的教育改革指明了方向。科学研究越深入,科学与哲学的关系就越密切。当前人工智能的发展进一步印证了本文所论证的观点。

总而言之,没有哲学思维的科学研究是盲目的;没有科学基础的哲学研究是空洞的。哲学虽然不像科学那样以发现科学事实和创建科学理论为目标,但并不意味着,哲学对科学研究不会有任何认识论贡献。传统科学哲学研究远离科学发现过程,也不意味着,当代科学本身与哲学无关或抛弃了哲学,反而意味着,科学哲学研究需要摒弃经典科学的思维方式,根据当代科学发展的新特征,从关注科学辩护问题拓展到关注科学发现过程中的现象、事实、概念、理论、实在等概念之间的复杂关系。

---

① M.玻恩:《我的一生和我的观点》,李宝恒译,北京:商务印书馆1979年版,第26页。

第二章
量子力学的哲学基础*

　　量子力学是在整理与说明新的实验现象的过程中不断发展与完善的。这种在经验研究的血统与困境中成长起来的理论,不仅提供了关于基元过程的唯一的逻辑一贯的形式体系和语言系统,带来了日新月异的技术变革,而且极大地改变了我们关于科学世界的图像,颠覆了近代科学研究的哲学基础,成为当代科学哲学家阐述各种哲学立场的立论之源。范·弗拉森的"经验建构论"[①]、法因的"自然本体论态度"[②]、哈金的"实体实在论"[③]、当前比较流行的"结构实在论"[④]等观点都是以量子论为基础进行论证的。问题在于,这些科学哲学家基于同样的量子力学的形式体系与理论假设,却提炼出不同的哲学观点。这说明,在科学哲学界,关于量子力学的哲学基础远没有形成统一的认识,非常有必要进行深入研究与澄清。

* 本章内容发表于《学习与探索》2010 年第 6 期。
　【基金项目】上海市哲学社会科学规划一般项目"量子纠缠引发的哲学问题研究"(项目编号:2009BZX004);上海市浦江人才计划项目"量子实在论与反实在论研究";上海市领军人才"后备队"培养计划项目的阶段性成果。

① Von Fraassen, C., *The Scientific Image*, Oxford: Clarendon Press, 1980.
② Fine, A., *The Shaky Game Einstein Realism and the Quantum Theory*, London: The University of Chicago Press, 1986.
③ Hacking, I., *Representing and Intervening: Introductory Topics in the Philosophy of Natural Science*, Cambridge: Cambridge University Press, 1983/1987.
④ Tian Y.C., *Conceptual Developments of 20 Century Field Theories*, Cambridge: Cambridge University Press, 1997.

一、量子力学的基本假设

揭示量子力学的哲学基础,不是根据量子力学的新特征为某种哲学观作出辩护,而是探索量子力学的基本假设所蕴含的哲学前提。因此,在阐述问题之前,首先明确物理学家目前公认的量子力学的基本假设是非常必要的。

量子力学的形式体系最初是依据两条截然不同的研究思路和运用两种不同的数学手段及概念体系建立起来的。一条是由海森堡、玻恩和约尔丹基于普朗克的量子假设,沿着量子化方向,立足于不连续性,运用当时高深的矩阵代数方法,从旧量子论中脱胎而来的矩阵力学;另一条是由薛定谔基于德布罗意的物质波假设,沿着波动方向,立足于连续性,运用物理学家中惯用的微分分析方法,经过对力学与几何光学之间的形式比较后,引入假想的波函数概念所创立的波动力学。1926 年,在激烈的争论中处于弱势地位的薛定谔惊喜地发现,量子力学的这两种不同表述形式,"尽管他们的基本假定、数学工具和总的意旨都明显地不同,在数学上却是等价的。"①1932 年,冯·诺意曼在著名的《量子力学的数学原理》一书中,率先运用希尔伯特空间的数学结构或数学模型,把量子力学表述成希尔伯特空间中的一种算符运算,证明了矩阵力学和波动力学分别只是这种运算的特殊表象,从而彻底澄清了两种力学形式之间的等价性。这在物理学史上是前所未有的大创新。然而,自 1925 年量子力学诞生以来,关于量子力学的基本概念的理解和理论的一致性、完备性的争论,就成为掺杂着不同哲学立场的论题凸显出来并延续至今,而且人们直到现在仍然热衷于引用量子力学创始人的作品

———————

① M.雅默:《量子力学的哲学》,秦克诚译,北京:商务印书馆 1989 年版,第 31 页。

来论证自己的立场。这在物理学史上是前所未有的现象。尽管如此,相对于从事具体研究工作的物理学家来说,我们还是能够把目前物理学家都一致公认的非相对论性量子力学中的基本假设总结为四个方面:[①]

(1) 描写物理系统的态函数(即波函数)的总体构成一个希尔伯特空间,系统的每一个动力学变量都用这个空间中的一个自伴算符描写。

(2) 当系统处在波函数 ψ 描写的状态时,对用算符 F 代表的动力学变量进行许多次测量,所得到的平均值〈F〉,等于 ψ 同 Fψ 的内积(ψ, Fψ)除以 ψ 同自身的内积(ψ, ψ), 即,〈F〉=(ψ, Fψ)/(ψ, ψ)。

(3) 波函数 ψ 随时间的演化遵从薛定谔方程。

(4) 当交换两个同种粒子的变量时,不改变系统的状态。

在这四个假设中,假设(1)规定了量子力学的态空间为希尔伯特空间,在这个空间里,描写量子态的数学量是希尔伯特空间中的矢量,相差一个复数因子的两个矢量描写同一个态;描写微观系统物理量的是希尔伯特空间中的自伴算符。在这里,希尔伯特空间、算符、波函数、动力学变量作为原始概念来使用;假设(3)给出的薛定谔方程反映了描述微观粒子的状态随时间变化的规律,它在量子力学中的地位相当于牛顿定律在经典力学中的地位,是量子力学的出发点与前提;假设(2)也叫"平均值公设",它是"在量子力学的原理中唯一的怎样同经验事实相对应的原始规定。通过具体的推导和论证能够证明,从平均值公设可以推导出可能的测量值谱以及在这种谱上实现的测量结果的概率分布。换句话说,平均值公设里已经包含了玻恩的态函数的概念诠释"[②];假设(4)是多体系统中同种粒子的"全同性原理"。

量子力学的整个理论体系是在这四个基本假设的基础上建立起来的,

[①] 关洪:《一代神话:哥本哈根学派》,武汉:武汉出版社 2002 年版,第 19 页。
[②] 同上书,第19—20页,也参见,关洪,《量子力学的基本概念》,北京:高等教育出版社1990年版,第2章。

或者说,这四个假设是量子力学最起码的基本假设,也是我们揭示量子力学的哲学基础的出发点和基本依据。首先,希尔伯特空间是一个抽象的数学空间,在日常生活中没有相对应的形式,只能从概念上加以理解与把握。其次,在算符作用下,由薛定谔方程所提供的波函数的演化,不再是对物理量的直接描写,也不是物理量之间的关系随时间的变化。在这个方程中,波函数本身没有明确的物理意义,有物理意义的是波函数的模方(即,波函数绝对值的平方),或者说,薛定谔方程只能解出波函数随时间的演化,其模方代表了微观粒子位于某个量子态的可能性有多大,除此之外,没有提供测量前的任何信息。用玻恩的话来说,"薛定谔的量子力学对于碰撞效应的问题给出了十分确定的答案,但是这里没有任何因果描述的问题。对于'碰撞后的态是什么'这个问题,我们没有得到答案,我们只能问'碰撞到一个特定结果的可能性如何'"①。"玻恩对于量子力学波函数的统计解释,是由散射实验中被散射粒子的角分布的统计计数来证实的。"②第三,在微观世界中,所有的同种粒子都是相同的,没有衰老,无法标记,甚至无法辨认。

显然,不论从纯技术观点来看,还是从其内容的哲学意义来看,这些假设都对物理学家过去普遍接受的对科学的基本看法和哲学观念提出了极大的挑战,也给坚守某种哲学观的人留下了想象的空间。但当我们回过头来重新清理与量子力学相关的哲学争论时,最基本和最重要的是,区分哪些是物理学问题,哪些是哲学问题,甚至哪些是心理信念问题,哪些是作为出发点的东西,哪些是作为结论的东西。只有明确了这些问题,才能在面对高深莫测的量子力学哲学争论时辨明是非,不至于人云亦云。而要做到这一点,又需要我们先澄清量子力学为什么会带来哲学困惑,带来了哪些主要困惑。

---

① 玻恩:《碰撞的量子力学》,王正行译,载关洪主编:《科学名著赏析:物理卷》,太原:山西科学技术出版社 2006 年版,第 251 页。

② 王正行:《玻恩〈碰撞的量子力学〉赏析》,载关洪主编:《科学名著赏析:物理卷》,太原:山西科学技术出版社 2006 年版,第 243 页。

二、量子力学的哲学困惑

在科学史上，还没有任何一个理论比量子力学带来的哲学困惑更基本，也没有任何一个理论能像量子力学那样，从其诞生之日起一直到有了惊人成功应用前景的今天，还伴随着激烈的哲学争论。争论的动因，既有物理学和哲学的，也有心理学和逻辑的。

相对于人类而言，朴素实在论是与人的日常生活相符合的很自然的态度，就像动物的本能一样，蜜蜂凭借花的颜色或香味来认识花，并不需要哲学。小孩在学习说话时，是根据词语与对象之间的直接相关性，来理解词语的意义，也不需要哲学，所有的语言和词语都是针对世界的。用今天的话来说，是对象语言，而不是元语言。只要人们把自己的观念锁定在这样的日常经验中，客观性就是一个默认的哲学前提。但是，在科学中的情况就不同了。在科学中，科学家通常是与超出日常生活范围之外的现象打交道，并用抽象的概念系统来说明所面临的现象。这时，问题就会变得复杂起来。人们需要借助于特定的理论，才能达到对所观察到的现象的说明。如果没有理论，那么，就不能理解现象。不论是在小的原子领域内，还是在大的恒星领域内，情况都是如此。在这里，是理论拯救了现象，而不是从现象中归纳出理论。这样，客观性问题就变得复杂起来，现象背后是否存在一个不依赖于观察者的客观世界，就成为一个无法逃避的问题。

在量子力学诞生之前，所有的自然科学家都有两个共同的基本信念：一是相信自然现象的发生都是有原因的，有规律可循的，或者更具体地说，相同的实验条件，必定能得到相同的实验结果，这就是所谓的决定论的因果性观念；二是相信科学理论都是对现象背后的客观世界的规律的揭示，科学的目标正在于掌握规律，并作出预言。然而，量子力学一开始就从根本意义上对这两种信念提出了挑战。正如玻恩在 1926 年为了证明量子力学的完备性，赋予波函数以概率解释的那篇具有划时代意义的论文中所指出的那样，"从我们的量子力学的观点来看，在任何一个个别的情形里，都没有一个量能够用来因果地确定碰撞的结果；不过迄今为止，我们在实验上也没有理由相信，原子会具有某种内部特性，能够要求碰撞有一个确定的结果。或许我们可以期望，将来会发展这种特性（比如相位或原子的内部运动），并且在个别的情形中把它们确定下来。或许我们应该相信，在不可能给出因果发展的条件这一点上，理论与实验的一致正是不存在这种条件的一个必然结果。我自己倾向于在原子世界里放弃决定论。但是这是一个哲学问题，只靠物理学的论证是不能决定的。"①

其实，放弃决定论的因果性和科学实在论，既不是一个单纯的物理学问题，不能只靠物理学的论证来决定，也不是一个单纯的哲学问题，不能通过哲学争论来决定，而是一个关乎人类行为的心理信仰问题。爱因斯坦以"我不相信上帝是掷骰子的"名言，最直接地表达了他的信仰所在。在当代物理学家中，诺贝尔奖获得者温伯格也持有同样的观点。他认为，驱使我们从事科学工作的动力正在于，我们感觉到，存在着有待发现的真理，真理一旦被发现，将会永久地成为人类知识的一个组成部分，在这方面，我们只能把物理学的规律理解为是对实在的一种描述。如果我们理论的核心部分在范围和精确性方面不断增加，但却没有不断地接近真理，这种观点是没有意义的。②这说明，在物理学家的心目中，放弃决定论的因果性观点是离经叛道的。因此，是否接受和如何理解波函数的概率解释，把物理学家分为不同的阵营。

---

① 玻恩：《碰撞的量子力学》，王正行译，载关洪主编：《科学名著赏析：物理卷》，太原：山西科学技术出版社 2006 年版，第 251 页。

② Steven Weinberg, "Physics and History", In Jay A., Labinger, H., H.M. Collins, eds. *The One Culture: A Conversation about Science*, Chicago: University of Chicago Press, 2001, pp.116—127.

　　如果物理学家完全接受波函数的概率解释，那么，这就意味着降低了科学家的预言能力，意味着科学家不能再对世界作出肯定的断言，不能再是时代的先知者，"而是像算命先生一样，只能说一些模棱两可的话，从而使科学变成追求不确定性的一项事业。科学家会因此而感到失落，无疑是很不情愿的"①。另一方面，如果我们认为，量子力学真实地描述了现象背后的世界，那么，那个世界神秘和深奥得确实让人难以想象。如果我们认为，量子力学没有描述现象背后的世界，那么，就极大地颠覆了科学家长期以来信奉的科学研究传统。这正是许多人努力寻找量子力学的因果决性解释的重要动因之一，也是量子力学带来的最基本的哲学困惑之一。也许是由于这些困惑，玻恩早在 1926 年就赋予波函数的概率解释，但却在 28 年后的 1954 年才因此而荣获诺贝尔奖。

　　另一个哲学困惑是由量子测量问题导致的。我们知道，任何测量的最终目标都是把被测系统的信息变成人的感官能够直接感知到的宏观信息，比如，能被观察到的图像、仪表指针的读数或能被听到的计数器的响声，等等。在经典物理学中，物理学家把所有的物理量都看成是客观物理现象本身的固有特征，把所有的物理学定律都看成是这些客观物理量之间的客观规律，而且，在经典的测量过程中，主观与客观是泾渭分明的，主体与客体之间有着明确的分界线。量子力学则完全不同。薛定谔方程不是客观物理量之间的客观规律，而是关于我们可能得到的测量结果的概率的规律。测量结果的概率不是一个物理量，而是　个数学量，是主体与客体通过测量相互作用的一种综合结果。因此，量子力学是关于研究主体与被研究客体之间的相互关系与作用的规律。在量子测量中，主体与客体的分界线变得模糊不清了。量子力学不再是完全客观的，还包括有主观因素。物理学家泡利甚至在他的名著《量子力学的一般原理》一书的序言中指出："量子力学的建

① 王正行，《玻恩:〈碰撞的量子力学〉赏析》，载关洪主编:《科学名著赏析:物理卷》，太原:山西科学技术出版社 2006 年版，第 245—246 页。

立,是以放弃对于物理现象的客观处理,亦即放弃我们唯一地区分观测者与被观测者的能力作为代价的。"①

冯·诺意曼最早借用"投影假设"来解释量子测量现象。但问题是,在量子测量系统中,粒子从叠加态到本征态的转变是在整个测量链条的哪里实现的? 哪一个本征态会首先得以实现? 为什么要对量子测量过程进行如此特殊的处理? 为什么系统之间的相互作用可以用薛定谔方程来描述,而从微观态到宏观态的转变,却不遵守薛定谔方程? 量子力学的形式体系本身对此没有作出任何回答。1935 年,薛定谔用"薛定谔猫"的理想实验,进一步生动地揭示了用"投影假设"来解释量子测量过程所存在的困惑。②他把量子测量过程中,主体与客体的分界线划分在客体与观察者的意识之间,因为只有观察者的意识不能被包括在客体系统之内,完全属于主体的范畴。根据这种理解,是主体的"意识"使系统的态发生了转变。这显然是不能令人接受的。③

总而言之,量子力学带来的哲学困惑是方方面面的。围绕这些困惑展开的哲学争论也形式多样。这些争论把物理学的基础问题、哲学问题甚至心理问题深深地交织在一起,衍生出各种别开生面的哲学立场。为了有助于对这些哲学立场作出判别,我们需要进一步明确量子力学的哲学前提是什么。

三、量子力学的哲学前提

量子力学的哲学前提是量子力学的基本假设中所规定的对量子力学的

---

① 王正行,《玻恩:〈碰撞的量子力学〉赏析》,载关洪主编:《科学名著赏析·物理卷》,太原:山西科学技术出版社 2006 年版,第 247 页。

② E. Schrödinger, "The Present Situation in Quantum Mechanics", In J. A. Wheeler and W. H. Zurek, eds, *Quantum Theory and Measurement*, Princeton: Princeton University Press (1983), pp.152—167.

③ 关于这个问题的详细论述参见成素梅:《在宏观与微观之间:量子测量的解释语境与实在论》,广州:中山大学出版社 2006 年版,第 1 章。

原始概念和方程的物理解释。正是这种物理解释提供了物理学理论的数学描述与经验事实之间的联系规则。因此,量子力学的哲学前提是理论的一部分,或者说,是内在于理论的,而对量子力学理论体系的解释则不属于理论本身,或者说,是外在于理论的,通常被划入科学哲学或物理学哲学的范围。量子力学的哲学前提是量子力学的基本假设中所蕴含的哲学基础,主要涉及两个方面,一是本体论基础,二是认识论基础。

在本体论意义上,根据量子力学的基本假设,像光子和电子之类的微观粒子或理论实体是真实存在的吗? 这是能否捍卫科学实在论立场的关键问题。在量子力学之前,物理学家在本体论上坚持的是二元论的观点。他们认为,粒子和场都是真实存在的,只不过存在的形式截然不同,粒子是一种定域性存在,场是一种非定域性存在。粒子的运动变化由动力学变量来描述,场的运动变化由波动方程来描述,波动方程中的波函数是一个物理量,具有明确的物理意义。但量子力学假定,微观粒子是作为希尔伯特空间中的算符存在的。根据算符语言,微观粒子本身有无数种方式来表现自己,人类只能通过粒子在四维时空(即 3 维空间加 1 维时间)中的投影来观察它。①这就决定了,不同的测量设置,致使粒子呈现出不同的属性,比如,粒子性或波动性。因此,对于微观粒子而言,粒子性与波动性只是它在特定条件下的行为表现,不能成为理解量子力学的出发点。这也许是量子力学的哥本哈根解释不断招致批评的重要原因之一。从这种观点来看,如果现在仍然从波粒二象性出发来教授量子力学,则是不可取的。

相对于人类而言,微观粒子只是一种"抽象"实在,只有当我们观察它时,它才在那里,当不观察它时,它是希尔伯特空间中的一个算符。②所以,我们不能根据观察到的状态,来推断粒子在观察之前的状态,延迟选择实

---

①② 　成素梅:《如何理解微观粒子的实在性问题:访问斯坦福大学的赵午教授》,《哲学动态》2009 年第 2 期。

验、斯忒恩—盖拉赫实验已经证明了这一点。这就像当我们把一个四面体投影到一个平面上,看到一个四边形时,我们不能由此断定,这个四面体原本就是一个四边形。这种推断充其量只是日常经验的一种想象与狂妄,没有科学依据。强调微观粒子存在的抽象性,并不是否认它的本体性,而是表明,微观粒子的真实存在状态是有限的人永远无法直接观察到的。这时,数学符号和物理手段就成为能够深入到现象背后的自在实在里,帮助我们思考这种自在实在的一种必不可少的方法。这里的"自在实在"有点类似于康德的"物自体"概念。但与康德认为作为客观知识基础的"物自体"是不可知的观点所不同,我们能够借助于抽象的数学空间,并根据全同性原理,从理论上对其作出抽象描述。因此,在微观世界中,体现了三个不同层次的实在的统一,即,自在实在、对象性实在和理论实在的统一,也体现了微观粒子的实体—关系—属性的统一。正是这种统一的模型,能够被看成是对现象背后的自在实在的揭示。这是从量子力学的假设(1)和假设(2)中推论出来的一个哲学前提。

在认识论意义上,"量子力学的数学表述并不复杂,然而要将数学表述同物理世界的直观描述联系起来却十分困难"①,因为量子力学的基本假设,除了只提供描述微观粒子随时间演化的薛定谔方程和函数的概率解释之外,没有对这种联系方式作出更明确的说明。正是这种有悖于常理的联系规则,导致了无尽的哲学争论。然而,这一令许多人不愿意接受的概率特征,经过从 EPR 论证、1952 年玻姆的隐变量理论的阐述、1962 年贝尔不等式的提出,到 1982 年以来的具体实验的实施,已经得到了证明。量子力学所能产生的结论只能是概率性的,根本不存在能够降低这种不确定性所隐藏的任何量,也不能回答一个粒子在某个瞬间在哪里这个问题,而是能回答

① 阿米尔·艾克塞尔:《纠缠态:物理世界第一谜》,庄星来译,上海:上海科学技术文献出版社 2008 年版,第 4 页。

一个粒子在某个瞬间位于某个地方的概率有多大这样的问题[1]，这已经是公认的事实。

因此，量子力学中的概率是根本性的，是研究问题的出发点，是前提与基础，是所有的量子力学解释都必须承认的事实之一。在量子世界里恢复决定论描述的任何企图，要么是基于某种心理信念的哲学追求，例如，隐变量量子论和多世界解释；要么是基于逻辑上的推理，例如，各种模态解释，但这些努力都超出了量子力学基本假设的范围，或者说，都是为量子力学附加了某种哲学假设。由于这种概率性是通过波函数的振幅的平方来表示的，而波函数本身又遵守薛定谔方程演化，所以，这种概率性预言的变化也是一种因果性的变化，与决定论的因果性不同的是，这是一种统计因果性。这是量子力学的第二个哲学前提。

除了统计因果性之外，从薛定谔方程推论出的量子力学的另一个重要特性是量子态叠加原理。这是因为，薛定谔方程是一个线性方程，根据线性方程的性质，方程的所有解的相加之和，也是方程的解。这一点表示，一个微观粒子（比如，电子）的态可以是由其他各个态叠加而成的态。态叠加原理为量子力学带来了非常怪异的特征。例如，在单光子的双缝干涉实验中，一个光子在达到屏幕之前，会同时穿过两个缝，产生干涉，就像两列波叠加一样。光子既在这里，也在那里，这种思想瓦解了一个粒子在同一时刻不可能处于多个位置的传统观念。在含有两个或两个以上的量子系统中，态叠加原理引发了"量子纠缠"。所谓量子纠缠，简单说来是指，在多粒子的系统中，两个曾经相互作用过的粒子，在分开之后，不管相距多远，都彼此神秘地联系在一起，其中，一方发生任何情况，都会同时引发另一方发生相应的变化。薛定谔最早在 1926 年创立他的波动力学时就已经意识到，假如几个粒子或者光子是在某个物理过程中共同产生的，那么，它们之间就会发生纠

---

① M.玻恩：《我的一生和我的观点》，李宝恒译，北京：商务印书馆 1979 年版，第 52 页。

缠,但他第一次正式提出并使用"纠缠"这个术语是在 1935 年讨论 ERP 论文的时候。[1]1949 年吴健雄和萨克诺夫第一次通过实验生成了一对互相纠缠的光子。然而,这个重大的突破直到 1957 年才被认可。1997 年,维也纳小组和罗马小组分别根据这种不受空间限制的量子纠缠现象成功地完成了隐形传输单粒子量子态[2]的实验,使得只存在于科幻小说中的隐形传输,在量子世界里由梦想变成了现实。更令人惊讶的是,美国物理家在 2009 年实验证明,在肉眼能够看到的两个超导体之间也存在着纠缠现象。[3]这个实验既打消了不能把量子力学描述应用于宏观系统的顾虑,也把量子力学的边界从微观扩展到宏观,强化了在量子力学与支配宏观现象的经典物理学之间很难划出界线的观点。

如今量子纠缠现象的存在,已经是被证明了的物理事实,而不再是爱因斯坦等人在 1935 年发表的 ERP 论文中用来质疑量子力学完备性的把柄。由于量子纠缠是由态叠加原理导致的,而态叠加原理又是由薛定谔方程的解的性质所决定的,所以它是从量子力学的基本假设中延伸出来的结果。在经典物理学中,粒子在时空中的存在,遵守爱因斯坦的定域性原则,即发生在某个特定地方的现象,不可能即时地影响到另外一个相距甚远的地方的现象,除非收到超光速的信号。非定域的量子纠缠现象使这种常识性的思想土崩瓦解了,要求把在同一个物理过程中生成的两个相关粒子,永远作为一个整体来对待,不能分解成两个独立的个体。其中,一个粒子发生任何变化,另一个粒子必定同时发生相应的变化,无论它们相距多远,纠缠现象

---

[1] 阿米尔·艾克塞尔:《纠缠态:物理世界第一谜》,庄星来译,上海:上海科学技术文献出版社 2008 年版,第 37 页。

[2] 所谓量子隐形传态是指,把第一个粒子的所有信息复制到另一个粒子上,并保持第一个粒子的状态不变。这是目前量子纠缠现象最精彩的应用。隐形传态必须包含两种渠道:一是量子渠道;一是经典渠道。量子渠道由一对纠缠粒子组成,经典渠道是用来传输经典信息的,其传输速度不能超过光速。

[3] Laura Sanders, "Entanglement in the macroworld: 'spooky action at a distance' observed in superconductors," *Science News*, Oct., 24, 2009, p.12.

都不会随着距离的增加而消失。这就使得我们通常所说的"空间上的分离"成为不可能的事情。量子系统的存在形式的整体性和量子测量中被测量系统与测量仪器之间的整体性，是一种不受空间限制的、非定域的整体性。

玻尔当时在应对 ERP 论证对量子力学的完备性的质疑时，正是直觉地抓住了量子测量的这种整体性特征，捍卫了量子力学的完备性。爱因斯坦把这种整体性称为"诡异的远距离作用"，以表达他对这种现象的无奈态度。量子力学的隐变量解释的倡导者玻姆，在晚年把他的隐变量解释进一步扩展为本体论解释或语境隐变量理论时，也不得不在他的方程中增加了一个代表量子系统与环境相互作用的量，来把微观粒子间的这种非定域性关系考虑进来。①虽然后来的实验没有支持玻姆的努力，但是，这种情况至少表明，量子系统的这种整体性是任何一种量子力学解释不可忽视的。这是量子力学的第三个哲学前提。

四、结　　语

总之，量子力学是一个独立的理论，不是对经典物理学的补充和扩展。它不仅有独立的假设，而且蕴含着独特的哲学前提。这些哲学前提确实颠覆了我们从日常经验中所得到的世界观。然而，传统的世界观是如此的根深蒂固，甚至连最伟大的物理学家爱因斯坦也无法摆脱其影响，使他既是量子力学的最早贡献者，也是量子力学的坚定反对者。量子力学告诉我们，仅凭日常生活经验是无法理解我们根本不能直接体验到的微观世界的。量子世界在本质上是随机性的，也是整体性的，微观粒子是抽象空间中的存在，它的演化遵守的是统计因果性的规律。这是量子力学的基本假设所蕴含的

---

① Bohm, D. and Hiley B. J., *The Unidivded Universe：An Ontological Interpretation of Quantum Theory*，London and New York：First Published by Routledge, 1993.

三大哲学基础。在量子力学的发展史上,量子系统的纠缠性先是通过数学计算发现,然后,才得到实验证明的。这无疑让我们感觉到数学工具的卓越能力。但是,对量子纠缠究竟是什么,它是如何发生的? 量子世界为什么是概率性的? 在量子测量过程中波函数的塌缩机制是什么? 根据我们的常识思维无法想象的诸如此类的问题,量子力学没有作出回答,仍然是值得研究的物理学课题。而对这些物理学课题的研究,必然要融入深层次的哲学思考,甚至心理信仰。也许正是在这种意义上,物理学家玻恩指出,"我确信,理论物理学是真正的哲学"[1]。我们可以说,没有哲学的理论物理学是盲目的,没有理论物理学的哲学是空洞的。

---

[1]　M.玻恩:《我的一生和我的观点》,李宝恒译,北京:商务印书馆1979年版,第20页。

第三章
量子纠缠证明了"意识是物质的
基础"吗？

"物质与意识"的关系问题原本并不是一个新颖的话题，作为马克思主义哲学的基本问题之一，早有许多论述。但当朱清时院士运用量子力学的理论特征，来论证"主观意识是客观物质世界的基础""测量的核心是人的意识"，乃至"客观世界是由一系列念头造成的"等观点时①，就必须引起高度重视。因为这些论证已经把基于经验证实的科学、基于概念论证的哲学和基于恪守信仰的宗教，完全搅和在一起。施郁教授在《知识分子》微信公众号上率先发表了批判性文章，逐一展开反驳，认为朱院士的观点曲解了量子力学，误导了公众对物理学的认识，特别指出朱院士"关于量子纠缠的讨论是严重错误的"，关于"念头产生'客观'的说法是非常不负责任的"②。施教授的反驳是基于量子力学的基本知识点展开的。本文则试图回到历史之中，通过考证薛定谔当年设计"猫"实验和提出量子纠缠概念的目标与过程，来进一步论证"薛定谔猫"实验和量子纠缠现象，并没有为"主观意识是客观

　本章内容发表于《华东师范大学学报（哲学社会科学版）》2018 年第 1 期。
　　【基金项目】国家社科基金后期资助项目"量子纠缠的哲学革命"（项目编号：17FZX042）的阶段性成果。
① 朱清时：《量子意识、现代科学与佛学的汇合处》，参见 http://www.xuefo.net/nr/article30/300891.html。
② 施郁：《朱清时错了，现代物理学与量子力学没有否定客观世界》，参见 http://view.inews.qq.com/a/20170613A00V8100。

物质世界的基础"等观点提供理论证据,而是试图揭示基于经典实在论立场来理解量子测量所带来的悖谬。

一、"薛定谔猫"佯谬提出的背景

从理论上讲,量子纠缠现象是由薛定谔方程本身的特殊性质所蕴含的,但在实践中,薛定谔正式提出量子纠缠概念并赋予其含义,却比方程晚了差不多十年的时间。在这十年间,物理学家虽然意识到量子测量完全不同于经典测量,但并没有突出二者之间的实质性差别,更没有用概念来厘清这一差别,只是围绕如何理解量子力学展开争论。最著名的争论当属爱因斯坦与玻尔之间的三大论战。玻尔把他与爱因斯坦论战的焦点归纳为,用什么样的态度看待量子力学对传统自然哲学的惯常原理的背离:量子力学放弃经典物理学传统中的决定论的因果性描述,接受概率的因果性描述,应该只被看成是一种方法论上的权宜之计呢?还是应该进一步被看成是对自然界的一种客观认知呢?爱因斯坦坚持前者,而玻尔接受后者。这便是他们就量子力学的内在自洽性、不确定关系的有效性和量子力学的完备性三大论战的主要根源所在。

1935 年,爱因斯坦、波多尔斯基和罗森三人联名在《物理学评论》杂志上发表了标志着第三次论战的重要檄文:《能认为量子力学对物理实在的描述是完备的吗?》。[①]这篇檄文是从经典实在论的立场出发,来论证量子力学对实在的描述是不完备的。论文发表不久,薛定谔就写信给爱因斯坦说,读到 EPR 论文非常高兴,认为这篇文章抓住了教条的量子力学的辫子。爱因

---

① EPR 是三位作者姓氏的首字母组合,这篇文章简称为"EPR 论文",关于它的论证,简称为"EPR 论证",关于它的悖论结果,简称为"EPR 佯谬",关于它反映的微观粒子之间的关联,简称为"EPR 关联"。

斯坦在回信中写道:"你是唯一一个我愿意与之交换意见的人。其他的同行在看问题时几乎都不是从现象到理论,而是从理论到现象,他们无法从已接受的概念网中跳出来,而只是在里面奇怪地蹦来蹦去。"①

薛定谔在 EPR 论文的激发下,不到一个月的时间,就在德国《自然科学》杂志上发表了标题为《量子力学的现状》的文章,英译版发表在《美国哲学学会进展》杂志。②这篇文章的目标是基于对经典观念与量子观念的比较,进一步从理论上加深对量子力学深层问题的理解。薛定谔运用比较的方法,从讨论经典物理学的模型与表征、量子力学中的变量、统计性等概念出发,设计了著名的"薛定谔猫"实验,接着分两大部分讨论了量子测量问题,并在讨论中首次创造了"纠缠"这一概念。然而,令人遗憾的是,国内学界似乎对"薛定谔猫"很熟悉,但却对薛定谔是在怎样的语境中提出"猫"实验却无人问津,出现了在脱离语境的情况下随意夸大这个悖谬的现象。

薛定谔认为,在经典物理学中,所有的自然客体都被证明是真实存在的,物理学家在所考虑的有限范围内,能够基于他们所拥有的实验证据,在没有直觉想象的前提下,建立对自然客体的一种表征。但是,这并不意味着,人们能够以这种方式了解事物在自然界中的发展变化。为了了解事物的变化,需要借助于所创造的图像或模型来进行。人们确信根据理论表征得出的预言,能够得到实验的证实。如果在许多实验中,自然客体的行为确实如同模型所描述的那样,那么,人们就认为这个图像或模型在本质特征上与实在相符合。如果在新的实验条件下或运用更先进的测量技术,得出了不一致的结果,人们就会对原来的图像或模型作出进一步的修正。这样,人

---

① 转引自沃尔特·穆尔:《薛定谔传》,班立勤译、吕薇校,北京:中国对外翻译出版公司 2001 年版,第 207 页。

② Schrödinger, E., "Die gegenwärtige Situation in der Quanten mechanik", *Narurwissensechaften*, Vol.23, Issue 48, 1935, pp.807—812; 823—828; 844—849. "The Present Situation in Quantum Mechanics: A Translation of Schrödinger's 'Cat Paradox Paper'", Translator John D. Trimmer, *Proceedings of the American Philosophical Society*, Vol.124, No.5, 1980, pp.323—338.

们根据事实调整假设,并从假设中剔除主观判断,就会使图像或模型向着越来越逼近实在的方向发展。

运用这种模型方法的信念基础是:客体的初始状态,在某种程度上,真的能完全决定未来的演变,也就是说,与实在完全相一致的完备的模型将能精确地计算出未来的实验结果。但薛定谔指出,"完备的模型"意味着这个模型能够全面反映实在的各个方面,这只是一种理想情况,事实上,思想适应实验的过程是无限的。因此,"完备的模型"其实是一个自相矛盾的术语。

在量子力学中,模型的变量提供的是概率值,而不是测量将会得到的确定值。特别是,量子力学中的不确定关系使得量子模型,不再能像经典模型那样,同时确定每个变量的值。对于位置和动量之类的共轭变量来说,确定一个变量的值,要以牺牲另一个共轭变量值的确定性为代价,位置与动量之间的关系满足海森堡的不确定关系。这种模糊性只限于原子尺度以内。为了突出量子力学的这种独特性,薛定谔进一步设计了一个"猫"实验来设想,如果不确定性影响了在宏观意义上能看得见的有形物体将会出现的情况。

薛定谔设想的实验是:把一只猫关闭在一个封闭的钢制盒子内,盒子内底部装有极残忍的装置(必须保证这个装置不受猫的直接干扰):在一台盖革计数器内置入一块极少量的放射线物质,使得在一个小时内,只有一个原子发生衰变或者没有原子发生衰变,这两种情况发生的概率都是50%。如果原子发生了衰变,那么,计数器管就放电,通过继电器启动一个榔头,榔头会打破装有氰化氢的瓶子,氰化氢挥发,会使猫中毒身亡。经过一个小时之后,如果没有发生衰变,那么猫仍然活着。可是,按照量子力学的描述,在这个盒子被打开之前,整个系统的波函数所提供的是活猫与死猫的一种叠加态,这个叠加态由两个分量组成:一个是意味着死猫和原子衰变态的关联,第二个分量意味着活猫与原子稳定态的关联。如果观察者希望知道猫的具体状态,那么,就必须打开封闭的盒子进行观看。在观看之前,猫只能处于叠加态,但多次观察之后,出现两种状态的可能性是等价的。

这个思想实验的典型特征是,把原本只限于原子领域的不确定性,以一种巧妙的方式转变为能被直接观察的不确定性,即,只有通过打开这个容器进行直接观察,才能解除不确定性。或者说,猫的状态取决于观察者的"观看"这一举动。薛定谔指出,如果观察者不打开盒子,那么,猫将会有50%的概率活着,有50%的概率死亡。这就使得我们难以天真地把这种"模糊的模型"接受为对实在的有效表征。就其本身而言,这并没有体现出任何矛盾,但是,从经典物理学的观点来看,在一张完全没有聚焦的照片和云雾室的快照之间,确实有着很大的不同。这个思想实验比 EPR 论文中的思想实验更明确地揭示了基于经典观念来理解量子测量所存在的悖谬之处。可见,从这篇文章来看,薛定谔设计猫实验的目标是说明,如果运用经典模型与表征概念来理解量子测量,就会导致悖论,而不是试图证明"主观意识决定了猫的状态"。

二、"纠缠"概念的提出

薛定谔在设计了这个思想实验之后,紧接着讨论认识论问题。他指出,在量子力学中,不确定性实际上并不是指模糊不清,因为实际情况总是所完成的观察提供了缺失的知识(missing knowledge)。因此,从这个困境来看,不确定原理只能求助于认识论来营救自己。按照量子力学的哥本哈根解释,在自然客体的态与我们对这个客体的认识之间是没有区别的。从本质上看,只存在察觉(awareness)、观察、测量。如果据此你获得了物理客体在特定时间所处状态的最佳知识,那么,你就能回避进一步追问有关"现实状态"的问题。因为你相信,进一步的观察不可能超越你关于这个状态的知识范围。

因此，薛定谔得出结论说，在量子力学中，实在抵制凭借模型进行模仿。我们必须放弃经典实在论，直接依赖于测量提供的结果。但是，放弃经典实在论的逻辑推论是，一个变量在测量之前没有确定的值，而对它的测量，也不意味着确定它所具有的值，而是意味着肯定还有标准来判断，测量是否正确，方法是否精准。如果实在不会决定被测量的值，那么，至少被测量的值必须决定实在。也就是说，所希望的判断标准只能是：重复测量必定得到相同的结果。薛定谔把这种基本观念归纳为："在马上重复测量过程时，如果第二个系统（指针的位置）的很敏感的变量特征总是在某种误差允许的范围内再现，那么两个系统（被测量的客体和测量仪器）之间有计划地安排的相互作用被称为关于对第一个系统的测量。"①

薛定谔说，这个陈述需要进行另外的讨论：这绝不是一个完美的定义。经验比数学更复杂，而且，在一个完美的句子中，经验是不容易被捕捉到的。放弃经典实在论也强加了一些责任。从经典模型的观点来看，波函数陈述的内容是很不完备的，从量子力学的观点来看，却是完备的。于是，薛定谔指出，在量子力学中，测量把波函数随时间变化的规律悬置起来，导致了相当不同的突然变化，而这种变化并不是受定律支配的结果，而是直接测量的结果。因此，微观领域的定律与经典的定律完全不同，不能被应用于测量，或者说，波函数不再像在经典物理学中那样，被看成是对可实验证实的客观实在的表征。

薛定谔在明确了波函数与测量的关系之后，继续讨论的三个问题是：（1）由于测量，波函数的不连续变化是不可避免的，这是因为，如果使测量仍然具有意义，就必须获得所测量的值；（2）不连续的变化肯定不受其他有效的因果律的支配，因为这种变化依赖于测量所得到的值，而测量所得到的值

---

① Schrödinger, E., "The Present Situation in Quantum Mechanics: A Translation of Schrödinger's 'Cat Paradox Paper'", Translator John D. Trimmer, *Proceedings of the American Philosophical Society*, Vol.124, No.5, 1980, p.329.

并不是在测量之前预先确定的;(3)这种变化也一定包括某种知识的损失,但知识是不可能失去的,因此,客体必须发生不连续的变化,而且,是以不可预测的不同方式发生这些变化。

那么,这怎么会合乎情理呢? 薛定谔说,这是一个复杂的问题,也是量子理论最困难和最有趣之处。为了回答这一问题,薛定谔开始讨论如何客观地理解被测量的客体与测量仪器之间的相互作用问题。他认为,关键在于,两个曾经相互作用过的子系统在完全分开之后,只要人们拥有每个子系统的波函数,那么,也就拥有两个子系统共同的波函数。反之却不然。这实际上是说,整体的最有可能的知识不一定包括其组成部分的知识,也就是说,整体处于确定的态,而个体部分却没有处于确定的态。但是,对第一个子系统的测量,总能相应地预言测量另一个子系统时所处的状态。可是,如果两个子系统只是并列关系,根本没有进行过任何相互作用,那么,对第一个子系统的测量就不可能提供对另一个子系统的预言。

为此,薛定谔指出,所发生的"预言的纠缠"(entanglement of predictions)显然只能回到这样的事实:两个子系统事先已经在真正意义上形成了一个系统,也就是进行了相互作用,并留下了彼此的痕迹。薛定谔把这种情况称为我们对两个子系统的知识的纠缠。两个子系统再分开之后,总系统的知识逻辑上不再分裂成两个单一系统的知识之和。在这里,薛定谔第一次创造了"纠缠"这一术语来指曾经相互作用过的两个子系统在分开之后,我们能够根据对第一个子系统的测量结果,来预言测量第二个子系统时将会得到的结果,意指这两个子系统是相互纠缠在一起的。在这里,从一个系统的测量结果,来预言另一个系统的测量结果,并没有任何信息的传递,而是由总系统的性质来决定的。

在德文版的《量子力学的现状》一文发表后不久,薛定谔越来越意识到,在量子测量中,"纠缠"概念很重要,是量子力学的特征性质。于是,1935 年10月,他又在《剑桥哲学学会的数学进展》杂志上发表了一篇文章。这篇文章是用英文发表的,标题为《对分离系统之间的概率关系的讨论》①。在这篇文章中,薛定谔继续推广 EPR 论文的讨论,第一次明确地用"纠缠"概念来描述 EPR 思想实验中两个曾经耦合的粒子,分开之后彼此之间仍然维持某种关联的现象,或者说,用"量子纠缠"这一概念来描述复合的微观粒子系统存在的那种难以理解的特殊关联。

薛定谔在《对分离系统之间的概率关系的讨论》一文中开门见山地指出,当两个系统由于受外力作用,在经过暂时的物理相互作用之后,再彼此分开时,我们无法再用它们相互作用之前各自具有的表达式来描述复合系统的态,两个量子态通过相互作用之后,已经纠缠在一起。②不管这两个量子系统分离之后相距多远,都始终会神秘地联系在一起,其中一方发生变化,都会立即引发另一方产生相应的变化。薛定谔对这种特殊情境的另一种表达方式是:一个整体的最有可能的知识不一定是它的所有部分的最有可能的知识,即使这些部分可能是完全分离的,有能力拥有各自的"最有可能的认识"。这种知识的缺乏决不是由于这种相互作用是不能够被认识的,而是由于这种相互作用本身。③可见,薛定谔提出量子纠缠概念是为了描述量子测量的不确定性,并不是为了突出意识对测量的决定作用。

三、"猫"案例与意识决定论

"薛定谔猫"的思想实验反映了运用经典观念理解量子测量的困难所在。其实,冯·诺意曼在运用"投影假设"描述量子测量时,已经提出过这一

① Schrödinger, E., Discussion of Probability Relations Between Separated Systems, *Mathematical Proceedings of the Cambridge Philo-sophical Society*, Vol.31, No.4, 1935, pp.555—563.

②③ Schrödinger, E., "Discussion of Probability Relations Between Separated Systems", *Mathematical Proceedings of the Cambridge Philosophical Society*, Vol.31, No.4, October 1935, p.555.

困难,只是不如"猫"实验那么明确和尖锐。1932 年,冯·诺意曼在《量子力学的数学基础》一书中证明,一个微观系统的量子态,可以按照两种完全不同的方式来演化:(1)当量子系统没有受到测量时,它的态(即态函数)将按照薛定谔方程进行演化,这个演化过程是连续的和可逆的物理过程;(2)当量子系统受到某种测量之后,对象与测量仪器构成的组合系统的态,将会发生不连续的和不可逆的变化,量子系统从叠加态转变为具体的可能态。

第一种演化方式描述的是微观物理系统的演化行为,第二种演化方式描述的是微观系统与宏观系统作用的演化行为。不连续的演化通常用"投影假设"或"波函数的塌缩"来解释。问题在于,在实际的测量过程中,从微观的叠加态到一个宏观的可能态的转变将在哪里发生?为什么这个转变过程不能用薛定谔方程来描述?而是必须附加所谓的"投影假设"来描述?这就是量子哲学家所说的"量子测量难题"。冯·诺意曼认为,量子测量系统同经典测量系统一样,也是由测量主体、被测量的客体与测量仪器组成的。所不同的是,在量子测量的过程中,被测量的客体与测量仪器组成了更大的复合系统。

问题在于,如果观察者完成了一次测量,那么,"投影假设"必然在这个系统的某一个中间环节起作用。冯·诺意曼认为,"投影假设"起作用的地方是任意的和可变的。这样,在对象系统中,客体链条的无限延伸,理论上就把观察者的感知器官与大脑也包括在对象系统之内,从而使对象与仪器之间的分界线,最终位于观察者的大脑与意识之间。因为只有观察者的意识属于主体范畴,不能被包括在客体系统之内。然而,被测量的可观察量是微观的,不可能直接地在宏观意义上被观察到,必须借助于与它发生相互作用的宏观可观察量来实现。那么,可以认为,观察者的观察行为本身将会影响宏观的可观察量,然后依次类推,最后影响到微观的可观察量吗?

"薛定谔猫"实验使冯·诺意曼的抽象讨论明朗化。诺贝尔奖获得者维格纳把"薛定谔猫"实验改进成为"维格纳的朋友"实验。他设想,当薛定谔的猫在盒子里默默地等待命运的判决之时,有一位朋友戴着一个防毒面具也同样待在盒子里观察这只猫。这时,站在盒子外面的维格纳猜测他的朋友正处于(活猫,高兴)和(死猫,悲伤)的混合态。可事后当他询问这位朋友盒子里发生的情况时,这位朋友肯定会否认这一种叠加状态。但是,维格纳论证道,当朋友的意识被包含在整个系统中的时候,叠加态就不适用了。意识作用于外部世界,使波函数坍缩。由于外部世界的变化可以引起意识的改变,根据牛顿第三定律,即作用力与反作用力定律,意识也应当能够反过来作用于外部世界。维格纳在1967年出版的论文集中评论"身心问题"时,论证了这种意识决定论的观点。朱院士宣传的观点只不过是这一观点的翻版而已。然而,值得注意的是,维格纳的观点,是在缺少量子测量理论的前提下,人为想象的结果。事实上,早在1962年,物理学家丹纳瑞(A. Daneri)、朗林格(A. Loinger)和普让斯布瑞(G. M. Prospperi)就联名提出一个简称为DLP的测量理论。DLP理论的主要目的是尽可能地排除被观测对象S和测量仪器M组成的系统中的叠加态。他们证明,测量仪器是由大量的粒子所组成的系统,它有许多自由度。考虑到热力学效应的存在,当这样一个系统处于叠加态时,实际上已经取消了叠加的干涉特征。结果在统计的意义上,一个叠加态与关于所有相关可观察量的混合是难以区分的。如果把要测量的宏观系统S+M称为系统Ⅰ,把用来测量这个系统的另外的宏观系统称为系统Ⅱ,那么,与系统Ⅰ的统计算符所对应的、由属于不同的宏观系统的态矢的叠加所描述的纯态是相等的,在这种意义上,我们所关注的系统Ⅱ就是上述宏观态的一种混合。这样,对于S+M系统来讲,它的纯态演化的行为与混合态是一样的。之后,物理学家通常用量子消相干的观点来解释"投影假设",从而提供了从相互作用的视角来解释"薛定谔猫"的状态变化的一条思路。

1974年,雅默在《量子力学哲学》一书中指出,从事实际工作的物理学家并未受到量子测量理论的这一缺陷的严重干扰。普特南认为:"宏观可观察量在任何时候都取确定值的原理并不是从量子力学的基础推出的,而毋宁说是作为一个附加的假设而硬拉进来的。"①马格脑分别在 1936 年和 1963 年发表的论文中强调指出②,在测量与态的制备之间存在着一个决定性的区别:测量产生了一个关于特定的可观察量的值,而制备产生了一个处于同样状态的粒子系综。所以,应该区分态的制备与测量是一个过程的两个阶段,冯·诺意曼对"投影假设"的分析混淆了上述区别,最后只能出现悖论;伦敦(Fritz London)等人提出,"投影假设"根本不是直接的物理过程;特勒(P. Teller)在 1983 年发表的一篇论文中论证说,"投影假设"完全是一种幸运的近似。之所以说近似,是因为实际发生的过程不会像"投影假设"所说的那样精确地局限于某种态;之所以说是幸运,是因为原则上还没有一种公认的方法或方案能把这种近似转变为准确的陈述。③

　　总之,"投影假设"只是对不连续的量子测量过程提供了一种可能的解释。从概念上看,"投影假设"本身所存在的问题与量子测量是有所区别的。如果我们只把"投影假设"理解成对测量现象的一种说明,那么,也只是与量子理论没有明显联系的一种人为假定。这个假定是否成立,还需要进一步诉诸实验的证实。

　　量子测量引发的更加深刻的问题是:大量原子、分子所构成的生物与这些微观粒子遵从的量子力学规律之间究竟有怎样的关系? 由于自我意识的机制至今仍然是未解之谜,有人设想,意识的产生可能与量子力学或更深层次的微观规律有关,或许,人类思维过程中的"顿悟""灵感"等目前无法解释的现象,与测量后的确定态是从测量之前的叠加态中跳出来那样,也与人脑

① 转引自[美]M.雅默:《量子力学哲学》,秦克诚译,北京:商务印书馆 1989 年版,第 253 页。
② Margenau, H., "Quantum Mechanical Descriptions", *Physical Review*, Vol. 49, 1936, pp.240—242; "Measurements in Quantum Mechanics", *Annals of physics*, Vol. 23, 1963, pp.469—485.
③ Teller, P., "The Projection Postulate as a Fortuitous Approximation", *Philosophy of Science*, Vol.50, 1983, pp.413—431.

的微观机制有关。但目前这也只是一种推测。在这种情况下,朱院士把科学无法解答的问题,通过想象延伸推广到哲学与宗教的层面,显然是站不住脚的。

四、实验中的"薛定谔猫"

"薛定谔猫"提供了使量子力学的适用领域从微观延伸到宏观的一个范例,虽然揭示了用经典实在观理解量子测量所带来的困难,但却为物理学家寻找经典与量子边界的研究提供了思路。自 20 世纪 80 年代以来,物理学家开始通过实验全面地检验这方面的各种观点与结论。尤其是近些年来完成的超导约瑟夫逊制备的薛定谔猫态实验和正反方向持恒电流宏观相干叠加实验表明,人们有可能实现宏观尺度上的量子态叠加。[①]从量子消相干的观点来看,组成宏观物体的内部微观粒子的个体无规则运动和宏观物体所处环境的随机运动,会与宏观物体的集体自由度耦合纠缠起来,产生对集体自由度的广义量子测量。随着环境自由度或组成宏观物体的粒子数增多,与之作用的量子系统会出现量子消相干,使得量子相干叠加名存实亡。因此,当代物理学家认为,"薛定谔猫"的悖谬,可能起因于对问题的不恰当表述。目前物理学家通过冷原子的干涉实验表明,量子测量形成了空间态和内部态的纠缠态,干涉条纹消失是内部态作为"仪器"与空间态相互作用的结果。[②]

具体来说,在"薛定谔猫"实验中,猫的"死"与"活"代表了猫的两种集体状态或两个宏观可区别的波包。由于宏观物体由大量微观粒子组成,其组成部分的运动不是严格协调一致的。在这种情况下,必须考虑许多内部自

---

①② 孙昌璞:《经典与量子边界上的"薛定谔猫"》,《科学》,2001 年第 53 卷第 3 期。

由度对集体状态的影响。这种影响与集体状态形成理想的量子纠缠，"平均掉"内部自由度的影响，宏观物体的相干叠加性就被破坏了：也就是说，死猫与原子衰变态的关联，以及活猫与原子稳定态的关联，都是经典的。因此，由于量子消相干的缘故，像"猫"这样的宏观物体不会稳定地处于一个相干叠加态上。而且，目前已有实验表明，如果把量子测量当成一个相互作用产生量子纠缠的动力学过程，对含有限粒子数的体系，量子消相干不再是一个瞬间，而是一个渐进演化的过程。也就是说，在这个实验中，猫的死活只能是一个事件。有限大小的猫（猫的内部组成粒子数目是有限的）会经历部分消相干，从"量子猫"到"经典猫"是一个渐进的半经典过渡。①

五、余　论

总之，薛定谔之所以提出量子纠缠概念，是为了揭示用经典模型与表征关系，在理解量子测量时导致的问题，说明耦合量子系统的知识，不可能被还原为组成部分的知识。现在，物理学家对"量子纠缠"现象的描述，通常是指曾经发生过相互作用的两个粒子或两个同源粒子，在彼此分开之后，不管它们相距多远，它们之间始终都存在着一种即时关联，测量者能够根据一个粒子的变化，预言另一个粒子的变化。根据后来玻姆简化后的 EPR 思想实验，也可以把量子纠缠表述为：两个纠缠粒子在测量之前都没有确定的自旋态，只有通过实际测量之后，它们才能拥有确定的自旋态。理论提供的测量得到的态是随机的。也就是说，这样的两个量子系统在相互分离开之后，将会失去它们各自的独特属性，贡献出整体的属性。这是一种非还原的整体论。

① 孙昌璞：《经典与量子边界上的"薛定谔猫"》，《科学》2001 年第 53 卷第 3 期。

举例来说,假如有两个粒子,其中,粒子 1 只能处于态 A 和 C 之一,并且,A 和 C 不能同时存在;粒子 2 只能处于态 B 和 D 之一,并且,B 和 D 也不能同时存在。当两粒子系统处于态 AB 时,意味着粒子 1 处于态 A,粒子 2 处于态 B。同样,系统处于态 CD 时,代表粒子 1 处于态 C,粒子 2 处于态 D。根据量子力学的态叠加原理,AB+CD 也是这两个粒子系统的态,这个叠加态就是一个纠缠态。我们在对这个复合系统进行测量时,如果测量到粒子 1 处于态 A,那么,粒子 2 就必然处于态 B,同样,如果测量到粒子 1 处于态 C,那么,粒子 2 就必然处于态 D。意思是说,当粒子 1 和粒子 2 处于叠加态时,我们不再可能完全撇开一方的态来孤立地描述另一方的态。[①]

这与经典物理学中的知识相违背。经典物理学认为,两个物体之间发生相互影响,一定是某种相互作用的结果,通常用力来解释。这种相互作用可以是直接的,也可以是间接的。直接的相互作用比比皆是,特别容易理解。比如,两个小球在发生碰撞之后,如果不再相互接触,一个小球的状态变化与另一个远距离的小球的状态变化无关。如果我们要对远距离的物体施加作用,就需要有媒介物。比如,根据声学理论,人与人之间的交流之所以可能,正是因为我们的声带振动,导致空气分子的波动,分子波动穿越两人之间的距离,引起对方的耳膜振动的缘故。因此,我们通常会习以为常地认为,在空间上彼此分离开来的两个物体,不管过去它们之间是否有过作用,在分离之后,就会成为彼此独立的个体。物体的这种性质被称为"定域性"。物体的定域性是物体保持其个体性的基本前提。但是,量子纠缠现象却表明,两个纠缠的粒子虽然在空间上分离开来,可在属性上依然相互纠缠在一起,这是由薛定谔方程的性质决定的。

另一方面,在物理学的发展史上,根据物理理论的数学方程的性质,推论出新的概念和预言新的现象,尔后得到实验证实的案例并不少见,比如位

---

① [美]阿米尔·艾克塞尔:《纠缠态:物理世界第一谜》,庄星来译,上海:上海科学技术文献出版社 2008 年版,第 15 页。

移电流概念的提出、电磁波的预言等。有所区别的是,这些新概念的提出或新现象的预言没有带来对物理学基础理论的挑战,而是拓展了理论体系的应用范围。抛弃"以太"概念,虽然导致了相对论力学的产生,带来了时空观的变革,但是,同样没有对科学物理学的思维方式提出挑战。相比之下,量子纠缠概念的提出是一个例外。从理论上讲,虽然像位移电流概念是麦克斯韦方程组的一个组成部分一样,量子纠缠概念也蕴含在薛定谔方程中,但是,量子纠缠概念的提出与接受却远远不像位移电流那样,一经提出便被物理学家顺利接受,而是经历了基于哲学假设的观念之辨,到几十年之后的实验证实和当前不断发展的技术应用这样一个漫长的过程。

当前,虽然量子纠缠现象已经作为一种资源,被应用于量子通讯、量子计算和量子密码等领域。但并不等于说,物理学家已经搞明白了量子纠缠现象发生的内在机理。薛定谔方程本身并没有提供在进行量子测量时,量子态如何从叠加态塌缩为可能态的具体过程,用"投影假设"来描述量子测量结果,是外加于量子力学的人为假定。朱院士用这个未经证明的假设来作为"主观意识是客观物质世界的基础"等观点的证据,显然既不科学,也没有说服力。

第四章
量子理论的哲学宣言[*]

　　关于量子理论的哲学研究有两个层次，一是根据量子理论及其技术的发展，探讨具体的哲学问题，比如，超出贝尔不等式讨论的范围，从量子信息的维度，如何重新定义和理解量子纠缠和非定域性概念的问题①，这些研究已经很深入，而且也相当技术化；二是探讨事关理解科学理论本身的哲学框架问题。框架问题不能被简化为具体的哲学问题，也不能在传统框架内探讨，而是需要重新回到量子理论的实践中，揭示潜存的新观念。本文集中探讨第二个层次的问题。基本思路是根据历史脉络和第一代量子物理学家的亲身感悟，从量子假设的提出、微观粒子的特质、数学思维方式的确立以及理论观四个方面，揭示量子理论本身发出的哲学宣言，而不是阐述重要的物理学家所达成的哲学共识。这项工作是基础性的，既有助于我们澄清长期以来对量子概念的误解误用，也有助于推动科学哲学的发展。

＊　本文内容发表于《中国社会科学》2019 年第 2 期。
　　【基金项目】国家社科基金重大项目"当代量子论与新科学哲学的兴起"（批准号：16ZDA113）的阶段性成果。
①　Bokulich, A. and Jaeger, G., eds., *Philosophy of Quantum Information and Entanglement*, Cambridge：Cambridge University Press，2010.

一、微观世界是不连续的

在量子力学的发展史上,首先难以令人接受的前提之一当数如何理解"量子"概念。今天,虽然人们对"量子"概念本身并不陌生,但事实上,真正理解其内涵的人却并非多数。从词源与语义上讲,"量子"概念来源于拉丁语"quantus",意思是"多少"(how much),意指一个不变的固定量,在量子力学中是特指一个基本的能量单位或一份很小的不变的能量,意指电磁波的辐射不是连续的,而是一份一份地进行的,这样的一份能量叫作能量子。这就是热辐射过程中能量的量子化假设。从此,神秘的量子概念进入了人们的视域。量子化假设中的普朗克常数 h 这个字母取自"Hiete"的第一个字母,在德语中,Hiete 是"帮助"的意思。①在物理学中有许多常数,其中有些常数代表了物体的性质,比如,水的沸点、固体的比热、物质的膨胀系数等,但有少数常数却具有革命性的意义,量子常数就是其中之一。像光速 c 代表了物体运动的极限速度,并且表明,当物体的运动速度接近于光速时,要用狭义相对论力学来描述物体的状态一样,普朗克常数也有极限的意义,在 h 不能被忽略不计时,就需要考虑量子效应,需要用量子力学来描述对象的状态。这是在量子论创立时期所确立的普遍认识。

但近年来,随着量子力学的广泛应用及其理论发展,量子效应不再只是限于微观领域。物理学家已经在实验中观察到诸如爱因斯坦凝聚、量子霍尔效应、超流性、超导性和约瑟夫逊效应等宏观量子效应。2009 年 8 月 4 日,美国物理学家制造出第一台"量子机器"(Quantum Machine)。在

---

① 参见 Ruark, A.E., and Urey, H.C., *Atoms*, *Molecules and Quanta*, New York and London: McGraw-HillBook Company, Inc., 1930, p.12。关于作用量子的解释与这里引用的这个文献,是当时欧洲国家最通用的量子力学教材。

2010年的美国《科学》杂志及美国科学促进会（AAAS）公布的年度十大科学成就中荣登榜首。量子机器为微米量级，能用肉眼分辨，从而证明了宏观物体也遵守量子理论的运动规律。这是一项具有划时代意义的技术发明，它不仅为物理学家实现更大物体的量子控制迈出了关键一步，而且颠覆了我们过去根据物体大小来区分宏观和微观的划分理念。当代物理学家的看法是，只根据尺度的大小来划分宏观领域与微观领域是很不严格的，量子力学是普遍有效的，既适合宏观领域，也适合微观领域，他们把能够运用经典概念体系很好地解决问题的领域，称为经典领域，把经典概念不能胜任而运用量子概念解决问题的领域，称为非经典领域。

"量子"概念像"引力"概念一样具有划时代的意义。万有引力定律的提出，标志着思辨的自然哲学思维方式的终结，也标志着以牛顿力学为核心的经典物理学范式成为近代哲学发展的基石。以休谟为代表的经验论和以康德为代表的理性论，都是从牛顿力学中获得启迪，才提炼出各自的哲学体系。同样，"量子"概念的提出为我们撬开了关注不连续世界的大门，并在科学思想史上第一次打破了"自然界不作跳跃"的常识性观念。量子信息技术的发展，进一步印证了基于这种不连续思想建立起来的理论大厦的正确性，限制了经典思维方式的适用范围，把检验理论正确与否的标准从单纯注重观察与实验结果，扩展到技术应用领域。

量子化观念的确立意味着，微观粒子的运动不再像宏观粒子的运动那样，总会留下可追溯的轨道痕迹，而是分立的（discrete）。"分立"概念在物理学中的含义与在数学中的含义一样，意指"离散"或不连续。也就是说，在量子领域内，某些量或变量不再像经典物理学中那样是连续变化的，而是只能取不连续的值。比如，光子只能出现在特定的能级上，而不可能出现在两个能级之间，光子的这种特性成为制造激光器的理论基础。正如普朗克所言，作用量子在原子物理学中扮演着基本角色，并且，作用量子的登台表演，开辟了物理学的一个新时代。这一点再也用不着怀疑了。因为作用量子的提出，它改变了自莱布尼兹与牛顿发明微积分以来，在假设一切因果关系都是连续的这个基础上所建立起来的物理思想方法。[①]

"微观世界是不连续的"这一观念一旦确立，就具有颠覆性的作用。它不仅使过去建立在连续性假设基础上的概念框架不再完全适用，而且会相应地带来一系列价值观的变革，其中，最直接相关的一个问题就是如何理解"微观粒子"的存在性问题。

二、微观粒子是无法概念化的抽象实在

在经典物理学中，我们通常理解的"粒子"或"质点"，既有质量和体积，也有时空定位，是定域的或彼此分离的，是一种理想状态，我们对一个粒子的作用，不会影响远距离的另一个粒子，粒子的运动变化是有轨迹可循的，可以用位置、速度、力等物理量构成的数学方程来描述，而且，它们是可观察的、可感知的、可表征的、可概念化的、可理论化的、可想象的，具有个体性，我们可以根据已知的初始条件，因果性地推知粒子的过去与未来，似乎一切都在掌控之中，过去造就了现在，现在决定了未来。实验测量印证了这种理论化的理想，因为理论的计算结果与实验测量的结果相互印证，彼此一致，理论定律本身具有决定论的因果性，不需要额外提出一种理解性的测量理论。

但是，在量子力学中，物理量用算符表示，算符是对波函数进行数学运算的符号，本身并没有物理意义。薛定谔方程所提供的理论描述，不是微观粒子本身的运动变化过程，而是直到测量结束之后，才能获得某个观察结果的可能性。这样，在量子领域内，理论描述与实验测量之间失去了彼此相互

[①]　参见 M.普朗克：《科学自传》，林书闵译，北京：龙门联合书局 1955 年版，第 22 页。

印证的基础,反而成为互相补充的两个不同环节。量子化假设表明,微观粒子的运动无轨道可循,是不连续的,薛定谔方程也不对它们的实际运动过程提供详尽描述,这就使微观粒子本身成为不可概念化的、不可达的、不可表征的、不可想象的、不可理论化的、不可定义的、不可观察的东西,延迟实验已经证明了这一点。

微观粒子的性质是非常独特的。第一,微观粒子既能产生又能湮灭。第二,微观粒子相互碰撞之后的碎片仍然是同类粒子,而且,它们是从碰撞过程所包含的能量中创生出来的。这就对我们过去所信奉的"物质是无限可分"的观念提出了挑战。第三,微观粒子遵守全同性原理,即,同类粒子是完全相同的,它们不可能被分辨开来,也不可能被通过任何贴标签或加标记的办法来加以识别。第四,曾经相互作用过的两个粒子,在分开之后仍然存在着非定域性的关联,被称为量子纠缠,并且这种纠缠可以被操纵。①关于量子纠缠研究的这些新进展,反过来促进了我们对量子力学的理解。第五,对于微观粒子而言,测量得到的值与测量之前通过理论计算得到的值,属于两个不同的层面,测量仪器的设置甚至决定了微观粒子在被测量时的行为表现,即使在微观粒子发射出来之后也是如此。微观粒子表现出的这种随着测量域境(context)的变化而变化的现象,已经得到了相关实验的证实。

微观粒子的这些特性,在微观粒子、测量仪器和理论描述之间带来了两种不可约化的断裂或不连续:一是微观粒子的真实存在情形与理论描述之间的断裂。这种断裂使得微观粒子在测量过程中所起的功效或作用成为不可知的,因而也相应地阻断了因果性思维的链条。正如海森堡所言:"如果我们想描述在原子事件中所发生的事情,我们不得不认识到'发生'一词只能够应用于观察,而不能应用于两种观察之间的物态……我们可以说,只要微观对象与测量仪器发生相互作用,那么,系统就会从'可能的'状态跃迁到

---

① Bokulich, A., and Jaeger, G., eds., *Philosophy of Quantum Information and Entanglement*, Cambridge: Cambridge University Press, 2010, p. xvii.

'现实'的状态。"①海森堡所说的这种"跃迁"就是意指这种断裂或不连续的存在。二是在测量过程中,微观粒子所起的不可知的作用或功效与可知的测量结果之间的断裂。这种断裂使得对量子力学和量子测量过程的任何一种特殊解释,比如,玻尔的互补性、海森堡的潜能论、玻姆的隐变量、埃弗雷特的多世界,以及后来有人提出的历史一致性、多心灵等,都成为带有哲学倾向的一家之言。

微观粒子的这种不可概念化的抽象存在,以及量子纠缠的不可理解性等特征,要求物理学家相应地放弃长期以来信奉的图像化的思维方式。

三、用抽象的数学思维替代经典的图像思维

在经典物理学中,自然规律第一次以定量的数学形式来表达,归功于16世纪的哥白尼革命。经过伽利略、牛顿等人的工作,最终奠定了用数学公式表达物理定律的科学发展之路。尔后,麦克斯韦方程组的提出,把这种追求推向了高峰。经过这些发展,物理学家把检验真理的标准,从过去的宗教或哲学信条,转向了观察和实验。由于自然界是连续变化的,所以,经典概念不仅有明确的指称和连续变化的数值,而且是可以图像化的。

这种图像思维建立在主体和客体二分的基础上,也就是说,我们能够在研究对象与研究者之间划出明确的边界。这个边界既是用经典语言描述实验现象的必要条件,也是人们无歧义地描述社会体系和法律制度等的必要条件。在经典物理学中,有两套概念体系:一套是描述物体运动变化的粒子概念,另一套是描述波传播的波动概念。这两套概念体系又相应地塑造了

---

① Heisenberg, W., *Physics and Philosophy*, New York: Harper & Row Publishers, Inc., 1958, p.54.

两种图像思维：一种是粒子的图像思维，另一种是波动的图像思维。它们像是建造了毗邻而立的两座经典物理学大厦，也相应地确立了物理学家的经典实在论立场。

这种实在论立场认为，被称为"自在实在"的客观世界是独立于知觉主体而存在的，它们是物理学研究的潜在对象；被纳入科学认知范围内的"自在实在"，被称为"对象性实在"，它们是物理学研究的实现对象。"自在实在"是"对象性实在"的资源库。这个资源的大门是敞开着的，随着人类认知手段的不断丰富与认知视域的不断扩展，资源库中的"自在实在"会源源不断地被纳入"对象性实在"的范围内。"自在实在"和"对象性实在"只有范围大小之别，没有属性之异，都是先于理论描述而存在的，它们构成了经典自然科学研究之所以可能的本体论基础。物理学家认为，基于实验而形成的科学理论，直接描述了"对象性实在"的运动变化过程，以及实在之间的相互关系，由这些理论描述出来的实在图像，被称为"经典实在"或"经典的理论实在"。在经典物理学领域内，"自在实在""对象性实在"和"理论实在"是三位一体的。这是一种本体论化的理论观。

然而，量子化概念的确立使这两座大厦轰然崩塌，并导致了一系列涉及哲学的根本问题，其中有四个最重要的问题。

其一，"自然界是连续的"观念一旦被摧毁，在此基础上形成的概念框架也相应地被摧毁，从而使概念的意义成为不明确的。玻尔喜欢讲的一个故事很好地表明了用经典物理学概念来描述微观粒子时的不适当性。玻尔的故事是，一个小孩子拿着两便士跑到商店，要求售货员卖给他两便士的杂拌糖。售货员给了他两块糖，然后说，"你自己把他们混合起来吧"。这个故事意味着，当我们只有两个对象时，"混合"这个词就失去了意义，同样，当我们处理最小的粒子时，像位置、速度和温度等经典概念也失去了其意义。海森堡希望哲学家和物理学家了解量子力学所发生的这些变化。在他看来，在量子领域内使用经典语言是危险的。他认为，这个事实也会在其他领域内反映出来,只是还需要经历一个漫长的过程。但是,人们并不知道要在哪里放弃一个词语的用法,就像在玻尔讲的故事中"混合"这个词语的用法一样,我们不能说,当有两样东西时,把它们混合起来,那么,当有五样或十样东西呢?①

在海森堡看来,造成这种困难的根源在于,我们的语言是从我们与外在世界的不断互动中形成的,我们是这个世界的一个组成部分,拥有语言是我们生活中的重要事实。语言成为我们与世界和睦相处的前提。然而,这些日常语言不可能在原子领域内还能完全适用,或者说,我们在运用经典概念时,是从宏观领域延伸到微观粒子领域,因此,就不应该指望这些词语还会具有原来的含义。这也许是哲学的基本困难之一:我们的思维悬置在语言之中,我们最大限度地扩展已有概念的用法,就必然会陷入它们没有意义的情境之中。关于量子力学解释的微粒说和波动说之争,正是揭示了物理学家用经典概念的图像思维方式理解量子力学的困难所在。

其二,根据图像思维,我们无法把不连续的粒子图像与连续的波动图像统一到同一个微观对象身上。玻尔用"互补性原理"来概括这种现象。然而,事实上,从当代量子理论的发展来看,玻尔的这种观点就像他在1913年基于普朗克的量子假设,提出轨道量子化的观点来解决氢原子的稳定问题的做法一样,也是半量子和半经典的。因此,就像玻尔的轨道量子化理论被后来的量子力学所取代一样,玻尔的互补性原理也只是一种权宜之计。这正是以互补性原理为核心的量子力学的正统解释长期以来备受质疑的主要原因之一。

其三,量子物理学家对量子系统的许多诡异特性的理解,并不是从实验结果中归纳而来的,而是通过抽象的数学思维进行的。此外,从理论物理学的发展来看,微分方程、几何学、拓扑学、数论、群论、抽象代数、概率论等抽

---

① Buckley, P., and Peat, F.D., *A Question of Physics*: *Conversations in Physics and Biology*, Toronto: University of Toronto Press, 1979, pp.3—16.

象的数学工具似乎越来越成为物理学家的研究向导,或者说,由于微观粒子是不可概念化的,所以,物理学家不可能依靠直接经验来感知亚原子粒子的运动情况,而是依靠抽象的数学来设想其存在并预言实验结果或现象。

其四,在经典物理学中,物理思想是主要的,数学不过是使物理思想更加精确的一种辅助手段。然而,在量子领域内却正好相反。物理学家首先得到的是具有可操作性的两套数学结构,尽管后来证明两者是等价的,但是,物理学家对量子力学的形式体系的解释却至今没有达成共识。一方面,处于叠加态的粒子会失去个体性,或者说不能再被拆分为各个独立的个体,而是需要作为一个整体来对待,其中一个粒子的状态变化,必然会导致其他粒子的状态发生相应的变化,粒子状态变化之间的这种关联与时空距离无关。薛定谔用"量子纠缠"概念来概括这些粒子之间的这种整体性。量子纠缠现象是一种纯粹的量子现象,无法用经典的图像思维来理解,只能用抽象的数学思维来理解。

另一方面,"薛定谔猫"的思想实验已经揭示出,我们如果用经典的图像思维方式来理解态叠加原理,必然会出现悖谬。物理学家维格纳在1967年出版的论文集中提出了薛定谔方程,猫在任一时刻的态只能处于叠加态,即,放出辐射而猫死的态和未放出辐射而猫活的态的叠加。辐射原子不会为了满足观察者的主观愿望而决定是否放出辐射粒子,更不是观察的观看行为导致猫态的变化。问题的关键在于,辐射原子是否会发出辐射,量子力学并不作回答。对于辐射原子来说,是否放出辐射是随机的,我们只知道它的半衰期,只能依据概率来理解,无法独立于实验来对真实发生的情况下判断,或者说,理论描述本身不对真实发生的情况作出确定性的判断。

在当代物理学家看来,理论物理学一直在不断地、无法阻挡地朝着抽象化的方向发展。从经典力学到非相对论量子力学,从非相对论量子力学到量子场论(含有二次量子化和重整化),从麦克斯韦理论到规范场,从规范不变性到纤维丛理论等,都是向着抽象程度越来越高的方向发展的例子。物理学家一直在借助于抽象的数学来理解世界,而且这种依赖程度越来越深入。①由这种抽象的数学理论描绘出来的"量子实在",就其存在形式而言,既不同于自在实在,也不同于对象性实在,而是被建构出来的,就其内容而言,却并非是凭空想象的,而是程度不同地受到了来自不可感知的"自在实在"信息的约束,并且,这些信息无法被从对象性实在的整体信息中剥离出来,只能是一种整合性的存在。然而,正是这种约束才使得从数学公式得到的推理结果,具有了可证实的经验价值和可应用的技术价值。当前,用来进一步理解电子、光子、夸克等微观粒子存在性的弦理论的研究,正在引起数学家的重视。这些数学家正在致力于通过研究复几何和辛几何之间的镜像现象来验证弦理论的预言。如果说量子力学的情况只是揭示出物理学家在运用经典的图像思维来理解问题时所出现的悖论的话,那么弦理论的发展则只能依靠抽象的数学思维加以理解。

这就提出一个更加尖锐的问题,当物理学家越来越用抽象的数学思维替代经典的图像思维时,我们应该如何理解只能依靠抽象的数学思维才能理解的量子理论的实在性呢?对于无法进行图像思维的这类量子理论,应该被刻画为形而上学而非物理学吗?或者说,像有些人所认为的那样,把与实验无关或关系不密切的量子理论的数学化的发展趋势,比如弦论、超对称等,说成是"童话般的物理学"吗?②或者说当物理学家采纳了远离实验和可证实性的数学思维方式时,意味着理论物理学告别了对实在的揭示,背叛了对科学真理的追求,失去了成为科学的资格吗?这就进一步涉及如何理解科学理论的根本性问题。

---

① 成素梅:《如何理解微观粒子的实在性问题:访斯坦福大学的赵午教授》,《哲学动态》2009 年第 2 期。

② Kragh, H., "Farewell to Reality: How Modern Physics Has Betrayed the Search for Scientific Truth," *American Journal of Physics*, Vol.83, No.4, 2015, p.382.

四、量子理论是在谈论世界而不是在描述世界

在量子领域内,物理学家把微观粒子(即自在实在)看成是存在于我们人类认为是抽象的数学空间中。这种存在相当于康德的"物自体",只是作为感知世界的基础而存在,而不是作为理论描述的直接对象而存在。康德认为:"自在的事物本身虽然就其自己来说是实在的,但对我们却处于不可知的状态。"①不过,我们即使承认这一点,也用不着担心走向反实在论,而是提出了另一种形式的更加宽容的实在论。

正如量子物理学家玻恩认为的那样,在科学研究中,"实在"概念是无法放弃的。哲学家之所以轻易放弃"实在"概念,是混淆了"实在"概念的用法,把"实在"概念理解为是需要提供关于研究对象的一切细节,也就是说,我们只有知道微观粒子的详细运动情况和一切属性,才能认为它们不是抽象的虚构,而是真实的存在。这是一种误解。②

在玻恩看来,科学哲学家否认微观粒子的实在性依据的是逻辑推理,而逻辑推理的一致性只能是一个否定标准,而不是一个肯定标准。任何一个科学理论,如果没有逻辑的一致性,一定是无法被接受的,但反之则不然,没有一个科学理论只是因为逻辑合理而被接受。科学哲学家否定电子、光子等微观粒子的存在性的根源在于把"真实的"这个概念解释为"知道所有的细节"。这与"实在"概念的日常用法不相符。简单地否定微观粒子的实在性的观点是相当表面的,没有触及物理学遇到的和迫使我们修改的基本概念的实际困难。③

---

① 康德:《纯粹理性批判》,邓晓芒译,北京:人民出版社 2004 年版,第 17 页。
②③ Born, M., "Physical Reality", *The Philosophical Quarterly*, Vol.3, No.11, 1953, pp.139—149.

我们之所以不能知道微观粒子的全部属性,是因为作为"对象性实在"的东西,不再像经典科学的"对象性实在"那样,是从"自在实在"的资源库中直接提取出来的,而是抽象的多维空间中的存在物在四维空间中的投影,是微观粒子与测量仪器共生的结果。这种结果既包括有微观粒子(自在实在)的信息,也包括投影过程中或测量过程中生成的信息。因此,在量子领域内,"自在实在"和"对象性实在"是既有关联又有所区别的两个不同层次的实在。前者是被制备出来的自在实在,属于本体论意义上的实在,后者是在测量过程结束之后呈现出的结果,属于方法论意义上的实在。因此,使用的测量方式的不同,呈现出的对象性实在也会不同。

由量子理论描述的量子实在(即量子的理论实在)是对"对象性实在"的描述,或者说,是在描述当一个宏观测量仪器干扰了微观粒子时所发生的情况,而不是对作为"自在实在"的微观粒子本身的直接描述。玻尔正是在这种意义上认为,物理学只能提供关于自然界我们能够说些什么,根本不可能判断自然界到底是怎样的。人们通常根据传统的经典实在论观点,把玻尔的上述观点说成是实证主义的观点。但是,如果我们承认量子理论是描述"对象性实在",而不是"自在实在",或者说,是通过描述对象性实在间接地谈论自在实在,而不是在直接描述自在实在,那么,就会认为,玻尔是提供了另一种形式的实在论:一种有能力承认理论是对世界的整体的建构性模拟,因而是可错的、可修正的,这是一种有条件的更灵活的实在论,笔者称之为"域境实在论"(contextual realism)。[①]

这种承认理论是在谈论世界而不是描述世界的实在论,把在经典物理学中无意识地忽视的方法论问题和本体论化了的认识论问题重新凸显出

---

① 在这里,笔者之所以把 contextual realism 译为"域境实在论",而放弃早期文章中"语境实在论"的译法,是因为这种实在论所强调是整体性的领域环境,而不只是语言环境,包括对象、仪器、观察者、操作规则、环境设置等各个方面。

来,归置到各自应有的位置,使本体论意义上的"自在实在"、方法论意义上的"对象性实在",以及认识论意义上的"理论实在"既相互区别又彼此联系起来。这三者之间的相互依存关系,并没有放弃长期以来形成的"存在着独立实在"的直觉和"科学能使我们认识实在"的直觉。

五、余论:关注理论的可理解性问题

爱因斯坦曾早在 1936 年发表的《物理学与实在》一文中指出,通常有理由认为,科学家是拙劣的哲学家,但对于物理学家来说,任凭哲学家进行哲学探讨的观点,应该并不总是正确的。当物理学家相信,他们的基本概念和基本定律的体系是确定无疑的时,这种观点是正确的;但是,当物理学的基础变得成问题时,这种观点就不正确了。当经验迫使物理学家寻找得到确认的新基础时,他们就决不能听任哲学家对理论基础的批判性思考,因为只有物理学家才最知道哪里有困难。物理学家在寻找新的基础时,必定会努力使自己搞清楚,他所用的概念在多大程度上是合理的,在多大程度上是必要的。①爱因斯坦这里所说的寻找新基础正是针对量子力学而言的。也就是说,哲学家寻找对量子力学基础的理解,要从该理论预设的前提假设中,从物理学家的理解及其他们之间展开的争论中来进行,然后,基于理论蕴含的前提假设,重塑新的科学理论观,而不是相反。

这就呈现出两种不同层次的理解。在传统的科学观中,人们重视科学,是因为科学理论提供了关于世界的理解,理解和说明现象是传统科学认识的核心目标。在经典科学理论中,理论是对现象的理解与说明,而科学家不

① Einstein, A., "Physics and Reality", trans. Jean Piccard, *Journal of Frank in Institute*, Vol.221, No.3, 1936, p.349.

需要对理论本身作出进一步的理解与阐释,因为这些理论本身是可以图像化的,它们所使用的概念也与日常概念相连续。在量子理论中,情况则完全不同,像量子纠缠之类的概念,不仅与日常概念相差甚远,而且根本无法被形象化,这就进一步带来了对理论的可理解性问题。如果说,科学家运用理论来理解现象属于一阶理解的话,那么,科学家对理论基础的理解则属于二阶理解。

　　理解现象是科学说明的目标与结果,是指科学家要么把新的经验知识纳入现有的理论知识中,要么为解答新的实验现象来提出新的理论体系,就像物理学家提出量子力学来理解经典物理学理论无法说明的黑体辐射等现象那样。而理解理论则有所不同,理论的可理解性,并不是理论本身的内在属性,而是一种外在的关系属性,因为这不仅依赖于理论的特质,而且还依赖于从事理论工作的科学家的认知技能,特别是,他们在长期的科研实践中亲自获得的关于第一手知识的那种直觉与洞见,比如,普朗克提出"作用量子"概念时具有的那种连自己都无法相信的直觉与洞见。理论的可理解性是与理论的应用与传播相关的所有价值的总汇,既随时间而变,也与理论的直观性或图像化程度成正比。量子理论中的许多概念,由于失去了直观性,因而相应地失去了传统的可理解性的条件,需要借助数学思维来进行。但是,借助数学思维进行的理解,并不等于放弃了理论的实在性,只是改变了我们对理论实在性的理解方式。

　　广而言之,物理学是质疑哲学假设的沃土。物理学对哲学的意义,不仅是增加了我们关于世界的经验,而且还能检验运用基本概念的范围和基础。开始于哥白尼的经典物理学和开始于普朗克的量子理论,都有力地证明了这一点。反过来,物理学家关于物理学基本问题的哲学争论,也有助于深化我们对科学本性的理解。物理学与哲学之间具有相互促进和相互检验的关系。数学和物理学的知识越深入,越能够提出新的哲学概念。科学哲学家需要深入到数学家和物理学家的研究实践中,深入到被证明是有效而正确的物理学理论的基本假设中,揭示所蕴含的哲学宣言。总之,量子理论的发展改变了我们的语言观、物质观、世界观、实在观、理论观。如何基于量子理论所蕴含的这些哲学宣言,来重建科学哲学的基本框架,不只是摆在当代科学哲学家面前的一项艰巨任务,而且还会把科学哲学研究的视域从关注理论的面向,转向关注科学家的认知技能和实践的面向。

第二篇

科学哲学

第一章
当代科学实在论的困境与出路[*]

自 20 世纪 60 年代科学哲学的研究发生了历史学转向(historical turn)以来,在科学哲学的发展中,最激烈、最持久且最令人瞩目的争论之一,是关于科学的实在论与反实在论,甚至还有非实在论之间的争论。能够把科学理论理解为是对独立存在的客观外在世界提供了真理性的描述吗? 如果是,那么,这是否意味着应该相信理论实体的本体性呢? 科学实在论者在不同程度上对此问题给出了肯定的回答;各种形式的反实在论者从根本意义上对此持有否定的态度;而非实在论者则试图另辟蹊径走向一种超越。近年来随着不同观点的兼容并蓄,争论焦点的集中与转移,辩护视域的扩展与交融,论证方法的相互渗透与借鉴,已形成了争论各方可以直接对话的基本前提。在这种背景之下,对科学实在论的元理论研究,就成为一个值得深入研讨的重大问题。为了对这一问题有一个比较系统的思考,本文试图就当代科学实在论的困境与出路发表管见,以求抛砖引玉。

一、科学实在论的论证策略与困难

当代科学实在论者相信,科学理论为我们提供了关于不可观察的理论

---

* 本章内容发表于《中国社会科学》2002 年第 2 期,由作者与郭贵春教授合作撰写。

实体的本体论与认识论的陈述,并且认为,他们有理由能够令人相信不可观察的理论实体的本体性。关于这个问题的大多数论证策略主要是"逼真论证"(the convergence argument)和"操作论证"(the manipulability argument)。问题在于,这些论证策略并没有真正成为科学实在论解释的保护伞。

1."逼真论证"及其困难。逼真论证与"奇迹"论证("miracles" argument)是相互联系在一起的。其核心思想是,认为只有站在实在论的立场来解释实验现象与科学的成功,才不会使其成为一种奇迹。主要代表人物有斯马特(J. Smart)、普特南(H. Putnam)和波义德(R. Boyd)。

斯马特站在物理主义的立场上,通过对宏观客体与微观客体的物理特征的考察,以及对现象主义的全面分析后指出,对理论实体的现象论的解释仅仅具有工具价值:即这种解释只是简单地使我们在电流计和云雾室的层次上预言现象,根本不可能消除这些现象的惊异特征。只有对理论赋予实在论的解释,才不会对电流计和云雾室的行为感到惊讶。因为如果电子等理论实体确实存在,这恰好是我们所期待的。这样,许多惊奇的事实将似乎不再让人感到惊奇。①但是,反过来,如果在没有电子存在的情况下光电效应能继续发生作用;在没有光子存在的情况下,电视图像仍然能把光信号转换为电子信息,这绝对是一种奇迹。②

与此相类似,普特南提出运用科学实在论的观点来解释科学的成功性。他认为,反实在论的观点不能解决理论的成功性问题。如果抛弃对科学理论的实在论解释,那么,理论的成功将会成为一种奇迹。因此,对理论的成功性的解释为实在论提供了很好的论证。其论证思路是,假设一个理论做出的某种存在陈述为 S,如果世界正如 S 所陈述的那样,那么,这个理论就

① Smart, J.J.C., *Philosophy and Scientific Realism*, London: First Published by Routledge & Kegan Paul Ltd. 1963, p.39.

② Smart, J.J.C., *Between Science and Philosophy: An Introduction of the Philosophy of Science*, New York: Random House, 1968.

是成功的。理论的成功性说明理论对世界的陈述是正确的,并且,前后相继的理论将向不断地逼近真理的方向发展。①这种论证方式是借助溯因推理的逻辑分析方法,以科学成功的现实事例为依据解释理论的逼真性;再以理论的逼真性为前提,解释理论实体存在的本体性。

这种从理论到实在的推理进路是从理论到模型再从模型到现象。然后由现象的真得出理论的真;或者说,如果 X 解释了 Y 并且 Y 是真的,那么,X 也应该是真的。不难看出,这种推理形式一方面没有说明"Y 的真将如何能够保证 X 的真"这样的重要问题;另一方面,隐含了归纳推理的前提,有陷入归纳困境之嫌。

20 世纪 70 年代,波义德从科学方法论的视角通过对科学理论所使用的工具可靠性的系统分析运用最佳解释的推理原则对上述论证作了进一步的明确阐释。他认为,后实证主义的科学哲学主要向三个方向发展:一是精致的经验论方向;二是社会建构论方向;三是科学实在论方向。②在这些观点当中,"科学实在论与他的反对者都一致赞同,当代科学实践中所使用的科学方法,具有工具意义上的可靠性"③。因为在科学研究的具体过程中,科学家总是把追求真理放在第一位,科学理论能够对可观察现象作出近似正确的预言。与经验论、建构论等观点相比,只有实在论承认科学理论具有真理性,就科学在可观察意义上的成功而言,实在论给出了最好的解释。因此,如同科学假设一样实在论很可能是正确的,我们应该相信它的正确性。

但是,这种以追踪科学在经验上的成功为前提的推理方式存在着两大严重问题:

① Putnam, H., *Mind, Language and Reality: Philosophical Papers*, Vol.1, Cambridge: Cambridge University Press, 1975.

② Boyd, R., "Constructivism Realism and Philosophical Method", In John Earman (ed.) *Inference Explanation and Other Frustrations*, Berkeley: University of California Press, 1992, pp.131—196.

③ Boyd, R., "Realism Approxlmate Truth and Philosophy", In David Papineau(ed.), *The Philosophy of Science*, Oxford: Oxford University Press, 1996, p.221.

其一,从方法论的视角来看,只要求在可观察的层次上理解科学的成功,这样,奇迹论证其实只涉及可观察层次上的真实,而可观察层次上的真实只要求我们所使用的科学方法能够从观察中分离出可靠的信息即可,这种可靠性陈述的论证方式并没有在真正意义上涉及科学理论的真理性,而仅仅涉及仪器的可靠性。

其二,从语义学的视角来看,"最佳的解释"有待于进一步定义。事实上,科学家选择的最佳解释不等于对可观察现象的最全面的解释,也许只是最有利于他们理解问题的解释。

此外"逼真论证"采取的由理论定律的逼真性,来保证现象学定律的成功性的论证方法也是值得商榷的。卡特莱特(N.Cartwright)认为,情况恰好相反,"在谈到理论检验时,基本定律要比那些被期望解释的现象学定律的处境更糟"。因为(1)基本定律所显示的解释力并不能证明它的真理性;(2)在所有的解释过程中,由于特定的基本定律并没有得到事实真相的权力,所以,它们所使用的方法实际上是证明了它的错误;(3)真理的表象不一定总是从最好的模型中体现出来,也可以来自一个与实在直接相关、但却是坏的解释模型。所以,科学的成功解释并不是得到真理的标志与向导。科学理论的成功应用也不是理论逼近真理的根本保证。①

2. "操作论证"及其困难。为了克服上述困难,20世纪80年代,科学实在论者采用"操作论证"方法,即相信由最好的科学理论所假定的不可观察的理论实体的本体性,但不一定确信这些理论对那些实体的描述是正确的。代表人物主要有卡特莱特和哈金(I. Hacking)。

卡特莱特指出,最佳解释的推理假设就在于,一个定律所解释的事实提供了它为真的依据,并且它所解释的现象越多样就越可能是真的。问题是,一个特殊的定律能够解释各种不同的现象,这是荒谬的,是不合逻辑的。所

---

① Cartwright, N., *How the Law of Physics Lie*, New York: Clarendon Press, 1983, p.3.

以,最佳解释推理的方法应该受到适当的限制。实际上,科学家常常是根据理论模型的实用性进行选择,他们并不能保证所有的理论模型都是正确的,但却认为对同一种现象必须有相互一致的因果解释。因果解释的推理虽然也是溯因推理,但不是最佳解释的推理,而是最可能原因的推理。在这种推理的过程中,大量的关键性实验使我们在可以不相信附着在理论实体之上的理论解释的情况下,有理由相信理论实体的现存性。

哈金认为,这种主张从实验结果的实践中追溯产生现象的内在原因,以达到证明理论实体的本体性的论证方法,仍然是站不住脚的。因为这种论证方式还是沿袭了"逼真论证"方式的研究思路,过分强调理论,而忽视了实验在科学研究中的重要作用。此外,这些论证主要集中于成熟科学的最终成果是以原始的有条理的教科书中的事例为依据的。但事实上,正如库恩(T. Kuhn)早已指出的,在真正的科学研究过程中,科学家很少使用教科书中的理论。实验科学家所依靠的是实验成就的价值及其重要性。①因此,科学哲学的研究应该重视实验科学家对他们在实验室所得到的结果的理解,在实验中去论证实体实在论。哈金的论证含有下列几方面的内容:(1)操作能产生带给我们新感知的认知改变;(2)我们能够像运用可观察的宏观实体那样运用微观实体进行实验;(3)各种仪器对相同观察结果的逼真现象使我们更有理由相信观察结果是真实的,而不是任何特殊仪器的人工制品;(4)只有当我们在实际操作一种实体时,才能真正证明它是存在的;(5)实体的存在是现时的而不是未来的假设,所以,实体的"现存性"(presence)使得科学实在论成为正确的选择;(6)对实体的理解和定义是可变的,但是,科学概念所指称的对象是相同的。

哈金的论证思路是,(1)当且仅当我们能够运用作用于世界的某种实体时,我们才有资格相信这个理论实体是真实的;(2)我们能够运用某些理论

---

① Klee, R., *Introduction to the Philosophy of Scisnce*, New York: Oxford University Press, 1997, p.218.

实体(例如,电子)作用于世界;(3)因此,我们有资格相信这些理论实体是真正存在的。

哈金的这种操作论证对于巩固与加强科学实在论的地位起到了一定的促进作用,但是,也存在着自身的困难。首先,哈金对实在论的论证是建立在具体案例的基础之上的。他所辩护的是一种特殊意义上的实在论而不是一般意义上的实在论。因为这种论证方式需要对每一种实验方法、工具和假设进行考察。这种观点意味着,人们可能是关于电子的实在论者,但不是关于夸克的实在论者;可能是关于 DNA 的实在论者,但不是关于种(species)的实在论者。因此,"哈金承认,当把他的论证运用到天体物理学的客体时,他是一位反实在论者"①。

其次,哈金的"运用"一词的意义是不清楚的或含糊的,可能被解释为是一种积极的"操作或控制",也可能被理解为是一种被动的"使用或利用"。此外,哈金的观点是建立在不可靠的哲学基础之上的,他不允许实验实在论者拥有关于实体的任何知识。"这是不合理的。因为它为实验者所提供的关于理论实体的信念,并没有得到辩护。"②

第三,在许多成熟的科学中,实验操作要借助于复杂的仪器来进行。可是,一方面,技术装置的设计和实验程序的安排离不开实验者的理论信念。另一方面,仪器的结构已经包含了其他理论所假定的不可观察的理论实体。事实上,按照奎因(W.V.Q. Quine)和迪昂(P. Duhem)的整体性理论模型,理论实体很难从它所在的理论中分离出来。

可见,上述论证策略都不能为科学的实在论解释提供令人信服的、自圆其说的证明。

---

① Shapere, D., "Astronomy and Antirealism", *Philosophy of Science*, Vol.60, 1993, pp.134—150.

② Resnik, D.B., "Hacking's Experimental Realism", In Martin Curd and J.A. Cover(eds.), *The Philosophy of Science the central issues*, New York: W.W. Norton & Company Inc.1998, pp.1169—1185.

二、反实在论者的诘难及其存在的问题

科学实在论的上述论证方式从一开始就受到了各种形式的反实在论和非实在论观点的诘难。①与既往的传统实在论与反实在论之争不同，当代科学实在论与反实在论（社会建构论除外）之间的分歧，不再是关于是否承认存在着独立于人心的客观世界、是不是物质第一性等本体论问题上的分歧，而是在承认世界的存在性、承认感性经验能为我们提供客观世界的信息、承认科学是一项合乎理性的事业、承认科学的进步性与成功性、承认理论实体在认识过程中能起重要作用的前提下，理解科学为什么会取得成功，为什么会向着逼近真理的方向发展，理论实体是否真的存在，科学的目的究竟是什么等重大认识论问题上的分歧。

在历史主义之后的反实在论的科学哲学阵营中，劳丹（Laurry Landan）的历史实用主义的工具论的观点、范·弗拉森（Bas van Fraassen）的建构经验论的观点，以及社会建构论（social construc-tivism）的观点最为著名。

1. 劳丹的诘难及存在的问题。劳丹试图以科学史为例来证明，科学的目的不是追求真理，而是追求最有解决问题能力的理论。他认为，任何把科学的目的看成是接近真理的思想，都先验地预设了存在着一种绝对不变的真理作为科学的终极目的。但是，在科学史上，任何形式的预设主义都以失败而告终。另一方面，如果用科学的逼真性来解释科学理论所取得的成就，必须先给逼真性概念下一个确切的定义，可是，这种企图至今仍未取得成

---

① 肇始于 20 世纪初期的西方科学哲学经历了逻辑经验主义、批判理性主义、历史主义和新历史主义四个发展阶段。科学实在论属于继常识实在论和形而上学实在论之后，伴随着"历史主义"转向而出现的科学哲学流派，它产生于 60、70 年代的欧美。本文讨论的科学实在论、反实在论和非实在论的观点，主要指历史主义之后的科学哲学发展，不涉及前历史主义时期的各种科学哲学派别。

功。因此,用逼真性的定义难以解释理论的成就。更何况,在科学史上,有一些被实在论者认为其核心名词是无所指的错误理论(例如,以太说,燃素说等)却在一段时间内有所成就,解释了许多经验现象,指导了人们的实践;相反,有一些被实在论者认为是正确的理论,在其发展的一定阶段却是不成功的。这说明科学理论所取得的成就与它接近真理的程度并不一定一致。事实上,理论之所以是成功的,仅仅是因为它是有效的,它具有解决问题的能力。理论解决的问题越多,就越成功,但是不一定越接近真理。

劳丹从确立科学认识的目的出发,对"逼真论证"的上述诘难合理地指出了实在论者在概念使用上的模糊性和预设主义的基本困难。但是,也存在着值得重视的致命弱点:其一,劳丹对实在论的反驳过分依赖于对科学史上某些特殊案例的解释,忽略了对科学作为一项长期的社会实践活动的最终目的的追求;其二,劳丹对科学史的解释似乎表明,过去理论的错误部分对理论能够取得的任何成功都不起作用。从整体论的观点来看,这种对理论的分割方法是不可取的。因为理论的错误是作为一个整体来出现的,不可能把一个理论分为正确的与错误的两个部分。退一步讲,即使可能也将会面临如同波普尔的逼真度那样的困难。另一方面,如果一个理论的错误的部分在理论取得成功应用的层次上不起作用,那么,正确的部分仍然可以用来解释科学的成功;其三,劳丹对"成功"概念的理解过分狭窄。事实上,实在论者所理解的成功概念"包含有更多的东西。成功包含有处理在独立于各种条件下的成功操作和探索微观结构的内在本质的因素"①。

2. 范·弗拉森的诘难及存在的问题。范·弗拉森以量子论为背景,用进化认识论的观点解释科学的成功,并对科学实在论的论证方式提出了影响较大的质疑。②他认为,科学研究活动是生物体与环境相互作用的一种活

---

① Klee, R., *Introduction to the Philosophy of Science*, New York: Oxford University Press, 1997, pp.235—236.

② Van Fraassen, B.C., *The Scientific Image*, Oxford: Clarendon Press, 1980.

动。在这种活动中,同生物体的适者生存一样,科学理论也是经过许多严格的评价标准的筛选而幸存下来的。没有被各种评价标准所排除的理论是成功的理论,而不符合科学家的要求和兴趣的那些理论会很快被抛弃。这些评价标准同时提供了建构理论和选择理论的一套程序,在科学家不断进行尝试和排除错误的过程中,只有有效的那些程序才能被保留下来。所以,科学研究过程确保了科学的成功不可能成为奇迹。但是,成功的科学理论却不一定就是真理性理论,因为寻找解释、追求解释的目标只能表明科学家的兴趣与需求不可能有助于理解或增加关于独立存在的自然界的任何新知识,不存在脱离文本和不依赖于科学家兴趣与目的的解释。同样,测量仪器所得到的一致性的测量结果,也是由仪器的设计过程决定的。科学家不仅运用理论来指导设计,而且还会矫正各种人为因素,突出被认为是真实的特征,缩小被看成是人为干扰的范围。所以,不能把测量仪器显示出的一致性测量结果看成是它揭示被测量对象的本质特征的有说服力的证据,因为这种一致性的测量结果是科学家在设计测量仪器的过程中事先所蕴含了的。

以此为前提,范·弗拉森提出,科学家在"沉溺于"(immerse)他们的理论中时,理论所描述的不可观察的实体的图像似乎是正确的。但是,当他们具体执行某种操作时,所表达的仅是理论或"模型"的形成过程,而不涉及有关不可观察实体的任何信息。实际上,支持科学理论的证据其实只要求理论在经验上是适当的,经验的适当性不是确确实实的真理,它只要求理论的语义学模型能使所有的观察语句为真即可。

范·弗拉森主张,隐喻陈述的运用是科学研究的普遍特征。任何一种科学陈述都不是在字义上而只是在隐喻意义上是真的。对现象的隐喻说明并没有揭示出现象的内在本质。所以,即使理论对可观察实体的描述是真实的,也没有理由进一步假设,理论对不可观察实体的描述也是真实的,更没有充分的理由设想,这种不可观察的实体是真实存在的。

范·弗拉森对实在论的逼真论证与最佳推理原则的批评,提出了许多

值得科学实在论者认真思考的根本性问题。但是,他的观点仍存在着两大严重问题:

其一,范·弗拉森只是简单地强调了科学家在设计评价标准、研究程序和测量仪器时的主动性,而忽视了对理论自身在相互竞争过程中之所以能够幸存下来的普遍本质特征进行深入探索。幸存下来的理论的解释结构是什么? 实验现象与研究对象之间存在着什么样的内在关系? 它纯粹是由科学家借助于测量仪器与测量程序而人为地制造出来的吗? 对诸如此类的问题的回答,恰好补充回答了成功理论之所以能幸存下来的问题。所以,理论实体并不仅仅是语义学和心理学意义上的实体,它包含有比隐喻本身更多的内涵。

其二,范·弗拉森只要求理论满足经验上的适当性,这意味着理论仅仅是为保证所有的观察语句为真所提供的一种恰当的解释,从而隐含了要在观察陈述与理论陈述之间作出明确而强烈区分的预设。然而,这种区分是不可能实现的。此外,范·弗拉森还试图在可观察现象与不可观察现象之间作出明确的区分。从整体论的观点来看,这也是不可能实现的,因为观察总是渗透着理论。退一步讲,即使能够对观察陈述与理论陈述作出区分,反实在论者的任务也是不可能完成的。因为观察陈述比理论陈述低一个层次。范·弗拉森的观点显得过分狭窄且没有说服力。

3. 社会建构论者的诘难及存在的问题。社会建构论者认为就像工厂里制造产品的活动一样,科学是制造知识(包括概念、理论、观念和事实)的一项活动。科学家在制造知识的过程中所形成的科学信念是由社会因素决定的,科学知识是社会建构的产物,而不是社会发现。所以,科学的逼真不是真正意义上的逼真,而是一种表观现象,是人工伪造的逼真,是由理论的趋势、社会的比喻和具体的心理偏见所造成的。更进一步说,逼真现象的产生实际上是科学家的一种自我满足,是运用没有证明的假定来进行的论证。

柯林斯(Harry Collins)称这种循环论的逼真论证方式是实验者的倒

退。他指出,科学家运用某种理论 T 作出一个陈述 C 然后选择仪器来检验 C。现在,设想仪器需要校准和调整,以便他们知道这个仪器是否和何时能正常工作。问题是,必须使用理论 T 来校准仪器,然后,再使用仪器来检验陈述 C 而仪器本身是受理论 T 支配的。这种"恶"的循环蕴含着实验科学家不可能走出的一种倒退:即用来校准仪器的理论本身是需要进一步接受检验的理论。

社会建构论者立足于科学社会学、人类学和文化学的视角理解科学的发展有可取之处。但是,他们过分强调社会秩序在知识建构活动中的作用,而贬低自然界的作用,由此走向反科学道路的极端观点是十分错误的。

可以看出,劳丹、范·弗拉森与社会建构论者都是反实在论者。但是,他们在许多重大的认识论问题上是有分歧的。劳丹和范弗拉森都采取了分割论的方法,相信观察陈述与理论陈述之间存在着区别,而社会建构论者否认这种区别;劳丹和范·弗拉森承认科学是成功的和进步的,社会建构论者则认为科学的成功不是真正客观意义上的成功。这种根本意义上的差异说明,同实在论者一样,反实在论者也面临着如何能够超越不同的认识论范畴的重要问题。

三、非实在论者的诘难及其存在的问题

与反实在论者对实在论的诘难方式有所不同,非实在论者试图超越实在论与反实在论之间的争论通过中性的研究方法确立理解科学的新视角。其中与本文相关的且值得关注的观点是起源于欧洲大陆的解构论的观点,以及法因(Arthur Fine)的自然本体论态度(NOA)。

1. 解构论者的诘难与存在的问题。解构论者站在反本质主义和反基础主义的核心立场上,以边缘化、非中心化的态度对所有相互对立的理论、范式和学派所共同遵循的元科学纲领提出挑战。他们把科学论述看作符号化的劝导，而不是单纯的形式表征；看作境遇论述，而不是纯粹的逻辑规则的推演；看作与特定共同体相关的讲演论述，而不是简单个体经验的实现；看作有理由的论述，而不是预设先验标准的理性的概念化；看作创造性的发明论述，而不是说明模式的唯一结构。认为实在只能存在于我们的描述、说话和写作方式之内。

这种多元而碎片式的解构战略，以朝向元叙述的怀疑为基底，在多维的和不稳定的空间中，把非理性的"说服"作为根本的理论基础，在叙述和说明、修辞和逻辑之间掘出了一条不可逾越的沟壑，从而将叙述与科学认识割裂开来，使科学理性成为一局没有规则的游戏；使科学的一切表征与指称彻底地背离了朝向揭示实在本质属性的收敛趋向，成为依赖于规则而不断地生成着的概念游戏，成为历史地和文化地变动着的发散运动。

解构论所存在的问题是错误地把希望达到的要求当成是一种方法。事实上，实验者可能希望或想象被假定的不可观察的实体将来有一天总会成为可观察的。但是，这并不能成为否认理论实体或属性具有本体性的充分必要条件。因为某些理论实体在本质上是不可观察到的；另一些实体也许会随着人们对其认识的不断深入而改变过去对它的理解。

2. 法因的自然本体论态度与存在的问题。同范·弗拉森一样，法因也是在研究量子论的基础上来阐述自己的观点的。所不同的是，他不是站在反实在论的立场上来反驳科学实在论，而是试图阐述一种中性地对待科学的哲学态度。[1]

法因认为，不论是实在论者还是反实在论者都承认科学研究的结果是"真的"。他称这种可接受的科学真理为"核心立场"（core position）。反实在论者把对真理概念的一种特殊分析加进这种核心立场之中，比如，实用主

---

[1] Fine，A.，*The Shaky Game Einstein Realism and the Quantum Theory*，London：The University of Chicago Press Ltd. 1986，pp.112—150.

义的真理观、工具论的真理观和约定论的真理观;或者把对概念的某种专门分析加进这种核心立场,比如,建构论的分析、现象学的分析和各种经验论的分析。而实在论者把理论与世界之间的符合加进这种核心立场,从而延伸了日常真理与科学真理之间的内在联系。这两种做法都是不能令人接受的。核心立场既不是实在论的也不是反实在论的,它是介于两者中间的一种选择。法因称这种核心立场为自然的本体论态度(简称 NOA)。

从这种态度来看,实在论与反实在论都把科学看成是一种需要解释的实践。实在论给 NOA 增加了一个外在的方向:即外部世界和近似真理的对应关系;反实在论给 NOA 增加了一个内在的方向:即真理、概念或解释向着人性方向的还原。NOA 坚决拒绝通过提供某种理论或分析来放大真理概念的任何做法,而是认为,科学史和科学实践已经构成了一个丰富而有意义的集合。在这个集合中,科学的目标会自然地形成不需要给科学外加任何人为的目标。

法因解释说,假如把科学研究看成一场戏剧,科学实在论与反实在论都认为需要对它进行解释他们之间的争论是要表明谁的"解读是最好的"。而 NOA 认为,解释本身也是这场表演的一个组成部分。即使对表演的意图或者意义有某种猜测,那么,随着剧情的发展也会有机会得到解答。而且,这个剧本决不会结束过去的对话也不可能确定未来的行动。这样一场演出不容许在任何一种普遍意义上加以阅读或解释,它自身已经选择了对自己的解释。

问题是,NOA 主张让科学用自己的术语对自身做出解释,拒绝对真理进行任何理论的分析和图像式的解释的观点,把真理概念变成了一种基本的语义学概念。另外,NOA 试图让科学对自己做出解释的做法,在实际的科学研究过程中缺乏可操作性。它忽视了科学术语是如何形成的、科学陈述是怎样表达出来的这样一些与主体的认知方式有关的重要问题。

可见,尽管试图运用中性的研究方法来超越实在论与反实在论之争在原则上是可能的,但是,却不存在超越于实在论与反实在论之外的中性的观点或立场。解构论由于具有相对主义倾向更像是弱的反实在论;而 NOA 坚持让科学对自身做出解释的观点更像是弱的实在论。

综上所述,虽然反实在论和非实在论依据多元化的认知旨趣和多视角的解读方略千方百计地抓住每一个可能的进攻点,对实在论进行的全方位的批评,具有一定的合理性,但这些批评本身也存在着各种各样的严重问题,从而为科学实在论提供了继续生存的希望。为了使科学实在论从自身的困境中走出来,就需要分析科学实在论陷入困境的原因,指出其可能的出路。

四、科学实在论陷入困境的原因及其可能的出路

历史地看,科学实在论的命运总是同科学的发展紧密联系在一起的:科学研究对象越远离人的感官世界,科学研究过程越复杂,科学研究手段越先进,科学理论的模型化和建构性程度越高,科学概念和科学语言越抽象、越专业,辩护科学实在论的视野就越宏大、越宽广,相应地,这种辩护本身所面临的挑战也就越严峻、越深刻。

20 世纪之前,科学认识系统的两极(即主体与客体)与认识中介之间的关系被认为是十分简单的。中介只不过是达到认识目标的手段,目标实现之时,也是认识手段退出认识过程之时。所以,在牛顿时代,尽管哲学家培根提出的"四假相说"已经揭示出人类认识过程中的主体性因素,但在科学家看来,科学理论无疑是对客观实在的真实描述。

20 世纪之后,当人类的认识视野推进到微观和宇观层次时,科学认识系统变得复杂起来。客体成为主体永远不可能直接触及的彼岸世界,中介成为使科学认识得以可能的基本前提。把中介理解为是认识手段时,它等

同于各种仪器的总和,主要以物理操作为主;而把中介理解为是产生认识的基本前提时则包含了更多的内容,主要以思维操作为主。在以思维操作为主的认识背景下,不同的思维操作会对同样的实验现象作出不同的理解和解释。正是这些理解与解释的多样性致使实在论者不得不借理论与观察、观念与事实、解释与经验的分离来论证他们的观点,从而在新的层次上助长了经验的自主性特征,产生了新形式的经验论和工具论。①

事实上,20世纪自然科学的发展已经内在地表明,理论与观察、观念与事实、解释与经验是一个不可分割的整体。它们之间存在着如下图所示的双向反馈式的整体运动。

在这种整体运动中,从测量到理论的方向上看,在一定的测量条件下,主客体与中介之间的相互作用把特定的观察现象呈现出来;观察现象经过思维加工内化为某种经验,经验经过语言概念的表述形成新的事实,事实是对现象明确而系统的整理;经过现象—经验—事实循环后产生的观察结果,通过与理论的预言—解释—观念的比较,形成对理论的调整。从理论到测量的方向上看,特定的理论框架将会通过新的预言和新的解释与观念,提出某些有待检验或确认的事实与经验;经过事实—经验—现象循环所形成的现象表述,创设了新的测量问题。从测量到现象,从现象到理论的过程,确保了客体信息的本体性的地位;而从理论到现象,从现象到测量的每一个环节,都必然附加了难以消除的概念与思维操作的信息。这说明,理论对客体的描述既不是简单的复制,也不是随意的想象,而是内在的建构性复制的过程。

---

① 之所以称之为"新形式"是因为,这些反实在论者和非实在论者既没有重新回到逻辑经验主义的哲学阵营,而是立足于当代科学发展的现实基础来阐述自己的立场,也没有随波逐流地恪守20世纪初兴起的语言或概念分析的传统,而是重新回到认识论的立场上论证自己的观点。这些论述在经验的基地上,更彻底地促进了相对主义和经验主义的进一步扩张,表现为各种形式的反实在论与非实在论。也正因为如此,这里暂时没有涉及与分析哲学传统相关的各种实在论与反实在论的论证方式,主要在本体论与认识论意义上讨论问题。

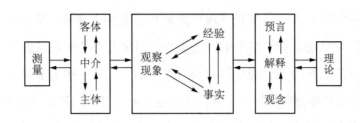

　　在理论的建构性复制过程中,劳丹把理论理解为具有解决实际问题的能力,忽视了对理论为什么具有这种能力的思考;范·弗拉森把理论的任务理解为对现象的拯救,而没有对现象与实体之间的关系做出恰当的回答;社会建构论者站在整体论的立场上,强调了认识主体在科学认识过程中的能动作用,但却忽视了对科学家建构知识的信息参照集的考虑;解构论者抓住了科学研究中思维操作的多元性和灵活性,但是,他们试图解构一切规则的做法,却使这种多元性和灵活性变成了没有对象的自由编造;与这些观点相反,法因的自然本体论态度试图在科学的实践中来解释科学,但是却给人以忽视主体的认识能动性之嫌。

　　科学实在论者由于不能合理地理解与把握观察与理论、经验与解释、事实与观念之间的双向反馈式运动,使其论证策略存在种种问题:其一,他们试图借助于技术的不断进步,无限制地追求理论实体的现实存在性,陷入了对科学的实在论解释的本体论困境;其二,他们试图剥去对理论实体描述的理论外衣,主张在实验操作的过程中追求理论实体的本体论的研究方法,陷入了对科学的实在论解释的方法论困境;其三,他们试图把对可观察的宏观实体的实在论解释,延伸扩展到对不可观察的理论实体的理解,陷入了对科学的实在论解释的认识论困境。

　　事实上,量子论的发展早已揭示出,微观客体与宏观客体存在着根本的差异。宏观客体可以认为是宏观实体的简单集合,而微观客体却不可能单纯以理论实体的集合成为其终极存在,它是作为实体—关系—属性三位一体的有机整体存在着的。在这里,实体是属性的承担者并以属性标志其存在;属性取决于实体的内部关系;实体间的外部关系取决于关系双方的属性。①微观客体作为研究对象,不像宏观客体那样是作为定域的空间和时间上的存在而直接或间接地呈现出来,而是从宏观仪器上多种多样的实验现象的观测结果中所得出超感觉的非直观认识,是与具体的"制备"过程相关联的。

"制备"过程必然包含两方面的信息:来自客体的信息与来自中介与客体相互作用所产生的附加信息。这样,与宏观客体所不同,微观客体只具有潜存性,它的存在形态依赖于测量环境的选择。在这一前提下,科学实在论走出上述困境的三种可能出路是:

1. 超越现实,走向可能。这是科学实在论走出本体论困境的一条可能出路。单纯追求理论实体的现实存在性的本体论态度,使实在论者按照理解宏观实体的实在性的方式来理解理论实体的实在性,认为可观察实体与不可观察实体之间没有明确的分界线,可将"可观察性"概念看成是一个动态的概念。对于同一实体而言,使用不同层次的仪器,可以观察到不同层次的现象,新的仪器永远能使人获得新的感知能力。因此,我们没有理由仅仅相信可观察实体的存在性,而怀疑不可观察实体的存在性。退一步说,即使认为可观察实体不同于不可观察实体,我们也不应该仅仅以暂时不能"看到"实体为借口来怀疑它的存在。因为既然我们能为从未观察过的任何一种可观察实体找到它存在的依据,那么,为什么就不可能获得有关不可观察实体存在的证据呢? 正是这种机械式的外推理解方式受到了建构经验论的强烈批判。

实际上,这种坚持追求理论实体的现实性的本体论态度不可能从根本意义上揭示出微观实体与宏观实体之间的本质区别,不能合理理解微观实体的潜存性。当代理论物理学的发展已经表明,微观实体的存在形态,不再

---

① 申仲英、张富昌、张正军:《认识系统与思维的信息加工》,西安:西北大学出版社 1994 年版,第77 页。

具有宏观实体那样的永恒不变性，在一定条件下，它们能够产生、湮灭和相互转化。在微观领域内，物质本身的不生不灭，并不等于物质形态的不生不灭。微观客体存在形态的这种易变性表明，观察仪器对自在实在的干扰是不可消除的根本意义上的干扰，只有通过对不可观察的理论实体的各种可能状态的把握，才能达到合理理解理论实体的本体性的目的。

2. 超越分割，走向整体。这是科学实在论走出方法论困境的一条可能出路。科学实在论者基于对理论实体的现存性的简单追求，所采用的分割论的研究方法割裂了原本完整的科学认识系统中三大基本要素（客体、中介和主体）之间的内在联系；忽视了认识中介在认识过程中所具有的双重相关特点（即对认识主体而言，它是主体为实现认识目的所创设的包含着理论构思的认识工具；对认识对象而言，它是自在存在转化为对象性存在的基本前提）；相对夸大了对对象性存在的复制，忽略了理论实体的建构性。在这个意义上，社会建构论者对实在论的诘难是有一定的合理性的。

其实，一个完整的认识系统有别于自然系统的特点，不是消极地接受客体对主体的作用，而是通过主体的活动能动地建构客体。建构活动的实现主要取决于两类因素：一是客体自身的固有规定；二是社会历史条件所提供的现实手段。完整的认识系统有别于人工物质系统的特点，不是物质更新和能量转化，而是知识、观念等信息的产生以信息的输入、转化和输出为主；完整的认识系统有别于简单的信息转换系统的特点是信息的多级分解、多级综合和多级提炼。所以，科学认识系统是一个多层级的信息重组和信息再生的开放系统。

在这个开放系统中，主体有目的的建构活动使自在实在向理论实在的转化不完全取决于自在实在的自身存在和规定，同时还取决于人类认识的社会历史条件和解决问题的应答空间。自在实在的存在和规定性为建构性活动的实际进行提供了基本前提，构成了主体提取信息的信息源。在信息的传播过程中，主体通过对信息的重组和再生，形成了在特定条件下对自在存在物的理性理解；这种理性理解的自主性通过预言和逻辑推理的形式，揭示了新的自在存在物的理论规定，尔后通过科学共同体的进一步确认，对这些理论规定的适用条件和存在界限进行适当的取舍，从而使理论实在在整体上达到了对自在实在的建构性复制。

理论实体的这种整体的建构性复制特点说明理论实体不完全等同于微观客体。微观客体是理论实体在关系与属性条件下的多种可能存在状态的有机集合。所以，只有超越过去那种简单的分割论方法，站在整体论的立场上，才能真正合理理解理论实体的本体性。

3. 超越实体，走向语境。这是科学实在论走出认识论困境的一条可能出路。以整体论的方法论为前提，超越对理论实体的现存性的简单追求，走向关系与属性语境的可能状态的认识论空间，来理解理论实体的本体性问题的可能性，说明理论实体对主体在定义现象方面所起的主动作用进行的突现，虽然是经典研究方式前所未闻的，但是，这种理解和认识不仅不会否定它的实在性，相反却更加密切地适应着我们与外部世界之间的真实关系，从而使科学的整个结构更贴近于实在。或者说，理论实体并不会因为它对关系或环境的依赖而丧失了它所存在的实在性，变化了的只不过是我们对实在性的理解方式。在科学认识系统的实际运转过程中，理论实体的实在性地位是由关于自在存在内在规定性的信息加以保证的。承认理论实体的本体性，虽然不是对终极实体的终极属性做出什么肯定性的断言，但是，却能把相对于 定认识条件所表现出的规律性揭示出来。这正是理论实体不同于可观察实体的本质特征。

这说明，追求对科学的实在论解释，并不意味着要在科学研究语境中，忽略主观因素，强化客观因素，使不可观察的理论实体在未来技术发展的前提下转化为可观察实体来加以阐述，而是要立足于测量与理论的整体性，在理论上，不断地由单一转向多元，由绝对转向相对，由对应论转向整体论；在实践上，由逻辑转向社会，由概念转向叙述，由语形转向语用；在方法上，由形式分析转向语义分析、解释分析、修辞分析、社会分析、案例分析及心理意向分析等。这些理论、实践和方法上的"转向"在整体上是相互一致的,它反映了理论与测量之间的整体性在不同研究层面的不同表现形式。所以,只有站在整体论的立场上,才能在科学研究的现实语境中,合理地理解科学理论的建构性复制的真实内涵,才能在实体、关系与属性的有机整体中,真正理解微观世界中的理论实体的实在性。

科学实在论走出困境的这三种超越或者说三条可能的出路,不是相互矛盾和彼此孤立的,而是相互联系、相互补充和内在统一的。以此为基础,本文得出的结论是,科学实在论者试图将对宏观世界的实在论解释,直接延伸外推到对理论实体的实在论解释的做法是不合理的。这也是致使实在论论证陷入困境,并不断受到各种反实在论与非实在论诘难的主要原因所在。但是,承认这种延伸外推的不合理性,并不等于否定对科学进行实在论解释的必要性,而是主张要站在整体论的立场上,运用语境论的分析方法来对科学实在论进行辩护。

科学实在论是在概观 20 世纪科学发展的水平上,对以牛顿的经典物理学和达尔文的进化论为基础的旧的传统实在论的一种新发展。它表明了科学实在论的对象领域不应是狭隘的,而应是广阔的;科学实在论的表现方式不是单纯的,而是丰富多彩的;科学实在论的本质不仅仅表现于直观的物理客体,而是一方面表现于抽象的形式化体系,另一方面表现于远离经验的微观世界之中;科学实在论不是纯粹的以归纳逻辑为方法的思想体系,而应是一个容纳各种科学方法的、立体网状结构的科学哲学体系,一句话,朝着立体的、整体的和综合的方向发展是科学实在论发展的时代特征。

第二章
语境论的真理观*

在当代科学哲学的发展中,"语境论"(contextualism)作为一种方法论与世界观正在越来越受到人们的普遍关注。语境论较有代表性的人物是女性主义者海伦·朗基诺(Helen Longino)和认识论的语境论者基思·蒂罗斯(Keith DeRose)。前者基于案例研究揭示了语境价值在科学研究过程中产生的影响,并阐述了"语境经验主义"(contextual empiricism)的观点。[①]后者主要从命题的逻辑分析出发,认为语境论能最好地说明我们的认识判断,并且为解决怀疑主义产生的困惑提供了一条最佳途径。这些研究是开创性的。但是,令人遗憾的是,他们都没有对语境论的真理观作出明确的阐述。在我们看来,当试图站在语境论的立场上理解科学时,关于真理观的问题无疑是一个无法回避的重要问题。那么,语境论的真理观的核心主张是什么?与其他真理观相比,它具有哪些基本特征?表现出怎样的主要优势?当前,对这些问题的思考与回答,不仅有助于架起沟通科学主义与人文主义的桥梁,而且有助于解决其他科学实在论立场所面临的难题。

---

* 本章内容发表于《哲学研究》2007 年第 5 期,由作者与郭贵春教授合作撰写。

【基金项目】教育部哲学社会科学重大攻关项目"当代科学哲学发展趋势研究"(项目编号: 04JZD0004)的阶段性成果。

① 参见 Longino, H.E., *Science as Social Knowledge*: *Values and Objectivity in Scientific Inquiry*, Princeton: Princeton University Press, 1990;海伦朗基诺:《知识的命运》,成素梅、王不凡译,上海:上海译文出版社 2016 年版。

一、真理:科学追求的目标

在西方哲学史上,关于真理本性的哲学讨论与哲学本身一样古老。最早出现的,也是最直观的真理论是真理符合论(the correspondence theory of truth)。20世纪以来,受到分析哲学训练的哲学家习惯于认为,对给定概念的分析总是有某种正确的方式理解它;如果给定一个概念的意义,那么,对于这些概念的理解与运用就不可能有歧义;有歧义的词是那些我们赋予不同意义的词。于是,他们主张抛开语言回到原始概念来分析真理问题。语言哲学家则认为,抛开语言的意义与用法,单纯立足于逻辑形式结构来讨论问题是非常幼稚的。于是,他们分别从符号论、指称论、生活实践等层面阐述新的真理论,相继提出了真理融贯论(coherence theory of truth)、真理实用论(pragmatic theory of truth),以及真理紧缩论(deflationary theory of truth)等不同形式的真理观。

从当代科学哲学的视角来看,这些真理论大致可归为两大类:一类是基于经典自然科学的研究实践,首先强调把科学理解成是建立在纯客观的证据和普遍可靠的方法论基础之上,然后把纯客观的证据理解成是与研究者无关的、可重复的、可传播的实验结果或感知经验或逻辑推理,把方法论理解为是确保获得真理性认识的一组方法、一组技巧、一套程序或一系列规则等具有可操作性的规定或准则,其作用是确保所获得的实验结果或感知经验或逻辑推理的普遍性与正确性,因而把科学的形象归属于理论的必然性、无错性和客观性等与主体无关的特征;另一类则是基于实验室研究、对科学史案例的剖析或对科学成功的说明,强调把科学理解成建立在逻辑的融贯性、理论的实用性、解决问题的实际能力或科学家之间的协商与谈判或主体间性之基础上,从而明显地弱化了实验证据与感知经验或逻辑推理的决定性作用,强化了研究者个人的主导性与社会性地位,最终把科学的形象归属于理论的一致性、有用性、协商性或论辩性等与自然界无关的特征。

　　然而,尽管这两类真理论对科学形象的理解存在着如此大的实质性差异,但在深层次的基本思路上,它们却都没有跳出真理符合论设定的思维定式,隐含着相同的基本假设:一方面,它们都把真理理解为是科学研究的结果;另一方面,它们都假设科学研究的结果一定是纯客观的,即排除主观性的,然后再为这种纯客观性寻找方法论与认识论根据。在这一点上,培根、笛卡尔、莱布尼兹、穆勒等人与波普尔、库恩、拉卡托斯、费耶阿本德、劳丹、范·弗拉森等人之间并没有本质性的差别。或者说,他们的事业是相同的,他们都运用着同样的思维方式支持着共同的基本假设。正是因为如此,在事实判断的基础越来越弱化、价值判断的地位越来越突出的当代科学研究中,由于研究对象的隐藏性、研究方法的多元性、理论与观察的交互渗透性以及研究活动中的社会性等因素的存在,使得科学哲学家不得不作非此即彼的选择,即从对客观真理的强调转向对主观真理的强调。

　　更明确地说,某些科学哲学家基于客观真理论把科学大厦理解成是如同垒积木一样一层一层地拔地而起,其中每一块积木都是真理的代表。对科学的这种理解在 20 世纪 50、60 年代达到了高峰,当时逻辑经验主义者试图用科学的研究方法改造哲学,科学社会学则把科学家描述为一个具有普遍性、公有性、无私利性及有组织的怀疑主义的特殊人群,把科学研究中的社会因素的介入理解成是对科学的干扰因素或"污染源"。而另一些科学哲学家则走向其反面,基于主观真理论把科学理解成是社会建构的产物或主观意愿的满足等。20 世纪 70 年代之后,随着科学知识社会学的深入发展,随着科学哲学研究中的解释学转向与修辞学转向的深入展开,对科学研究中存在的人为因素与社会因素的强调越来越占有市场,甚至出现了过分夸大、走向极端的相对主义倾向。

　　从科学史与科学哲学的发展来看,在科学哲学家中间,基于共同的前提假设所发生的这种认知态度的转变的确是有根据的。首先,其科学根据主要来自数学、物理学和生命科学领域。在数学领域内,非欧几何的诞生使人们认识到,曾经作为普遍真理的欧几里得几何是可以被修改的;在物理学领域内,相对论与量子力学革命庄严地宣告,曾经作为绝对真理的经典力学定律并不具有无条件的普适性;围绕量子测量问题的争论更是明确地表明,以传统的真理符合论为前提理解量子测量过程时,必然存在"观察者悖论"①。这是因为,对量子测量系统进行的任何一种形式的分割,都必然会导致像"薛定谔猫"那样的悖论;在生命科学中,随着人工生命等新型研究领域的开拓,关于还原主义、物理主义、随附性、复杂系统中的组织与自组织的研究颠覆了把科学理论理解成是由真理性陈述构成的语言结构的观点,确立了把科学理论理解为是对真实世界进行模拟的模型论观点。

其次,其哲学根据主要来自对科学实践的重新解读。20 世纪物理学的发展明确地表明,曾经被当作是清晰而明确的决定性、因果性、时间、空间、物质、质量、测量、现象等基本概念都无法幸免于被修正的命运,从而致使康德意义上的先验范畴失去了应有的普遍性,并被赋予了经验的特征。这些来自科学领域的对传统哲学概念的语义学与语用学的修正,导致了对科学概念与理论的实在性的重新反思。从一些典型的科学史案例来看,不论是伽利略对其立场的执着辩护,还是达尔文对其思想的广泛传播,抑或是当代科学实验(比如探测引力波与磁单极子的实验、记忆力传递实验等)的具体实施,都内在地表明,科学家在为自己的理论辩护时,并不完全是用事实来说话的,其中包含了不同程度的修辞论证因素。②特别是,当前盛行的对科学的人文社会学研究成果已经表明,科学活动的每个环节,从符号、语言、仪

---

① 参见成素梅:《在宏观与微观之间:量子测量的解释语境与实在论》,广州:中山大学出版社 2006 年版。

② 参见 Marcello Pera, M., *The Discourses of Science*, Chicago: University of Chicago Press, 1994;马尔切洛·佩拉:《科学之话语》,成素梅、李洪强译,上海:上海科技教育出版社 2006 年版。

器、推理规则的运用,到实验的设计、申请、批准、实施和检验的进行,再到科学事实的形成和科学理论的传播等各个环节,都与人的因素相关。因此,科学的认知进路不应该排斥科学的心理进路与社会进路。

问题在于,虽然当代科学的发展已经明显颠覆了真理符合论所塑造的理想化的传统科学形象,但是,上述真理论由于把真理理解为是科学研究结果的共同假设所决定的二值选择逻辑,即把真理要么理解为是对世界本质的揭示,要么理解为是对主观意愿的满足,因而都不足以反映当代科学研究的真实本性。一方面,承认科学事实与理论所蕴含的人为性、社会建构性,并不完全等同于说它们是纯主观的;而只是说明,科学事实与理论是对实在的理解,而理论的变化与更替则是向着揭示更高层次的客观理解的方向演进的。正是由于存在着这种逼近客观性的发展方向,才构成了科学研究的实际进行与不断追求的内在动力。因此,我们认为排斥主观性的真理观是片面的。但是另一方面,走向相反极端、完全排斥客观性的真理观,同样也是片面的。二者共同的思维前提决定了它们必然会得出这种截然相反的逻辑结论。

现在,如果我们站在语境论的立场上,不再把真理理解为是科学研究的结果,不再把单一的科学研究结果看成是纯客观的,而是把真理理解为是科学追求的目标,把科学研究结果看成是对实在的理解,或者说,把真理理解为是依赖于语境的概念,那么,我们就可以把已有的这些真理论看成是从不同视角对真理的多元本性的揭示,看成是互补的观念。在这种意义上,我们虽然承认,任何一个现实的科学研究过程都是对世界进行概念化的过程,这个过程是以一定程度上的客观理解为起点的,而且承认,科学研究的对象越远离人的感官世界,对研究条件的要求就越高,揭示其属性过程中的创造性与社会性因素就越多,其去主观性的发展空间也越大;但同时我们也认为,科学理论的发展变化、科学概念的语义与语用的不断演变、运用规则的不确定性、科学论证中所包含的修辞与社会等因素,却不仅不再构成关于科学的实在论辩护的障碍,反而是科学理论或图像不断逼近实在的一种具体表现。这就使科学研究中蕴含的主观性因素有了合理存在的基础,并作为科学演变过程中自然存在的因素被接受下来。这样,科学认知价值的语境化就体现了科学真理的语境化,形成了一种新型的真理论——真理的语境论(con-textual theories of truth)。真理的语境论构成了语境论的真理观。

二、语境论真理观的主要特征

与现有的真理观完全不同,语境论的真理观把真理理解为是科学追求的理想化目标,而不是个别研究的单一结果;它既强调真理的条件性与过程性,也强调真理发展的动态性与开放性。但是,强调真理的条件性不等于走向相对主义。这是因为,相对主义最典型的特征是突出理论、方法、标准或价值之间的不可比性或相对性,而条件性不等于不可比性或相对性。强调动态性意味着,现存的真理论只代表了二值逻辑的思维方式中的两种极端的理想状态,而科学研究实践中实际存在的却是许多中间状态,这些中间状态体现了对实在或世界的不同程度或不同层次的理解。因此,我们应该始终在一个动态的、开放的语境中理解科学理论的真理性。科学的形象既不像真理符合论所要求的那样,是对世界的镜像反映,也不像各种形式的主观真理论所描述的那样,是社会运行的产物或主观意愿的满足,而是关于世界机理的一种整体性模拟。模拟活动的表现形式体现了理论模型描述的可能世界与真实世界之间的相似性。这样,语境论的真理观使真理成为一个与研究过程相关的程度概念,而不再是一个与研究结果相关的关系概念。这些性质决定了这种真理观至少具有以下五个方面的主要特征:

1. 语境性。语境论的真理观把真理理解为科学追求的目标,首先,突出了科学认识的语境性或即时性特征,即它是此时此地的经验与认识;其次,突出了科学认识的动态性与过程性,承认任何一种形式的科学认识都既包括有真的成分,也包括有假的成分,是"在当下语境中形成的认识"。"当下的语境"既是对过去进行批判与继承的结果,也是未来准备扬弃与发展的前提。因此,语境论真理观的语境性特征揭示出世界是变化不定的,变化过程中的因与果既不可分离,也不能离开它们所发生的语境来理解;强调对世界的认识取决于不断变化与发展的语境当下的认识总是一头联系着过去,另一头联系着未来。因此,人类对世界的当下认识永远不会是最终形式,更不可能是绝对真理,而只能是特定语境条件下的认识,或者说,是特定语境中的产物,是有待于进一步完善与发展的认识。

2. 动态性。真理的语境依赖性决定了语境论真理观的动态性特征。这种动态性是通过理论与世界之间的相似性程度体现出来的。这种相似性程度处于从根本不同到完全相同这个变化范围之内。在规范的科学实践中,理论所描述的可能世界与真实世界之间的相似性程度,既是动态发展的,也是有条件的。理论系统的模型集合与真实世界之间的相似程度决定着理论的逼真性。逼真度越高的理论越具有客观性,也越接近于真理。真理是理论的逼真度等于1时的一种极限情况。这是对基本的认识论概念的逆转:传统的逼真性理论是用命题或命题集合的真理作为基本单元来衡量理论距真理的距离——这种做法由于没有可操作性而饱受批评;真理语境论则正好反过来,是通过对逼真性概念的理解来达到对真理的理解。因此,它是对"把科学研究的目的理解为追求真理"这句话的最好解答。

3. 层次性。基于相似性,用理论的逼真度来衡量理论的真理性认识的要求以及理论模型的更替发展,决定了语境论真理观的层次性特征。这种特征表明,其一,科学研究语境既是相对稳定的,也是变化发展的。在特定的语境论域内,理论说明的成功是理论逼近真理的一个象征或一个结果或一个必要条件。凡是逼真的理论都必定能够对实验现象作出成功的说明,但是,反之则不然:并不是每一个拥有成功说明的理论都是逼真的理论。在理论的说明中,理论的逼真度与不断增加的成功之间的联系通常是一个认识论问题,而不是一个语义学问题。其二,科学认识是从较低层次的主客观统一运动到较高层次的主客观统一。在这个运动过程中,低层次的认识模型会在高层次的认识模型中找到自己的边界。所以,在科学认识活动中,主客观统一的难易程度与认识层次的高低成正比,即:认识层次越高,达到主客观统一的过程就越复杂,理论选择的难度就越大。

4. 开放性。真理发展的动态性和层次性决定了语境论真理观的开放性特征。这种特征是科学家在科学探索活动中不断地去语境化(de-contextu-alized)与再语境化(re-contextualized)的结果。去语境化是对过去认识中的主观性因素的扬弃;再语境化是对新的客观性因素的接纳。数学中关于数的意义的讨论、物理学中关于场概念的理解便是很好的事例。在科学实践中,语境的不断变迁与运动通常向着纵横两个方向同时发展。语境的横向运动是通过学科间的交叉与融合体现出来的,是对已有认识的扩展与检验;语境的纵向运动表现为学科自身的演进与变化。在这种意义上,科学研究活动如同盲人摸象的故事所描述的一样:不同的盲人从大象的不同部位开始摸起,最初,他们所得到的对大象的认识是不相同的,因为每个人根据自己的触摸活动只能说出大象的某一个部分;只有当他们摸完了整个大象时,他们才有可能对大象的形状作出依赖于语境的主客观统一的描述。不过不可否认的是,虽然他们对大象的描述始终是从自己的视角为起点的,并建立在个人理解的基础之上,但是他们的触摸活动总是以真实的大象为本体,因此他们的理解是受到来自大象本身的客观信息的制约而形成的主客观统一的图像,并且这个图像永远是开放的和可修正的。

5. 多元性。真理的语境依赖性以及把理论的逼真度作为理论选择标准之一的主张,决定了语境论真理观的多元性特征。在科学探索活动中,科学家对世界进行概念化的方式通常是多元的,即不是唯一的;语境论的真理观既允许存在着相互竞争的理论体系,也允许共存有多学派的观点。在科学共同体中,这些理论与观点都是对实在或世界的一种理解,或者说,相互竞争的图像分别在不同程度上,模拟了世界的某些内在机理;理论的选择是根据理论模型与世界之间的相似性比较来进行的:通常情况下,越经得起实验检验并越具有预言能力的理论,其逼真度会越高。这样,通过逼真度或相似性的比较,在相互竞争的理论之间做出的选择,如同生物进化那样是自然选择的结果,是在科学实践的规则与活动中的自然求解;这时被淘汰掉的理论并非一定要被证伪,尽管证伪也是因素之一。语境论真理观的多元性特征内在地表明,科学总是在探索中前进的,前进的道路并非是平坦的或一帆风顺的;科学探索的动力是不断地揭示世界的秘密,探索的方向是不断地逼近真理。

三、语境论真理观的主要优势

与把真理理解成是科学研究的结果的现有的真理观相比,把真理理解为是科学追求的目标的语境论真理观的上述基本特征,决定了这种真理观至少拥有下述特有的优势。

首先,在认识论意义上,它比较容易解释为什么后来被证明是错误的理论,却在当时的研究语境中也曾起到过积极作用这个传统科学哲学无法回答的敏感问题。例如,天文学中的"地心说"、化学中的"燃素说"、经典力学中的"以太"等等,尽管它们分别被后来的"日心说""氧化说"和"以太不存在"的理论或观点所推翻,但是在后来那些新理论或新观点提出之前,它们至少在当时起到过促进科学研究的积极作用。这就为科学实在论所坚持的前后相继的理论总是向着接近于真理的方向发展的假设提供了很好的辩护,也有力地批判了各种相对主义的科学哲学对科学实在论的质疑,并使人们用不着担心会出现理论间的不可通约现象。科学史已经表明,后来证明是错误的理论并不是一无是处;反过来说,即使是正确的理论也会有适用范围的限制。

其次,在方法论意义上,比较容易解释关于科学概念与科学观点的修正问题。科学研究越抽象、越复杂,研究中的人为因素就越明显,科学家之间的交流与合作就越重要。2006 年的国际天文学联合会大会所采取的解决科学争端的方式就是典型事例。该年 8 月 24 日,国际天文学联合会大会以投票的方式宣布了关于新的行星定义的结果。有趣的是,被天文学家认为在科学上是正确的、进步的关于新的行星定义的决定,在程序上竟是以近 2 500 名天文学家投票的方式来决定的,而不是通过某个权威的经验结果或公认事实来决定的,这在科学史上是极其少见的。这个新的行星定义推翻了 70 多年来一直使用的行星定义,把冥王星从行星的位置降低为"矮行星",或者说,从那一时刻起,天文学家将把冥王星从行星的范畴中驱逐出去,修改早已被大众所接受的太阳系有 9 大行星的定义。这必然将带来一系列的改变,特别是教科书、字典、词典等的修订。这种有趣的方式明确地揭示出天文学家之间存在的激烈争论,以及他们最终采取的解决争论的一种有效方法。

第三,在价值论意义上,能更合理地解释与反映科学的真实发展历程。例如,诺贝尔物理学奖获得者丁肇中在中国的多次演讲中以人类认识宇宙构成单元的历史为例阐述了"物理上的真理是随着时间而变"的观点。在中国的古代对物质基本结构有两种不同的看法,一种看法认为最基本的结构是粒子,粒子是可以数得出来的;另外一种看法认为宇宙中最基本的结构是连续性的。粒子的观念起源于阴阳观念。连续性观念是道家创始人老子提出的。在过去的两千年里,西方国家对基本粒子也有不同的看法。在两千年以前,西方认为土、气、水、火是最基本的东西。16 世纪,人们认为最基本的东西除了土、气、水、火以外,还有水银、硫磺和盐,变成了 7 种。在 100 年以前,所有的科学家都认为我们已经知道宇宙中最基本的东西就是化学元素,制定了元素周期表。20 世纪 60 年代,我们认为宇宙中最基本的东西是原子核,也有 100 多个。到了 60 年代末期,我们认为宇宙中最基本的东西不是原子核,而是好几百个基本粒子。现在,我们认为宇宙中最基本的东西是 6 种夸克和 3 个轻子。

可见,科学观念与科学事实上总是处于不断的调整之中,而进行这种调整的目标正在于不断地探索实在的深层奥秘,不断地接近于真理。站在语境论真理观的立场上看,人类观点的这种不断调整与变化,不仅没有为各种不同形式的相对主义或反实在论提供了依据,反而证明人类对实在的认识是在不断地修改偏见的过程中向着客观理解的方向发展的。这也说明科学家所阐述的理论事实上是一个产生信念的系统,是在特定语境条件下对世界的隐喻式描绘;这些描绘总是有条件的、是真假成分的融合;它们构成了一个信念整体。真理语境论把科学理论看成是对实在或世界的理解,允许科学理论中含有主观的东西,承认主观性存在于科学研究的起点,追求客观性是科学研究的目标。也就是说,在科学研究活动中,研究主体的意向性不仅参与了语境的建构,而且同时也受到语境的影响,从而构成了动态的、发展的、变化的、复杂的研究活动。正是由于人类渴望揭示包括自身在内的大自然的秘密,才赋予人类共同的求知欲望。问题在于,这个大自然的"秘密"并不是永远不变地存在于那里,等待着好奇的人类去捕获,而是也在与人类的相互作用中发生着变化。因此大自然本身也是在语境中变化不定的,当前的大气变暖便是一个很好的例子。

真理的语境论与符合论一样都承认科学的客观性,但是它们在许多方面是有很大差异的。首先,前提不同。真理的符合论通常与经典实在论联系在一起,是以经典实在观的下列三个基本假设为基础的:世界的独立性假设、因果性假设和可分离性假设;而真理的语境论是与语境实在论联系在一起的,是以语境论的科学实在观的下列三个基本假设为基础的:世界的独立性假设、统计因果性假设和非定域性假设。其次,出发点不同。真理的符合论忽略了认识中的主观性,从客观性出发阐述问题;而真理的语境论恰好相反,是以承认科学研究中始终包含有主观性为出发点,探索与揭示更深层次的客观性。最后,思维方式不同。真理的符合论主要源于常识性认识,其基本思维方式是从宏观领域延伸外推到微观领域或宇观领域,其中认识者始终扮演着"上帝之眼"的角色:他只是科学研究活动的操纵者与观察者,而不是参与者;而真理的语境论则源于当代科学的前沿性认识,其思维方式是以微观领域或宇观领域的新认识重新评价宏观领域内的常识性认识。

与各种建构主义和相对主义的真理观相比,语境论的真理观虽然也承认科学认识是依赖于人心的,承认科学研究活动中蕴含了主观能动性与创造性,但是,它不会走向相对主义或反实在论,因为它持一种弱实在论的立场。所谓弱实在论立场是指在根本意义上坚持实在论立场,但又不同于经典实在论以纯客观性为出发点来阐述问题;它以主客观的统一为出发点,以提高客观性为目标来阐述问题。这种立场既避免了像社会建构论或各种反实在论那样抓住科学研究中存在的主观性因素而全盘否定科学的客观性的极端做法,同时又有利于把现有的各种主观主义的真理论有机地结合起来,使它们分别成为语境论真理观的一个侧面或一个维度,因而从个体性、社会性、实践性等多种维度系统地揭示了语境论真理观的客观性、动态性、过程性、可变性、一致性、实用性、条件性等特征。

综上所述,语境论的真理观一方面维护了科学认识的客观性,另一方面也容纳了科学认识的社会性与建构性,从而使科学认识的社会化与符号化过程有机地统一起来,把逻辑和理性从先前高不可攀的高度降低到历史和社会的网络当中,把心理、社会和文化等因素从科学的对立面融入理性的行列。因此,语境论的真理观是一个有发展前途的值得进一步深入研究的真理观。

第三章
普特南的实在论思想[*]

普特南的哲学思想是在追踪如何解决哲学问题的过程中发展起来的，并围绕心灵、物质、实在、真理、指称、意义、客观性、知觉、表征等关键词展开。其最初的动机是批判与超越逻辑实证主义提出的理论与观察、分析与综合、事实与价值等二分的观点，坚定不移地坚持实在论的信念与精神，并通过对意义理论、指称关系、真理与客观性、知觉哲学等问题的不断追问，调整其所坚持的实在论立场。普特南于 1956 年 12 月在《哲学研究》(*Philosophical Studies*)上发表了第一篇与实在论相关的文章《数学和抽象实体的存在》("Mathematics and the Existence of Abstract Entities")(这是他发表的第三篇论文)，到 2016 年在《哲学和社会批判》(*Philosophy and Social Criticsm*)上发表的最后一篇标题为《实在论》("Realism")的文章为止，60 年来一直在追踪实在论问题的研究。在此期间，他关于实在论的立场经历了两次大的转变：第一次是从形而上学的实在论转向内在实在论或实用主义的实在论，第二次是从内在实在论转向自然实在论或直接实在论。从这个意义上看，通过对普特南的实在论立场及其转变过程的考察，来折射普特南哲学思想的演变，是一条较为可行的进路。

---

* 本章内容发表于《哲学动态》2019 年第 8 期。

一、普特南哲学思想的主要基础

普特南进入哲学领域并成为著名的哲学家,与他对哲学问题的执着追问密切相关。他在1991年发表的一篇文章中回忆说,1948年到1949年在哈佛大学读硕士期间,他曾认为"大的哲学问题"都是伪问题,并由此考虑从哲学领域转向数学领域。然而,1949年秋天,在他到达加州大学洛杉矶分校,聆听了赖欣巴哈开设的"时空哲学"课程之后,在短短几个月内,他就完全摆脱了认为"哲学已经终结"的消极观点。他说:"赖欣巴哈通过事例,而不是通过说教,使我懂得,成为一名'分析哲学家'并不意味着只是拒绝大问题。尽管赖欣巴哈像艾耶尔一样是一位经验主义者,但是,对于赖欣巴哈来说,经验主义只是挑战而不是终点。这种挑战表明,大问题——时空的本性、因果性问题、对归纳的辩护、自由意志和决定论问题——能够在经验框架内得到适当的澄清,而不是被完全抛弃。"①这表明,普特南正是受到赖欣巴哈的影响,才坚定了把哲学研究作为其毕生事业的信念。

在1951年出版第一本专著(也是他的博士论文)《概率概念在有限序列的应用中的意义》(*The Meaning of the Concept of Probability in Application to Finite Sequences*)之后,普特南始终笔耕不辍,一生博学广猎,著作等身,享有很高的学术声誉。他的影响通过各类讲座、对话、论文、著作以及研究其思想的文献反映出来。他不仅对逻辑哲学、语言哲学、科学哲学、数学哲学、量子力学哲学、心灵哲学、伦理学、经济哲学、宗教哲学等领域作出了非凡的贡献,对哲学的历史、方法、目标和作用进行了创造性的阐述,而且还善于自我反思、自我剖析,体现出自我超越的内在力量,尤其具有自我否

---

① Putnam, H., "Rechenbach's Metaphysical Picture", *Erkenntnis*, Vol.35, No.1/3, 1991, p.62.

定的批判精神。

普特南哲学立场的多变性，来源于他对"哲学大问题"的不断追问和对哲学事业的不懈追求。他从来不会因为"否定"自己过去的研究结果而感到沮丧，反而认为，"只有看到当前时髦的观点行不通，我们才能开始明白哲学的任务究竟是什么"①。然而，普特南也曾因其观点多变而遭受批评。对此，他反驳说，他之所以在多种场合批评自己过去所提出的观点，是因为他会犯错误，其他哲学家不改变他们的观点，是因为他们从来不会犯错误。他的这种精神源自卡尔纳普。普特南说，1953 年到 1955 年间，在他与卡尔纳普的谈话中，卡尔纳普的口头禅是"我过去认为……，我现在认为……"。普特南还指出，罗素也因为改变观点而受到过批评。在这方面，罗素影响了卡尔纳普，就像卡尔纳普影响了他自己一样。普特南把卡尔纳普看成是追求真理高于个人虚荣的杰出典范。事实上，普特南的学术研究也体现了这一点。在普特南看来，哲学家的工作不是产生观点 X，然后把这种观点变成自己的标签，而是应该继承自古以来的哲学对话，深化我们对被称作"哲学问题"的难解之谜的理解。哲学不是产生最终解决方案的学科，哲学工作的特点是揭示那些最新观点依然无法解开的谜团。普特南所说的"改变观点"并不是指从一种观点简单地转变为另一种观点，而是对关于哲学本性的对立观点作出艰难的选择。就拿他自己的体验来说，当作为一位"科学实在论者"时，他对科学实在论所遇到的难题深感困惑，但当他放弃了科学实在论时，科学实在论的哲学观对他依然有着很大的吸引力。②

这种勇于自我否定和自我批判的精神成为普特南哲学思想之形成与发展的一个重要基础，而这种精神又建立在他大量阅读经典哲学著作以及与其他哲学家交流与往来之基础上。比如，他在 2007 年 12 月 29 日在美国马

---

① ② Putnam, H., *Representation and Reality*, Cambridge, MA: The MIT Press, 2001, Preface, pp. xi—xii.

里兰州巴尔的摩市举行的美国哲学学会东部分会第 104 届年会上作关于杜威的讲座,以讲故事的形式追述了 12 位哲学家对自己哲学思想发展所产生的影响。在这些哲学家中间,有引导他申请哈佛大学研究生项目并使他拒斥分析—综合二分以及作为其结果的事实—价值二分的莫顿·怀特,与他共事 35 年并启发他把数学看作科学整体的一个组成部分的奎因,使他意识到"哲学家的任务是澄清自己到底在说些什么"的导师赖欣巴哈,以及影响他关注伦理实在论的斯坦利·卡威尔。①普特南哲学思想的变化并非孤芳自赏、苦思冥想的幻想,而是学术互动与问题意识有机融合的结果。他通过阅读杜威、詹姆斯、维特根斯坦、罗蒂、达米特等人的著作,把自己的思考嵌入深厚的学理基础之中,还善于从其他哲学家那里批判性地吸收与借鉴有助于解决哲学问题的哲学见识,以此不断地超越自己所持的哲学立场。

我们能够从普特南身上看到他对哲学思想的热爱、对哲学事业的执着、对人类伦理价值的审视,以及对世界未来的憧憬。普特南的学术研究不仅透彻地把握了当代哲学发展的重大问题和主要潮流,而且对许多问题提出了独到的哲学见解。他被学界誉为具有统观哲学全局能力的哲学家。正是在这种意义上,我们可以说,关注普特南的整个学术生涯,也是在理解当时哲学的发展历程。普特南对哲学问题的论证,除了借鉴同时代哲学家的思想和传统哲学资源之外,还善于借助思想实验甚至各类比喻来剖析和论证问题。比如,用"缸中之脑"的思想实验来阐述认识论问题,并以此来否证笛卡尔式的怀疑论,用"孪生地球"的思想实验来阐述语义与指称问题,摒弃自笛卡尔以来确立的意义理论的主观出发点,以及用数学几何图形来阐述实在论问题等。

从分科的视角来看,普特南的学术研究具有交叉性与跨学科性,学术观点具有广泛性与多样性。但普特南并不这么认为。在他看来,把哲学问题

---

① 参见普特南:《影响我的十二位哲学家》,陈亚军译,《哲学分析》2010 年第 1 期,第 158—169 页。

分配给不同的哲学领域是毫无意义的。因为把哲学划分为不同的学科,贴上"心灵哲学""语言哲学""认识论""价值论"和"形而上学"等标签,根源在于完全不了解这些问题是如何联系起来的,这也意味着对我们陷入困境的根源完全不了解。普特南认为,实在论者与反实在论者关于"理论是否有可能表征独立于或外在于心灵的实在"之争,诉诸两个基本假设:关于知觉的假设和关于理解的假设。①在西方哲学史上,对这两个假设的不同理解各自形成了不同的哲学流派。普特南的实在论立场之所以会发生两次转变,也是在对这两个假设之理解的不断改变中作出的哲学选择。

二、早期:形而上学的实在论

普特南步入哲学殿堂的 20 世纪 50 年代,正是英美哲学的语言学转向和逻辑实证主义盛行的时期。当时,如何阐述词语与世界的关系,或者说词语与其指称或表征的世界之间的关系,是哲学的基本问题。普特南在回顾 20 世纪 60 年代初期包括他本人在内的大多数哲学家所持的实在论态度时指出,对他们来说,持有实在论立场就相当于拒斥实证主义,他本人直到 1974 年为《数学、物质和方法》一书撰写序言时依然保持这种观点。②

普特南在这里所说的实证主义实际上是指逻辑实证主义。在西方哲学史上,"实证主义"这个术语由 19 世纪的科学哲学家和社会学的创始人孔德提出。"逻辑实证主义"是以数理逻辑为工具的逻辑分析、语言分析与实证主义观点的结合,其核心立场是拒斥形而上学,倡导证实主义的意义理论。

---

① Cf. Putnam, H., "Sense, Nonsense, and the Senses: An Inquiry into the Powers of the Human Mind, Lecture III: The Face of Cognition", *The Journal of Philosophy*, Vol. XCI, No. 9, p.516.

② Cf. Putnam, H., "A Half Century of Philosophy, Viewed from Within", *Proceedings of the American Academy of Arts and Sciences*, Vol.126, No.1, 1997, pp.175—208.

普特南对逻辑实证主义的批判主要针对的是卡尔纳普的观点。卡尔纳普是逻辑实证主义的主要代表人之一,他站在物理主义的立场上,把科学命题区分为分析命题与综合命题;并且认为,分析命题的真假与世界无关,只根据命题的意义得到判断,他称这类命题为分析真理;分析真理在某种意义上是空洞的真理,没有任何事实性内容;综合命题的真假则依赖经验现象作出判断,与经验符合的综合命题他称之为综合真理,因此,综合真理具有经验内容。

从表面上看,卡尔纳普坚持的“证实主义”原则,虽然与传统实在论者一样都以经验为前提,或者说都隐含了“经验是不可错的”前提假设,但这并不等于说卡尔纳普承认,根据这些观察现象提出的理论是对不可观察的理论实体的绝对正确的描述。因为卡尔纳普认为,关于理论实体具有实在性的陈述是伪命题,并没有提供认知内容。在卡尔纳普看来,理论实体是相对于一个语言框架而言的,我们只要接受一个语言框架,也就意味着接受了该语言框架所包含的理论实体。然而,相对于世界而言,语言框架并不是唯一的,而是多元的,所以,存在于某个语言框架中的理论实体,同这个语言框架一样,只是一种方便的工具而已。①这是一种典型的工具主义的理论观。

普特南在 1962 年发表的《梦幻与“深层语法”》(“Dreaming and 'Depth Grammar'”)、1973 年发表的《说明与指称》(“Explanation and Reference”)和 1975 年发表的较为详细的《“意义”的意义》(“The Meaning of 'Meaning'”)等一系列文章中,对证实主义的意义理论进行了批判。在普特南看来,证实主义者认为,知道一个科学命题的意义就是知道该命题的证据。根据这种观点,关于像电子之类的“不可观察的量”的科学陈述并不被看作指称电子,而是指称仪表的读数和云雾室里的观察结果。对于行为主义的哲学家来说,这是正常的。他们渴望把关于像电子之类的“不可观察量”的陈述“还原”为类似仪表读数的公众“可观察的量”,就像他们渴望把关于心理现象的陈述

---

① Cf. Carnap, R., “Empiricism, Semantics, and Ontology”, *The Problem of Scientific Realism*, edited by Edwaed A. MacKinnon, Meredith Corporation, 1972, pp.103—122.

还原为公众"可观察的量"(比如一个人的感觉或情绪)一样。普特南认为，证实主义者和行为主义者关于"知道一个陈述的意义就是知道该陈述的公共证据"的观点实际上是一种误导，颠倒了命题的意义与指称之间的关系。

为此，普特南站在反对立场上认为，不能把一个陈述的内容与证实它的方法联系在一起，不能把意义看作决定指称的实体，而是反过来，把意义看作由指称来决定的，指称又是由历史的因果链条来决定的。比如，不管有关"电荷"的理论发生怎样的变化，某个元素所带的"电荷"这个术语都指称相同的量，这在近两百年多来的科学理论中都没有发生变化。同样，有关"原子""基因"或"艾滋病毒"的新理论的提出，只是深化了我们对这些理论实体的认识与理解，改变了人们关于它们的信念，而不是改变了它们所指称的对象，也就是说术语所指称的实体是独立于我们关于它们的信念而存在的，世界中的实体与关系的存在与我们的科学理论无关。这就是普特南独立于克里普克所提出的因果指称理论。

然而问题在于，如果我们认为实体的存在与信念无关，我们就不能使形而上学的实在论具有意义，因为我们对表征的理解离不开与环境相关的因果关系，就像"孪生地球"实验所揭示的那样。如果承认指称与信念之间存在着本质的相互联系，即我们所指称的实体依赖于我们在研究中形成的信念，那么，实体的存在就与形成的信念密切联系在一起。这意味着，形而上学的实在论是无意义的。这就是后来普特南所说的形而上学实在论的悖谬之处。这也表明，普特南在早期反对逻辑实证主义的论证中已经隐含了"本体论概念和实在信念相互依赖"的观点，而如果本体论概念不能独立于我们的研究规范，那么，形而上学实在论所谓的世界观所依赖的表征概念就没有意义，这就为他后来拒绝这种自然主义的指称理论，从形而上学的实在论转向内在实在论埋下了伏笔。①

---

① Ebbs, G., "Realism and Rational Inquiry", *The Philosophy of Hilary Putnam*, Christopher S. Hill(ed.), Vol.20, No.1, 1992, pp.16—23.

在这个时期,普特南不仅拒绝证实主义的意义理论以及分析与综合的二分,而且在提出因果指称论之前,也接受了当时盛行的物理主义的科学观。这体现在他于1958年与奥本海默合作发表的《科学的统一是一种有效假设》中。这篇文章的目标是论证科学统一假设的有效性。他们指出,存在着三种意义上的科学统一:(1)最弱意义上的统一是指语言的统一:把所有的科学术语还原为一个学科的术语;(2)较强意义上的统一是指规律的统一:把科学的规律还原为一个学科的规律;(3)最强意义上的统一是指,科学规律不仅能还原为某个学科的规律,而且这个学科的规律在直觉的意义上也是统一的或相互联系的。接下来,他们基于对"还原"概念的讨论,论证了有可能通过学科间的微观还原来达到科学统一的一条进路。他们假定的微观还原的层次是:社会群体→(多细胞的)有机体→细胞→分子→原子→基本粒子。[①]

这种物理主义还原论式的科学观与以牛顿力学为基础形成的经典实在论的科学观相一致。这种科学实在论事实上是一种形而上学的实在论,因为它预设了绝对论的世界观,这种世界观包括三个基本假设:其一,本体论假设,认为作为认知对象的实在世界不依赖于认知者而独立存在,它们构成了科学研究的现实对象;其二,方法论假设,认为科学家通过公认的实验与测量等手段,能够揭示研究对象的变化规律;其三,认识论假设,认为以实验事实为基础形成的科学理论或科学定律是对研究对象的内在本质的正确描述。自牛顿力学诞生以来,这种立场已经成为科学家的共识。

这三种假设又隐含了三个基本信条:其一,真理符合论:语言中的术语与独立于心灵的实体之间存在着的符合关系,即:一个陈述为真,当且仅当它与世界相符合;其二,语义实在论:理解一种陈述在于知道它所指称的对

① Oppenheim, P., and Putnam, H., "Unity of Science as a Working Hypothesis", *Concepts, Theories and the Mind-Body Problem*, *Minnesota Studies in the Philosophy of Science*, Vol. 2, H. Feigl, M. Scriven, and G. Maxwell(eds.), University of Minnesota Press.

象是什么,即如果一种陈述表达了某个对象的存在性承诺,那么其真假就是由独立于心灵的实在的内在本质来决定的;其三,本体论的实在论:科学和常识所描述的所有客体都独立于心灵而存在。①1976 年,普特南在波士顿举行的第 73 届美国科学哲学学会东部年会上发表就任演讲,其中阐述了他自己的"内在实在论"立场,并把这种"形而上学的实在论"称为"上帝之眼"。②在当时,科学实在论有许多版本,形而上学的实在论是其中最强的一个。

三、中期:内在实在论

本节标题以"内在实在论"来标注普特南在中期所持的实在论立场,实为沿袭了学术界的习惯用法。事实上,普特南最初提出"内在实在论"这个术语并非意指他自己所持有的一种实在论立场,而是意指他早期所坚持的形而上学实在论和现有的反实在论之间的一种中间立场。但是,后来他才发现,人们并不是在这个意义上理解他使用的"内在实在论"术语,而是将之视为他所持有的一种新的实在论立场。于是,普特南声明,许多读者对他于1976 年发表的文章《实在论与理由》("Realim and Rearon")和 1980 年在《符号逻辑杂志》发表的《模型与实在》("Models and Reality")有很多误解,但其原因不可归罪于读者,而是由于他自己采取了不稳定的实在论立场,以及在发表这些演讲时还未阐明"真理是什么"的问题。为此,在后来的作品中,普特南不再把他自 20 世纪 70 年代中期以来坚持的实在论立场称作"内

---

① Cf. Anderson, D.L., "What Is Realistic about Putnam's Internal Realism", *The Philosophy of Hilary Putnam*, Christopher S. Hill(ed.), Vol.20, No.1, 1992, p.51.

② Putnam, H., "Realism and Reason", *Proceedings and Addresses of the American Philosophical Association*, Vol.50, No.6, 1977, pp.483—497.

在实在论",而是倾向于称之为"实用主义的实在论",或者"小写 r 的实在论",相应地把形而上学的实在论称作"大写 R 的实在论"。但尽管如此,在哲学界,"内在实在论"已经成为普特南中期实在论立场的一个标签。

普特南从形而上学的实在论向内在实在论的转变并不只是一种实在论立场的改变,而是体现了他所关注哲学问题之焦点的转移。形而上学的实在论主要关注推翻逻辑证实主义的意义理论的哲学概念;而内在实在论是发展与深化因果指称理论的产物,核心是反对传统实在论的四个假设:(1)所有对象的总数确定;(2)所有属性的总数确定;(3)在我们"发现"的世界中的属性和我们"投影"到世界的属性之间有明确的界线;(4)真理符合论。普特南认为,事实与真理是依赖于语言框架,真理从命题的合理的可接受性概念中获得生命,而不是信念与事件之间的符合。这种内在实在论的立场认为,断言一个陈述为真即断言一个陈述在一个概念框架内为真,亦即断言有足够好的或理想的认识条件对该陈述作出辩护。在这里,普特南虽然重新拾起了曾经拒绝的证实主义的方法论,但并不等于接受符合论的真理观。

除了受奎因思想的影响之外,普特南的这种证实主义的语义学思想也与他对量子力学哲学问题的关注密切相关,而这一点恰好是不少普特南哲学思想研究者们所忽略的。普特南早在 20 世纪 50 年代就开始关注量子力学哲学问题,在 60 年代发表了相关文章。他曾在《量子力学与观察者》一文中指出,我们"不应该以经典的思维方式,也就是说,形而上学实在论的思维方式,来理解量子力学"[①]。然后,他通过对量子测量问题的讨论论述了以多元真理论为核心的"内在实在论"的观点。普特南认为,在量子测量过程中,微观粒子究竟表现出粒子现象还是波动现象,依赖于测量设置,我们对微观世界的认知依赖于量子力学概念体系。于是,他把量子测量和量子力

① Putnam, H., "Quantum Mechanics and the Observer", *Erkenntnis*, Vol. 16, No. 2, 1981, pp. 193—219.

学的概念框架中隐含的这种域境依赖性提升到一般性的高度,得出了"我们对实在世界的认识是在特定的语言框架中进行的"这一普遍结论。他指出,真理并不是一个认识的概念,不是理论与实在相符,而是特定语言框架内的信念的融贯,是合理的可接受性。也因为如此,普特南有时被归至反实在论的队列当中。

普特南认为,"大写 R 的实在论"带有典型的哲学幻想的特征。[1]在他看来,就科学理论和常识而言,至少有两种实在论的哲学态度:一种是微观实在论,认为像电子和光子之类的微观实体是科学研究的对象,描述这些对象的理论是对世界的正确描述,而基于常识形成的理论只是一种假象,这种观点的代表人物是塞拉斯;另一种是宏观实在论,认为基于常识的理论才是对世界的反映,描述微观实体的理论只是一种假设,这种观点的代表人物是胡塞尔。普特南指出,在胡塞尔看来,第一种哲学态度是关于"外部对象"的一种数学物理方式。利用数学方法来认知世界是自伽利略以来形成的一种西方的科学思维:即,用数学公式来表达世界变化的规律。这种思维方式试图把第二性质的量还原为第一性质的物理特性。普特南认为,这两种哲学态度或关于世界的两种图像,带来了许多不同的哲学纲领。[2]与只看重科学思维的塞拉斯和只看重日常思维的胡塞尔不同,普特南试图通过因果指称理论把两者衔接起来,认为微观实在论和宏观实在论属于两个不同的层次,是两种不同形式的实在论,应该同时得到承认。这种观点与爱丁顿的两个桌子的比喻相一致。

普特南为了阐述他的这种内在实在论思想,首先对唯物主义的实在论进行了批判。他认为,唯物主义的实在论假设"存在一个具有内在结构的现

[1] Putnam, H., *Realism with a Human Face*, James Conant(ed.), Harvard University Press, 1990, p.26.
[2] Putnam, H., *The Many Faces of Realism*:*The Paul Carus Lectures*, Open Court Publishing Company, 1987, p.4.

成世界",这种内在结构包括两种重要的关系,其一是因果关系,对象具有"因果力",也就是,一个事件的发生是由某种原因引起的;其二是指称关系,我们的概念是在与对象的因果性的交互作用中形成的,没有所指称的对象的存在,就不会有关于这个对象的概念的表达。这种结构隐含了"因果关系是物理关系"和"指称关系也是物理关系"的假定。然而,普特南认为,这两个假定是不成立的。

他的论证如下:首先,因果关系有两种可能的定义,一是因果律:只要 A 类事件发生,B 类事件就接着发生;二是充分条件:一种原因是其结果的充分条件,即至少在决定论的世界中,只要出现原因,就必定会跟着出现结果。其次,在唯物主义假设的因果关系中,原因是指全部原因。然而,在普通语言中,原因很少是指全部原因,全部原因的概念即使在物理学上是可定义的,在日常生活中或在哲学中也是不可能的。我们通常是把全部原因的某些部分作为"背景",而把感兴趣的那部分作为原因。最后,在因果关系中,我们所说的相关特征或显著特征只是我们对"事件 C 引起事件 E"的说明方式。在普通意义上,"原因"通常会用含有说明的惯用语来释义,这样,我们的说明已经嵌入了因果关系,是否是原因或说明取决于我们的背景知识和发问的理由,显著性或相关性属于思想和推理,而不是自然界。因此,"因果关系不是物理关系"①。

普特南论证说,如果"因果关系不是物理关系",那么指称就不能完全用纯物理学的术语来定义,因此,"指称关系是物理关系"的假定也不成立。因此,唯物主义的实在论由于无法找到内嵌于世界之中的因果关系和指称关系,从而是自相矛盾或错误的。普特南把这种唯物主义的实在论说成一种科学的扩张主义。他明确指出,如果实在论是这种唯物主义或物理主义,那么,他本人就不是一位实在论者,而是二元论者,或更确切地说,

① Cf. Putnam, H., *Why There Isn't A Ready-Made World*, https://www.docin.com/p-1532014265.html.

是多元论者。①

之后普特南还对形而上学的实在论进行了批判。他认为,这种实在论是指接受菲尔德(Hartry Field)所说的三类形而上学的实在论:一是认为,世界是由独立于心灵的确定的客体集合组成的;二是认为在我们对世界存在方式的描述中,只有一种描述是千真万确并且完备的;三是认为真理就是理论与世界相符合。②这类实在论隐含了本质主义的假定:一个属性 P 是 X 的本质属性,当且仅当,如果没有 P,则 X 就不再成为 X,即 X 必然有 P。普特南以泥土和雕塑的关系为例对此进行了反驳。他论证说,假如我们用一块泥土捏成一个雕塑,雕塑的本质特性是成为一尊雕塑,而这并不是泥土的本质属性;同样,泥土的本质属性是成为泥土,而这也不是雕塑的本质属性。因此,一种属性是不是一种本质的属性是相对于一种描述而言的,根本没有固有的本质属性。如果对固有属性的否定是正确的,那么,在关系 C_1 中与对象 X 相关的心理事件就不比在关系 C_2 中与对象 Y 相关的心理事件更为基本;反过来,在关系 C 中与我们的某种思想相关的非心理对象,也不比在另一种关系中与我们的另一种思想相关的非心理对象更为基本。这样,在形而上学的意义上,就没有一种关系能够被选为思想与事物之间的关系,即我们无法获得这种对应。③

普特南认为,如果上述两种实在论都是错误的,那么唯一有意义的方向可能是实用主义的"内在实在论":这种实在论承认,如果无法确定客观性究竟是超验的符合还是纯粹的共识,那么,"P"和"我认为是 P"就是有差别的,即,"是正确的"和"只认为是正确的"也是有差别的。

① Putnam, H., "The Kinds of Scientific Realism", *The Philosophical Quarterly*, Vol. 32, No.128, 1982, p.197.
② Putnam, H., *The Many Faces of Realism: The Paul Carus Lectures*, Open Court Publishing Commany, 1987, p.30.
③ Cf. Putnam, H., *Why There Isn't A Ready-Made World*, https://www.docin.com/p-1532014265.html.

在普特南看来,所有的经验都涉及心理建构,物理对象的概念和经验概念相互依赖,心灵和世界共同构成了心灵和世界。①因此,普特南的内在实在论是关于指称和理解的经验理论。

普特南特别强调,形而上学实在论的瓦解并不意味着实在论本身是错误的,只是意味着实在论等同于"内在实在论","内在实在论是我们所想要的或所需要的实在论"②。如果说形而上学实在论是一种本体论意义上的实在论的话,那么,普特南的内在实在论事实上是一种认识论意义上的实在论。在这种实在论中,普特南用真理的可接受性概念或确证度概念替代了真理符合论;用证实主义的语义学(在确证度的意义上)替代了语义实在论;用经验实在论替代了本体论的实在论。

四、晚期:自然实在论

自 20 世纪 90 年代以来,普特南的哲学思想开始发生第二次大的变化。这一次转变既是普特南继续深入追问实在论与反实在论之争的结果,也是他转换哲学研究范式并再一次更加彻底地进行自我超越的产物。

普特南认为,到 20 世纪 90 年代为止的许多哲学家中,有的满足于教条的实在论观点,有的满足于反实在论观点。然而,这两种立场事实上彼此互为镜像。这种以一种观点来应对另一种观点的非此即彼的选择,体现了理性的自相矛盾,揭示了我们的心灵如何接触外在世界所存在的困难。普特南把这种状况视作那种西方哲学自 17 世纪以来困扰人的灾难性理念的结

---

① Cf. Putnam, H., *Why There Isn't A Ready-Made World*, https://www.docin.com/p-1532014265.html.

② Putnam, H., "Realism and Reason", *Proceedings and Addresses of the American Philosophical Association*, Vol.50, No.6, 1977, p.489.

果。这种理念是：知觉包括了在心灵和我们感知的"外部"对象之间的一个界面(interface)。在较早的现代形而上学和认识论的二元论观点中，这个界面是由"印象"或"感觉"或"经验"或"感觉材料"构成的，而现在则由"感受质"(qualia)构成。"感受质"被设想为是非物质的。在唯物主义版本中，这个界面一直被设想为由大脑过程构成。普特南结合这两种观点并将其描述为"笛卡尔主义与唯物主义"的立场，并表明其观点为，"界面是由'印象'或'感受质'构成的，而且，与大脑过程相同"。他还进一步指出，"自17世纪以来，哲学一直在行不通的实在论和唯心论之间犹豫不决"①。

这个界面的存在意味着，我们的认知力量无法直达对象本身。普特南指出，詹姆斯早就论证说："'必须把感觉经验设想为是我们与世界之间的中介'这种传统观念，并没有合理的支持依据，更糟糕的是，它使我们不可能看到人们如何能与世界进行真正的认知接触。"②普特南接受了这种看法，并认为知觉哲学中近三十年来不断困扰着我们的这种压抑趋势，阻碍了我们在更广泛的认识论和形而上学议题上取得进展的可能性。语言哲学也与这种实在论的议题相关。事实上，回答"语言如何抓住世界"的问题，也就是回答"知觉如何抓住世界"的古老问题，或者说，如果不提及知觉就无法理解"思想和语言如何抓住世界"的问题。

普特南说，他在撰写阐述内在实在论思想的那些文章时，还没有看到这个议题会卷入知觉的议题，或者直接卷入关于人类心灵力量的一组特殊假设的未来趋势，所以才诉诸"证实主义的语义学"来讨论意义问题。在当时，普特南认为，我们对语言的理解就在于掌握其"用法"。他在这里所使用的"用法"概念是一个"认知科学的"概念，也就是说，在很大程度上，根据大脑

① Putnam, H., "Sense, Nonsense, and the Senses: An Inquiry into the Powers of the Human Mind, Lecture III: The Face of Cognition", The Journal of Philosophy, Vol.XCI, No.9, p.488.
② Putnam, H., "Sense, Nonsense, and the Senses: An Inquiry into the Powers of the Human Mind, Lecture I: The Face of Cognition", *The Journal of Philosophy*, Vol.XCI, No.9, p.454.

中的计算程序的术语来描述"用法"。特别是他在撰写《实在论与理由》和《模型与实在》两篇文章之前尚不明白如何为实在论辩护或关于语言与实在的关系为何会有另一种理解,因而深陷无望的矛盾之中。然而,也正是这种困惑致使普特南执着地探究更深层次的问题。最终,他发现,内在实在论无法解决理性的自相矛盾,因为它的图像依然保留了"认知者与外部世界之间有一个界面"的基本前提。

于是,普特南强烈地感到有必要在实在论和反实在论之间找到"第三条路径",来摆脱理性的自相矛盾。而这条进路并不是将实在论的元素与唯心论图像的元素简单地黏合在一起。因为保留感觉材料或语言框架之类的传统概念的做法,只能是死路一条,这些概念最终还是会使我们面对看起来无法解决的界面问题。因此,普特南决定放弃把心理特性等同于计算的大脑特性的同一性理论,抛弃功能主义,在心灵哲学和语言哲学之外寻找解决问题的新思路。普特南回忆说,他最早在阅读奥斯丁的《感觉与可感物》一书时就潜在地意识到应该否定在认知者与世界之间设立"界面"的观点,但当时还是摒弃了这一想法。①到 20 世纪 80 年代末,由于受罗蒂的影响,在研读詹姆斯和杜威的作品时才清晰地认识到抛弃"界面"观点的必要性。到 1994 年 3 月,他在哥伦比亚大学所作的一系列杜威讲座中,最终完成了实在论立场的第二次转变:从内在实在论转向自然实在论。②这次转变也是从突出科学实在论转向了突出常识实在论。

与前一次转变一样,普特南关于实在论立场的这一次转变也是其哲学关注焦点的转移——内在实在论关注的是心灵与语言问题,而自然实在论关注的是知觉与理解的问题。与上一次转变相比,这次的转变在对哲学基本概念的理解上发生了更加深刻的变化。普特南实在论立场转变的哲学启

①② Cf. Putnam, H., "A Half Century of Philosophy, Viewed from Within", *Proceedings of the American Academy of Arts and Sciences*, Vol.126, No.1, 1997, pp.175—208.

迪来自对亚里士多德、詹姆斯、杜威、奥斯丁以及麦克道威尔等哲学家观点的批判吸收。他接受"知觉是不可分离的"论点，即并不将知觉设想为心灵和被知觉到的对象之间的秘密交易，而是认为成功的知觉只是在看、听、感觉"在那里的"东西，不完全是人的主观性。普特南把这种立场称为"自然实在论"，其目的是与简单地否定界面的"直接实在论"区别开来，因为直接实在论有不同的版本，极容易引起误解。为了避免让人联想到哲学进步是如此轻而易举，普特南建议把通常的直接实在论与他所说的自然实在论区分开来。

普特南认为，在哲学史上，奥斯丁曾对自然实在论进行了有力的辩护。自然实在论是一种无中介的知觉理论，不同于 17 世纪以来人们接受的因果性的知觉理论。无中介的知觉理论，在某种程度上，是回归到亚里士多德对知觉的解释，这种解释具有直接实在论的要素。对于亚里士多德来说，可知觉的形式就是可知觉的属性，是我们对外在事物的直接感知，比如直接感知外面的冷热、形状等。正是在这种意义上，普特南号召进行哲学的重新稚化（re-infantilization），在没有形而上学包袱的前提下，复兴古老的思维方式和从前的知觉理论精神，认为存在一种养成的天真——普特南接受一位以色列哲学家的建议，称之为"二次天真"（second naiveté），把与"二次天真"相伴随的实在论称作自然实在论。

自然实在论的目标是试图彻底抛弃二分的思维方式，全面摧毁有界面的知觉理论，反对传统感觉材料理论的下列三个假设：(1)存在着独立的经验领域或心理现象领域；(2)剧情在人的大脑中发生；(3)知觉包括与某些"内部"经验有特殊的认知关系，存在着把"内部"经验和"外部"对象联系起来的适当类型的因果链条。

首先，自然实在论认为，心灵不再是一个器官或独立的实体，而是在机体与环境交互作用过程中具有的能力系统，这种能力像我们所有的能力一样，依赖于人与环境的交互作用，是人发育成长的一个组成部分，不需要还原为用物理学和生物学,乃至计算机科学的术语来加以说明。其次,自然实在论把知觉看成是对事物的直接感知或直接表征。普特南以维特根斯坦的"鸭兔"图为例说明问题。他说,当人们看到一幅"鸭兔图"时,有的人视其为鸭子,有的视其为兔子。这表明,视觉经验有完全不同的属性,从而摧毁了所谓的感觉材料的经典概念。对于心理图像,思考中的词语和语句,也是如此。语言中的词和语句并没有固有的意义。当我们听到一个我们理解的句子时,会把一种意义与符号设计联系起来,因为我们是在符号设计中感知意义。话语本身有能力找到自己精确的层次。最后,自然实在论认为没有现成的世界,"实在"不是指一个超极物(super thing),而是发展我们的语言和生活的一个概念,因此,只有在生活实践中才能化解一切二元对立造成的两难困境。

在普特南看来,自然实在论的解释并非一种替代的形而上学解释,而是看到在认知者和世界之间强加一个界面是不必要的和不可理解的。这是一种新的世界观,是完成哲学任务的一种新方式。

五、结　语

综上所述,普特南的哲学研究思想围绕三种实在论立场展开。他在早期仅基于当时复兴的科学实在论立场来拒斥逻辑实证主义的意义理论,并没有对这种立场作出系统的论证,只是从这种实在论的视域来阐述逻辑学哲学、数学哲学和量子力学哲学等问题。这个时期的相关文章收录于1975年出版的《数学、物质与方法》一书中。[1]从1976年到90年代初他以阐述因果指称论为主线,从量子力学哲学中获得启发来论证"内在实在论"的

---

[1] Putnam, H., *Mathematics*, *Matter and Method*: *Philosophical Papers*, Vol. 1, Cambridge University Press, 1975.

观点，并在《理性、真理和历史》(*Reason，Truth and History*，1981)一书中
把内在实在论等同于"温和的证实主义"。从本质上看，由于内在实在论的
主要目标是为科学的成功提供一种无奇迹论证或逼真论证，因而也属于一
种形式的科学实在论。自 20 世纪 90 年以来，普特南试图彻底地超越实在
论与反实在论之争，抛弃因果知觉论，铲除横在心灵与世界之间的那条永远
无法填平的认识论"鸿沟"，主张通过"二次天真"重返生活实践，转而从普通
人坚持的自然实在论视域探讨伦理、宗教等哲学问题。通过这两次实在论
立场的转变，最终，普特南完成了他本人所希望的从"分析哲学家"的身份到
"哲学家"身份的转变。

第四章
技能性知识与体知合一的认识论*

　　近年来,现象学、科学知识社会学以及关于人工智能的哲学研究对传统科学认识论提出了挑战。这些研究成果虽然主旨各不相同,但都不约而同地涉及关于技能性知识(skillful knowledge)的讨论。从知识获得的意义上看,技能性知识与认知者的体验或行动相关,其获得的过程是从无语境地遵守规则、到语境敏感地"忘记"规则、再到基于实践智慧来创造规则的一个不断超越旧规范、确立新规范的动态过程。因而,技能性知识比命题性知识更基本。目前,关于技能性知识的哲学研究,正在滋生出一个新的跨学科的哲学领域——专长哲学(philosophy of expertise),即关于包括科学家在内的专家的技能、知识与意见的哲学①,同时也把关于知识问题的讨论带到了知识的原初状态,潜在地孕育了一种新的认识论——体知合一的认识论(epistemology of embodiment)②。这种认识论从一开始就把传统意义上的主

＊　本章内容发表于《哲学研究》2011 年第 6 期。
①　赛林格(E. Selinger)和克里斯(R.P. Crease)于 2006 年主编出版的《专长哲学》(*The Philosophy of Expertise*, New York: Columbia University Press)一书是一本论文集,该书把关于专家问题的哲学讨论汇集在一起。其中的关键词之一"Expertise"至少有三种用法,一是指专家意见,二是指专业知识,三是指专家技能。这里把三个方面概括起来,暂时译为"专长"。
②　在当前的现象学与认知科学文献中,"embodiment"是一个出现频次很高的概念。汉语学界目前有两类译法:一是译为"涉身性""具身性"或"具身化",二是译为"体知合一"。本文采纳后一种译法。因为在哲学史上,关于身心关系的讨论主要经历了有心无身、身心对立、身心合一三个阶段,译为"体知合一"更能反映出"身心合一"或"心寓于身"的意思。

体、客体、对象、环境甚至文化等因素内在地融合在一起,从而使得长期争论不休的二元对立失去了存在的土壤,并为重新理解直觉判断和创造性之类的概念提供了一个新的视角,为走向内在论的技术哲学研究或形成一种真正意义上的科学技术认识论,提供了一个重要维度。

一、技能与科学认知

科学认知结果与科学家的认知技能相关,这几乎是人所皆知的事实。但是,技能性知识的获得对科学认知判断所起的作用,以及关于科学家的直觉与专长的哲学讨论,却是新的论题。

传统科学哲学隐含了三大假设:(1)科学的可接受性假设,即科学哲学家主要关注科学辩护问题,比如,澄清科学命题的意义,阐述理论的更替,说明科学成功的基础等;(2)知识的客观性假设,即科学哲学家主要关注如何理解科学成果,比如,科学认知的结果与自然界相符,是语言的意义属性,是有用的说明工具,具有经验的适当性等;(3)遵从假设,即科学哲学家把科学家看成是自律的、具有默顿赋予的精神气质的一个特殊群体,理应受到人们的遵从。在区分科学的内史与外史、规范的社会学和描述的社会学之基础上,科学哲学的这三大假设也与科学史、科学社会学的研究前提相一致。在以这些假设为前提的哲学研究中,很少关注富有创造性的科学思想是如何产生的问题,更没有把技能与科学认知联系起来讨论。

与以解决认识论问题的方式传承哲学的科学哲学相平行,存在主义、解释学、结构主义、后现代主义以及批判理论等则分化出另一条科学哲学进路。这条进路的重点是追求对科学文本的解读和对科学的文化批判,体现出从传统的科学认识论向科学伦理学、科学政治学等实践性学科的转变,并通过揭示利益、权力、社会、经济、文化等因素在科学知识生产过程中所起的决定性作用,把科学知识看成是权力运作、利益协商、文化影响等的结果,从而全盘否定了科学知识的真理性,甚至走向反科学的另一个极端。这些研究以怀疑科学为起点,隐含了科学知识的非法性问题。其认为,科学认知的结果不是天然合法的,科学哲学不是为科学的客观性作辩护,而是需要讨论与科学家相关的非法性问题。这就把对科学家的认知判断的怀疑与批判看成是理所当然的。这些研究虽然关注科学观念是如何产生的问题,但其重点是批判科学,而不是对科学家的认知技能作哲学研究。

科学建构论试图打开科学活动的黑箱,观察与描述科学家形成知识的整个过程。其研究大致经历了三个阶段:(1)实验室研究阶段。其目标是揭示科学家在实验室里得出的观察结果中所蕴含的社会和文化因素。例如,柯林斯认为,科学成果不是科学认知的结果,而是由社会和文化因素促成的,科学家只有借助于社会力量,才能最终解决科学争论;①(2)全面扩展阶段。把科学建构论扩展到理解技术,形成了技术建构论等;(3)行动研究阶段。其目标是通过剖析科学家如何变得过分尊贵的问题,打破科学家与外行之间的分界线,把科学家看成与外行一样,也是有偏见的人。这些研究同样蕴含了科学家及其认知判断的非法性问题。它们在关注实验技能的传递与行动问题时,涉及对意会知识和技能与科学认知的相关性问题,但这只是研究的副产品。

以肯定科学家和科学知识的合法性为前提的哲学研究,在面对观察渗透理论、事实蕴含价值以及证据对理论的非充分决定性等论题时所陷入的困境,是其基本假设所致;而以假定科学家和科学知识的非法性为前提的"科学研究"(science studies),其对传统科学观的批判其实也潜在地默认了同样的假设,由此产生了各种二元对立,比如客观与主观、内在论与外在论、科学主义与人文主义、事实与价值等对立。传统科学哲学进路主要偏重于

① 哈里·柯林斯:《改变秩序:科学实践中的复制与归纳》,成素梅、张帆译,上海:上海科技教育出版社 2007 年版,第 115—136 页。

二元对立项中的前者,容易受到人文主义的挑战;而"科学研究"进路则主要垂青于二元对立项中的后者,容易从反科学主义走向反科学的另一个极端。到 20 世纪末,人们则开始寻找第三条进路来超越这些二元对立,比如,科学修辞学进路①、行动研究进路②、语境主义进路③等。但至今仍然没有出现一个令人满意的替代方案。

在这方面,现象学家关于体知型知识(embodied knowledge)④的研究是有启发意义的。他们通过突出人的身体在知觉过程中所起的重要作用,使身心融合从一开始就成为获得技能和知识的基本前提。体知型知识是命题性知识和技能性知识的有机整合,其中命题性知识的获得强调分析与计算思维,技能性知识的获得强调直觉思维。在人类的心智中,分析与直觉始终是统一的。分析思维既有助于掌握技能,也有助于澄清直觉判断;反过来,直觉思维既有助于提出创造性的命题性知识,也有助于深化分析思维。然而,由于现象学家追求的目标是使哲学回到生活实践,所以,他们的研究虽然关注技能性知识的哲学思考,但并没有阐述体知合一的认识论。⑤德雷福斯在继承现象学传统之基础上,在论证人类的智能高于机器智能的观点时,对预感、直觉、创造性、理性、非理性和无理性等概念的阐述⑥,直接促进了

---

① 马尔切洛·佩拉:《科学之话语》,成素梅、李洪强译,上海:上海科技教育出版社 2006 年版,第 29—182 页。

② Collins, H., and Evens, R., *Rethinking Expertise*, Chicago and London: The University of Chicago Press, 2007, pp.13—91;中译版:哈里·柯林斯、罗伯特·埃文斯:《反思专长》,张帆译,北京:科学出版社,2021 年。

③ 成素梅:《理论与实在:一种语境论的视角》,北京:科学出版社 2008 年版,第 164—200 页。

④ 学界通常把"embodied knowledge"与"embrained knowledge"(观念型知识)相对应,译为"经验型知识"或"具身知识"。这里,一方面考虑到译为"经验型知识"容易与"experiential knowledge"混淆,而译为"具身知识"则有忽视心智作用之嫌,另一方面为了与"embodiment"的译法相一致,因而译为"体知型知识"。当然,这里的"体知"不同于中国哲学中的"体知"概念。

⑤ Selinger, E., and Crease, R.P., eds. *The Philosophy of Expertise*, New York: Columbia University Press, 2006, pp.214—245;中文译版:伊万·塞林格、罗伯特·克里斯主编:《专长哲学》,成素梅、张帆、计海庆、戴潘、邹桑、纪雪丽译,北京:科学出版社 2015 年版。

⑥ Dreyfus, H., and Dreyfus, S., *Mind Over Machine: The Power of Human Intuition and Expertise in the Era of the Computer*, New York: Free Press, 1986, pp.IX—XV, 1—66.

对技能性知识的哲学思考，揭示了技能在科学认知过程中的关键作用。下面通过对技能性知识的特征与体现形式的考察，基于现有文献，尝试提炼出一种体知合一的认识论。

二、技能性知识的特征与体现形式

技能性知识是指人们在认知实践或技术活动中知道如何去做并能对具体情况做出不假思索的灵活回应的知识。在这里，对技能性知识作出哲学反思的原因，一是它有可能从体知合一的视角揭示，科学家对世界的本能回应与直觉理解为什么不完全是主观的；二是它有可能使传统科学哲学家与"科学研究"者之间的争论变得更清楚。正如伊德所言，就技术的日常用法而言，在科学实验中所用的技术仪器，通过"体知合一的关系"（embodiment relations）扩大到和转变为身体实践；它们就像海德格尔的锤子或梅洛-庞蒂的盲人的拐杖一样被兼并或合并到对世界的身体体验中，科学家能够产生的现象随着体知合一的形式的变化而变化。[1]德雷福斯在进一步发展梅洛-庞蒂的经验身体（le corps vécu）的概念和"意向弧"（intentional arc）与"极致掌握"（maximal grip）的观点时也认为，"意向弧确定了能动者（agent）和世界之间的密切联系"，当能动者获得技能时，这些技能就"被存储起来"。因此，我们不应该把技能看成是内心的表征，而应看成是对世界的反映；"极致掌握"确定了身体对世界的本能回应，即不需要经过心理或大脑的操作。[2]正是在这种意义上，对技能性知识的哲学反思把关于理论与世界关系

---

① Ihde, D., *Expanding Hermeneutics*: *Visualism in Science*, Evanston: Northwestern University Press, 1998, pp.42—43.

② Selinger, E., and Crease, R.P., eds. *The Philosophy of Expertise*, New York: Columbia University Press, 2006, pp.214—245；伊万·塞林格、罗伯特·克里斯主编：《专长哲学》，成素梅、张帆、计海庆、戴潘、邬桑、纪雪丽译，北京：科学出版社 2015 年版。

问题的抽象论证,转化为讨论科学家如何对世界作出回应的问题。

技能性知识主要与"做"相关。根据操作的抽象程度的不同,可以把"做"大致划分为三个层次的操作:直接操作、工具操作和思维操作。直接操作主要包括各种训练(比如竞技性体育运动等),目的在于获得某种独特技艺;工具操作主要包括仪器操作(比如科学测量等)和语言符号操作(比如计算编程等),目的在于提高获得对象信息或实现某种功能的能力;思维操作主要包括逻辑推理(比如归纳、演绎等)、建模和包括艺术创作在内的各项设计,目的在于提高认知能力或创造出某种新的东西。从这个意义上看,在认知活动中,技能性知识是为人们能更好地探索真理做准备,而不是直接发现真理。获得技能性知识的重要目标是先按照规则或步骤进行操作,然后在规则与步骤的基础上使熟练操作转化为一项技能,形成直觉的、本能的反映能力,而不是为了直接地证实或证伪或反驳一个理论或模型。这种知识主要与人的判断、鉴赏、领悟等能力和直觉直接相关,而与真理只是间接相关,是一种身心的整合,一种走近发现或创造的知识。这种知识具有下列五个基本特征:

其一,实践性。这是技能性知识最基本和最典型的特征。它强调的是"做",而不是单纯的"知";是"过程",而不是"结果";是"做中学"与内在感知,而不是外在灌输。"做"强调的是个体的亲历、参与、体验、本体感受式的训练(proprioception exercise)等。就技能的存在形态而言,存在着从具体到抽象连续变化的链条,两个端点可分别被称为"硬技能"或"肢体技能",即一切与"动手做"(即直接操作)相关的技能;"软技能"或"智力技能"(intellectual skill),即与"动脑做"(即思维操作)相关的技能。在现实活动中,绝大多数技能介于两者之间,是二者融合的结果。

其二,层次性。技能性知识的掌握有难易之分,其知识含量也有高低之别。比如,开小汽车比开大卡车容易,一般技术(比如修下水道)比高技术(比如电子信息技术、生物技术)的知识含量低,掌握量子力学比掌握牛顿力学难度大。德雷福斯从生活世界出发,把一般的技能性知识的掌握划分为七个阶段:(1)初学者阶段。学习者只是消费信息,只知道照章行事。(2)高级初学者阶段。学习者积累了处理真实情况的一些经验,开始提出对相关语境的理解,学习辨别新的相关问题。(3)胜任阶段。学习者有了更多的经验,能够识别和遵循潜在的相关要素和程序,但还不能驾驭一些特殊情况。(4)精通阶段。学习者以一种非理论的方式对经验进行了同化,并用直觉反映取代了理性反映,用对情境的辨别取代了作为规则和原理表述的技能理论。(5)专长阶段。学习者变成了一名专家,他不仅明白需要达到的目标,而且也明白如何立即达到目标,从而体现了专家具有的敏锐、分辨问题的能力。(6)驾驭阶段。专家不只是能够直觉地分辨问题与处理问题,而且具有创造性,达到了能发展出自己独特风格的程度。(7)实践智慧阶段。技能性知识已经内化为一种社会文化的存在形态,成为人们处理日常问题的一种实用性知识或行为"向导"。①

其三,语境性。技能性知识总是存在于特定的语境中:人们只有通过参与实践,才能有所掌握与感悟;只有在熟练掌握后,才能内化为直觉能力等内在素质与敏感性。在德雷福斯的技能模型中,在前三个阶段,能动者对技能的掌握是语境无关的,他只知道根据规则与程序行事,谈不上获得了技能性知识,也不会处理特殊情况,更不会"见机行事"。在后四个阶段,技能本身内化到能动者的言行中,成为一种语境敏感的自觉行为,对不确定情况作出本能的及时反应。从阶段四到阶段七,语境敏感度越来越高,达到人与环境融为一体,直至形成新的习惯或创造出新的规范甚至文化的高度。

其四,直觉性。技能性知识最终会内化为人的一种直觉,并通过人们灵活反映的直觉能力和判断体现出来。直觉不同于猜测:猜测是人们在没有

---

① Dreyfus, H., "How Far Is Distance Leaning from Education?", In *The Philosophy of Expertise*, Edited by Evan Selinger and Robert P. Crease, New York: Columbia University Press, 2006, pp.196—212.

足够的知识或经验的情况下得出的结论；"直觉既不是乱猜，也不是超自然的灵感，而是大家从事日常事务时一直使用的一种能力。"①"直觉能力"通常与表征无关，是一种无意识的判断能力或应变能力。技能性知识只有内化为人的直觉时，才能达到运用自如的通达状态。在这种状态下，主体已经深度地嵌入到世界当中，能够对情境作出直觉回应，或者说，对世界的回应是本能的、无意识的、易变的，甚至是无法用语言明确表达的，能动者完全沉浸在体验和语境敏感性当中。从这个意义上讲，不管是在具体的技术活动中，还是在科学研究的认知活动中，技能性知识是获得明言知识的前提或"基础"，是我们从事创造性工作应该具备的基本素养，是应对某一相关领域内的各种可能性的能力，而不是熟记"操作规则"或经过慎重考虑后才能作出的选择。

其五，体知合一性。技能性知识的获得是在亲历实践的过程中，经过试错的过程逐步内化到个体行为当中的体知合一的知识。技能性知识的获得没有统一的框架可循，实践中的收获也因人而异，对一个人有效的方式对另一个人未必有效。人们在实践过程中伴随着技能性知识的获得而形成的敏感性与直觉性，不再是纯主观的东西，而是也含有客观的因素。当我们运用这种观点来理解科学研究实践时，就会承认，科学家对世界的理解既不是主体符合客体，也不是客体符合主体，而是从主客体的低层次的融合发展到高层次的融合，或是主体对世界的嵌入程度的加深。这种融合或嵌入程度加深的过程，只有是否有效之分，没有真假之别。因为亲历过程中达到的主客体的融合，是行动中的融合，而就行动来说，我们通常不会问一种行动是否为真，而是问这种行动是否有效或可取。这样，有效或可取概念就取代了传统符合论的真理概念，并且真理概念变成了与客观性程度相关的概念。主

---

① Selinger，E.，and Crease，R.P.，eds. *The Philosophy of Expertise*，New York：Columbia University Press，2006，p.29；中文译版：伊万·塞林格、罗伯特·克里斯主编：《专长哲学》，成素梅、张帆、计海庆、戴潘、邹桑、纪雪丽译，北京：科学出版社 2015 年版。

体嵌入语境的程度越深,对问题的敏感性与直觉判断就越好,相应地,客观性程度也越高,获得真理性认识的可能性也越大。

从技能性知识的这些基本特征来看,技能性知识是一种个人知识,但不完全等同于"意会知识"。"个人知识"和"意会知识"这两个概念最早是由英国物理化学家波兰尼在《个人知识》(1958 年)和《人的研究》(1959 年)这两本著作中提出的,后来在《意会的维度》(1967 年)一书中进行了更明确的阐述。波兰尼认为,在科学中,绝对的客观性是一种错觉,因而是一种错误观念。①实际上所有的认知都是个人的,都依赖于可错的承诺。人类的能力允许我们追求三种认识论方法:理性、经验和直觉。个人知识不等于是主观意见,它更像是在实践中作出判断的知识和基于具体情况作出决定的知识。②意会知识与明言知识相对应,是指只能意会不能言传的知识。③用波兰尼的"我们能知道的大于我们能表达的"④这句名言来说,意会知识相当于是我们能知道的减去我们能表达的。而技能性知识有时可以借助于规则与操作程序来表达。因此,技能性知识的范围大于意会知识的范围。从柯林斯对知识分类的观点来看⑤,意会知识存在于文化型知识和体知型知识当中,而技能性知识除了存在于这两类知识中之外,还存在于观念型知识和符号型知识中。不仅如此,掌握意会知识的意会技能本身也是一种技能性知识。

---

① Polanyi, M., *Personal Knowledge: Towards a Post-Critical Philosophy*, Chicago: The University of Chicago Press, 1958, p.18.

② Ibid., pp.59—65.

③ Polanyi, M., *The Tacit Dimension*, London: Routledge & Kegan Paul Lane, 1967, pp.IX—XI.

④ Polanyi, M., *The Study of Man*, Chicago: The University of Chicago Press, 1959, p.4.

⑤ 柯林斯把知识分为五类:观念型知识(embrained knowledge),即依赖于概念技巧和认知能力的知识;体知型知识(embodied knowledge),即面向语境实践(contextual practices)或由语境实践组成的行动;文化型知识(encultured knowledge),即通过社会化和文化同化达到共同理解的过程;嵌入型知识(embedded knowledge),即把一个复杂系统中的规则、技术、程序等之间的相互关系联系起来的知识;符号型知识(encoded knowledge),即通过语言符号(比如图书、手稿、数据库等)传播的信息和去语境化的实践编码的信息。

　　技能性知识可以通过三种能力来体现：与推理相关的认知层面，通过认知能力来体现；与文化相关的社会层面，通过社会技能来体现；与技术相关的操作层面，通过技术能力来体现。据此，柯林斯关于技能性知识的观点是不太全面的。柯林斯认为，技能性知识通常是指存在于科学共同体当中的知识，更准确地说，是存在于知识共同体的文化或生活方式当中的知识，"是可以在科学家们的私人接触中传播，但却无法用文字、图表、语言或行为表述的知识或能力"①。对技能性知识的这种理解，实际上是把技能性知识等同于意会知识，因而缩小了技能性知识的思考范围。

　　关于技能性知识的获得过程的哲学思考，孕育了一种新的认识论——体知合一的认识论，并有可能形成一个新的科学哲学框架。

三、一种体知合一的认识论

　　波兰尼在阐述"个人知识"的概念时最早涉及技能性知识的问题。他用格式塔心理学的成果作为改革认知概念的思路。他把认知看成是对世界的一种主动理解活动，即一种需要技能的活动。技能性的知与行是通过作为思路或方法的技能类成就（理论的或实践的）来实现的。理解既不是任意的行动，也不是被动的体验，而是要求普遍有效的负责任的行动。②波兰尼的论证表明，技能性的认知虽然与个人相关，但认知结果却有客观性。在这里，"认知"不完全等同于"知道"，还包含有"理解"的意思。"知道"通常对应于命题性知识，"理解"则更多地与技能性知识相关，包含着主体掌握了部分

① Collins, H.M., 2001, "Tacit Knowledge, Trust and the Q of Sapphire", *Social Studies of Science*, Vol.31, No.1, p.72.

② Polanyi, M., *Personal Knowledge: Towards a Post-Critical Philosophy*, Chicago: The University of Chicago Press, 1958, pp.VII—VIII.

之间的联系。因此,"认知"既有与事实或条件状态相关的描述维度,也有与价值判断或评价相关的规范维度。所以,技能性知识的获得与内化过程向当前占优势的自然化的认识论提出了挑战。这与威廉斯(M.Williams)所论证的认知判断是一种特殊的价值判断很难完全被"自然化"的观点①相吻合。

技能性知识强调的是主动的身心投入,而不是被动的经验给予。技能性知识的获得是一个从有意识的判断与决定到无意识的判断与决定的动态过程。在这个过程中,我们很难把人的认知明确地划分成以理性为一方,以非理性为另一方。实际上,理性与非理性因素在培养人的认知能力和提出理论框架的过程中,是相互包含和互为前提的。科学家的实验或思维操作通常介于理性与非理性之间,德雷福斯称之为无理性的行动(arational action)。术语"理性的"来源于拉丁语"ratio",意思是估计或计算,相当于是计算思维,因此,具有"把部分结合起来得到一个整体"的意思。而无理性的行动是指无意识地分解和重组的行为。德雷福斯认为,能胜任的行为表现既不是理性的,也不是非理性的,而是无理性的,专家是在无理性的意义上采取行动的。②沿着同样的思路,我们可以说,科学家也只有在无理性的意义上才能做出创造性的认知判断。

科学史上充满了德雷福斯所说的这种无理性的案例。比如,物理学家普朗克在提出他的辐射公式和量子化假说时,不仅其理论推导过程是相互矛盾的,而且他本人也没有意识到自己工作的深刻意义。他是直觉地给出公式,然后才寻找其物理意义。他承认,他提出的量子假设是"在无可奈何的情况下,'孤注一掷'的行为"③。因为量子假设破坏了当时公认的物理学

① Williams, M., *Problems of Knowledge*: *A Critical Introduction to Epistemology*, New York: Oxford University Press Inc., 2001, p.11.
② Dreyfus, H. and Dreyfus, S., *Mind Over Machine*: *The Power of Human Intuition and Expertise in the Era of the Computer*, New York: Free Press, 1986, p.36.
③ 潘永祥、王绵光主编:《物理学简史》,武汉:湖北教育出版社1990年版,第467页。

与数学中的"连续性原理"或"自然界无跳跃"的假设,以至于普朗克后来还多次试图放弃能量的量子假设。可见,普朗克的"直觉"的天才猜测既不是纯粹依靠逻辑推理,也不是完全根据当时的实验事实,更不是毫无根据的突发奇想,而是无理性的。就像熟练的司机与他的车成为一体,体验到自己只是在驾驶,并能根据路况作出直觉判断和无意识的回应那样,普朗克也是在应对当时的黑体辐射问题时,直觉地提出了连自己都无法相信的量子假设。

科学史的发展表明,科学家在这个过程中作出的判断是一种体知合一的认知判断。我们既不能把它降低为是根据经验规则得出的结果,也不能把它简单地看成是非理性的东西。当科学家置身于实践的解题活动中时,对他们而言既没有理论与实践的对立,也没有主体与客体、理性与非理性的二分;他们的一切判断都是在自然"流畅"的状态下情境化地作出的应然反映,是一种"得心应手"的直觉判断。从这个意义上来说,称职的科学家是嵌入到他们思考的对象性世界中的体知合一的认知者。他们的技能性知识的获得不是超越他们在世界中的嵌入性和语境性,而是深化和扩展他们与世界的这种嵌入关系或语境关系。①这就是一种体知合一的认识论。

这种认识论认为,科学家的认知是通过身体的亲历而获得的,是身心融合的产物。正如梅洛-庞蒂所言,认知者的身体是经验的永久性条件,知觉的第一性意味着体验的第一性,知觉成为一种主动的建构维度。②认知者与被认知的对象始终相互纠缠在一起,认知的获得是认知者通过各种操作活动与认知对象交互作用的结果。这种认识论有两大优势:其一,它以强调身心融合为基点,内在地摆脱了传统认识论面临的各种困境,把对人与世界的关系问题的抽象讨论,转化为对人与世界的嵌入关系或语境关系的具体讨

---

① Cf. Crease, R.P., "Hermeneutics and the Natural Sciences: Introduction", In R. Crease(ed.), *Hermeneutics and Natural Sciences*, Dordrecht: Kluwer, 1997.

② Merleau-Ponty, M., *Phenomenology of Perception*, translation by Colin Smith, London: Routledge and Kegan Paul, 1962, pp.67—346.

论,从而使科学家对科学问题的直觉解答具有了客观的意义;其二,它以阐述技能性知识的获得为目标,把认识论问题的讨论从关注知识的来源与真理的问题,转化为通过规则的内化与超越而获得的认知能力的问题,从而使得规范性概念由原来哲学家追求的一个无限目标,转化为与科学家的创造性活动相伴随的不断建立新规范的一个动态过程。

但是,如果站在传统科学哲学的立场上,则通常会认为,这种体知合一的认识论面临着以下问题:

其一,是沃尔顿(D.Walton)所说的"不可接近性论点"(inaccessibility thesis)的问题。意思是说,由于专家很难以命题性知识的形式描述他们得出认知判断的步骤与规则,因此对于非专家来说,专家的判断是不可接近的。①当我们把这种观点推广应用到理解科学时,可以认为,科学家得出的认知判断结果,很难被明确地追溯到他们作出判断时依据的一组前提和推理原则:普朗克就从来没有明确地阐述过他是如何提出量子假设的。因此,科学家的判断总是与个人的创造能力相关,甚至会打上文化的烙印。这种情况使得我们通常对科学家提出的应该以命题性知识的形式(例如规则或步骤)把他们基于"直觉"的认知判断过程"合理化"的要求,成为不适当的,或者说,对科学认知的理性重建有可能滤掉科学家富有创造性地体现其认知能力的知识,因而导致了"知识损失"的问题。

其二,是如何避免陷入自然化认识论的困境。体知合一的认识论表明,科学家并不总是处于反思状态。在类似于库恩范式的常规时期,他们通常是规范性地解答问题;只有当他们的所作所为不能有效地进行时,即在类似于库恩范式的科学革命时期,他们才对自己付诸实践的方式作出反思。只有这种实践反思才能使科学家从实践推理上升到理论推理,才能使他们回过头来检点自己的行为活动。新的规则与规范通常是在这个反思过程中提

---

① Walton, D., *Appeal to Expert Opinion: Arguments from Authority*, University Park: Pennsylvania State University Press, 1997, p.109.

出的。在这种意义上,如果我们全盘接受现象学家讨论的体知合一的观点,只强调向身体和经验的回归,把认知、思维看成是根植于感觉神经系统并归结为一种生物现象,就会从"有心无身"的一个极端走向"有身无心"的另一个极端,从而再次陷入自然化认识论的困境。因此,如何超越现象学家过分强调身体的立场,成为构建体知合一的认识论之关键。

　　概而言之,基于技能性知识的讨论发展出来的这种体知合一的认识论,提出了值得深入研究的一系列新问题,比如,技能性知识的掌握有没有极限、或人的认知能力是否是无限发展的本体论问题;技能性知识、意会知识、明言知识之间有何种区别与联系,及如何理解技能性知识的客观性等认识论问题;体知合一基础上的身体是什么以及以身体的亲历活动为基础的认知活动是如何展开的等规范性问题。还有由此派生出来的与专家相关的哲学问题,比如,当同一个领域内的两位公认的专家对同一个问题作出相反的判断时,外行如何才能在矛盾结论中作出合理的选择,以及成为专家的标准是什么等价值问题;关于技能性知识的哲学思考能为当代教育体制改革提供哪些启发性等应用问题。

第五章
德雷福斯的技能获得模型及其哲学
意义 *

    休伯特·德雷福斯(Hubert Dreyfus,简称德雷福斯)是美国加州大学
伯克利分校的哲学教授,主要从事欧洲大陆哲学、心理学、伦理学和认知科
学哲学等研究,曾担任美国哲学协会主席。他的早期工作以研究海德格尔、
胡塞尔、梅洛-庞蒂和福柯的思想而著名。1963 年,他在应美国兰德公司的
邀请担任人工智能前沿发展的哲学顾问之后,从现象学出发批判人工智能
和认知论者的心灵哲学,论证人工智能远不及人脑思维的观点。他的《计算
机仍然不能做什么:对人工推理的批判》一书被翻译成 12 种语言,在人工智
能、认知科学和哲学等领域产生了很大的反响。2000 年,麻省理工学院出
版社同时出版了纪念德雷福斯哲学工作的两本论文集:《海德格尔、真实性
与现代性:纪念德雷福斯论文集 1》和《海德格尔、应对与认知科学:纪念德
雷福斯论文集 2》。罗蒂在第一本论文集的序言中指出,到 20 世纪末,如果
没有德雷福斯,欧洲哲学与英美哲学之间的分歧会比实际情况更加严重,通
过行为这一概念,好像分析哲学与大陆哲学之间的分裂不再是重要的问题,
德雷福斯为填平这两者之间的鸿沟做了许多工作。[1]纪念文集的出版和罗

---

*   本章内容发表于《学术月刊》2013 年第 12 期。

[1]   Wrathall, M., and Malpas, J., eds., *Heidgger*, *Authenticity and Modernity*: *Essays in Honor of Hubert L. Dreyfus Volume 1*, The MIT Press, 2000.

蒂的评价说明了德雷福斯的哲学工作的重要性。20 世纪 80 年代以来，德雷福斯与他的弟弟斯图亚特·德雷福斯（Stuart Dreyfus，简称斯图亚特）合作，把他们的哲学观点浓缩为一个具体的技能获得模型来阐述，从而把专家的知识与技能问题纳入了哲学思考的视域，比现象学家更通俗、更明确地深化了我们对身体与世界、实践与认知、技能与知识、熟练应对（skillful coping）与身体的意向导向性（intentional directedness）、理性思维与直觉思维等概念的哲学讨论，同时，也为我们重新理解科学和摆脱当代科学哲学的疑难问题提供了有价值的启发，因而非常值得关注。

一、获得技能的七个阶段

　　21 世纪哲学发展的主要成就之一就是对实践问题的普遍关注。德雷福斯兄弟俩共同提出的技能获得模型直接推动了这方面的研究进展。斯图亚特最早在 1980 年的一份研究报告中以飞行员与外语学习者的学习过程为例，把人们掌握与提高技能的过程划分为五个阶段。他们在 1986 年合作出版的《心灵超越机器：计算机时代人的直觉和专长的力量》一书中进一步基于日常生活中常见的各项技能活动，如开车、下棋、体育运动等，对这五个阶段进行了详细而明确的阐述。后来，德雷福斯在 2001 年发表的《远程学习是何种程度上的教育？》一文中又增加了两个阶段，学术界通常把人们提高技能的这七个阶段称为"技能获得模型"（model of skill acquisition）。当然，把技能划分为若干阶段的讨论，并不是一个新颖的话题，心理学、教育学和运动学等领域早有涉及。但有所不同的是，德雷福斯阐述技能获得模型的宗旨并不是告诉人们通过哪几个阶段或如何才能获得某一项技能，而是试图借助于对不同等级技能的特征表现的剖析，揭示人们在经历从技能的低级阶段到达高级阶段时的认知转变，以及人的身体在技能获得过程中具有的优先的认识论地位。这七个阶段分别是①：

（1）新手（Novice）阶段。在这个阶段，学习者首先在老师的指导下把目标任务分解为他们在没有相关技能的前提下能够辨认的与语境无关的一些步骤或程序，然后，向学习者提供相应的操作规则，这些规则与学习者的关系就像计算机与其程序的关系一样，是一种执行与被执行的关系。这时，学习者只是规则或信息的消费者，只知道根据规则进行操作，但操作起来很笨拙。

（2）高级初学者（Advance Beginner）阶段。当学习者掌握了处理现实情况的某些实际经验，开始对相关语境有了一定的理解时，他们就能够注意目标域中有意义的其他先例。他们在充分观摩了大量的范例之后，学会了辨认新的问题，这时，指导准则就会涉及根据经验可辨别的新的情境因素，也涉及新手可辨别的客观上明确的非情境特征。德雷福斯认为，在这个阶段，不管是远程教育还是面授，学习都是以分析思维来进行的。这时，学习者掌握了一定的技能，获得了处理实际情况的经验和能力，开始根据自己的需要和兴趣关注与任务相关的其他问题，有了初步融入情境的感觉。

（3）胜任（Competence）阶段。学习者随着经验的增加，能够辨认和遵守的潜在的相关因素与程序越来越多，通常会感到不知所措，并对掌握了相关技能的人产生了发自内心的敬佩感。学习者为了从这种信息"超载"上升到能胜任的程度，开始通过接受指导或从经验上设计适合自己的计划或选择某一视角，进行因素的取舍与分类，即确定在具体情境中把哪些因素看成是重要的，哪些因素看成是次要的甚至可忽略不计，从而使自己的理解与决策变得更加容易。这时，学习者真正体会到，在获得技能的实践中，真实情境要比开始时教练或老师精确定义的规则或准则复杂许多，没有一个人能为学习者列出所有可能的情境类型。在这一阶段，学习者开始有了较为明

---

① Dreyfus, H., "How Far is Distance Learning from Education?", *Bulletin of Science*, *Technology* & *Society*, Vol.21, No.3, 2001, pp.165—174.

确的计划与目标,提高了快速反应能力,降低了任务执行过程中的紧张感,但他们只能独立处理较为简单的问题。

(4) 精通(Proficiency)阶段。随着经验的增加,学习者能够完全参与到问题域中,在学习过程中积累的积极情绪与消极情绪的体验强化了成功的回应,抑制了失败的回应。学习者由伴有直觉回应的情境识别能力取代了由规则和原理表达的操作程序。学习者只有在把实践经验同化到自己的身体当中时,才能发展出一种与理论无关的实践方式。这时,学习者开始体现出直觉思维,但还是以理性思维为主。因此,这个阶段的最大特征是学习者具备了一定的直觉回应能力,即获得了根据语境来辨别问题或情境的能力。

(5) 专长(Expertise)阶段。当所学的技能变成了学习者的一技之长时,他们就成为专家。专家不仅明白需要达到的目标,而且知道如何达到目标,即知道实现目标的具体方式或途径。

这种更高的辨别力把专家与精通阶段的学习者区分开来。在许多情境中,尽管两个层次的人都具有足够的经验从同样的视角看出问题,但战略决策会有所不同,专家具有更明显的直觉情境回应能力,或者说,已经具备了以适当的方式去做适当的事情的能力,在处理问题的过程中能够做到随机应变,体现出直接的、直觉的、情境式的反应。这时,学习者的直觉思维完全替代了理性思维。

(6) 驾驭(Mastery)阶段。在这个阶段,学习者体现出明显的创新能力,形成了自己的独特风格,达到了技能的最高水平,德雷福斯称之为"大师"。德雷福斯反复强调说,从专家阶段到大师阶段,一定是在师徒关系中完成的。师徒关系的学习,要求有专家在场。也就是说,学习者需要拜几位自己敬佩或崇拜的大家为师,并花时间与他们一起工作,通过模仿大师的风格,最终形成自己的风格。但值得注意的是,师徒工作从整体上模仿每一位大师的不同风格。与几位大师一起工作使得学习者能够在博众家所长的基础上,最终形成自己的独特风格。德雷福斯认为,远程学习或网络学习永远达不到这一阶段,因为这种教育与学习方式不是师徒关系的教育与学习。因此,远程教育充其量只能培养出专家,达到精通或专长阶段,但不可能培养出大师,无法达到驾驭阶段。

(7)实践智慧(Practice Wisdom)阶段。实践智慧阶段是技能的最高境界,达到这个层次的技能具有了社会性,成为一项社会技能,并形成了一种文化实践。在特殊领域内,人们不仅必须通过模仿专家的风格获得技能,而且为了获得亚里士多德所说的实践智慧,即在适当的时间、以适当的方式、做适当的事情的一般能力,必须学到专家的文化风格。文化风格是体知型的(embodied),不可能从某一个理论中捕获到,也不是在课堂上通过语言来传递的,而只是在实践中通过人与人的相互作用来潜在地传递,或者说,文化渗透是无形的,是生活的潜在"向导"。

技能获得模型的这七个阶段重点突出了人们掌握技能的熟练程度与身体的不同反应之间的内在关系,揭示了身体在认知过程中所起的重要作用,深化了"从实践开始"而不是"从意识开始"的一系列哲学讨论。

二、技能与身体的反应

在上面描述的技能获得模型中,前三个阶段为低级阶段,第四个阶段为过渡期,后三个阶段为高级阶段。在德雷福斯看来,虽然并不是每一位技能获得者最终都能够达到技能的高级阶段,而且,在学习过程中,这几个阶段的划分也不是绝对的,有时会相互交叉,但是,所有能够达到高级阶段的学习者,在他们成长为专家和大师的过程中,通常都经历了非常值得关注的三大转变:

(1)情感转变。在前三个阶段,学习者总是程度不同地处于某种紧张状态,身体动作比较僵硬,以遵守规则或程序进行操作为主,遇到特殊情况时,时常会伴有恐慌与惧怕,在完成任务之后,通常会表现出"松口气"或"胜利"和"得意"的感觉。当学习者达到后面的三个阶段时,这些情感反应会逐渐消失,从面对"突发"事件时的"一筹莫展"和"恐吓与无助"的情感状态转变为"享受与体验"情境变化带来的刺激感与满足感。这种情感转变是在实践过程中随着经验的积累而无意识地完成的。对于科学研究的情况也是如此。学生在刚开始学习做实验时,对某些实验仪器的操作不太老练,当仪器出现故障时,会感到紧张甚至焦虑,当进入高级学习阶段之后,这些情感反应会逐步消失。

(2) 实践转变。在前三个阶段,学习者程度不同地处于"手忙脚乱"和"应接不暇"的状态,甚至会因为情境因素的复杂多变而深感信息"超载",能力不济。当学习者达到后面的三个阶段之后,他们的实践体验发生了质的变化,转变为"得心应手""胸有成竹"和"沉着应战"的状态。他们具备了对问题域的批判能力,也能够前瞻性地修改现有的技能获得程序或规则,形成自己的独特风格,成为值得信赖的专家。这种实践转变是通过身体动作的灵活程度或应对问题的老练程度体现出来的。德雷福斯认为,当学习者成长为专家之后,他们能够自信而"流畅"地应对问题,即"知道如何去做"。这时,经验所起的作用似乎超过任何一种在形式上用语言表达所描述的规则。①

(3) 认知转变。与情感转变和实践转变相比,认知转变更为根本与高级。德雷福斯认为,学习者在前三个阶段程度不同地处于语境无关(context-free)状态,第四个阶段为过渡期,后面的三个阶段进入了语境敏感(context-sensitive)状态。当学习者对技能的掌握进入到语境敏感状态时,他们发生了认知转变,即在全面把握情境要素、综合运用规则的能力、形成判断问题的视角、思维方式以及与世界的关系等问题上都发生了实质性的变化。在

---

① Dreyfus, H., and Dreyfus, S., *Mind Over Machine: The Power of Human Intuition and Expertise in the Era of the Computer*, New York: Free Press, 1986, pp.1—40.

前三个阶段,学习者主要是根据规则处理问题,没有丰富的经验积累,还不具备处理突发事件的能力,他们对所处情境的感知是语境无关的或部分语境无关的,在处理问题时,理性的分析思维占有主导地位。

当学习者达到后面的三个阶段之后,他们在基于经验判断问题时,通常会与所处的情境或世界融为一体,直觉思维占有主导地位。而以直觉思维为基础的直觉判断的有效性揭示了学习者的实践技能(practical skillfulness)的意向导向性在认知过程中所起的重要作用,也揭示了使意向行动成为可能的背景熟悉程度(background familiarity)的非表征性。这时,认知方式从开始时的"慎重考虑"的主客二分状态转变为"直觉应对"的身心一体化状态。这种"直觉"不同于天生的生物学意义上的"本能",而是指在长期的实践过程中通过身体的内化而养成的后天的"直觉",因而既是因人而异的,也是可培养的。这种后天的直觉的发挥是由所处的情境唤醒的,是学习者能动地嵌入语境的结果。因此,在技能性活动中,人的身体的参与具有了优先的认识论地位,成为认知活动的一个重要组成部分。

学习者在获得技能的过程中所经历的这三大转变说明,任何一项技能的掌握,不论是日常的生活技能(如做饭、照顾孩子、社交等),竞技型的身体技能(如体育、演奏、仪器操作等),还是实验室里的仪器操作技能(如精密仪器的使用)和抽象的理论思维技能(如科学研究、技术发明等),都是在亲历实践的过程中获得的。高超的技能表现通常不是以表征为基础,也不能通过形式结构来分析,而是建立在身体意向的基础之上。在常态的实践过程中,学习者通过身体意向的导向性,直觉地进行"实践应对"(practical coping),即只是对所处的情境作出流利而娴熟的回应。只有当他们的应对活动遇到意外挑战时,他们才会作出富有创造力和想象力的回应。因此,能够对挑战情形作出富有创造力和想象力的回应是人类专家特有的能力,以计算程序为基础的"专家系统"没有这种应对意外挑战的应变能力。在常态的实践应对活动中,实践应对的身体意向性是建立在实践基础上的与整个情境相关的意向性,是通过身体的协调性和方向性、而不是心灵的导向性体现出来的意向性。

劳斯(J. Rouse)从三个方面解读了德雷福斯提出的这种认知转变:首先,实践的意向动作不是以心理表征为中介,而以感知的多样性、意会规则或从具体情境中抽象出来的其他形式的意向内容为中介。因而,实践应对摆脱了意向中介的束缚,揭示了"事情"(things)本身。其次,这些"事情"不是具体的"对象"(objects),而是围绕实践关注所构成的相互联系的整个情境。比如,在篮球场上,一位快攻队员的目标不只是带球,还有投篮,他的队友也随之不断地变换队形来为他守护,这些事情都是相互联系在一起的。再次,实践的应对动作不是一系列的独立动作,而是在情境(situation)展开时,对情境的灵活回应。整个情境不是各个不同对象的排列组合,而是由某些可能的动作所构成。在这些回应方式中,有些是"必要的",有些则是不恰当的。①

也就是说,在德雷福斯看来,实践应对活动是一种全身心的积极的应对活动,也是行动者的身心完全融入整个情境要求中的活动。当行动者的活动偏离了他的身体与环境之间的最佳关系状态时,身体会自动地向着接近于最佳状态和减少偏离的方向调节。这种调节完全是由当时所处的问题情境唤起的,而不是由"慎重考虑"的心理意向唤起的。身体只有在遇到意外情况时才会从过去实践的同化状态重新聚焦于未来的可能性。因此,专家在进行实践应对时,他的身体不是中介,而是成为意向指向性本身。应对总是指向现实的可能性,而不是可能的实现性。②成功的应对是不断地适应各种情况的变化,而不是完成事先确定的计划或预期。因此,成功地、持续地进行的沉着冷静的娴熟应对本身也是一种知识,我们通常称之为"技能性

---

① ② Rouse, J., "Coping and Its Contrasts", In *Heidgger*, *Authenticity and Modernity*: *Essays in Honor of Hubert L. Dreyfus Volume 1*, eds. By Mark Wrathall and Jeff Malpas, The MIT Press, 2000, p.9, p.14.

知识"。

德雷福斯的技能获得模型虽然是在剖析具体的身体操作技能的基础上提出的,但是,同样也适用于科学研究的情况。在科学研究活动中,科学家同样只有在不断尝试的实践过程中,才能获得认知技能,而且,不断尝试或不断模仿的过程,也是不断嵌入他们的特殊研究领域、进行实践应对的过程。19世纪末20世纪初的相对论力学与量子力学的产生便是最典型的事例。物理学家确实是在运用经典物理学的理论体系无法解释当时的以太问题和黑体辐射问题时,才不得不寻找解释现象的新理论。有意义的是,当我们把德雷福斯的技能获得模型应用于思考与科学家的认知技能相关的哲学问题时,就把哲学研究的进路从过去要么只关注理论体系的句法、语义和语用的分析哲学进路和要么只强调"物"(things)的整体呈现与工具的身体化展现的现象学进路,转向了关注如何使学习者成长为科学家的实践论进路。这种研究进路的拓宽与问题域的转换不仅揭示了技能与身体反应和认知之间的内在相关性,而且更重要的是,为避免科学哲学研究中的各种二元对立提供了方法论与认识论的借鉴价值,因而具有深远的哲学意义。

三、哲 学 意 义

当代科学哲学研究的前沿问题之一是如何架起沟通各种二元对立(如客观主义与主观主义、理性主义与非理性主义、实在论与反实在论、科学主义与人文主义)之间的桥梁。就研究现状而言,一些科学哲学家和科学知识社会学家已经提出了三种值得关注并且富有启发性的研究进路:(1)科学修辞进路。主要代表人物是意大利科学哲学家佩拉(M. Pera),其目标是通过剖析典型的科学史案例,来论证科学家在确立科学事实和科学定律时使用

了修辞战略,或者说,科学事实是科学家之间展开论辩的结果。①(2)温和的
科学知识社会学进路。主要代表人物是英国社会学家柯林斯(H. Collins),
其目标是走进实验室,通过对各种科学争论的剖析,揭示出社会因素在科学
活动中所起的重要作用。②(3)语境论的进路。代表人物有美国科学哲学家
斯拉哥尔(R.H. Schagel)和朗基诺(H.E. Longino)。前者站在实在论的立
场上,基于对分析哲学研究范式的批判和对当代科学前沿成果的剖析,揭示
了科学知识之间的相互关联性以及对认知条件和前见与前设的依赖
性;③后者站在经验主义的立场上,基于对传统科学哲学与科学的人文社会
科学研究之间的对立与分歧的揭示,论证了科学知识的客观性。④科学修辞
进路强调了传统科学哲学中所忽视的科学家的论辩策略;科学知识社会学
进路突出了社会因素在科学知识形成过程中所起的重要作用;两条语境论
进路对语境的理解虽然并不完全相同,但是,它们分别从不同的侧面揭示了
科学知识产生的语境依赖性。⑤从整体上看,这些进路在消除自笛卡尔以来
的各种二元对立观点之间的矛盾具有一定的促进作用,也为弥补非此即彼
的"二值逻辑"的思维方式带来的困境提供了新的视域。然而,科学修辞进
路由于过分强调科学知识产生与传播过程中存在的修辞辩护因素,把科学
知识的客观性看成是一种主体间性,从而淡化了科学证据与科学事实的作
用,忽视了对科学发展过程中存在的创造性因素和科学发现过程的思考。
科学知识社会学进路虽然以剖析科学家的实践活动为主,但由于他们的目

---

① 马尔切洛·佩拉:《科学之话语》,成素梅、李洪强译,上海:上海科技教育出版社 2006 年版。
② 哈里·柯林斯:《改变秩序:科学实践中的复制与归纳》,成素梅、张帆译,上海:上海科技教育出版社 2007 年版。
③ Schlagel, R.H., *Contextual Realism: A Meta-physical Framework for Modern Science*, New York: Paragon House, 1986.
④ Longino, H., *Science as Social Knowledge*, Princeton: Princeton University Press, 1990.
⑤ 语境实在论者使用的语境概念是指用背景理论、研究对象、科学仪器、经验证据等构成的整个环境;语境经验主义者使用的语境概念是指科学探索过程中存在的除了经验证据之外的人文社会等因素的集合。更详细的论述参见,成素梅:《科学哲学的语境论进路及其问题域》,载《学术月刊》2011 年第 8 期。

光只关注社会因素对实践活动的影响,而忽视了科学证据的自主性,容易走向另一个极端。两条语境论进路则由于总是需要确定语境的相关因素,又容易有相对主义之嫌。

德雷福斯在阐述技能获得模型时所揭示出的学习者从新手成长为专家时所经历的情感转变、实践转变和认知转变,以及围绕这些转变所引发的哲学讨论,也属于语境论的进路。但是,对于德雷福斯来说,语境在根本上是人们遭遇事实、表达、挑战等问题的一个最模糊的可能世界。语境的本质特征是,既不能根据规则来定义,也不准备以任何方式来表征,而是动态的和不断变化的,是技能得以发挥的场所,是能够唤起科学家语境敏感地进行娴熟应对的信息场。这样,德雷福斯的语境概念具有了本体论的性质,是不需要确定相关构成要素的可变的现实世界。因此,德雷福斯使用的语境概念不仅比语境实在论者和语境经验主义者所使用的语境概念更灵活,更具有本体论性,更能够突出语境对行动者的唤醒作用,而且,它还模糊了内在论与外在论之间的区分,使得"语境现象"(context phenomenon)具有了实现性与可感性。

德雷福斯提供的这一条实践的语境论进路为,理解所依据的信念与假设只有在特殊语境中才有意义,并且,建立在共享的实践背景的基础上。背景实践虽然无法在一个理论中得到阐述,但却能够内化为身体的意向导向。背景实践与科学家的关系,就像水与鱼的关系一样,是一种形式的文化渗透。实践中的理解会随着技能等级的提高而不断深化,即从技能的低级阶段的慎重考虑状态提升到高级阶段的直觉思维状态。

这种实践整体论的观点具有重要的哲学意义。实践整体论强调的是实践应对。实践应对并不是满足可列举的成功条件,而是通过对整个语境的敏锐回应,来维持和发展人的实践归属,是把科学家直接带向事情本身,带向现实世界,从而排除了我们通常需要在实践的成功和真值的揭示之间作出对比的要求。在实践整体论中,感知既不是被动的接受,也不是智力的综合，而是全身心的沉着应对，而且，在应对过程中，身体的协调性与方向感总是面向任务的。这时，身体不再是有固定边界的对象，而是成为协调活动的实践统一体。娴熟地使用工具已经使得工具并入到身体动作的范围之内，成为身体的一个组成部分。优雅的胜任和笨拙的不能胜任之间的差别，揭示了身体对工具的同化程度。比如，梅洛-庞蒂所列举的盲人拐杖的例子足以说明，工具能相对永久地延伸身体域。这种实践应对是一种格式塔的应对，在这种应对活动中，不论是身体的意向指向，还是使用的交流语言，都是指向世界的。

这样，当我们对经验的客观性作出判断时，就拥有了两种可理解性。传统哲学家认为，所有的理解都是用概念进行思考，他们（如康德）假设，人们在对经验的客观性作出判断时，只有一种可理解性，那就是对客体的统一理解。但是，德雷福斯阐述的技能获得模型揭示了另外一种可理解性，那就是我们在与世界进行交互蕴含了实践整体论的思想，而且，这种实践整体论比科学哲学家所信奉的理论整体论更基本。理论整体论的观点认为，所有的理解都是理论之间的解释，所有的观察都是负载理论的，科学家不可能依据现有的事实证据在两个相互竞争的理论之间作出选择。实践整体论的观点则认作用过程中的理解。前者强调的是概念理解，后者强调的是实践理解。因而相应地出现了两个层次的客观经验：实践的知觉意义上的客观经验和富有创造性的理论意义上的客观经验。在这两者之间，实践意义上的客观性比理论意义上的客观性更基本，而且，实践中的客观性是在身心高度融合的情况下获得的，或者说，是在无法把身体与心灵区分开来的情况下获得的，因而避免了由身心二分带来的争论不休的问题。

总而言之，德雷福斯通过技能获得模型所揭示出的这些哲学观点，实际上是把海德格尔和梅洛-庞蒂等现象学家对日常行为应对的解释推广到了包括科学研究在内的所有需要技能的活动当中，既揭示了传统哲学进路的狭隘性，也为我们转换哲学研究视域提供了有价值的启迪，为我们理解日常生活中司空见惯的各种熟悉的实践应对行为提供了哲学基础。我们在熟练的实践应对中,如果没有共享的技能实践,就不可能进行有效的经验交流,因此,共享的技能不是信念,而是体现为潜在技能的习惯。由于承载着技能的实践应对是一种沉着冷静的直觉应对,是完成任务时的最佳表现,所以,既难以完全形式化,也难以在理论上得到充分的阐述。德雷福斯的这些哲学观点也引发了许多值得关注的哲学争论,本文一开始提到的那两本纪念文集就记载了哲学家们与德雷福斯之间的争论与对话。限于篇幅,对这些争论的梳理与剖析以及关于技能的社会化等问题的研究,将另文阐述。

第六章
"熟练应对"的哲学意义[*]

"熟练应对"概念是德雷福斯推进海德格尔和梅洛-庞蒂现象学进路的一个核心概念，意指当技能学习者从新手提升为专家乃至大师时，所具备的娴熟地应对局势的一种直觉能力。这个概念的提出，不仅升华了海德格尔的哲学主张，提供了对人类智能的一种新的理解，而且也引发了学界对相关的哲学基本概念的深入讨论。德雷福斯关于"熟练应对"的观点正是在回应劳斯、塞尔、柯林斯等哲学家和知识社会学家的质疑中进一步发展起来的。①熟练应对的现象学强化了对人类智能的直觉应对能力的思考，为我们重新理解认识论、心灵哲学、行动哲学、社会科学、认知科学以及伦理学中有关人类行动的问题，提供了一个新的视域和新的概念框架，为我们重新理解人类智能的本性提供了另一种可选择的理解方式。因此，非常值得关注。

一、应对活动的哲学假设

在德雷福斯看来，海德格尔发现的应对技能，建立在所有的可理解性和

---

* 本章内容发表于《自然辩证法研究》2017 年第 6 期。

① Wrathall, M., and Malpas, J., *Heidegger*, *Coping and Cognitive Science*, Cambredge, MA：The MIT Press, 2000.

理解的基础上,实用主义者虽然也看到了这一点,但是,海德格尔思想的伟大之处在于,他看到,当运动员在比赛中处于最佳状态时,他们已经完全被比赛所吸引或完全沉浸在比赛的域境中。海德格尔试图以此来拒斥他那个时代的哲学——笛卡尔的哲学。在笛卡尔的哲学中,人是独立思考的个体,而在海德格尔看来,人并非是独立的个体,而是沉浸在或嵌入在他所在的那个世界之中,人成为自己所在的整个活动域境的一个组成部分。因此,德雷福斯认为,海德格尔是摆脱了笛卡尔及其追随者思想的第一位哲学家。①

但德雷福斯指出,海德格尔虽然摆脱了笛卡尔的观点,不相信人是用心灵来表征世界的主体,认为行动者只是"寓居于世"的存在者,而不是外在于世界的行为体,因此而注意到了身体的存在。但他却没有明确地谈到人有身体这样的事实,更没有对如何把身体纳入到哲学的讨论中,以及人如何感知其所在的世界等问题,作出系统的论述。梅洛-庞蒂在他的《知觉现象学》一书中承接了这项任务。②在德雷福斯看来,把人看成是独立的智者而拥有外部世界的图像,这种分离的立场,属于技能获得模型的初级阶段。而海德格尔强调的"寓居于世"是指人完全沉浸在自己所在的世界中,这种融合的立场,属于技能获得模型的高级阶段。高级阶段的技能拥有者,已经成长为有专长的专家。专家的熟练应对揭示了不同的哲学假设。

在传统哲学中,行动通常被看成是受心理状态引导的有目的的行为。而心理意向依次来源于人的信念。这隐含了三个哲学假设:其一,行动者与世界是彼此分离的,世界是静态的,是对象的集合,对象对行动者产生因果性的影响。其二,说明行动的基础是内在于行动者的,即行动是在行动者的心理状态的作用下发出的。这不是否认,这些心理状态是由事件引起的,而是说,如果没有心理作用的调节,来自世界的因果作用,就不会引起作出回

①② 成素梅、姚艳清:《哲学与人工智能的交汇——访休伯特·德雷福斯和斯图亚特·德雷福斯》,《哲学动态》2013 年第 11 期。

应的身体动作。因此,心理状态成为世界与行动之间的中介物。其三,理想的行动是谨慎考虑的结果,即是在对各种理由作出权衡后,所采取的最合理的行动方式。①

与此不同,德雷福斯则把熟练应对活动中的行动者当作专家,然后,从他们的熟练应对行为,揭示出对世界的实践理解。这隐含的三个哲学假设是:其一,行动者在进行熟练应对时,完全处于与世界融合的状态,因此,身心不再可分。其二,说明行动的基础既不是单纯地内在于行动者,也不是因果性地完全来自外部对象,而是所有这些互动要素所构成的整个世界的诱发,应对者的行动是对其所在世界的一种直觉回应。这种回应不需要心理状态的调节。这样,心理状态不再是引发行动的中介物。而是世界本身成为诱发行动的直接"理由",或者说,专家的熟练应对不再是依靠对相互竞争的愿望或动机的评价与权衡,而是专家所在的那个世界诱使他们进入到一个明确的行动过程。其三,理想的行动不是在经过谨慎思考与权衡之后做出选择的结果,而是在长期的训练与实践中塑造的理想的身体姿势。专家级的行动者只有在行动受阻时,才考虑对行动的其他可能性作出评估与选择。因此,达到熟练应对的过程,反而是逐渐摒弃慎思行动的过程。

德雷福斯所阐述的熟练应对时期,类似于库恩在阐述范式论时所说的常规科学时期。熟练应对的行动者是破局专家,正是局势带来的挑战促使应对活动的顺利展开。专家级的行动者在熟练应对时,能够破解许多非专家无法应对的局势,只有在他们的直觉应对活动失手时,他们才会停下来,对情境作出反思。这时,行动者像科学家那样,开始剖析他们面对的情境因素和行动细节。德雷福斯认为,专家级的行动者在熟练应对时所做出的应急反应,是非专家级的行动者无法达到的。传统哲学所讨论的有目的的慎

---

① Wrathall, M. A., "Hubert L. Dreyfus and the Phenomenology of Human Intelligence", In *Skillful Coping: Essays on the phenomenology of everyday perception and action*, edited by Hubert L. Dreyfus and Mark A. Wrathall, Oxford: Oxford Scholarship Online, 2014.

思行动模型,最好地描述了专家在应对活动受阻时,与世界的互动,以及初学者与世界的互动;而熟练应对的直觉行动模型,则是最好地描述了行动者在流畅应对时,与世界的互动。慎思互动建立在概念与世界之间的表征关系之基础上,而熟练应对的直觉互动建立在身体与世界之间的应对关系之基础上。因此,在人类的活动中,存在着两种不同的互动模式:表征互动和直觉互动;蕴含了两类不同的哲学假设:主客二分的假设和主客融合的假设;揭示了我们对世界的两种可理解性:理论的可理解性和实践的可理解性;呈现了两种意向性:心理的意向性和身体的意向性。

二、应对活动的实践理解

强调意向引导行动的传统哲学假设,我们对事物的理解只有一种可理解性:用概念和语言来表达我们对世界的理解。我们把由概念判断与逻辑推理提供的对世界的这种理解称为理论理解。理论这一概念至少蕴含了三层含义:理论是抽象性的、普遍的和非经验的。理论理解提供的是对世界的表征。这种观点把理解看成是认识论问题。但德雷福斯认为,对于画家、作家、历史学家、语言学家、现象学家来说,还存在着另外的一种可理解性:我们与实在的接触和互动。这种可理解性是通过非概念的熟练应对来体现的。德雷福斯论证说:"成功的不断应对本身是一种知识。"①然而,这种知识是一种不同类型的知识——技能性知识。

熟练应对的现象学认为,我们对事物的理解,除了通常强调的理论理解

---

① Dreyfus, H. L., "Account of Nonconceptual Perceptual Knowledgeand Its Relation to Thought", In *Skillful Coping: Essays on the phenomenology of everyday perception and action*, edited by Hubert L. Dreyfus and Mark A. Wrathall, Oxford: Oxford Scholarship Online, 2014.

之外，还有另外一种更基本的理解：实践理解。实践概念也蕴含了三层含义：实践是具体的、特殊的和经验的。实践理解提供的是对世界的非表征的直觉理解。尽管这种理解也像理论那样依赖于信念和假设，但有所不同的是，实践理解中的这些信念和假设只有在特殊的域境中并依赖于共享的实践背景才有意义。共享的实践背景不是指在信念上达成共识，而是指在行为举止方面达成共识。这种共识是在学习技能的活动中养成的。德雷福斯举例说，人与人之间在进行谈话时，相距多远比较恰当，并没有统一的规定，通常而言，要么取决于场合，比如，是在拥挤的地铁上，还是在人员稀少的马路旁；要么取决于人与人之间的关系，是熟人之间，还是陌生人之间；要么取决于对话者的个人情况，是男的还是女的，是老人还是孩子；要么取决于谈话内容的性质，比如，是否有私密性等；更一般地说，谈话距离的把握体现了人们对整个人类文化的解读。海德格尔把这种无所定论并依情境而定的情形所反映出来的对文化的自我解读称为"原始的真理"。①

更明确地说，实践背景不是由信念、规则或形式化的程序构成的，而是由习惯或习俗构成的。这些习惯或习俗是社会演化的历史沉淀，并通过我们为人处事的方式体现出来。在德雷福斯看来，如果把实践背景看成是特殊的信念，那么，我们就难以学会行为恰当的随机应变的应对方式，因为实践背景包含有技能，是学习者体知的结果，而不只是知晓信念、规则或形式化程序的结果。行动者与实践背景的关系，就像鱼与水的关系一样。行动者只有在失去应对自如的灵活性时，才会停下来，去剖析他们所遇到的问题，因而从熟练应对状态切换到慎思状态。因此，把技能等同为命题性知识、一组规则或形式化的程序，是对技能本性的一种误解。德雷福斯指出，实践背景之所以不依附于表征，也不能在理论中得到阐述的原因在于，

---

① Dreyfus, H.L., "Holism and Hermeneutics", In *Skillful Coping: Essays on the phenomenology of everyday perception and action*, edited by Hubert L. Dreyfus and Mark A. Wrathall, Oxford: Oxford Scholarship Online, 2014.

(1)它太普遍,不能作为一个分析的对象;(2)它包含有技能,只能在实践中得以体现。①

这种观点是海德格尔的洞见之一。海德格尔把实践背景称为原始的理解,并认为,这种理解恰好是日常的可理解性和科学理论的基础,海德格尔称之为"前有"。这些"前有"使得行动者有能力直觉地感知到进一步行动的可供性(affordance)。"前有"的存在表明,行动者在过去的学习经验,能够在当前的经验中体现出来,并成为未来行动的向导。因此,实践背景不是认识论的,而是现象学意义上的本体论。

实践理解是用应对的主体取代了认识的主体,因而相应地弱化了知识优于实践的笛卡尔传统。就理解的内涵而言,实践理解和理论理解都强调互动,但互动的要素不同。理论理解强调的互动,要么是认知主体之间的话语互动,目的是在互动的基础上达成共识,要么是主体与客体之间的表征互动,目的是基于互动来揭示客体的规律;实践理解强调的互动是行动者与世界之间的应对互动,目的是在互动的基础上来迎接挑战。实践理解与理论理解都存在着不确定性,但不确定性的类型有所不同。理论理解的不确定性,要么表现为翻译的不确定性,要么表现为证据对理论的非充分决定性;实践理解的不确定性表现为应对方式的不可预见性。

实践理解与理论理解都存在概括的问题,但概括的方式有所不同。理论理解的概括体现为基于理性的逻辑推理能力;实践理解的概括体现为基于身体的应对能力。

实践理解是在人的知觉—行动循环中体现出来的。行动者在知觉—行动的过程中,对相关变化的追踪方式与身体的存在密切相关。基于身体的经验不需要涉及心灵与世界的二分。行动者的熟练应对方式是由行动者所

---

① Dreyfus, H.L., "Holism and Hermeneutics", In *Skillful Coping*: *Essays on the phenomenology of everyday perception and action*, edited by Hubert L. Dreyfus and Mark A. Wrathall, Oxford: Oxford Scholarship Online, 2014.

在的世界诱发出来的。这种被感知到的诱发来自整个情境,并且,行动者对诱发的感知与应对行为的完成是同时发生的。所以,域境的诱发不能被看成是原因,而应被看成是挑战。应对者在应对挑战的瞬间,时间与空间是折叠的,行动系统中的诸要素将会在应对挑战的过程中得到动态的重组。而重组是诸要素互动的结果。互动本身并不是在寻找原因,而是在专注地应对挑战,并且,应对者迎接挑战的应对方式既无法预料又变化莫测。在这里,诱发相当于是整个系统产生的一次涨落,这种涨落会导致系统创造出新的形式,形成新的活动焦点。

实践理解过程中的诱发行动不同于理论理解过程中的慎思行动。前者体现的是应对者对局势的回应,是主客融合的行动,这时,应对者与环境之间的关系是动态的。这意味着,基于实践理解的认知已经超越了表征,是敏于事的过程;后者体现的是应对者对局势的权衡,是主客体分离的行动,这时,应对者与环境之间的关系是静态的。这意味着,基于慎思行动的认知是可表征的,是慎于言的过程。专家在行动受阻时的慎思,是在面临新情况时,对情境本身的剖析,其结果有可能对现成的应对方式提出改进,形成新的规范等。因此,由域境诱发的行动与慎思的行动,既相互排斥,又相互补充,在总体上,内在而动态地交织在一起,处于不断切换的状态。

自海德格尔以来的现象学家认为,实践理解比理论理解更重要、更基本。因为实践理解不是表征,而是对具体情境的自发应对。正如劳斯指出的那样,实践应对的这种情境化特征,既不是事件蕴含的客观特征,也不是行动者的反思推断,而是代表了世界中不确定的可能事态的某种预兆,事态的内在性把行动者直接带向事情本身。[①]因此,情境中的诱发是对整个域境状况的透露,而行动者对这种诱发的感知是一种嵌入式的体知。这种嵌入

---

① Rouse, J., "Coping and Its Contrasts", In *Heidegger, Coping, and Cognitive Science: Essays in Honor of Hubert L. Dreyfus Volume 2*, edited by Mark A. Wrathall and Jeff Malpas, Cambredge, MA: The MIT Press, 2000.

式体知不是把心灵延伸到世界,而是对世界的直接感悟。这也说明,"我们对世界的实践理解的最佳'表征'证明是世界本身。"①

三、身体的意向性

德雷福斯区分了两种意义上的身体:一种是第三人称意义上的身体,另一种是第一人称意义上的身体。做出熟练应对行动的身体是第一人称意义上的身体,是富有技能的身体,是感知世界的身体。在德雷福斯看来,这种鲜活的身体既不是物质的,也不是精神的,而是"第三种存在",即具有行动意向性的存在。②与此相对应,在熟练应对活动中,"我"不是超验的自我,而是"寓居于世"的体知者。技能也不是经验领域内的对象,而是统一经验的手段。技能不是建立在规则的基础上,而是建立在整体模式的基础上。行动者在展示技能的活动中体现出的身体意向性,既不是从外部强加的,也不是从内部产生出来的,而是身体在活动场域中主动养成的。③

这种身体的意向性不能表达不存在的对象的意义,也不会在事件的发生情境之外体现出来,而是被情境所"诱发"的一种内在的能动性,是身体对来自世界的诱发做出的无意识的直觉回应。身体的能动性不同于我们通常所说的主观能动性。主观能动性是意识和理论层面的,所体现的是,某人具有积极从事某件事情的主观愿意;身体的能动性是无意识和行动层面的,所体现的是,某人被所处情境激发出的身体的应急能力和指向性。因此,身体的能动性不是受心理表征的调节,而是受整个活动局势的调节,是一种召唤

---

① ③　Dreyfus, H. L., "Merleau—Ponty and Recent Cognitive Science", In *Skillful Coping : Essays on the phenomenology of everyday perception and action*, edited by Hubert L. Dreyfus and Mark A. Wrathall, Oxford: Oxford Scholarship Online, 2014.

②　休伯特·德雷福斯:《对约翰·塞尔的回应》,成素梅译,《哲学分析》2015 年第 5 期。

出来的身体的意向性。身体动作的目标对象不是客体本身,而是在实践中相互联系的整个局势。在这种局势中,行动者和对象或任务都嵌入在世界之中,是世界的内生变量。只有在局势展开时,身体的意向性才能被召唤出来。因此,身体具有的能动性和意向性,使身体不再是活动场域的中介物,而是意向指向性本身。身体所在的世界既不是纯自然的,也不是纯建构的,而是人的世界或人的域境。

身体的意向性不同于心理的意向性,它不是建立在心理状态的基础上,而是建立在实践的基础上。重复实践不仅造就了独特的肌肉结构,而且还在大脑中生成了独特的神经网络结构。肌肉结构能使身体灵活自如地应对环境的诱发,神经结构能够代替规则来指导行动者的行为。这两种结构都是格式塔的,它们共同协作赋予身体一种类似于本能的统合协调能力。这种能力使富有技能的身体具有了以不变应万变的无意识的动作意向,或者说,成为应对者把握情境局势的一种背景应对。

在德雷福斯看来,这种背景应对是身体的。应对者的作用不是监控和支配正在进行的行动过程,而是在体验应对过程中源源不断的活动。当应对者的情形偏离了身体与环境之间的最理想的关系时,身体就会本能地向着接近最理想的姿势运动,来减少这种偏离所带来的"紧张"感。当熟练应对进展得很好时,应对者就会体验一种流畅感。这时,应对活动完全啮合在局势的"召唤"之中,应对者不再能够在行动的体验和进行的活动之间作出区分,应对技能成为身体的一个组成部分,从而使得应对者具有了基于技能来理解世界的基本的实践能力。①

神经科学家弗里曼的神经动力学为神经网络结构能够指导动物行为的观点提供了科学基础。弗里曼在用兔子做实验时观察到,兔子在满足需求

① Dreyfus, H. L., "Heidegger's Critique of the Husserl/Searle Account of Intertionality", In *Skillful Coping: Essays on the phenomenology of everyday perception and action*, edited by Hubert L. Dreyfus and Mark A. Wrathall, Oxford: Oxford Scholarship Online, 2014.

时作出反应,强化了它的神经联结。兔子的大脑对每次有意义的输入都会形成一个新吸引区域,从而把过去的经验保留在吸引区域内。兔子大脑的当前状态是过去经验叠加的结果。为此,大脑所选择的图式不是被刺激所强加的,而是由具有这种刺激的较早经验来决定的,宏观的球部图式不是与刺激相关,而是与刺激的意义相关。作为直接呈现的意义是域境的、全域的和不断被充实的。①

四、结　语

总之,熟练应对是觉知模式,建立在实践理解的基础上,相当于达到了"动身不动心"的境界。只有在出现应对困难时,应对者才会从主客融合的直觉行动状态,切换到主客二分的慎思行动状态。这种熟练应对的现象学,不是强调身体的存在,否定心灵的存在,而是否定需要身心之间有一种界面的观点和需要通过心灵中介来理解世界的观点;是用"寓居于世"的本体论的主客关系,替代了认识论的主客关系。因此,应对者是以全息的方式来理解实践的,这种理解所得到的不是被分开的部分,而是小的整体,过去、现在和未来共存于这个小的整体之中。

---

① Dreyfus, H.L., "Why Heideggerian AI Failed and How Fixing It Would Require Making It More Heideggerian", In *Skillful Coping*: *Essays on the phenomenology of everyday perception and action*, edited by Hubert L. Dreyfus and Mark A. Wrathall, Oxford: Oxford Scholarship Online, 2014.

第三篇

智能革命的哲学审视

第一章
人工智能研究的范式转换及其发展前景[*]

近年来,人工智能(简称 AI)领域内突飞猛进的理论进展及其广泛应用,极大地推动了新兴产业的深度融合,深化了信息文明的发展进程。与此同时,世界各国政府纷纷密集出台政策,大力助推人工智能的发展。然而,基于"互联网＋人工智能"的技术创新正在颠覆长期以来形成的人与工具之间的控制与被控制、利用与被利用的关系,人工智能把技术创新的目标从解放体力转向解放智力,从"征服"自然转向有可能"征服"人类自身,从而把人类文明演化的方向实质性地推向重塑社会和重建价值的过程。大转变必然会带来大机遇,但也会带来大问题:机器能否成为认知主体? 机器能思维吗? 机器思维与人的思维在本质上相同吗? 机器能有意向性吗? 如果承认机器能拥有智能,那么,这种智能会超过人类吗? 人工智能有界限吗? 或者如霍金所言,智能机器人可能会成为人类历史上的最大灾难或人类文明的终结者吗? 对这些问题的回答需要哲学社会科学的介入,需要展开跨学科的对话。本文试图立足于哲学视域,通过剖析人工智能的范式转变,来探讨

---

* 本章内容发表于《哲学动态》2017 年第 12 期。
　【基金项目】国家社会科学基金重点项目"信息文明与经济社会转型的关系研究"(项目编号:
　13AZD094)、上海市哲学社会科学重大项目"信息文明的哲学研究"(项目编号:
　2013DZX001)和上海社会科学院预研究项目"智能化革命的跨学科研究"的阶段性成果。

人工智能的发展前景。

一、人工智能的学科性质

什么是人工智能？这既是人工智能领域内最基本的概念性问题，也是有代表性的哲学问题。纵观涉及人工智能的书籍不难看出，人工智能学家对这个问题至今依然没有提供明确的回答，只是从目标和任务层面给出了笼统的界定。他们一般认为，人工智能意指由人类制造出来的机器所呈现出的智能，与自然进化而来的人类智能相对应。目前的人工智能研究主要是探索如何设计出或制造出能够感知环境并作出最优决策或采取最优行动的"智能体"（agents），比如，著名的 AlphaGo、谷歌的无人驾驶车等，甚至让机器能像人类一样具有说话、感知、推理、行动及认知等能力。但从人工智能的发展史来看，人工智能的发展范式是在边探索、边争论的过程中逐步形成的，其中，每一种范式的形成都依赖于如何理解和判定"智能"。

历史地看，1950 年图灵在《心灵》杂志上发表的《计算机器与智能》一文，被公认为探讨如何判断"机器是否能够思维"的第一篇文章。图灵在这篇文章中指出，他所说的机器是指"电子计算机"或"数字计算机"，因此，"机器是否能够思维"的问题就转化为"计算机是否能够思维"的问题。图灵认为，对这个问题的回答不能从定义"机器"和"思维"的含义来进行讨论，而是建议用一个模仿游戏来替代，替代之后的问题是："存在着可以想象得到的能够在模仿游戏中干得出色的数字计算机吗"？或更一般性的问题，"存在着能够干得出色的离散状态的机器吗"？

为了回答这个问题，图灵设计了一个由一位提问者和两位竞赛者组成的模仿游戏。在这个游戏中，提问者是人，在两位竞赛者中，一位是人，另一位是计算机。游戏问题的设计形式，要求不能让提问者看到或接触竞赛者或听到竞赛者的声音的条件下进行。图灵认为，如果我们能够制造出一台机器，让它在模仿游戏中作出令人满意的表演，使得提问者不能在机器提供的答案和人提供的答案之间作出区分，那么，就认为这台机器是有智能的。①这种人与机器在行为方式上具有的"不可辨分性"（indistinguishability）的测试，被称为"图灵测试"。到目前为止，这是"机器是否存在智能"的唯一可操作的检验标准。这个模仿游戏的逻辑推论是：既然计算机的行为方式（比如应答反应）无法与有智慧的人的行为方式区别开来，那么计算机将会思考或具有智能。

这篇文章引起了人们对制造机器智能的极大兴趣。1956 年夏天，麦卡锡（John McCarthy）在美国达特茅斯学院组织了一个学术研讨会，共同探讨有关机器模拟智能的一系列问题，并首次提出"人工智能"这一术语，标志着人工智能研究正式开启。在参会者中间，麦卡锡、纽厄尔（Allen Newell）、西蒙（Herbert Simon）和明斯基（Marvin Minsky）后来被誉为人工智能的奠基者。那时，纽厄尔和西蒙认为，符号是智能行动的根基，智能在构造上的必备条件就是计算机存储和处理符号的能力。因此，衡量一个系统的智能水平，就是看这个系统在现实的复杂情景中达到规定目标的能力。②

这样，从学科起源上来讲，人工智能是作为计算机科学的一个分支领域发展起来的。与 20 世纪相比，目前的研究范围越来越广泛，主要包括自动程序设计（机器人）、逻辑推理、语言识别、图像识别、自然语言理解、自动驾驶汽车、医学诊断、游戏、探索引擎、在线助手、垃圾邮件过滤器、预测司法判决以及目标在线广告等。从学科性质上来看，人工智能不同于研究"自在"世界的自然科学，因为自然科学通常是基于实验事实来获得理论，然后运用

① A.M.图灵：《计算机器与智能》，玛格丽特·博登主编：《人工智能哲学》，刘西瑞、王汉琦译，上海：上海译文出版社 2001 年版，第 56—91 页。

② A.C.纽厄尔和 H.A.西蒙：《作为经验探索的计算机科学：符号和搜索》，玛格丽特·博登主编：《人工智能哲学》，刘西瑞、王汉琦译，上海：上海译文出版社 2001 年版，第 143—145 页。

理论来说明被研究的那部分自然界的事实。人工智能显然不是研究自然界的某个部分,也没有明确的说明性理论,而是研究如何开发自动程序和如何制造出具有类似于自然智能的机器。自然科学的研究对象往往是明确的和现存的,而我们对作为人工智能模拟对象的人类智能的理解却是模糊的或不明确的,因为自然智能的形成机制至今依然是个谜。另外,揭示人类智能的本质,并不是人工智能研究的主要问题,而是脑科学、认知科学和神经科学等学科研究的内容。这就决定了人工智能从一开始就具有跨学科的性质。

人工智能也不是像逻辑学或数学那样的非经验科学,更不是一门社会科学,尽管人工智能研究者必须关注其成果对社会所产生的影响,但这并不是人工智能研究的主要内容。虽然算法和编程等研究本质上是数学的,但这也不是人工智能的全部,因为这些算法与程序的实现,还需要设计有效的信息存储硬件或中央处理器等。纽厄尔和西蒙把计算机科学称为一门经验学科,也叫作实验科学。在他们看来,每制造出一台新的机器都是一次实验,每编制一个新的程序也都是一次实验。因为制造机器和编程都是在向自然界提出问题,而这些均为获得答案提供了某种线索。机器和程序都是人造物,是发现新现象和分析现有现象的方法。人工智能是通过经验探索来形成新的理解,然后根据在实验和理解中积累起来的认知,创造出有助于实现某种认知目标的工具。①从这个意义上看,人工智能在模拟人类认知能力方面取得的成果,反过来有助于促进心理学、认知科学和哲学的发展。

人工智能发展的这些交叉性与跨学科性表明,人工智能在现有的学科分类中难以找到其归属的门类。一方面,人工智能如同量子技术、基因工程技术、纳米技术一样,既非纯粹的科学,也非纯粹的技术,而是两者相互促进的结果。因此,人工智能属于技性科学(technoscience)的范围。技性科学

---

① A.C.纽厄尔和 H.A.西蒙:《作为经验探索的计算机科学:符号和搜索》,玛格丽特·博登主编:《人工智能哲学》,刘西瑞、王汉琦译,上海:上海译文出版社 2001 年版,第 143—144 页。

意指科学化的技术和技术化的科学的混合,是科学与技术相互交叉的一个领域,主要突出科学与技术之间的相互促进关系,是当前科学技术哲学研究中的一个新方向。另一方面,量子技术、纳米技术、基因工程技术等技术探索,首先是在学科发展成熟的基础上或明确了科学原理的前提下进行的,尽管这些探索的结果反过来也会深化和促进相关基础学科的发展。但相比之下,人工智能对人类智能的模拟,既没有可参照的概念框架,也没有可遵循的方法论准则,而是一个需要探索的目标,或者说是模拟一个其内在机制还没有被完全理解清楚的东西。那么,机器或计算机如何来模拟这个至今机制尚未明朗并专属于人类的智能呢?

二、对强人工智能的质疑与辩护

当人工智能研究者在探索人工智能的实现问题或"如何做"的问题时,首先遇到的是事关人工智能的框架问题。然而,框架问题不能被简单地归属于一个令人烦恼的技术障碍或一道奇特的难题,而应该被看作一个新的深层次的认识论问题。这个问题是由人工智能的一些新方法揭示出来的,但还远远没有得到解决,也是一代代哲学家原则上能够理解却未加注意的问题。[①]人工智能研究者根据不同的学科背景和对智能形成方式的不同理解,提出了三种有代表性的人工智能研究范式:符号主义、联结主义和行为主义。但是,在20世纪80年代中期之前,却是符号主义独占鳌头。

以纽厄尔和西蒙为代表的人工智能的符号主义把人类认知看作一个信息加工过程,把物理符号系统看作体现出智能的充分必要条件,包括两个方面:(1)任何表现出一般智能的系统都可以经分析证明是一个物理符号系统

---

① D.C.丹尼特:《认知之轮:人工智能的框架问题》,玛格丽特·博登主编:《人工智能哲学》,刘西瑞、王汉琦译,上海:上海译文出版社2001年版,第200页。

（必要条件）；（2）任何足够大的物理符号系统都可以通过进一步的组织而表现出一般智能（充分条件）。由于物理符号系统是通用机的事例，因此，物理符号系统假设意味着智能是由一台通用计算机来实现的，或者说智能机器就是一个符号系统。于是，他们总结出关于人工智能的两个定性结构定律：（1）智能存在于物理符号之中；（2）符号系统是通过生成潜在可能的解，并对其进行检验，也就是通过串行搜索的方式来解题。[①]这条通用人工智能的进路，通常被称为强人工智能。

美国哲学家塞尔在《心灵、大脑与程序》一文中，以"中文屋"的思想实验对这种强人工智能的形式化观念进行了反驳，认为形式化的系统不可能生成智能行为。塞尔首先把上述人工智能的理念归纳为两个论断：（1）编程的计算机确实具有认知状态；（2）这个程序在某种意义上解释了人类的理解。然后，塞尔详述了一个"中文屋"的思想实验。这个实验假定，他自己被关在一间屋子里，然后，回答屋子外面的人向他提出的英文问题和中文问题，并声明他自己的母语是英语，根本不懂中文，既不会写，也不会说。因此，他只能直接回答英语问题，而他对中文问题的回答，则是在他能理解的规则和指令的帮助下进行的。塞尔把这些规则和指令叫作"程序"。塞尔说，如果经过一段时间的学习后，他变得擅于根据规则和指令来处理中文字符，同时程序员变得擅于编写程序，那么，在提问者看来，他对问题的回答与讲中文母语的人的回答就毫无区别。也就是说，凡是看过他的答案的人，都不会知道他连一个中文字都不认识。同样，他对英文问题的回答，与其他讲英语母语的人的回答也没有区别。在外面的人看来，他对中文问题的回答和英语问题的回答同样好。

塞尔指出，他对英语问题的回答，是在理解了问题内容之后作出的，而他对中文问题的回答，则完全是根据规则和指令，找出对应关系之后作出

[①] A.C.纽厄尔和 H.A.西蒙：《作为经验探索的计算机科学：符号和搜索》，玛格丽特·博登主编：《人工智能哲学》，刘西瑞、王汉琦译，上海：上海译文出版社 2001 年版，第 142—178 页。

的。对中国人来说，他的行为就类似于一台计算机。他是根据形式上规定好的规则和指令来操作的。因此塞尔认为，在他完全不理解中文故事的情况下，虽然他的输入和输出，与讲中文母语的人没有区别，但事实上他什么也不理解。如果他就是计算机，那么，计算机同样也是无知的，不可能处于认知状态。这是他对第一个断言的反驳。塞尔接着说，第二个论断貌似有理，但完全是出于这样的假定："我们能够构造出一个程序，它的输入和输出同讲母语的人完全一样；此外还由于假定讲话者具有某个描述层次，在这一层次上他们也是一个程序的例示。"①

但塞尔认为，计算机程序与他对故事的理解完全是两码事。只要程序是执行形式化的操作指令，那么，这些操作本身同理解没有任何有意义的联系。或者说，计算机的认知类型与人类完全不同。在此，"理解"不是一个简单的二元谓词，而是有许多不同的类型和层次。X 是否理解 Y，是一个需要判断的问题，而不是一个简单的事实。把"理解"和其他认知属性赋予计算机等人造物，与"把我们自己的意向性推广到人造物中"有关，这是用比喻的方式将人的意向性赋予人造物。而人造物的"理解"却是它作为一部分的整个系统的"理解"，是把输入、输出与程序正确结合起来的结果。这完全不同于他理解英语意义上的那种"理解"。同样的实验也适用于机器人和大脑模拟者的情况。

塞尔的"中文屋"事例，也提出了对图灵测试的恰当性的质疑。塞尔认为，计算机程序的形式符号处理没有任何意向性。用语言学的术语来说，形式化的符号只有句法，没有语义。因为意向性是一个生物学现象，具有内在表征能力。或者说，意向性是神经蛋白具有的能力，而金属或硅片没有这种能力。塞尔关于意向性的这种强实在论观点与丹尼特的工具主义观点形成鲜明的对比。丹尼特认为，"计算机是传说中的白板，它需要的每一条目都

① J.R.塞尔：《心灵、大脑与程序》，玛格丽特·博登主编：《人工智能哲学》，刘西瑞、王汉琦译，上海：上海译文出版社 2001 年版，第 96 页。

必须以某种方式印上去,或者在开始时由编程员来做,或者通过系统的后续'学习'来做。"①也就是说,程序员直接给计算机装备了解决问题时应该"知道"的内容。装备问题是一个以某种方式给执行者装备应对世界变化时所需的全部信息的问题。这种信息的装备至少涉及两个层面的问题:(1)装备什么信息,纽厄尔称之为"知识层次"的问题,这属于语义问题;(2)以何种系统、形式、结构或机制进行装备,这属于句法问题。因此,赋予计算机的形式化程序,既有句法,也有语义。在丹尼特看来,只要赋予一个系统信念、目标和推理能力,我们就能解释、预见和控制这个系统的行为,那么这个系统就是意向性的。根据这种判断,形式化的计算机程序也是一个意向性的系统,也能体现出智能。

博登(M.A. Boden)在《逃出中文屋》一文中把塞尔的上述论证归纳为两个主要论断:(1)计算理论因其本质上是纯形式的,所以根本不可能有助于我们理解心理过程。也就是说,意义或意向性是不能用计算术语来解释的;(2)计算机硬件不同于神经蛋白,显然缺乏生成心理过程所需要的恰当的因果能力。博登认为这两个论断都是错误的。在他看来,位于屋子里的塞尔所运用的规则和指令,等价于"如果……那么……"规则,塞尔在运用规则和指令找出中文问题所对应的答案时,虽然不是真的在回答中文问题,因为他根本无法理解问题;即使他从屋子里逃出来,也与被锁进去一样,对中文依然一无所知,当然无法作出回答。但是,他所理解的规则和指令,相当于计算机所理解的编程语言。计算机会在窗口生成同样的"问题回答"的输入输出行为。

博登论证说,计算机程序是为计算机设置的程序,当程序在适当的硬件上运行时,机器总是要完成某些任务,所以,计算机科学中要使用"指令"和"执行"这两个术语。在机器编码的层次上,程序对计算机的作用是直接的,

---

① D.C.丹尼特:《认知之轮:人工智能的框架问题》,玛格丽特·博登主编:《人工智能哲学》,刘西瑞、王汉琦译,上海:上海译文出版社 2001 年版,第 207 页。

因为机器的设计使得一个给定的指令只产生唯一的操作。这说明程序指令就不只是形式化的，它也是对当前步骤得以执行的过程说明。编程语言是一个媒介，它不仅用来表达一些表述，而且也用来使特定的机器产生表述性活动。因此，把计算机程序表征为完全句法的而非语义的做法，是错误的。在博登看来，任何计算机程序固有的过程结果，都给了程序一个语义的立足点。这种语义不是指称性的，而是因果性的。这是与屋子里的塞尔理解英文的类比，而不是与他理解中文的类比①，从而捍卫了"形式化的计算机系统也会有智能"的观点。塞尔和博登的分歧在于对理解对象的看法不同。(1)塞尔认为计算机不理解文本内容，而博登认为计算机可以理解程序内容。因此，塞尔讲的理解是指一阶理解，博登讲的理解是间接理解，即二阶理解。也就是说，计算机是在理解了程序语言的情况下找出答案。(2)塞尔认为，计算机只是执行程序语言，程序是形式化的，没有语义内容。博登则认为，计算机对程序语言的理解也是一种理解，因此程序语言是承载有语义的。哲学家与心理学家围绕强人工智能的可行性展开的上述争论，只揭示了如何理解人工智能的一个侧面。至于如何实现对人工智能的更深入的理解，则与范式背后的哲学思想或哲学假设相关。

三、范式转换的哲学基础

20世纪80年代之前，人工智能的符号主义范式击败了与其平行发展的另外两种范式，被称为传统范式。纽厄尔和西蒙曾自豪地说，在1976年之前的20年中，"搜索根据符号系统对人类智能行为作出解释的做法，已在很大程度上取得成功，达到信息加工理论成为认知心理学中当前的主导观

① M.A.博登：《逃出中文屋》，玛格丽特·博登主编：《人工智能哲学》，刘西瑞、王汉琦译，上海：上海译文出版社2001年版，第121—144页。

点的地步。尤其是在问题求解、概念获取和长时记忆领域中,符号处理模型目前居于支配地位"①。他们认为,关于智能活动究竟是如何完成的,在当时还没有与物理符号系统假设相抗衡的其他假设。在心理学中,从"行为主义"到"格式塔理论"都没有证明这些假定的解释机制对于说明完成复杂任务的智能行为是充分的,而且这些理论太笼统,很容易把信息加工解释赋予它们,使它们与符号系统假设相似。

纽厄尔甚至认为,重要的是把一切都通过编码来变成符号(包括数字在内),而不是使一切都数字化(包括指令在内)。②也就是说,符号主义者认为,形式化就是建立某种算法,然后由计算机来执行算法。根据这种理解,我们可以说,形式化的界限也就成为人工智能的界限。人工智能的符号主义范式的发展经历了三个阶段:第一个阶段以表征与搜索为主;第二个阶段以"微世界"分析程序、场景分析程序等为主;第三个阶段以专家系统与知识工程为主。这条发展线索已经逐步地把人工智能研究的目标,从最初通过建造智能系统来理解人类智能扩大到应用领域。

在人工智能发展初期,符号主义范式之所以能够得到公认,除了离不开资金来源、学位授予、杂志和专题讨论会等大力支持外,更深层次的原因是,它与西方哲学传统和近代自然科学的研究方法相一致。符号主义范式采取的是自上而下的分析方法,追求从特殊任务域的必备条件中分离出一般问题求解机制,从而进行程序设计。纽厄尔和西蒙把物理符号系统假设的来源追溯到弗雷格、罗素和怀特海。而弗雷格及其追随者们又继承了一个悠久的、原子论的理性主义传统。在这个传统中,笛卡尔假定所有的理解都是由形成和操作恰当表述方式组成的,这些表述方式可以经分析成为基本元

---

① A.C.纽厄尔和 H.A.西蒙:《作为经验探索的计算机科学:符号和搜索》,玛格丽特·博登主编:《人工智能哲学》,刘西瑞、王汉琦译,上海:上海译文出版社 2001 年版,第 159 页。

② Newell, A., "Intellectual Issues in the History of Artificial Intelligence", In F. Machlup and U. Mansfield eds., *The Study of Information: Interdisciplinary Messages*, New York: Wiley, 1983, p.196.

素,一切现象都可以理解为这些简单元素的复杂结合形式。霍布斯把推理看作计算。莱布尼兹甚至还设想出一种"人类思想的字母表"①。近代自然科学的发展进一步证实了这种哲学的有效性。因此可以说,符号主义范式既是整个西方传统哲学思想的延续,也是对以牛顿力学为核心的近代自然科学思维方式的继承。

　　然而,这种追求用谓词逻辑来进行知识表征、知识推理和知识运用为核心问题的符号主义范式,到 20 世纪 80 年代遭遇了无法克服的框架问题。一方面,还原论的理性主义方法只关注世界中的"事实",而不关注变化不定的"世界"本身,无法处理非线性和非结构的复杂系统的问题,因为对复杂系统的简单的线性分解,会破坏系统的复杂性;另一方面,形式化的处理避开了常识问题,但到 20 世纪 70 年代之后,这个问题已经无法回避。然而,当他们试图把常识形式化时,发现难度远比他们设想的要多。这样,常识问题不仅报复了传统哲学,也报复了人工智能的传统范式,成为符号主义的一大障碍。到 20 世纪 80 年代之后,符号主义范式越来越像科学哲学家拉卡托斯所讲的那种退化的研究纲领,日渐被人遗弃。相比之下,有着同样发展历史进程的其他两种范式开始成为进步的研究纲领,从幕后走向前台,开始受人关注,并在当下得到了极大的发展。

　　联结主义范式受神经科学的启示,试图通过神经网络建模来模拟大脑;行为主义范式受生物进化论和群体遗传学原理的启示,把目标转向研发移动机器人,试图通过模拟生物进化机制来提升机器人的智能。这两种范式不再是努力建造通用的智能机器,而是立足于解决具体问题,从而形成了人工智能的弱版本。它们虽然都不是受哲学的启发而形成的,但它们采用自下而上的范式,把人工智能的研究从知识表征转向技能提升,从理论转向实

① H.L.德雷福斯和 S.E.德雷福斯:《造就心灵还是建立大脑模型:人工智能的分歧点》,玛格丽特·博登主编:《人工智能哲学》,刘西瑞、王汉琦译,上海:上海译文出版社 2001 年版,第 419—420 页。

践,通过建立能动者与世界互动的模型来体现智能。技能提升的过程是在学习中进行的,因为技能不能被等同于规则或理论,而是指在某种域境中知道该怎么做。这些范式的发展思路恰好与来自胡塞尔、海德格尔、梅洛-庞蒂和德雷福斯(H. Dreyfus)的现象学一脉相承。这也是威诺格拉德(T. Winograd)在20世纪80年代曾在斯坦福大学的计算机科学课程中讲授海德格尔哲学的原因所在。[①]

其实,早在20世纪60年代,当时在美国麻省理工学院从事哲学工作的德雷福斯就主要从海德格尔和梅洛-庞蒂的现象学出发,对人工智能的符号主义范式提出了批评,认为这种范式是行不通的,并将其比喻为"炼金术"。后来,他的主要观点反映在《计算机不能干什么》一书中。但在当时,德雷福斯的批评激怒了麻省理工学院的相关人员,认为他借麻省理工学院之名提出了疯狂的观点,所以把他"赶出"了校门,这也是德雷福斯自1968年以来一直在加州大学伯克利分校任职的原因。然而,十几年之后,由于人工智能范式的转变证实了德雷福斯的看法,德雷福斯的观点重新引起了麻省理工学院新一代人工智能研究者和斯坦福大学的人工智能研究者的关注,德雷福斯本人也在2005年荣获了美国哲学学会的哲学与计算机委员会颁发的巴威斯奖(Barwise Prize)。[②]

四、人工智能的未来发展前景

德雷福斯在探讨人工智能问题的过程中,用"七阶段的技能获得模型"

[①] H.L.德雷福斯和S.E.德雷福斯:《造就心灵还是建立大脑模型:人工智能的分歧点》,玛格丽特·博登主编:《人工智能哲学》,刘西瑞、王汉琦译,上海:上海译文出版社2001年版,第448页。

[②] 参见成素梅、姚艳勤:《哲学与人工智能的交汇:与休伯特·德雷福斯和斯图亚特·特雷福斯的访谈》,《哲学动态》2013年第11期。

来把上述两类哲学基础统一在一起。他认为，笛卡尔式的主体与客体相分离的状态和遵守规则的状态，对应于技能获得模型的前三个阶段，即初学者、高级初学者和胜任阶段；第四个阶段是精通阶段，它是一个过渡期；现象学强调的主体与客体相融合的状态和技能性地熟悉应对域境问题的状态，对应于后三个阶段，即专长阶段、驾驭阶段和实践智慧阶段。在后三个阶段，智能体所进行的理解不是理论理解，而是实践理解。理论理解是"慎于言"的过程，实践理解是"敏于事"的过程，是对世界的非表征的直觉理解，因而是难以形式化的。这也是德雷福斯认为"以追求形式化为目标的通用人工智能一定不会成功"的原因所在。

从这个意义上来看，人工智能的研究要想体现出人类智能，就必须转换研究范式，建造能生成自己能力的自动机器，从而使得理论不再成为解释智能行为的必需品。我们看到，建造类似于人脑神经网络的人工网络范式，以及模拟人类进化的自适应机制的移动机器人范式，恰好由于它们都不受形式化要求的束缚，都突出能动者与世界的互动，从而赢得了发展空间。近年来，深度学习方法的开发、基于互联网的数据量的激增，以及数据挖掘技术的出现，极大地促进了这两种范式的发展，并在众多领域内正在取得令人瞩目的成就，在全球范围内迎来了发展人工智能的又一次新高潮。

目前，人工智能不仅在日常生活中大显身手，在工业和商业领域捷报频传，而且2017年7月7日出版的《科学》杂志刊登的一组文章表明，机器人或自动程序已经能够直接参与人类的认知过程。比如，宾夕法尼亚大学积极心理学中心的心理学家可以运用算法，根据推特、脸谱等社交媒体上的话语，来分析大众的情绪、预测人性、收入和意识形态，从而有可能在语言分析及其与心理学联系方面带来一场革命；普林斯顿大学的计算生物学家可以运用人工智能工具来梳理自闭症根源的基因组，等等。这些机器人或自动程序被称为"网络科学家"（cyberscientist）。这些发展表明，人工智能研究者一旦扬弃追求通用人工智能的范式，转向追求在具体领域的拓展应用，人工智能就会走出瓶颈,迎来新的发展高峰。

在这三种范式中,符号主义又称为逻辑主义、心理学派或计算机学派,在哲学上表现为理性主义和还原主义,在观念上把计算机看作物理符号系统,在方法上偏重基于知识的推理,利用数学逻辑把世界形式化,把求解问题作为体现智能的工作范式。联结主义又称为仿生学派或生理学派,在哲学上表现为整体论,在观念上把计算机看作类人脑,在方法上偏重基于技能的建模,利用统计学来模拟神经网络及其联结机制,把学习作为体现智能的工作范式。行为主义又称为进化论派或控制论派,在哲学上表现为经验主义,在观点上把计算机看作自主执行任务的物理系统,在方法上偏重基于感知的行动,利用仿生学制造有行动能力的智能能动体(也就是机器人),把执行能力作为体现智能的工作范式,即机器人不是处理抽象的形式化描述,而是直接对世界作出反应,认为智能不是来自计算,而是从感应器的信息转换以及能动体与世界的互动时涌现出来的。

人工智能六十多年的发展历程中,虽然经历了与不同哲学基础相关的范式转换,但事实上三种范式各有优劣。就知识表征而言,日常世界是难以形式化的;就模拟神经网络而言,人类生命的整体性远远大于神经网络,而且人脑的神经网络也还没有搞清楚;就自适应机制而言,从低级的动物智能到人类智能的进化经历了极其漫长的过程。因此,不论是通过建模来模拟人的大脑,还是通过建模来进化出人的大脑,都还有很长的路要走。未来人工智能的发展,有可能是在思路上把试图再现大脑的符号主义、试图构造大脑的联结主义和试图进化出大脑的行为主义有机整合起来,构成一个立体的和完整的大脑,而人工智能研究者对这一天的到来至今还看不到任何曙光,更没有预期。

从这个意义上说,人工智能科幻作品所呈现的情境和霍金等悲观主义者对人工智能有可能取代人类的担忧,确实为时过早。退一步讲,即使未来这么一天真的到来,人类也已经在这个进程中充分享用了人工智能带来的便捷,也一定会真切地对人性、社会、文明等问题进行深刻反思。不过,就当下而言,人工智能的未来发展应该关注它在特殊领域内的具体应用,并在建造机器的过程中,重视把价值元素内化到技术创新的各个环节,从而规避可能带来的风险。另一方面,在各国政府希望借人工智能技术革命之机更改世界强国座次表的发展战略中,应该把加强哲学社会科学和人文科学的发展置于其中,鼓励打破学科壁垒,展开专题性的跨学科对话,让人文关怀成为人工智能研究者的自觉意识,使他们在研发人工智能产品的过程中,共同作出有利用于发展人类文明的明智抉择。

第二章
人工智能本性的跨学科解析[*]

人工智能的快速发展不仅重新定义了我们时代的技术,模糊了人机关系的界线,它将人类追求自动化的目标从物质拓展到思想、从双手拓展到大脑、从肌肉拓展到心灵、从体力拓展到精神、从有形拓展到无形①,而且更重要的是,它正在将人类文明的演进方向从工业文明时代推向智能文明时代。从长远来看,人工智能的发展对人类社会的影响是颠覆性的。但问题是,当我们前瞻性地预判人工智能产生的影响、制定人工智能的发展规划以及出台防范措施和治理原则时,如果我们不能恰当地明辨或理解人工智能的内在本质及其限度,就会要么轻视或忽视其风险,因盲目推进发展而错失防范良机;要么夸大或恐惧其风险,因过分谨慎而失去发展机遇。历史地看,人工智能的发展不断改变着我们的提问方式,而且许多问题是相互联系的,乃至是相互纠缠的,不可能有独立的明确答案。有鉴于此,立足于当代发展来重新审视人们过去对人工智能的跨学科探讨,对于我们揭示人工智能的内在本性,展望人工智能发展的未来前景,是具有理论意义与现实价值的。

---

* 本章内容发表于《国外理论动态》2021 年第 4 期。

【基金项目】教育部哲学社会科学重大课题攻关项目"人工智能的哲学思考研究"(项目编号:19JZD013)、上海社会科学院创新工程项目"智能革命的哲学反思"的研究成果。

① Baldwin,R.,*Globotics Upheaval:Globalization,Robotics,and the Future of Work*,Oxford:Oxford University Press,2019,part 1—3.

一、智能机器的二重性

关于能否制造出具有人类认知水平的智能机器的科学讨论,开始于艾伦·图灵(A.Turing)在 1950 年发表的《计算机器与智能》一文。在这篇文章中,图灵首先提出了"机器是否能思维"或"计算机是否能拥有智能"的问题。他指出,对这一问题的回答不能从为"机器"和"思维"下定义来着手,而是要根据模仿游戏,从结果或行为表现来回答。为此,"机器是否能思维"的问题就转变为,在人与计算机同时进行的问答游戏中,是否会出现提问者无法辨别所提供的答案是来自人类还是来自计算机的情形。如果出现这种情形,那么就可以认为"计算机能思维或具有智能"。这种"不可分辨性"(indistinguishability)的论点通常被称为"图灵测试"。①

图灵的文章一经发表,就立即引起了物理学家、心理学家以及哲学家的高度关注,在 20 世纪 50 年代和 20 世纪 60 年代掀起了关于"机器是否能思维"的大讨论。几十年后的今天,当各国政府争先恐后地抓住以人工智能为核心的新一轮科技革命的机遇,纷纷制定发展策略和加大投资力度,全方位推进人工智能的发展时,如何理解与把握"人工智能"的议题再一次引发热议。在此次热议中,"人工智能"已经从 1956 年夏天由约翰·麦卡锡(John McCarthy)等人在达特茅斯会议上提出的概念变成了今大给人类的生产方式和生活方式等带来深刻变革的先进技术,成为新一轮社会变革的转角石和新引擎,乃至成为正在带来人类文明大转型的推进器,而人工智能研究者也从当年积极追求人工通用智能,转向了现在对人工智能的场景化应用。

---

① A.M.图灵:《计算机器与智能》,玛格丽特·博登主编:《人工智能哲学》,刘西瑞、王汉琦译,上海:上海译文出版社 2001 年版,第 56—91 页。

图灵的文章发表之后,人们对"机器是否能思维"这个问题的回答主要有两种类型:一类是"否定说",认为思维是精神活动,而精神活动完全不同于物质活动,因此作为物质形式的机器不可能进行思维;①另一类是"肯定说",像图灵所论证的那样,假如计算机能够表现得像人一样完成问答游戏(比如进行数学运算),那么就可以认为机器能思维或拥有智能。

1956年,加拿大理论物理学家马里奥·邦格(Mario Bunge)分上下两部分在《英国科学哲学杂志》连续两期发表了题为《计算机能思维吗?》的长文。在这篇文章中,邦格认为,上述两种论证都是武断的,既过分简单,又无法以理服人。"否定说"是基于二元论的信条得出的,这种论证未经证明地假定了实体(sub-stance)的绝对异质性,有可能阻碍智能机器的研发,也贬低了人类创造性劳动的价值;而"肯定说"则难以从理论上提供合理的辩护,只是未加批判地基于机器行为与人的行为之间的相似性来推出答案。为了超越这两种论证,邦格试图通过揭示计算机的本性与数学思想的本性之间的不同,来论证"计算机的思维"并不是真实的思维而是一种代理思维(thinking by proxy)的观点。

邦格认为,智能机器不同于无生命的自然物体,因为它们是通过技术手段设计出来的体现智能的物质。人造物,不管多么复杂,只能处理物质对象,而不能像人那样处理理想的抽象对象。这才是理解整个问题的思路。认为人工智能的本质就是替代人脑功能的看法是一种误解。这种误解是把数学对象等同于它们的物质化,把概念和判断等同于表征它们的物理标志。一旦接受这种同一性,一旦混淆物质层次与理想层次,就会得出"机器能思维"的结论。这种结论不仅混淆了"能思维的机器"与"替代思维的机器"之间的区别,而且将人的属性赋予无生命对象的做法给人留下退回到前科学

---

① Negley, G., "Cybernetics and Theories of Mind", *Journal of Philosophy*, Vol. 48, No. 9, 1951, pp.574—582; Cohen, J., "Can There Be Artificial Minds?", *Analysis*, Vol. 16, No. 2, 1955, pp.36—41.

时代的嫌疑。①

邦格强调说,首先,通过技术组成的物理过程对理想对象的物质表征都与推理相关;其次,这些物理过程依赖于机器的本性,而不是思想的本性;最后,这些物理过程是按照在机器中建立的逻辑规则来表征思想,但不能创造出对思想的表征。技术发展的核心是追求自动化,而自动化的问题与"机器是否能思维"的问题无关,人造物是以物质的形式来表征心理事实。智能机器不同于人类,人与智能机器之间的差别就像花纹布与斑马之间的差别那么大。因此,认为计算机会思考、会学习,或者,具有认知能力等的说法,只是一种隐喻的说话方式。机器只是在技术层次上表征某些心理功能,而不是执行这些功能。邦格由此得出结论说,认为"机器能思维"的观点混淆了形式与本质、部分与整体、相似性与同一性之间的关系。说机器知道如何解决程序设定的问题,就像说植物知道光合作用一样,是荒谬的。②

为了摆脱这种语言陷阱,邦格将计算机的思维称为人工思维(artificial thinking),并认为这种思维并不等同于人的思维,而是一种代理思维,是一种隐喻。人脑与计算机的关系就像人与画像的关系一样,一个人的画像只是代表了本人。"机器能思维"的观点混淆了思维与代理思维之间的关系,或者说,混淆了代理与被代理之间的关系。在这里,需要把同一性(identity)与相似性(resemblance)区分开来,即把模特儿与画像区别开来。③

但另一方面,邦格也承认,从心理学的意义上讲,虽然计算机的记忆与人的记忆是完全不同的,但在物理层面,记忆模式是相似的。严格说来,计算机不是在进行计算,也不是在进行思维,而是在执行物理操作,或者说,通过物理标记(比如电脉冲等)的运行来处理信息。邦格用汽车与人的关系来

① Bunge, M., "Do Computers Think?", *The British Journal for the Philosophy of Science*, Vol.7, No.26, 1956, pp.139—148.

② Ibid., pp.212—219.

③ Ibid., p.217.

说明这一问题。他说,汽车能够把人从一个地方运输到另一个地方,但汽车并不像人那样用腿脚走路,同样,计算机是人类创造的奇迹,并不能等同于人,它们的运行机制也不同于人,它们是服务于人的物理系统,或者说,它们是人的物质助理(material assistant)。①

这样,邦格从物理机制和机械论的角度出发,将机器思维的本性与人类思维的本性区分开来,阐述了"机器的思维"是代理思维的观点,强调了代理思维的物质性,澄清了将计算机具有的计算和推理能力看成是其知道如何计算和推理所导致的误解,这是其可取之处。但是,邦格从自动机的工作原理出发进行的论证,将计算机完全等同于一般工具或人造物的做法,从当前人工智能的应用场景与发展趋势来看,是失之偏颇的。这种思路一方面延续了人与工具二分的传统观点,另一方面完全忽视了智能机器具有的不同于一般工具或人造物的自主性,因而不利于我们前瞻性地防范人工智能研发与应用所带来的安全、伦理以及管控等方面的风险。

事实上,邦格从计算机的物理原理出发来否定"机器能思维"的观点,与他所批评的论证方式一样,也是缺乏说服力的。1965 年,政治哲学家丹尼斯·汤普逊(Dennis Thompson)认为,"机器是否能思维"的问题本身是需要进一步明确阐释的,因为根据图灵的"不可分辨性"论点来回答这一问题,不仅造成了各种形式的推测,而且由此提出的相关问题也得不到认真解决,而通过用"有意识"这一术语替代"能思维"这一术语,会使基本问题变得更加明确。既然我们在日常生活中经常通过观察一个人的行为和身体状态来判断他或她是否有意识,所以,如果一个人的行为表现足以成为判断其是否有意识的理由,那么由此类推,机器的行为表现也可以成为判断它们是否有意识的理由。

这样,我们根据机器的行为表现来回答的问题就应该从"机器是否会思

---

① Bunge,M.,"Do Computers Think?",*The British Journal for the Philosophy of Science*,Vol. 7,No.26,1956,p.219.

维"转变为"机器人是否有意识"。当我们将关注"机器问题"的视域转向对"意识性"的行为主义的描述时，就使所讨论的问题从推测性的理论问题变成了可判定的经验问题，从而把围绕图灵测试或"不可分辨性"论点的理论讨论，转变为依赖于未来的科技发展的技术性问题。①汤普逊认为，这种论证的前提是，我们需要聚焦于能够复制人类所有行为的智能机器，即具有人工通用智能的机器人。汤普逊的目标并不是探讨这样的机器是否有可能实现的问题，而是在分别假设"机器会有意识"或"机器不会有意识"的前提下探讨心灵哲学的相关问题，比如，对唯物主义、唯心主义、互动主义和副现象学等观点提出的不同理解。

汤普逊在60年前的这些哲学讨论今天似乎依然是心灵哲学探讨的重点内容。限于篇幅，本文无意综述和进一步追问这些哲学话题，而是要表明，如果我们沿着汤普逊的意识行为主义描述的思路，并结合当前人工智能的发展现状，那么我们不难看出，随着击败人类职业围棋选手的阿尔法狗的诞生，特别是，随着近年来互联网技术、视觉技术、芯片技术、纳米技术、感知技术、大数据、云计算、深度学习、5G技术、神经网络等技术的快速发展，以及这些技术与人工智能的深度融合，智能机器人对环境的感知与回应能力越来越强，智能化程度越来越高。当前，无人驾驶成为汽车行业的未来发展方向，机器人电话员、导游、服务员、电子编辑等已经在商业领域得到了广泛应用。智能机器对环境的感知能力越强或智能化程度越高，它们所表现出来的行动能力就越强或自主性程度就越高，这就要求我们不得不在还没有辨明"智能机器是否能思维或是否有意识"等问题的前提下，必须将这些智能机器看成是介于人与纯粹自动化的机器之间的一种新型人造物。

对于智能机器而言，在它们能够自主地感知特定的环境信息并作出自主回应的意义上，它们的确具有了类人性；在它们只能进行"代理思维"或只

---

① Thompson，D.，"Can a Machine be Conscious?"，*The British Journal for the Philosophy of Science*，Vol.16，No.61，1965，pp.33—43.

具有"代理智能"的意义上，它们保持了物质性或工具性。智能机器在某些方面具有的类人性和物质性，或者说，自主性和工具性，体现了智能机器特有的二重性。这种二重性决定了我们必须超越人与工具二分的传统思维方式，重塑适合于智能时代的概念框架，因为机器的智能化程度越高，就越有可能体现出令人难以预料的行为后果，或者说，越会提供意想不到的认知结果。

虽然我们通常会认为，机器的行为表现只是代表其有意识性的必要条件，而不是充分条件，但是，质问呈现出有意识性行为特征的机器人是否真的拥有意识，只是表达了我们对于"意识"的含义的困惑，而不是质疑智能机器具备自主解决问题的能力的经验证据。在这种情况下，我们就不能再像邦格那样，将智能机器的智能化完全等同于自动化。自动化只取决于机器的机械结构或程序流程，而智能化除了这些之外，还具有从环境中或互动中不断学习的能力，体现出某种程度的自主性。不过，我们也不可能像科幻作品那样，夸大智能机器的智能化程度，制造发展性焦虑，而是需要理性地剖析具有学习能力和自主性的智能机器是否会最终到达"奇点"等问题。

二、人工通用智能的限度

最早对机器智能的限度展开讨论并产生深远影响的哲学家应该是美国现象学家休伯特·德雷福斯（Hubert L.Dreyfus）。1965年，德雷福斯受兰德公司的委托来展望数字计算机的未来发展潜力，他立足于海德格尔的哲学思想，完成了《炼金术与人工智能》的分析报告。德雷福斯在报告的引言中指出，致力于建构人工智能的研究工作从一开始就激发了哲学家的好奇心，但是哲学家们的讨论对实际工作并没有产生很大影响，比如，分析哲学家希拉里·普特南（Hilary Putnam）等人利用人们对"机械脑"（mechanical brains)的兴趣,通过重塑概念问题,把行为主义者与笛卡尔主义者区分开来。这些哲学家假设,人们总有一天会制造出与人类行为无法区分开来的智能机器人,提出了我们在什么条件下才能有理由说这样的人造物可以进行思维的问题。但另一方面,道德主义者和神学家们则声称,某些高度复杂的行为,比如爱、道德选择、创造性的抽象概念等,是任何机器都无法企及的。[①]

德雷福斯认为,这两种立场都没有定义他们想要的机器类型,也没有表明,机器是否能够显示出类似于人类的相关行为,双方都幼稚地假设,这种具备极高智能的人造物已经被研发出来。如果这些人造物已经或将要被生产出来,那么它们的运行就只取决于现有的高速而通用的信息处理设备——数字计算机。这样一来,当前能够合理讨论的唯一问题,就不是机器人是否会坠入情网,或者,如果机器人这么做的话,我们是否能说它们是有意识的,而是为数字计算机编程,使其显示出像孩子那样的简单的智能行为特征,比如玩游戏、解决简单问题、语言翻译与学习以及模式识别。

德雷福斯考察了人工智能在这四个领域的发展现状并评论说,人工智能研究者基于早期人工智能在执行低质量工作方面所取得的巨大成功,进而对人工智能的发展前景抱有过分乐观的态度。他们普遍将"进步"概念似是而非地定义为不断逼近最终目标,好像物理学问题是线性加速发展的一样。他写道:"按照这种定义,第一个爬上树的人就能宣称说,在飞往月球的旅程中取得了实质性的进步。"[②]事实上,这种连续性的线性进步观就像物体的速度一样,当接近光速时进步就变得越来越困难,或者说,像有人试图通过爬到树顶来缩短与月球的距离的做法一样,是不可行的。在这里,我们需要面对的不是连续逼近的问题,而是不连续的问题。

---

① Dreyfus, H.L., *Alchemy and Artificial Intelligence*, Santa Monica, CA: The RAND Corporation, 1965, p.2.

② Ibid., p.17.

　　德雷福斯的分析报告揭示出,在玩游戏、解决简单问题、进行语言翻译与学习以及进行模式识别这四个领域内,人类主体处理信息的方式通常依赖于边缘意识(fringe consciousness),并具有域境依赖性(context-dependent)和模糊容忍度(ambiguity tolerance)。具体来说,人类能够在信息不完备或信息残缺乃至有干扰的情况下进行模式识别,也能够识别出其特征无法进行单独列表或难以穷尽和不可形式化的对象。相比之下,对于能够表现出类人行为的任何一个机器系统而言,它们在进行模式识别时,则必须能够将一个特殊模式的非本质特征与本质特征区分开来,需要利用边缘意识提供的暗示,需要接受域境的说明,需要将对象个体感知为置于典型情境中与范例相关的个体。[①]

　　通过这样的对比,德雷福斯更加明确地强调了人工智能研究者在试图运用计算机模拟人的智能行为时所面临的困难。更明确地说,在游戏领域内,备选路径树的指数式增加需要限制能够被跟进的路径数量;在解决简单问题领域内,争论之点不是如何直接进行选择性搜索,而是如何构造问题,以便开启搜索过程;在语言翻译领域内,由于自然语言的内在模糊性,所操纵的要素是不明确的;在模式识别领域内,上述三种困难不可避免地交织在一起。因此,在玩游戏、解决简单问题、语言翻译与学习领域内取得进步,依赖于模式识别领域内的突破性进展。[②]

　　德雷福斯基于这些分析明确地指出,早期的人工智能研究者默认的假设是"机器和人类具有相同的信息处理过程(即计算主义)",而这一假设显然是幼稚的。机器处理信息的方式完全是笛卡尔式的,它们只能处理确定的和离散的信息比特,或者说,只能处理笛卡尔所说的"清楚明白的观念",而不能处理日常生活中非结构化的信息。因此,运用数字计算机不可能完

[①] Dreyfus, H.L., *Alchemy and Artificial Intelligence*, Santa Monica, CA: The RAND Corporation, 1965, pp.45—46.

[②] Ibid., p.46.

全模拟人类处理信息的方式，或者说，基于符号表征的人工通用智能不可能持续进步到像人类智能那样的程度。

德雷福斯为了进一步说明问题，将智能活动分为四种类型。(1)联想式的智能活动。这类活动的特征是，与意义和域境无关，通过重复进行学习。活动领域为记忆游戏、试错问答、逐字翻译等，程序类型是决策树和列表搜索。(2)非形式化的智能活动。这类活动的特征是，依赖于不明显的意义和域境，通过明确的事例进行学习。活动领域为感知猜测(不明确的游戏)、结构性问题、自然语言翻译、识别可变的被误解的模式等，但还没有相应的程序类型。(3)简单形式的智能活动。这类活动的特征是，意义完全清楚并且不依赖于域境，通过规则进行学习。活动领域为可计算的游戏、可组合的问题、识别简单的硬性模式，程序类型是算法或限制增加搜索树；(4)复杂形式的智能活动。这类活动的特征原则上类似于(3)，在实践中，则依赖于内部域境，而独立于外部域境，根据规则和实践进行学习。活动领域为不可计算的游戏、复杂的组合问题、证明不可判定的数学定理、在有干扰的背景下识别复杂模式，程序类型是启发式算法、剪枝算法等。①

德雷福斯认为，在这四类智能活动中，数字计算机能够处理第一类和第三类，在小范围内能够处理第四类，但根本无法处理第二类。人工智能研究者之所以将第一类和第三类领域内的成功毫无根据地推广到第二类和第四类领域内的成功，是因为他们假设：所有的智能行为都能够被映射到一个多维的连续统中。第二类智能活动包括具有不确定因素的所有日常活动，最明显的例子是运用自然语言以及没有明确规则的游戏等，第四类智能活动是最难以定义的，会产生很多误解和困难。当然，简单系统与复杂系统之间的划分并不是绝对的，德雷福斯在这里所说的复杂系统是指无法进行详尽计算的系统，即在实践中无法通过穷举法来处理的系统。从这个意义上说，

① Dreyfus, H.L., *Alchemy and Artificial Intelligence*, Santa Monica, CA: The RAND Corporation, 1965, p.76.

机器智能无论是否有上限,都不可能无限地逼近人类智能,即不会进入一个连续统中。为此,德雷福斯得出的结论是,机器智能不可能连续地向着一个方向不断进步,人工智能研究者依据早期人工智能的成功案例所坚持的乐观主义态度是自欺欺人。

德雷福斯的这个分析报告成为他在 1972 年出版的《计算机不能干什么:对人工推理的一种批评》一书的核心内容,也形成了他对人工智能未来发展的基本观点。该书在 1979 年再版时增加了新的前言,1992 年再版时更名为《计算机还不能干什么:对人工推理的一种批评》。德雷福斯在不断再版并不断修订的这本著作中,更加详细地论证了如下观点,即将理性主义、表征主义、概念主义、形式主义和逻辑原子主义结合成为一种研究纲领的人工智能范式是注定要失败的。这部著作不仅成功挑战了现代科学的经验陈述,而且对后来人工智能发展范式的改变产生了影响,激发许多人开始根据德雷福斯的评判来解析与智能机器相关的论题。德雷福斯本人也由于对人工通用智能限度的哲学揭示,在 2005 年荣获了美国哲学学会哲学与计算机委员会颁发的巴威斯奖(Barwise Prize)。①

德雷福斯认为,我们生活中有意义的对象并不是我们心里或大脑里存储的世界模型,而是活生生的世界,或者说,世界的最好模型就是这个世界本身,用海德格尔的标志性口号来说,就是"认知是嵌入的和体知的"。这种嵌入的和体知的应对不是将心灵延伸到世界,而是面向行动或非表征的应对。基于这些认识,德雷福斯在 2007 年发表的文章中将发展海德格尔式人工智能划分为两个阶段:第一个阶段是从追求内部的符号表征转向追求建造基于行为的机器人;第二个阶段是将世界用作开发可移动机器人的指导模型,为上手(ready-to-hand)状态进行编程。也就是说,在德雷福斯看来,人工智能的发展应该从关注由符号推理驱动的数字计算机转向关注由情境

---

① 成素梅、姚艳勤:《哲学与人工智能的交汇:与休伯特·德雷福斯和斯图亚特·特雷福斯的访谈》,《哲学动态》2013 年第 11 期。

驱动的智能机器人。

但是，德雷福斯在简要考察了当时海德格尔式人工智能的研发状况和脑科学的发展现状之后指出，我们既没有理由相信，也没有理由怀疑，在有助于制造出能够模拟人类应对有意义事件的智能机器的连续过程中，海德格尔式的智能机器人将会是迈出的第一步。①这表明，德雷福斯在人类是否有可能最终创造出人类认知水平的人工智能问题上，持有开放的和不确定的态度。

三、人工智能的未来

在人工智能的发展处于高潮时期的 20 世纪 60 年代中期，德雷福斯对智能机器的潜在成功与失败的预言确实是骇人听闻的，可是，从现在的发展来看，其观点则有一定的道理。然而，现在的问题是，德雷福斯基于海德格尔的思想对符号表征的人工通用智能的批判和对海德格尔式智能机器人的向往，则是从一个极端走向了另一个极端。哈里·柯林斯（Harry W. Collins）基于科学知识社会学的视域认为，德雷福斯对人工通用智能的上述批评实际上隐含着三个方面的缺陷：职业的误解（professional mistake）、哲学的省略（philosophical elision）和社会学的错误（sociological error）。②

首先，"职业的误解"表现在德雷福斯对知识本性的分析中。

德雷福斯对人工智能的主要批评是，只要计算机没有身体，它们就不能做我们人类所做的事情；只要计算机以离散信息的方式来表征世界，它们就

---

① Dreyfus, H.L., "Why Heideggerian AI Failed and How Fixing It Would Require It More Heiderggerian", *Artificial Intelligence*, Vol.171, No.18, 2007, pp.1137—1160.
② Collins, H.W., "Embedded or Embodied? A Review of Hubert Dreyfus' *What Computers Still Can't Do*", *Artificial Intelligence*, Vol.80, No.1, 1996, pp.99—117.

不能以我们人类的方式来回应世界。我们总是处于某种情境之中,而计算机则只能通过一组充分必要的特征,才能"知道"其所处的情境,或者说,数字计算机只能在概念世界,而不是感知世界中工作。

然而,柯林斯从晚年的维特根斯坦的观点出发认为,我们在世界中的思考和行动只不过是同一个硬币的正反两面,并不能截然分隔开来,我们的体验是由思考与行动结合而成的,用来描述这种结合的术语是"生活形式",也就是说,在生活形式中,概念框架与行动方式是相互塑造的。基于这样的考虑,柯林斯认为,德雷福斯将计算机能做事的"形式"领域与计算机不能做事的"非形式"领域截然分隔开来的做法是错误的,而且他把这种不合逻辑的分隔称为"知识壁垒"。柯林斯对德雷福斯的这种批评也揭示了传统哲学与现象学之间的差异所在,揭示了人类知识的多样性与整合性。

其次,"哲学的省略"潜藏在德雷福斯对个人亲身体验的论述中。

德雷福斯对人工智能的批评突出了个人域境的嵌入性与个人体知的重要性,但却忽视了个人与计算机的社会嵌入性。柯林斯认为,这种忽视使得德雷福斯不仅将个人的特性与社会群体的特性混为一谈,将个人的能力与其所归属的社会群体的生活形式混为一谈,而且还高估了与计算机的结构和物质形式相关的问题,低估了成为社会集体成员的前提条件的问题。

在柯林斯看来,不仅观念嵌入在生活形式中,而且语言本身也是社会化的。但是,社会化并非易事。柯林斯举例说,尽管狗有能力在我们的世界里四处走动,能够自主地应对周围环境的变化,并且狗的大脑结构与人脑结构的相似程度高于计算机的结构与人脑结构的相似程度,但是再聪明的狗也没有能力在语言上社会化到通过图灵测试的程度。

另一方面,我们每个人虽然拥有同样的身体结构,但我们的社会化程度也并不完全相同。我们是否能够社会化、是否沉浸在生活形式中,这需要创造出我们共享的概念框架。需要追问的是,是否可能出现像我们一样的人工社会的问题,即是否有可能出现像我们一样的人工智能体的问题。所以,人工智能项目所缺失的是,计算机或计算机网络能够从语言上社会化到我们的生活形式中。从当前人工智能的发展情况来看,柯林斯在 20 世纪末的这些评论是有前瞻性的。

最后,"社会学的错误"体现在德雷福斯对计算机能力的综合考虑中。

柯林斯认为,用户在与计算机互动的过程中会不断地"弥补"或"修正"计算机的不足,从而使计算机的能力不断提高,而德雷福斯却没有从这样的事实中得出恰当的结论,或者说,德雷福斯没有看出计算机的外显能力在很大程度上是它们与用户实时互动的结果。这意味着,即使计算机不是社会群体中的固有成员,它们似乎也能够借助于用户的隐性帮助来像人类一样行动,而且结果通常是显著的。因此,在哲学意义上和心理学意义上无趣的计算机可能在社会学意义上却以无法预料的方式做有趣的和有用的事情。

对于德雷福斯而言,"职业的误解"和"社会学的错误"结合起来,使他对计算机在简化的狭义领域内的能力过分乐观,又对其在复杂的广义领域内的能力过分悲观。为了克服德雷福斯的上述三种失误,柯林斯提出了相应的替代方案。

1. 在计算机需要做的许多事情都由用户以很专业的方式来完成的情况下,计算机能够做一切。

2. 如果所需要的专业知识是常见的或计算机用户所熟悉的,那么计算机在性能上的缺陷就很容易得到"修正"或弥补",并且,这种"修正"或"弥补"在很大程度上是无形的或看不见的。

3. 在我们喜欢以单态方式去行动的领域内,计算机能够重复人类所做的事情,而且计算机凭借这种能力取得成功的程度一部分依赖于设计者,一部分依赖于其历史。因为随着历史的发展,人们喜欢应用的技能方式也在发生改变。因此,关于"计算机能做什么"的模型要比德雷福斯的模型复杂得多。

柯林斯认为,人类所体验的世界是由人的行动而不是行为所塑造的,人的行动不同于行为,行动通常与事件相联系,而行为则与人的身体动作相联系,同样的行动可以通过许多不同的行为来例示,反过来,同样的行为也可以是许多不同行动的示例。所以,行动与行为之间不可能进行直接映射。我们在观察某些行为时,不是在理解行动;我们在仿照某些行为时,也不是在仿照行动。所以,正是井然有序的行动,而不是行为,形成了我们所体验的世界。从这种观点来看,我们从德雷福斯所考察的玩游戏、解决简单问题、语言翻译与学习以及模式识别四个领域内,都能发现单态行动(只有一种方式来完成的行动)和多态行动(有多种方式来完成的行动)的要素,只是在不同的领域内,两种行动要素的比率有所不同而已。因此,四个领域之间的知识是连续的,根本不存在"知识壁垒"。

我们从柯林斯对德雷福斯的评论中不难看出,虽然德雷福斯基于现象学的立场从哲学层面对传统人工智能范式的质疑产生了很大的影响,但是,如果我们想要真正理解人机关系,还有许多工作要做。德雷福斯的目标是论证智能机器为什么会失败,而柯林斯的目标则是论证智能机器为什么会成功。在柯林斯看来,如果我们理解了在人机互动过程中实际上有多少工作是靠人来完成的,我们就会明白,从短期的发展来看,智能机器的设计之所以会取得成功,主要归功于只是追求减轻人类部分劳动这一简单的设计理念。但鉴别哪些部分的劳动可以由机器来替代则是一个很复杂的问题,它既随着域境的变化而变化,也随着时间的变化而变化;从长远的发展来看,智能机器越来越能够再现人类能力的问题,这在根本上是一个社会化的问题。①

当前人工智能的发展主要以人机合作为主,人与机器各司其职,各自发挥自身特长,共同完成任务。然而,在机械化的社会化进程中,人工智能的这种发展模式或许只是迈出了第一步,未来还有很长的路要走。但是,从智

① Collins, H.W., "Embedded or Embodied? A Review of Hubert Dreyfus' *What Computers Still Can't Do*", *Artificial Intelligence*, Vol.80, No.1, 1996, p.116.

能化发展所带来的社会变革来看,社会—科学—技术的发展高度纠缠,已经将人类文明推进到必须先确定可实时调适的治理方案,然后是关乎人类社会与人类文明如何健康转型的复杂问题。

四、结　　语

综上所述,人工智能开始于人们尽力想要实现人类认知水平智能化的伟大梦想。经过几十年的发展,智能机器至今依然无法完成人类能够完成的许多任务。目前,人工智能在具体场景中的成功应用是建立在人机合作的基础之上的,在很大程度上依赖于人类为之付出的隐性劳动。就此而言,虽然人们既没有足够的能力通过观察自己或他人来直接理解和回答人类智能是如何运行的问题,也没有提出成功研制人工通用智能的清晰进路,而且在人工智能的发展史上,人工智能研究者以及整个社会对人工通用智能的追求也是起伏不定的,但是,从总的趋势来看,人工智能的研发与应用以及相关学科的发展一直在稳步向前。

第三章
智能化社会的十大哲学挑战 *

　　自 AlphaGo 赢得围棋比赛以来，人工智能成为全世界关注之焦点。无论是主动拥抱，还是被动接受，智能化趋势已经势不可挡。2017 年 4 月英国工程与物理科学研究理事会（EPSRC）发布了《类人计算战略路线图》，明确了类人计算的概念、研究动机、研究需求、研究目标与范围等。2017 年 7 月我国国务院发布了《新一代人工智能发展规划》，提出了大力助推人工智能发展的指导思想与战略目标等。这些顶层设计的战略性推动，再加上资本力量的聚集、科技公司的布局、各类媒体的纷纷宣传，以及有识之士的全方位评论，加快了智能化社会到来的步伐，甚至有人把 2017 年称为"智能年"。

　　人工智能正在改变世界，而关键是人类应该如何塑造人工智能。我们在"热"推进的同时，必须进行"冷"思考，应该充分认识到各界人士在满怀信心地全力创造机会，抢抓新一轮智能科技发展机遇之时，还需要未雨绸缪地深入探讨智能化社会可能面临的严峻挑战。事实上，人工智能对政治、经济、社会、法律、文化甚至军事等方面都带来了多重影响，而我们现在还没有

*　文章内容发表于《探索与争鸣》2017 年第 10 期。
　　【基金项目】国家社会科学基金重点项目"信息文明与经济社会转型的关系研究"（项目批准号：13AZD094）和上海市哲学社会科学重大项目"信息文明的哲学研究"（项目批准号：2013DZX001）的阶段性成果。

足够的知识储备和恰当的概念框架来理解、应对、引导这些影响,这才是智能化社会真正的危险之处。本文立足于哲学视域,来探讨智能化社会有可能带来的十大挑战。

挑战之一:人工智能有弱版本、强版本和超版本三种形式,目前大力发展的弱人工智能,使人类生活的世界处于快速变化之中,这在概念建构上使人类措手不及。如何重构概念框架,丰富现有的概念工具箱,是人类面临的概念挑战。

概念是人类认识世界和理解世界的界面之一。概念工具箱的匮乏,不只是一个问题,更是一种风险,因为这会使我们恐惧和拒绝不能被赋予意义和自认为没有安全感的东西。丰富现有的概念工具箱或者进行概念重构,有助于我们积极地表达对人工智能未来的展望。因为人工智能科学家在人类智能的机制尚不明确的前提下,试图制造出智能机器,首先需要界定"智能"是什么。这是事关人工智能的框架问题,即在什么样的概念框架中,理解智能和实现智能。丹尼特认为,我们不能把框架问题简单地归属于一种技术障碍或理论难题,而应该看成是一个新的深层次的认识论问题。[①]这也是为什么对智能的不同认知,形成了智能实现的不同范式的原因所在。

在人工智能 60 年的发展史上,最初占有统治地位的是符号主义范式。代表人纽厄尔和西蒙把人类的认知看成是信息加工过程,把物理符号系统看成是体现出智能的充分必要条件。这种概念框架可追溯到弗雷格和罗素的逻辑原子主义思想,而逻辑原子主义又继承了传统西方哲学中重分析的理性主义传统,以牛顿力学为核心的近代自然科学的研究印证了这种哲学的有效性。第一代人工智能科学家正是在近代自然科学研究范式的熏陶下

---

① D.C.丹尼特:《认知之轮:人工智能的框架问题》,玛格丽特·博登主编:《人工智能哲学》,刘西瑞、王汉琦译,上海:上海译文出版社 2001 年版,第 200 页。

成长起来的,他们不仅潜移默化地延续了传统西方哲学的思维方式,而且继承了以牛顿力学为核心的近代自然科学的方法论观念。在这个概念框架中,不仅还原主义、理性主义、物理主义、决定论的因果性等观念占据主导地位,而且我们完全可以把世界形式化的界限,看成是发展人工智能的界限。

这种理想化的概念范式在处理人的日常感知问题时,遇到了发展性难题。与此同时,人工智能科学家受神经科学的启示,试图通过神经网络的建模来模拟人类的智能的进路从边缘走向核心。自 21 世纪以来,随着大数据、云计算、图像识别以及自然语言处理等技术的发展,以深度学习为基础的联结主义范式得到快速发展。这种范式在观念上把计算机看成是类人脑,在方法上不再求助于形式化的知识推理,不再通过求解问题来体现智能,而是求助于统计学,通过模拟神经网络的联结机制,赋予计算机能够基于大样本数据进行自主学习的能力,来体现智能。这就把人工智能的研究,从抽象的知识表征转向实践中的技能提升,从原子主义的主客二分的理性分析方式,转向能动者与其所在的世界彼此互动的感知学习方式。能动者的技能提升是在学习过程中进行的。技能不能被等同于操作规则或理论体系,而是能动者在其世界中或特定的域境(context)中知道如何去做的技术能力。这种范式恰好与来自胡塞尔、海德格尔、梅洛-庞蒂和德雷福斯(H. Dreyfus)的现象学相吻合。这也是为什么威诺格拉德(T. Winograd)于 20 世纪 80 年代曾在斯坦福大学的计算机科学课程中讲授海德格尔哲学,麻省理工学院的第二代人工智能科学家也不像第一代人那样排斥德雷福斯的哲学主张的原因所在。①

人工智能发展的这种范式转换,不仅揭示了人类体验世界,与世界互动,以及在理解世界并赋予其意义上,使世界语义化的新方式,而且正在全方位地改变着过去习以为常的一切架构。一方面,基于统计学和随机性的

---

① H.L.纽厄尔和 S.E.西蒙:《造就心灵还是建立大脑模型:人工智能的分歧点》,载玛格丽特·博登主编:《人工智能哲学》,刘西瑞、王汉琦译,上海:上海译文出版社 2001 年版,第 448 页。

算法建模,赋予智能机器在不断实践中能够自主提高技能的能力,使得机器学习的不确定性和不可解释性成为智能机器的基底背景,而不再是令人担忧的认识论难题;另一方面,机器智能水平的高低,取决于其学习样本的体量或规模,这强化了体知型认知(embodied cognition)的重要性。智能机器在学习过程中表现出的不确定性,以及人工智能所带来的世界的瞬息万变,要求我们重构现有的规则与概念。因此,全方位地丰富和重构哲学社会科学的概念框架,是我们迎接智能化社会的一个具体的建设目标,而不是一个抽象的理论问题。

　　挑战之二:人工智能是由大数据来驱动的,如何理解数据之间的相关性所体现出的预测或决策作用,是人类面临的思维方式的挑战。

　　人类智能最大的特征之一就是在变化万千的世界中,能够随机应变地应对局势。这种应对技能是在反复实践的过程中练就的。在实践活动中,人类是"寓居于世"(being in the world)的体知型主体。人与世界的互动不是在寻找原因,而是在应对挑战,而这种挑战是由整个域境诱发的。人类的这种应对技能是建立在整个模式或风格之基础上的,是对经验的协调。人与世界的关系是一种诱发—应对关系。同样,人工智能的世界是由人的数字化行为构成的数据世界。一方面,人类行为的多样性,使得数据世界变化万千,莫衷一是;另一方面,数据量的剧增带来了质的飞跃,不仅夯实了机器深度学习的基石,而且使受过长期训练的机器,也能表现出类似于人类智能的胜任能力,成为"寓居于数据世界"的体知型的能动者。这样,智能机器与数据世界的互动同样也不是在寻找原因,而是在应对挑战,这就使人类进入了利用大数据进行预测或决策的新时代。

　　大数据具有体量大、类型多、结构杂、变化快等基本特征。在这种庞杂的数据库中,我们必须放弃把数据看作标志实物特征的方法,运用统计学的概念来处理信息,或者说,凭借算法来进行数据挖掘。这样做不是教机器人如何像人一样思考,而是让机器人学会如何在海量数据中挖掘出有价值的隐藏信息,形成决策资源,预测相关事件发生的可能性。然而,当数据成为我们认识世界的界面时,我们已经无意识地把获取信息的方式,交给了搜索引擎。在搜索算法的引导下,我们的思维方式也就相应地从重视寻找数据背景的原因,转向了如何运用数据本身。这就颠覆了传统的因果性思维方式,接纳了相关性思维方式。因果性思维方式追求的是,如果 A,那么 B;而相关性思维方式追求的是,如果 A,那么很有可能是 B。这时,A 并不是造成 B 的原因,而只是推出 B 的相关因素。就起源而言,因果性思维方式是与牛顿力学相联系的一种决定论的确定性思维方式,而相关性思维方式则是与量子力学相联系的一种统计决定论的不确定性思维方式。

相关性思维与因果性思维,属于两个不同层次的思维方式,不存在替代关系。前者是面对复杂系统的一种横向思维,后者则是面对简单系统的一种纵向思维。比如,在城市管理中,智能手机的位置定位功能有助于掌握人口密度与人员流动信息,共享单车的使用轨迹有助于优化城市道路建设等。这些在过去都是无法想象的。另一方面,随着数据实时功能的不断增强和推荐引擎技术的不断发展,人与数据环境之间的适应关系也发生了倒转:不是人来适应数字环境,而是数字环境来适应人。这种新的适应关系也是由相关关系引领的。

挑战之三:在一个全景式的智能化社会里,如何重新界定隐私和保护隐私,如何进行全球网络治理,是人类面临的新的伦理、法律和社会挑战。

人的数据化生存,不是创生了一个与现实世界相平行的虚拟世界,而是削弱了虚拟与真实之间的划分界限,创生了一个超记忆(hyper-memorisability)、超复制(hyper-reproducibility)和超扩散(hyper-diffusibility)的世界。[①]在工业社会,个人隐私是非常重要的,蓄意打听他人的私人信息被认为是不礼貌的,甚至是不道德的,家庭是典型的私人空间,公共场所是典型的公共空间。私人空间通常被认为是私密的、自由的或随意的、自主的领域,而公共空间被看成是公开的、不自由的或受约束的、能问责的领域。然而,当人类生存的物质世界成为智能化的世界时,常态化的在线生活使人具有了另外一种身份:数字身份或电子身份。

一方面,无处不在的网络,即使是私人空间或私人活动,也成为对公共空间或公开活动的一种重要延伸。过去属于私人的信息或国家机密,现在会在不被知情的情况下,被复制和传播,甚至被盗用;另一方面,编码逻辑的活动越来越标准化和碎片化,自动算法系统作为新的认知层面,建构了个人的电子档案,能够实时地解读和编辑个人行为、筛查个人的心情、追踪个人的喜好,甚至能够抓取个人对信息的感知趋向,进行有针对性的信息推送。而这种推送服务,不仅会加固社会分层,而且具有利用价值,比如,保险公司有可能在掌握了个人病史的情况下,提高保费;大学招生部门有可能把个人网络档案作为决定是否录用学生的参考依据,等等。与传统的社会化和社会控制机制相反,在智能化时代,人的社会化成为无形的和不可解释的。这就增加了社会现象的不透明性和人的透明性。

对于个人而言,网络数据和信息的不可删除性,个人注意力的货币化,人的行为随时被置于网络监视之中,以及无法保证技术的匿名性,都会导致人的隐私权的丧失,还会强化信息的不对称和权力的不对称,因而对传统的隐私观提出了巨大的挑战。传统的隐私观包括两个方面:一是个人对希望

[①] Jean-Gabriel Ganascia, "Views and Examples on Hyper-Connectivity", *The Onlife Manifesto: Being Human in a Hypeconnected Era*, edited by Luciano Floridi, Cham: Springer Open, 2015, p.65;卢恰诺·弗洛里迪主编:《在线生活宣言:超连接时代的人类》,成素梅、孙越、蒋益、刘默译,上海:上海译文出版社 2018 年版。

呈现的信息有控制权;二是个人对属于或关于自己的信息有删除权。当人的数字化生存使得人们失去了对自己信息的控制权的同时,也就失去了对自己信息的删除权。在欧盟关于数据保护条例的讨论中,从互联网中消除信息的决定权,是一个最有争议的话题,其中,技术性的问题比我们想象的更加复杂。

网络数据的被转移、被复制以及被控制,还有网络智能机器人的被使用,不论是在个人层面,还是在国家层面,都打开了有关隐私和匿名议题的潘多拉魔盒。因此,随着物联网的发展,在全球互联的世界中,如果我们希望通过法律条文和人类智慧,来应对隐私问题,就需要跟上技术发展的步伐,需要各级部门为掌握了大量个人数据并重新规划人类社会发展的各类科技公司建立负责任的行动纲领,使如何理解隐私和如何保护隐私的问题,成为一个迫切需要重新概念化的伦理问题、法律问题和社会问题,加以重视。

挑战之四:随着人的网络痕迹不断留存,应该如何对待很有可能出现的数字人,是人类面临的对现有生命观的挑战。

物联网创造了把人、物和世界或自然界联系起来的网格,智能化技术的发展又进一步使得数据、信息和知识,还有思想和行为痕迹,成为永存的。这已经为数字人的出现创造了条件。数字人不仅能永生,而且更重要的是,它能够模仿出之前只有生命体才具有的许多特性。这就对传统的生命观提出了挑战,并带来了许多需要重新思考的问题。在亚里士多德看来,心灵(灵魂)不能存在于身体之外,并且,与身体一起死亡,而笛卡尔则维持了心灵和身体的二分。今天,人工智能科学家能够把人类的心灵上传到一台机器(或网络)中,这将意味着,人的心灵可以与人的身体分离开来,被附着在一个网络化的具有自主学习能力的虚拟身体之上。

如果未来有一天，数字人能够借助于自然语言处理技术和深度学习技术，来模仿真人的发音，通过计算机视觉、图像识别等技术，来模仿真人的行为，那么，是否允许未来会出现专门定制数字人的公司呢？应该制定什么样的道德法律来规范数字生命呢？进一步设想，如果未来有一天技术允许一个人的心灵在他的身体死亡后，在一个不同的主人（比如，限于一块硅电路或一个分布式网络）的体内继续运行，将会发生怎么样的情况呢？这样的实体依然满足用来描述人还活着的标准吗？两者将会拥有相同的心灵吗？而且，就所有的实践考虑而言，它会将永远有能力学习、反应、发育和适应吗？这将会违背活的有机体是由细胞组成的这一必要条件。但是，如果我们选择坚持这个必要条件，我们将如何拓展我们的生命观呢？这还会涉及法律、医疗、伦理、经济、政治乃至军事等方面的问题。

挑战之五：随着增强现实技术、生物工程技术以及量子计算的发展，应该如何对待有可能出现的生化电子人，是人类面临的关于身体观的挑战。

我们通常认为，如果人的身体的某个功能器官失能之后，有可能用人造器官或器件来替换或补救，比如，心脏起搏器、人造关节、隐形眼睛、助听器，等等，这些器具只被看成是恢复人体失能器官的功能，不会对人体构成威胁。然而，在智能化的社会里，当芯片技术、生物工程技术和量子算法等整合起来时，将会出现名目繁多的增强型技术。这些技术的人造物，比如生物芯片，不只是具有医疗的作用，更重要的是具有强化人体功能的作用，那么，我们应该如何规范这些器件的使用范围呢？不论是为了医疗的效果，还是为了增强的效果，当人体的主要功能性器官有可能被全部替换时，这个人还是原来的那个人吗？

这就遭遇了古老的特修斯之船或特修斯悖论。这个悖论的意思是说，一艘在海上航行几百年的船，只要一块船板腐烂了，就会被替换掉，以此类推,直到所有的船板都被替换掉之后,那么,这艘船还是原来的那艘船吗?哲学家霍布斯后来延伸说,如果用特修斯之船上替换下来的船板,重新建造一艘船,那么,这两艘船中哪个船才是真正的特修斯之船呢?这个悖论揭示了如何理解事物的同一性问题。它同样适用于智能化社会中如何理解人体的同一性问题。我们一直认为,人的身体是指有生以来的器官、骨骼、神经、血液等功能器官构成的血肉之躯,虽然这些器官会不断老化,人每天都在进行新陈代谢,而具有时间连续性的身体变化,不会影响我们对身体同一性的认同。

当技术发展到人的主要器官可以被替换时,就可能出现生化电子人,那么,生化电子人仍然是人吗?我们如何划定人类和非人类之间的界线?更令人担忧的是,随着医疗技术的发展,也许有一天内置于我们体内的纳米机器人能修复任何需要修复的器官或组织,而不会影响人的生命或身份。但是,如果这些机器人是受外部控制的,就必然会带来许多问题,比如,如何看待自由意志;从动物伦理的视域来看,当人类有可能在生物上成为永生的时,对环境和可持续性来说将是毁灭性的;人类是否有权比其他生物活得更长久,人类是否应该建立规则和条件来终止生命或同意安乐死,以及如何决定谁应该活着或死去。①

挑战之六:人的数字化生存,有可能使得理性——自主的、与身体无关的自我意识,被第三空间中的社会——关系的、与身体相关的自我意识取而代之,这是人类面临的重构自我概念的挑战。

---

① Laouris, Y., "Reengineering and Reinventing both Democracy and the Concept of Life in the Digital Era", In *The Onlife Manifesto*: *Being Human in a Hypeconnected Era*, edited by Luciano Floridi, Cham: Springer Open, 2915, pp.134—136;中译版,卢恰诺·弗洛里迪主编:《在线生活宣言:超连接时代的人类》,成素梅、孙越、蒋益、刘默译,上海:上海译文出版社2018年版。

在智能化的社会中,人的在线生活使得在线交流成为人类交往的一种习惯方式,人们把这种交流的网络空间称为"第三空间"。这是由共享的群体意识所塑造的一个空间,现在流行的微信朋友圈就是典型一例。这种空间是位于严格意义上的个人隐私和大规模公开化之间的一个共享的交流空间。在这个空间里,近代西方思想中传统的个人主义的理性—自主的自我意识,被第三空间中集体主义的社会—关系的自我意识取而代之。个人主义的理性—自主的自我概念是与身体无关的、原子式的个体自我,这种自我强调实体性,也能被作为科学研究的对象,由他者进行分析和预测,成为一个他治的概念。

与此不同,阿伦特编撰了"诞生性"这个概念,使自由与多元性结盟,使多元性不再被看成是对自由的约束,这样就把强调"自由"的自我看成是立足于多元性的存在者,而不是独立自主的存在者。独立自主是一种理想。把自由理解为独立自主,要以牺牲现实为代价。因为不是一个人,而是人类栖居在地球上,没有人能够做到完全独立自主,人的"自由"也不是在真空中产生的,而是在受约束的可供性的域境中产生的。所以,个体自我的自由,并不是绝对的,而是相对于他者而言的。

第三空间中的自我概念强调的正是这种与他者的"关系性"或"社会性"。人类自由的这种域境依赖性,把自我定义为是通过多重关系来构成的。在多重关系的交织中,人们往往从坚固的个人隐私观念,转向了各类新媒体上的信息共享:既包括私下公开个人信息,也包括共享受版权保护的学术资料,还有小道消息,甚至不加证实的各类谣言等。因此,人的网络化生活一方面使人类从信息匮乏的时代,转变为信息过剩的时代,另一方面又把人类带到一个信息混杂、难辨真伪的时代。

在这种情况下,人的身份的完整性,是由两把钥匙开启的,一把钥匙由自己拿着;另一把钥匙由他人拿着。这就是为什么在公共空间向他人显现,是人类境况的核心特征,为什么身份与互动如此密切地联系在一起,为什么注意力成为人类体验多元性的关键能力的原因所在。关系自我之所以强调在与他者的交流互动中来彰显自己,是因为人不仅是目标的追求者,也是意义的塑造者,人与人之间的彼此互动也会产生新的意义和新的可供性。①因此,如何重塑社会——关系自我,成为我们面临的关于自我概念的挑战。

挑战之七:人工智能向各行各业的全面渗透,使人类有可能摆脱就业压力,获得时间上的自由。然而,如何利用充足的自由支配时间,却成为人类面临的比为生存而斗争还要严峻和尖锐的挑战。

随着计算机的运算能力与储存能力的不断提升,特别是有朝一日随着量子计算机的出现,人工智能不只是局限于模拟人的行为,而且还拓展到能够解决复杂问题。人工智能的这些应用前景,越来越受人重视。为此,许多人认为,人工智能的普遍应用有可能将会使许多工人、医生、律师、司机、记者、翻译员、服务员甚至教师等人群失业,但也有人认为,人工智能并不会造成整个职业的消失,只是替代工作内容,使人机协同成为未来的主流工作模式。就像工业革命时代,大规模地开办工厂,使得大量农民不得不离开农田,进入城市,成为工人,并诞生了银行、商场、各类中介等机构一样,智能革命时代也会不断地创造出新的就业岗位,使大量职业人员改变工作范式,并诞生前所未有的新职业。因此,我们面临的问题,不应该是因恐惧失业而阻止人工智能的发展,而是反过来,应该前瞻性地为人工智能的发展可能带来的各种改变,做好思想准备和政策准备。事实上,问题的关键并不是人工智能的发展会导致大量人员失业那么简单,而涉及更加根本的问题:如何改变人类长期以来形成的就业观和社会财富的分配观?

---

① Dewandre, N., "Rethinking the Human Condition in a Hyperconnected Era: Why Freedon is Not About Sovereignty But About Beginning", In *The Onlife Manifesto: Being Human in a Hypeconnected Era*, edited by Luciano Floridi, Cham: Springer Open, 2015, p.206;中译版,卢恰诺·弗洛里迪主编:《在线生活宣言:超连接时代的人类》,成素梅、孙越、蒋益、刘默译,上海:上海译文出版社 2018 年版。

如果我们追溯历史,就不难发现,我们的地球发展已经经历了两次大的转折:第一次大转折是从非生命物质中演化出生命,这是生命体的基因突变和自然选择的结果;地球发展的第二次大转折是从类人猿演化出人类,而人类的出现使自然选择的进化方式首次发生了逆转,人类不再是改变基因来适应生存环境,而是通过改变环境来适应自己的基因。①这就开启了人类凭借智慧迎接人造自然的航程。从农业文明到工业文明,再到当前的信息文明,人类始终在这条航线上勇往直前。在这种生存哲学的引导下,为生存而斗争和摆脱自然界的束缚,直到今天依然是人类最迫切解决的问题,甚至也是整个生物界面临的问题。一方面,科学技术的发展、工具的制造、制度的设计,都是为有助于实现这一目标而展开的;另一方面,人类的进化,包括欲望和本性的变化,其目的都是希望付出最少的劳动获得最大的报酬,特别是我们熟悉的教育体制也是为培育出拥有一技之长的劳动者而设计的。在全球范围内,这些设计目标的类同性,竟然与民族、肤色、语言等无关。这无疑揭示了人类有史以来的生存本性。

然而,随着人工智能的发展,当程序化和标准化的工业生产、基于大样本基数的疾病诊断、法律案件咨询,甚至作曲、绘画等工作都由机器人所替代时,当人类的科学技术有可能发展到编辑基因时,地球的发展将会面临着第三次大转折,那就是迎来人机协同,乃至改变人体基因结构的时代。到那时,有望从繁重的体力劳动与脑力劳动的束缚中完全解放出来的人类,应该如何重新调整乃至放弃世世代代传承下来的以劳取酬的习惯和本能的问题,以及人类如何面对改造自己基因的问题,就成为至关重要的问题。也就是说,当人类的休闲时间显著地增加,而我们所设计的制度与持有的观念,还没有为如何利用休闲时间做好充分的思想准备时,当科学技术的发展使我们能够设计自己的身体时,我们将会因此而面临着一种"精神崩溃"吗?

---

① L.S.斯塔夫里阿斯诺:《全球通史:从史前史到 21 世纪》第七版(上),董书慧等译,北京:北京大学出版社 2005 年版,第 5 页。

对诸如此类问题的思考,使我们不得不面对更加现实的永久性问题:我们在摆脱了就业压力而完全获得自由时,如何利用充足的自由支配时间,如何塑造人类文明,成为人类文明演进到智能化社会时,必然要面临的比为生存而斗争还要严峻而尖锐的挑战。

挑战之八:当人类社会从由传统上求力的技术所驱动的工业社会,转向由求智的技术所驱动的智能化社会时,如何在智能技术的研发中把人类的核心价值置入到设计过程之中,使人工智能有助于塑造人的意义,是人类面临的关于技术观的挑战。

长期以来,工具作为人造物通常被看成是中性的,技术是把双刃剑的说法,是针对技术的应用者而言的。在这种情况下,衡量技术善恶的天平将会偏向哪个方向,取决于应用者的伦理道德,与制造者无关。即使新石器时代磨制的石器,也能用来伤人,更不说原子能技术的出现。许多技术哲学家对这种工具主义的技术观提出了批评,认为技术并不是中性的,而是承载着内在价值的。这种内在价值既是由技术设计者镶嵌在技术物之中的,也指技术使用者沉迷于技术物之后,会受其价值的影响。比如,小孩子沉迷于网络游戏而不能自拔的一个主要原因,是智能游戏能够根据玩者的历史纪录,给予兴趣的引导和刺激。从总体上讲,人类创造技术人造物,在主观上,虽然不是为了改变人,而是为了满足人的需求,但在客观上,却反过来又在无形中重塑了人,也就是说,人在使用技术的同时,也被技术所改变。

特别是,当我们生活在"智能环境"中时,一方面,物质环境本身具有了社会能力,成为一种环境力量,能够起到规范人的行为和重塑公共空间的作用,甚至还能起到社会治理的作用。比如,城市交通要道上架设摄像头,能够约束司机的驾驶行为,使他们不得不把遵守交通规则内化为一种良好的驾驶习惯;在智能手机中下载"高德地图",不仅能实时掌握道路拥堵情况,方便出行,而且有助于缓解主干道上的交通压力;许多重要场合在安装上人脸识别系统之后,不相关的人员将无法入内,从而变成了一项加强安保与监管的自动措施;用人单位在记录职工考勤时,如果用人脸识别系统取代传统的电子打卡方式,就能够避免替人打卡现象,如此等等。

但另一方面,智能手机携带的地理定位功能,让人的行踪成为透明的,网络活动留下的各种数据,让人的兴趣、爱好、生活习惯以及社会交往等成为透明的,人脸不仅是名字的标签,还承载了许多可以机读的网络信息,这些信息既能造福于人类(比如,用于病理诊断),也会损坏人的利益(比如隐私泄露)。因此,在智能化的社会中,技术善恶的天平将会偏向哪个方向,不再只是取决于使用者,而且更取决于设计者。在当前流行的人工智能范式中,算法模型是基于过去数据的学习训练,来决定未来的结果。算法模型的设计者选择的数据不同,训练出来的智能系统的偏好就会不同。这样,人工智能事实上并不是在预测未来,而是在设计未来。算法在表面上只是一个数学模型,但事实上,这样的数学模型并不客观,甚至还可能暗藏歧视。在这种情况下,我们讨论问题的重点,就不是探讨是否允许发展人工智能或准许人工智能技术进入社会的问题,因为排斥人工智能已经没有多大意义,当代人已经生活在人造物的世界中,无法离开技术而生存,而是应该讨论如何在智能技术的研发中把人类的核心价值置入到设计过程,如何发展与人工智能的良性互动,如何树立一种嵌入伦理责任的技术观等问题。

挑战之九:在知识生产领域内,软件机器人的普遍使用,将会为科学家提供科学认知的新视域,如何对待有软件机器人参与的分布式认知,是人类面临的对传统科学认识论的挑战。

在智能化的社会里,互联网就像今天的水、电、气一样,不仅成为日常生活中的基础设施,而且成为社会数字化程度的标志和智能化发展的前提。

有所不同的是,网络化、数字化与智能化的结合,既是平台,也是资源。它们不仅创设了无限的发展空间,具备了很多可供开发的功能,而且为我们提供了观察世界的界面。特别是,对于那些希望从互联网的知识库里"挖掘"有用信息的人来说,搜索引擎或软件机器人成为唾手可得的天赐法器,既便捷,又快速。问题在于,当搜索结果引导了人类的认知趋向并成为人类认知的一个组成部分时,人类的认知就取决于整个过程中的协同互动:既不是完全由人类认知者决定的,也不是完全由非人类的软件机器人或搜索引擎决定的,而是由相互纠缠的社会—技术等因素共同决定的。弗洛里迪称之为"分布式认知"。

一种分布式认知的形式体现在维基百科中。我们知道,维基百科实施的开放式匿名编辑模式,在极大地降低了知识传播和编撰的门槛时,首先必须面对词条内容的可靠性问题。维基人采取了两条途径来确保其可靠性:一是通过集体的动态修改来加以保证;二是让软件机器人自动地承担起监管和维护的任务,随时监测和自动阻断编辑的不正确操作。比如,在加州理工学院学习的维吉尔·格里菲斯(Virgil Griffith)开发的 Wikiscanner 软件,就可以用来查看编辑的 IP 地址,然后,根据具有 IP 地址定位功能的数据库(IP 地理定位技术)来核实这个地址,揭示匿名编辑,曝光出于私心而修改词条的编辑,从而自动维护了维基百科词条内容的质量。[1]软件机器人的警觉性远远高于人的警觉性,因而极大地提高了维护效率,成为维护知识可靠性的一位能动者(agent)。

另一种分布式认知的形式体现在新型的科学研究中。2017 年 7 月 7 日出版的《科学》杂志集中刊载的一组文章简要介绍了软件机器人直接参与人类认知的许多事例,这些事例表明,软件机器人不仅具有监管、搜索、推送等作用,而且开始参与到科学研究的过程之中,正在改变科学家的科研方式。比如,宾夕法尼亚大学积极心理学中心的心理学家可以运用算法,根据社交

---

① Rogers, R., *Digital Methods*, Cambeidge, MA: The MIT Press, 2013, p.37;中译版,理查德·罗格斯:《数字方法》,成素梅、陈鹏、赵彰译,上海:上海译文出版社 2018 年版。

媒体上的话语,来分析大众的情绪、收入和意识形态,从而有可能在语言分析及其与心理学联系方面带来一场革命。普林斯顿大学的计算生物学家可以运用人工智能工具来梳理自闭症根源的基因组,等等。这些机器人被尊称为"网络科学家"(cyberscientist)。

因此,当科学研究的结果也依赖于机器人的工作时,我们的认识论就必须由只关注科学家之间的互动,进一步拓展到关注软件机器人提供的认知部分,形成"分布式认识论"。这是对传统认识论的挑战。

挑战之十:当整个人类成为彼此相连的信息有机体,并且与人造物共享一个数字化的信息空间时,认识的责任就必须由人类的能动者和非人类的能动者来共同承担。如何理解这种分布式的认识责任,是人类面临的对传统责任观的挑战。

智能化的网络世界永远是一个包罗万象的地方,既让人着迷,又令人忧虑。着迷之处在于,它有可能让我们极大程度地从体力与脑力劳动中解放出来,有时间从事成就人的工作;忧虑之处在于,它同时也会带来了无尽的问题:身份盗用、垃圾邮件、网络欺诈、病毒攻击、网络恐怖主义、网络低俗文化等。这说明,我们的认识系统已经是一个与社会—技术高度纠缠的系统。在这个系统中,不仅我们的认识是分布式的,而且认识的责任也是分布式的。正如朱迪思·西蒙(Judith Simon)所言,认识的责任是一个把认识论、伦理学和本体论联系起来的话题,认识的能动作用和相关的问责,既不属于人类,也不属于人造物,而是属于人类在系统中的内在—行动。[1]

---

[1] Simon, J., "Distributed Epostemic Responsibility in a Hyperconnected Era", In *The Onlife Manifesto: Being Human in a Hypeconnected Era*, edited by Luciano Floridi, Cham: Springer Open, 2015, pp.145—160;中译版,卢恰诺·弗洛里迪主编:《在线生活宣言:超连接时代的人类》,成素梅、孙越、蒋益、刘默译,上海:上海译文出版社 2018 年版。

这种观念类似于我们对量子测量结果的理解。在量子测量中,被测量对象的属性、测量设置和测量结果是相互纠缠和共同决定的。属性既不是事先存在的,也不是无中生有的,而是在测量过程中,由测量设置和对象共同形成的,是实体—关系—属性一体化的结果。我们依据传统的认识论观念,对这种量子测量整体性的理解,曾带来了许多认识论的困惑,导致了两位物理学大家玻尔和爱因斯坦的世纪之争。同样,在智能环境中,智能化程度的提高,造成了我们对承担责任的恐惧。比如,在个人数据处理、无人驾驶、算法交易等事件中,如果发生问题,应该由谁来负责呢?

这种恐惧把认识关系变成了一种权力关系。也就是说,在认识过程中,不同的认识能动者(不论是人类的,还是非人类的),具有不同的权力。当非人类的算法或软件机器人过滤和引导了我们的认识视域时,就提出了我们如何成为负责任的认识者的问题。比如,我们已经习惯于通过"百度"来查找所需要的一切信息,习惯于通过参考他人的评分或评论,来决定预定哪家宾馆、在哪个餐饮吃饭、购买哪件衣服,等等。问题在于,我们为什么要相信这些评论或评分?如果我们被欺骗,我们应该如何问责呢?对这个问题的思考,涉及关于搜索引擎这样的智能人造物的伦理和道德责任的问题。

弗洛里迪等人认为,如果人造物显示出互动性、自主性和适应性,那么,它就有资格成为一位道德能动者;如果人造物有资格成为一位道德能动者,那么,它就能被问责。在这种情况下,如果我们依然沿着传统的问责思路,把携带有智能的人造物,看成是不能承担责任的,那么,对于这类非人类的能动者而言,道德的能动作用就与道德责任分离开来。如果我们认同这种观点,那么,谈论智能人造物的责任就没有意义。事实上,这种观点混淆了孤立的技术人造物和社会—技术—认识系统中能体现出智能的人造物之间存在的本质差异。

比如,汽车发生碰撞事故,交警通常会判定要么由司机来负责,要么由厂商来负责。在这种思路中,汽车是被当作孤立的技术人造物来看待的。

可是，如果是一辆无人驾驶的汽车发生了碰撞事故，那么，我们就需要追究这辆车的责任，因为无人驾驶车应该被当作是属于社会—技术—认识高度纠缠的人造物来看待的。然而，如何解决这样一个把伦理学、本体论和认识论高度纠缠在一起的问题，在现有的规章制度中和交通法规中依然无章可循。因此，从如何重塑社会—技术—认识系统中的问责机制来看，如何确立分布式责任观是我们面临的对传统问责机制的挑战。

综上所述，智能化社会是由人工智能驱动的社会，是信息文明的高级阶段。这个社会必然会全方位地打破我们习以为常的生活方式、生产方式、思维方式、概念框架乃至当前在现代性基础上形成的方方面面。在我们势不可挡地迈向智能化社会的道路上，面临着有必要重构一切的情况下，哲学社会科学的出场，很可能比技术与资本的出场更迫切、更重要。因为只有这样，才能有助于前瞻性地重构一系列战略方针，做到防微杜渐，才能有助于扩大人工智能带来的恩惠，规避人工智能可能带来的危害，降低发展人工智能付出的代价。也许，摆脱恐惧，迎接挑战，是人类文明无法回避的宿命。

第四章
智能革命与个人的全面发展[*]

当前,新冠病毒肆虐全球,世界人民处于艰难的全力应对之中,许多国家的临床医生和科学家团队超越政治、经济、社会、文化、制度等差异,利用他们的创造力和专业知识联合攻关,不断加深着民众对这种新型病毒的科学认知。与此同时,很多实验室和技术公司也踊跃地推出基于互联网和人工智能技术的检测措施与防控方案,这是智能革命加快发展的生动体现。智能革命将会把人类文明从工业文明时代推进到智能文明时代。智能文明时代既是万物互联和万物赋智的时代,也是人类有可能获得劳动解放的时代。这不仅为实现马克思主义所倡导的"个人的全面发展"创造了必要条件,而且为其实现提供了现实路径。反过来,马克思主义的相关理论又能够为我们塑造智能文明提供思想资源、理论基础和指导方针。因此,如何实现塑造智能文明与践行马克思主义关于"个人的全面发展"理论之间的双赢互动,如何引导智能革命向着有益于个人的"独创的和自由的方向发展",如何让人文关怀成为发展智能技术的奠基石,是需要哲学与社会科学界展开探讨的重要议题。

---

* 本章内容发表于《马克思主义与现实》2020年第4期。
　　【基金项目】教育部哲学社会科学重大课题攻关项目"人工智能的哲学思考研究"(项目批准号:18JZD0013)的阶段性研究成果。

一、智能革命：从技术环境到人文环境

人工智能技术的发展与应用正在改变着世界，塑造着人类生存的崭新环境。人的生存环境与人的关系，就像土壤与种子或海水与鱼儿的关系一样，是相互嵌套并共生发展的。历史地看，人类的生活方式不仅不断地塑造与变革着自己的生存环境，而且能够从环境中获得生活所需要的衣、食、住、行等物质性的基本资料，并从中体现时代的精神价值。但同时，环境也会给人类的生存带来威胁与考验，比如饥荒、环境污染以及当前正在蔓延的新冠病毒等。

法国历史学和社会学家埃吕尔在《技术社会》[①]一书中，曾从历史的定义域用"自然环境""社会环境""技术环境"来概括人类的生存环境。埃吕尔认为，人类生存的这三种前后相继的环境之间的关系，不是后者全盘否定或推翻前者，而是后者扮演了"过滤镜"和"透视镜"的角色，提供了重新看待前者的视域或立场。

在史前时期，地球人口密度低下，群体规模很小，人们分散而居，群体内部没有经济不平等现象，也没有形成中心化的权力结构。这个群体不是亲属关系的组织，而是功能性的组织。那时，人和其他动物一样，与自然界的关系非常直接，是整个自然生态系统中的普通成员，完全受制于自然，是自然界的参与者。埃吕尔把人类生存的这种环境称为"自然环境"。

随着人类的演化，人与自然的关系由最初混沌的整体性关系变成了对象性关系，人的行为方式越来越从敬畏自然向着控制自然和利用自然的方向转变。特别是，随着社会规模的扩大与分化以及社会制度的变迁，人类有

---

① Ellul, J., *The Technological Society*, Trans. John Wilkinson, New York: Vintage Books, 1964.

了社会意识和善恶意识,以扬善惩恶为基础的道德规范、规章制度、法律法规以及传统的文化习俗越来越成为解决社会冲突和维护社会秩序的有效手段。人的社会性成为人们重新看待自然的中介或视域,标志着人类的生存环境从"自然环境"转向"社会环境"。

随着科学技术的不断发展,技术凭借自己的力量拥有了超级权威,技术标准变成了人们评判其他事物的标准,人的自主性让位于技术的权威性,自然界被整合为巨大工业体系的一部分。具有社会属性的人类自身被降格为抽空了精神内核的对象性存在,成为一个抽象概念,人则养成了无限信任技术的行为习惯。社会形成了不断依赖技术的治理体系,技术进而成为人类看待问题的新中介,这标志着人类的生存环境从"社会环境"转向"技术环境"。

埃吕尔的这种观点是在20世纪60年代提出的,当时他所阐述的"技术环境"主要是指由以蒸汽机、电力和计算机为核心的三次技术革命不断塑造出来的人类生存环境。我们现在用回溯性的眼光来看,虽然每次技术革命都必然会带来人类生活方式、生产方式、产业结构、经济结构、商业模式、治理方式、文明进程等各个方面的变化,但从本质上看,这三次技术革命的一个共性特征是,它们越来越强化了人类所向往的借助科学技术来摆脱自然界的束缚、达到利用自然和控制自然的目标,形成了技术主义和物质主义的理念。而这种理念最终使技术的应用变成了马克思所批判的异己力量,并导致了人的异化。

50多年后的今天,由人工智能、互联网、大数据、云计算、机器人、区块链、3D打印、物联网、深度学习、量子信息、基因工程、图像合成等当代科学技术的聚合发展所带来的智能革命,虽然是在技术环境的土壤中孕育和成长起来的,最初也共享着前三次技术革命的理念,但是,这场智能革命的深入发展所带来的物质生产和思想生产的自动化与智能化,除了会使人类在更大范围内从强迫性的劳动中解放出来并拥有更多的自由支配时间之外,还会带来一系列关乎人性的挑战。这些挑战迫使我们不得不通过重塑人与自然、人与社会、人与他人、人与自己、人与非生命的智能机器人,乃至人与生物型的智能机器人之间的相互关系,来引导、约束和规范智能技术的研发与应用。从马克思主义的观点和智能革命发展的总趋势来看,这个重塑过程正是"通过人并且为了人而对人的本质的真正占有"①的过程,也是最终超越物质主义,实现马克思所阐述的"它是人向自身、也就是向社会的即合乎人性的人的复归"②的过程,而且"这种复归是完全的复归,是自觉实现并在以往发展的全部财富的范围内实现的复归"③。

由此,当我们在深化智能革命的进程中,把人文关怀作为评判技术、社会及自然的出发点或视域时,当每个人都把"全面地发展自己的一切能力,其中也包括思维的能力"④变成了个人的职责、使命和任务来追求时,当社会和政府把"以人为本"和"每个人都能得到全面发展"的理念贯穿于技术开发、社会发展、社会治理和制度安排的各个方面时,人的生存环境就从"技术环境"转向"人文环境",或者说,从以赋能技术为前提的技术主导型社会转向了以赋智技术为前提的人文主导型社会。而这种智能革命对人类生存的人文环境的塑造,某种意义上合乎马克思对共产主义的描述:"作为完成了的自然主义,等于人道主义,而作为完成了的人道主义,等于自然主义,它是人和自然界之间、人和人之间的矛盾的真正解决,是存在和本质、对象化和自我确证、自由和必然、个体和类之间的斗争的真正解决。"⑤

二、智能机器人与"人的解放"

智能革命与前三次技术革命最本质的区别之一是智能机器人的广泛应

---

① ② ③ ⑤ 《马克思恩格斯文集》第 1 卷,第 185 页。
④ 《马克思恩格斯全集》第 3 卷,第 330 页。

用。智能机器人是各项硬件技术和软件技术聚合发展的结果,其"智能"是由以算法为核心的软件系统赋予的。机器人在算法系统的支配下,能够利用环境提供的状态信息和算法系统提供的奖励信号,通过交互—纠错机制,在不需要事先建构推理模型的前提下,调整其学习的策略参数,表现出能够获得有效策略的能力。机器人的智能化程度越高,算法系统越复杂,与环境的实时互动能力就越强。但机器人的智能不是由单一算法独立决定的,而是由算法集合、受训练的数据库及其与环境的互动等因素共同决定的,因而是集体行为演化的结果。这种特性对我们长期以来形成的因果性思维方式提出尖锐的挑战,这种挑战首先在法律领域内体现出来。

现有的法律条文是围绕对人类行为的约束与惩罚展开的,问责或追责条例建立在追溯案件中的因果关系的基础上,无生命的工具不需要承担任何法律责任。而智能机器人具有的智能的涌现性、对设计理念的依赖性、对环境信息和用户行为的自适应性及其学习能力,使得人们在处理由智能机器人导致的法律案件(比如自动驾驶造成的交通事故)时,采取单纯通过追溯因果关系来进行问责变得困难起来,甚至会丧失可操作性。机器人的自主行动能力越强,就越需要承担责任,由此衍生出许多法律与安全难题。解决这些难题需要辨明是否应该赋予智能机器人法律人格以及如何赋予其法律人格等问题。①这在很大程度上摧毁了现行法律体系所蕴含的工具与人二分的本体论预设。然而,法律本体论的变革就像推翻了多米诺骨牌,必然会牵一发而动全身,进一步关系到思维方式、社会建制、制度框架和操作规则等一系列变革。

这也表明,智能机器人既不同于传统的技术工具,也不同于有生命的人类,而是介于工具与人类之间拥有某种自主性的新型机器。智能机器人的自主性至少表现在两个方面:一是智能机器人在应用过程中对人的生活方

---

① 参见成素梅、高诗宇:《智能机器人应有法律主体资格吗?》,载《西安交通大学学报》(社会科学版)2020年第1期。

式、生产方式、消费方式、管理方式等的改变所赋予的技术具有一种潜在的引导性力量,类似于埃吕尔所说的人类生存在技术环境中时社会赋予技术的那种自主性,这是源于其应用环境的外生自主性;二是智能机器人本身具有的学习能力、感知能力、推理能力和行动能力体现出自主性,这是源于机器系统内部的内生自主性。外生自主性只是揭示了智能技术带来的社会影响,内生自主性则体现了智能技术本身的特有功能或"能力"。

　　智能机器人具有的这种内生自主性使其能够理解他人的言语行为,与他人交流互动,进行语言翻译、感知环境、诊断病情、自动驾驶、推荐产品、从事金融服务、撰写新闻、图案识别、检索案例、预测案例结果、作曲唱歌等活动。目前,我们熟悉的智能机器人主要有三种类型:一是有形的智能机器人,如导游机器人、运输机器人、送餐或运货机器人、消毒机器人、医疗机器人、服务机器人、绘画机器人、音乐机器人等;二是无形的智能机器人,如算法推荐系统、网络自动编辑、智能客服、新闻采编等;三是受人工智能驱动的"虚拟数字人",如尽可能逼真地模拟真人的虚拟新闻直播员、虚拟接待员、干预个人舆论的政治机器人、充当话语媒介的社交机器人、具有采编能力的新闻机器人等。

　　这些形式多样、功能各异的智能机器人的广泛应用,不仅把自动化过程提升到智能化的高度,而且把基于数据的思想生产提升到自动化的高度,这不仅进一步使人类摆脱饥饿、疾病、贫穷和危险,更加彻底地从艰苦繁重的体力劳动中解放出来,而且使人类逐步从程序性的、事务性的、重复性的信息加工等脑力劳动中解放出来。但问题在于,从马克思主义的观点来看,单纯追求智能机器人替代人类进行劳动的发展方式,依然是延续了工业时代形成的人机对立的思维方式。而这种思维方式无法抓住智能社会的本质特征,反而是在把人类从各类劳动中解放出来的同时,却使人类面临比这种解放本身更加严峻、更加难以应对的挑战。

　　首先,在网络化、信息化、数字化与智能化的社会里,人的衣、食、住、行等日常行为都会被转变为数据,智能机器人能够依据这些数据或数字痕迹,自动地刻画出个人的数字形象,这不仅使个人的行为数据在无形之中变成了可供商家或他人挖掘与利用的经济资源,而且更重要的是,这创建了一个超记忆、超复制和超扩散的数字世界。①这不仅为相关部门如保险公司、用人单位、公安部门等掌控个人信息打开了方便之门,使个人丧失了对自己信息的主导权,更值得关注的是,还会把人的"心灵"安放在虚拟的网络"身体"之上,再现其逼真的音容笑貌和性格特征,由此会创生出许多意想不到的商业形态。此类问题的产生对我们的生命观、伦理观、隐私权等提出了挑战。

其次,在万物互联和受算法与数据驱动的社会中,互联网变成了我们日常生活中必不可少的基础设施,这彻底地改变人类获取信息的手段,使人类从信息短缺时代进入到信息过剩和自媒体时代。与此同时,信息传播门槛的降低,也为散布谣言、网络诈骗、泄漏隐私等不法活动提供了场所。不仅如此,搜索引擎特有的信息推荐功能,还会遮蔽人的认知视域,构筑数字壁垒,使人的注意力变成商业资源,开启信息投喂时代,弱化人们追问真相的意识,降低信息的保真度,进而使算法拥有了新的权力,成为无形的"经纪人"。此类问题的产生对我们的信息观、经济发展观、认知观、真理观等提出了挑战。

除此之外,情感机器人、陪护机器人、解码人类心理活动的"读脑术"、认知增强技术、意识下载与意念控制技术以及目前处于实验室开发阶段的"活体"微型机器人等一系列"围绕人,并且是为了人"所研发出来的具有里程碑式的技术应用及其产品,把智能技术与政治、经济、社会、文化、法律、军事、人性、文明等一系列要素深度纠缠在一起,带来了对我们的技术观、身体观、自然观、社会发展观等方面的挑战。

---

① Jean-Gabriel Ganascia, "Views and Examples on Hyper—Con-nectivity", In *The Onlife Manifesto: Being Human in a Hypecon-nected Era*, edited by Luciano Floridi, Cham: Springer Open, 2015, p.65;中译版,卢恰诺·弗洛里迪主编:《在线生活宣言:超连接时代的人类》,成素梅、孙越、蒋益、刘默译,上海:上海译文出版社 2018 年版。

从整体上看,这些挑战关系到智能机器人本身的研发与应用的限度或边界问题,关系到人类对自我本性的把控与约束问题,关系到如何重建智能社会的运行机制、管理体系、安全措施等问题,关系到如何丰富人的精神生活、超越个体自我、重塑关系自我等问题。从马克思主义的观点来看,如果我们在深化智能革命的进程中,只是加快推进智能机器人替代人类劳动的进程,但思维方式、概念框架、治理能力、社会建制、自我觉醒等各个方面却跟不上技术发展的步伐,那么就会导致难以预料的技术乱象、商业陷阱、社会混乱等深层次的问题,而这些问题既与我们缺乏对人机关系的重新认知密切相关,也与我们缺乏对劳动解放的深刻理解密切相关。

恩格斯在《社会主义从空想到科学的发展》中把"人的解放"具体描述为人在"掌控自然""社会结合""个人自主"等三个层面获得解放并成为这三个层面的主人。在恩格斯看来,人们只有掌握了自然规律,有能力支配与控制曾经受到统治的生活条件,才能成为自然界的自觉的和真正的主人;只有停止生存斗争,才能在一定意义上摆脱动物界,从动物的生存条件进入真正人的生存条件;只有熟练运用自己的社会行动的规律,才能成为自己的社会结合的主人;只有使一直统治着历史的客观的异己力量转变成受到人的控制时,才能完成自觉的人自己创造自己的历史,达到所预期的结果。恩格斯把这个过程说成是"人类从必然王国进入自由王国的飞跃"①,并且认为,到这个时候,"人终于成为自己的社会结合的主人,从而也就成为自然界的主人,成为自身的主人——自由的人"②。

虽然恩格斯关于"人的解放"的思想是从剖析他所处时代资本主义生产方式的基本矛盾中总结出来的,但其思想精髓对于当今深化智能革命的发展、从事社会建设、摆脱精神贫困、规制智能技术的开发与应用,依然具有理论指导意义。从恩格斯关于"人的解放"思想来看,智能机器人在很大范围内使人类

① 《马克思恩格斯文集》第 9 卷,第 300 页。
② 《马克思恩格斯文集》第 3 卷,第 566 页。

不断地从传统劳动中解放出来,只是迈出了人类获得解放的第一步,但更重要的一步是,在这个解放过程中,技术专家如何确保智能机器人能够始终坚守"以人为本"的道德底线;相关部门如何重建社会契约,重塑劳动概念,消除"劳动"和"休闲"之间的对立关系,赋予劳动概念新的内涵,并形成与之相适应的分配制度、法律体系等;每个人如何在拥有自由支配时间的前提下,具备向着有利于自然、有利于人类、有利于社会、有利于自己、有利于他人的方向发展的能力,使"成己为人,成人达己"不再只是教化人的说教理念,而是成为植根于个人成长过程中的行为实践。因此,随着智能革命的深入发展,人类从劳动中解放出来的过程,必然是伴随着人性的真正觉醒和"个人的全面发展"的过程。

三、人机合作与"个人的全面发展"

"个人的全面发展"是马克思主义理论的重要主题和最高理想。马克思认为,"个人的全面发展"蕴含着个人能力的全面发展,但个人的能力并不是天生具有的,而是以生产力为前提的历史发展的产物,也就是说,生产力及其社会形态发展到什么程度,人的能力也就相应地发展到什么程度。马克思从历史视角把个人能力的发展划分为三个阶段:第一个阶段是在完全自然发生的社会形态中,人的能力发展为人与人之间的相互依赖;第二个阶段是在"形成普遍的社会物质变换、全面的关系、多方面的需要以及全面的能力的体系"的社会形态中,人的能力发展为以物的依赖性为基础的独立性;第三个阶段是在个人能够具备以共同的社会财富为基础的自由个性的社会形态中,建立"个人全面发展和他们共同的、社会的生产能力"。①

在马克思看来,个人能力发展的第二个阶段为第三个阶段创造了条件,

---

① 《马克思恩格斯文集》第 8 卷,第 52 页。

也就是说，"个人的全面发展"以共同的社会财富和超越对物的依赖为前提，人们只有能够驾驭外部世界对个人才能的实际发展所起的推动作用，"个人的全面发展"才不再仅仅是理想。在这里，如果我们从马克思关于人的全面发展的观点来看，一方面，智能革命的深入发展为完成人的能力发展的第二个阶段提供了现实路径，为人在智能化的生产方式和生活方式中超越对物的依赖、追求自由的全面发展提供了物质前提与实践保障；另一方面，我们只有能够驾驭智能革命对个人才能实际发展所起的推动作用，把握智能化的生产方式为人的全面发展带来的现实机遇，才能使"个人的全面发展"由理想变为现实。在当前阶段，我们形成驾驭智能革命的能力，首先需要像马克思所论证的那样，到智能化的生产方式实践中，展望形成个人全面发展的社会能力的现实性以及形成人的自由个性的社会形态的可能性。

智能化的生产方式虽然是在工业化的生产方式基础上形成与发展起来的，但是一旦形成新的商业模式，就必然会塑造新的理念与思维方式。智能化生产方式的实现必须重塑人机关系，超越机器替代人的思维方式。这是因为，在当前流行的文化中，人们要么把智能机器人看成是传统工具，忽视其类人性，对智能机器人持有盲目乐观的态度；要么像许多科幻电影所描绘的那样，把智能机器人看成是硅体超人，忽略其工具性，对智能机器人抱有过于悲观的态度。事实上，这两种极端的看法都沿袭了工业时代形成的人与工具二分或人机对立的思维方式。这种思维方式看不到人与智能机器人之间存在的优势互补、合作共生的伙伴关系，因而在智能时代变成了一种缺乏远见和误导人的有害思维。《人＋机器：重新设想人工智能时代的工作》一书的作者把企业发展中无视人机合作关系的经商理念概括为"中间缺失"，把设法填平这一鸿沟、着力于借助人机团队完成任务的商业模式，看成是掀起了以"自适应过程"为标志的第三次商业浪潮。[①]

---

① Daugherty, P.R., and James Wilson, H.J., *Human＋Machine: Reimangining Work in the Age of AI*, Boston: Harvard Business Review Press, 2018.

前两次商业浪潮分别是"标准化处理"和"自动化过程"。"标准化处理"的目标是把整个生产过程中的操作环节都分解为可测量、可优化和可标准化的动作要领,然后测量出每个动作的最优操作步骤,并以此为标准来培训员工,以最大限度地提高生产效率。在标准化处理的商业模式中,人由于被设计成为整个生产线或机器的一个组成部分,或者说,变成整个机器链条上的一个"螺丝钉",因而失去成就感与创造性。"自动化过程"的目标是尽可能地把新技术与新知识嵌入机器中,使机器成为生产线的"灵魂",替代劳动者去劳动,劳动者则无情地被排斥在生产之外,成为机器的看管者,生产过程"去人化",而人则失去传统的技术或技艺,表现出"去技能化"的状况,人机之间形成了替代与被替代的对立关系,由此导致了经济过程的再设计运动,涌现出很多大型跨国公司和贸易集团,推动了第三产业的蓬勃发展。

"自适应过程"的目标是在把自动化过程中机器替人去劳动的目标从蓝领阶层进一步扩展到白领阶层的同时,重新把人的主导作用贯穿智能机器的功能设计、任务训练及与环境的实时互动等各个环节,通过深化人机合作关系即人赋智于机器,同时机器也反过来赋智于人,来提升人的创造力与想象力,使人更像人,使机器更像机器,而不是相反。因此,"自适应过程"的商业模式,尽管比自动化过程的商业模式更能够把人从劳动中解放出来,但却并非意味着工厂或企业不再需要员工,更不是让机器替人来接管世界,而是意味着重新拓展人的技能范围,使智能机器成为人的得力助手,为人获得超强能力或获得从前不可能获得的生产力提供新的契机,为人类消除传统的劳动分工、创造更加灵活的工作机会打开新的可能,为彰显人的自我价值和提升精神境界开辟新的通道。

目前,注重开发人机合作优势的企业或公司体现出以下五大发展策略。其一,积极探索符合智能化生产的商业模式。在这种模式中,企业不再是向领先者学习先进经验,而是通过提高智能化程度来探索个性化的生产与服务,开发经济增长的新方式与新技能等。其二,凸显人的主体地位。企业在部署人工智能技术时,必须坚持人对智能机器的主导性,自觉守护"人之为人"的道德底线,把人工智能技术的研发和应用关进伦理与人文关怀的"笼子"里,把人工智能技术的向善发展作为公司的生存理念与文化向导。其三,树立投资于人的战略目标。企业更加重视员工的偏好和需求,加强对员工的职业培训和再教育,提高员工不断开创新世界的能力,形成有利于个人全面发展的企业文化。其四,重视数据库的建设。企业运用销售数据、用户浏览网站的数据、售后服务的实时互动数据等来优化智能系统。其五,强化人机合作优势,注重开发人机合作技能。企业在明确人与智能机器各自擅长的工作类型的前提下,用灵活的人机合作团队取代固定不变的自动化生产线,使人与机器既能各尽所能,又能优势互补、协同共进。

当注重落实上述发展战略的企业成为社会主流企业时,人的主体性地位就会越来越突出,人的创造性和人力资本就越来越得到解放,基于人机合作的信息、知识与技能就越来越成为推动经济发展的主力军,劳动的生产力量越来越被沉淀到固定资产中去,固定资产越来越变成人类的共同知识与智慧的承载者,社会经济发展的指挥棒越来越从拥有资金的"资本家"阵营转向掌握信息、知识与技能的"知本家"阵营。当信息、知识与技能越来越成为能够与他人共享的资源时,"知本家"信奉的共享意识越来越会摧毁"资本家"恪守的所有权意识,经济发展的共享制就越来越会颠覆或超越资本主义的私有制,培育出以信息、知识与技能为主体的创造型产业,即所谓的"第四产业"。

在这条产业链中,诸如数字经济、共享经济、零工经济、平台经济、循环经济等新经济形态的不断涌现,企业生产的目标性、计划性、科学性、创新性越来越强,企业服务的精细化、个性化、专业化程度越来越高,人们的工作将越来越不受特定时间与地域的约束,越来越没有了外在性、异己性和强迫感,反而具有越来越多的灵活性、趣味性、享乐性、多样性。与此相伴,劳动概念越来越从生产性与物质性被拓展到创意性与精神性,劳动不仅是谋生的手段,而且本身也成为"生活的第一需要"①,成为人的自由特征的本质体

---

① 《马克思恩格斯文集》第 3 卷,第 435 页。

现,成为富有意义的自我表达形式。借用马克思恩格斯的话来比喻,可以说,在第三次商业浪潮中,将会有越来越多的人可以随自己的心愿达到类似于马克思希望的生活方式,即"今天干这事,明天干那事,上午打猎,下午捕鱼,傍晚从事畜牧,晚饭后从事批判"①。

在生产领域内和商业活动中人机合作关系的塑造,只是人机合作关系改变人类文明进程的一个缩影,除此之外,人机合作关系还在医疗健康、社会治理、城市规划、日常生活等各个领域蓬勃发展,塑造着全新的医疗模式、治理模式、城市发展模式、智能生活模式等。这也表明,围绕人机合作关系的深入发展带来的一系列改变,印证了马克思主义关于"人的解放"理论和"个人的全面发展"理论的深邃性和前瞻性,同时也揭示了马克思主义理论对我们深化智能革命的指导作用。

四、结论:建立关于未来的伦理学

人类的生存环境从"技术环境"向"人文环境"的转变,以及人机关系从"对立关系"向"合作关系"的转变,只是基于当前正在进行的智能革命所能达到的程度。我们必须意识到,智能技术的发展不会就此止步。在人机合作关系中,或者说在"中间缺失"部分,人与智能机器之间有着明确的边界线,在能力方面具有互补关系,人擅长领导、移情、创造、判断等,机器擅长执行、数据处理、预言、自适应等,人能够借助机器的优势来增强自己的能力,形成分布式智能。然而脑机接口技术的快速发展,将会在未来的某个时刻,把人机关系从现在的"合作关系"转向未来的"融合关系"②。

---

① 《马克思恩格斯文集》第 1 卷,第 537 页。
② 现有文献中普遍使用的"人机共融"概念等同于本文使用的"人机合作"概念,不同于这里所说的"人机融合"概念。

人机融合关系所强调的不是人类如何制造出超过"奇点"的超级机器人或通用人工智能,也不是人类如何更好地提升人机合作能力来完成只靠人或只靠机器无法完成的任务,而是人机合二为一,即计算机或机器人能够通过植入人脑的芯片或借助无创成像技术提取人脑活动的神经信号,"解码"人的意图或读取人的想法,实现人对外部设备的意念操控,或者反过来,借助脑植入芯片或设备刺激人脑神经系统的特定区域等,来改变人脑的神经活动,实现脑机融合感知。这些技术虽然能够极大地增强人的才智、身体和心理能力,将被应用于医疗健康、智能监控、安全监测、军事装备、娱乐活动与商业活动等许多领域,但是也同样存在有可能改变人类的演化方向或把人类的演化导向另一条轨道的风险。①

首先,这些技术有可能改变人的自然本性,实现人脑的电子化,创生出"电子人",因而提供利用人和操控人的全新手段,助长极权主义政体,使现有的伦理规范和道德标准彻底失效;其次,这些技术导致了我们对人的生命的延伸策略、对改变人的自然本性的限度与范围等问题的再一次思考;最后,这些技术有可能使人超越自身在生物意义上所受到的限制与约束,乃至使人获得"永生",塑造后人类的未来。在这个过程中,人类的生存环境将从当前正在重塑的"人文环境"转向未来有可能出现的"超人文环境"。

这就迫切要求我们在全力开发基于人机合作的商业模式和生活方式的当下,必须前瞻性地探讨未来有可能出现的"人机融合"的商业模式及其发展限度、指导原则等,需要研究神经伦理,建立关于人类未来的伦理学。技术人造物是为人而制造,但人却是为自己而生存。那么,人为自己而生存的限度在哪里?如何维护人的尊严?如何约束与规范"人机融合"的商业开发与应用范围?如何确保技术向着最低恶和最大善以及有利于经济、生态、社会和个人等方向发展?如何塑造人类文明的未来?我们迫切需要从马克思主义的理论中找到应对此类问题的钥匙。

---

① 张琛:《打开思维之门的脑机接口技术》,载《世界科学》2019 年第 12 期。

第五章
智能社会的变革与展望*

　　人工智能正在全方位地赋智于各行各业,这拉开了智能革命的帷幕,迎来技术发展的新时代。就像以蒸汽机为标志的工业革命最终彻底地变革了农业社会一样,以人工智能为标志的智能革命也会最终变革工业社会。以机械化、自动化为基础的工业化是赋能,而以信息化、网络化、数字化为基础的智能化是赋智。赋能技术主要是拓展人的肢体或强化机器对世界的操控能力,追求物质生产的自动化和最大化,而赋智技术则是延伸人的心智或增强机器的决策能力,追求生产过程的自主化和无人化,并彻底地解放人。人类社会从赋能社会向赋智社会的转变,不是发展信念的转变,而是概念范畴的重建。因为智能革命对人类文明的重塑作用越大,赋能社会形成的概念范畴的解释力就越弱,原有社会机制的适用性就越差。因此,在赋智时代来临之际,探讨智能革命对未来社会的整体影响,既具有前瞻性的理论意义,又具有引领性的现实价值。

一、智能文明的崛起

　　人类文明最初起源于人类的分工与合作。就其实质而言,人类凭借分

＊　本章内容发表于《上海交通大学学报(哲学社会科学版)》2020 年第 6 期。
　　【基金项目】教育部哲学社会科学重大攻关项目"人工智能的哲学思考研究"(项目编号:18JZD0013)的阶段性成果。

工与联合之力来抗击群体成员所遭遇的人身危险与自然灾害。人类联合的力量是极其伟大的,不仅使人类社会越来越向着远离粗鲁、摆脱野蛮、超越自然状态和保护弱者等反自然选择的方向发展,而且还形成了相应的社会治理机制和规范人类行为的道德准则等。人类分工与联合的方式不同以及生产与生活的方式不同,塑造的文明形态也不同:人类围绕土地展开的分工与联合塑造了农业文明与熟人社会,围绕大机器生产展开的分工与联合缔造了工业文明与陌生人社会,围绕当代信息与通讯技术展开的分工与联合造就了信息文明与后熟人社会,而围绕人工智能展开的分工与联合正在绘制智能文明的蓝图,使人类有可能第一次真正进入休闲社会。

农业文明持续了数千年,工业文明会持续数百年,信息文明则可能只持续数十年,但智能文明却会逆转这种日益缩短的文明持续进程,反而会像农业文明一样要经历漫长的过程。农业文明的演化过程是人类第一次成为食物的生产者,结束了靠天吃饭的漂泊生活,逐步探索定居式生活以及形成相应的社会运行机制的过程;工业文明的演化过程是人类用机器化大生产替代工场手工业,扩大生产规模、丰富商品市场、创造社会财富,并形成相应的社会、政治、经济、文化、军事等体制的过程。在这一进程中,科学技术的作用日益明显。20 世纪 90 年代以来,信息文明的演化展示了人们借助科学技术通过网络空间来重构一切的能力:平台产业、共享经济、在线生活等新生事物层出不穷。当代信息技术的发展不仅变革了商业的竞争逻辑:即由同行竞争转变为与相关新型业态的竞争,而且把互联网变成研究阵地,人们据此能够提出新的知识主张,从而开辟了数字人文研究的新领域。网络化、数字化和智能化的迭代发展在把信息文明推向成熟阶段的同时,进一步打开了通向智能文明的大门。

从人工智能的发展趋势来看,智能文明将是社会与技术高度纠缠的文明。在这一文明进程中,科学技术的作用将会越来越大,乃至成为人类生活的底色和人类命运的一部分:即科学技术从曾经主要作为改变世界的物质手段,转变为重构世界和重塑价值的主要途径,具有了环境力量,成为提升社会治理水平的有效抓手,但同时,也为犯罪和泄漏隐私提供了新的途径。如果说信息文明只是对工业文明时代形成的思维方式、概念框架、社会机制、商业逻辑等提出了巨大挑战的话,那么智能革命的发展最终将会对工业文明釜底抽薪,改变工业文明的本质,颠覆工业文明的理念,摧毁工业文明的大厦,成为工业文明的掘墓人和智能文明的缔造者。

工业文明和智能文明是沿着两个不同方向行进的文明。工业文明以追求丰富人的物质生活为主旨,智能文明则以追求人的全面发展和丰富人的精神生活为最终目的。因此,智能文明是崭新的文明,是深度拷问人类本质特征的文明。智能文明演化的过程,既是人类学会如何与非人类的拥有智能的人造物协同融合的过程,也是学会如何坚守"人,之所以成为人"的道德底线和本质特征,如何引导和规制智能技术的发展方向,如何维护人的尊严,如何提升人的道德水准,如何彰显人的生命意义,如何维护公平正义等从根基处自觉反省人类本性的过程。这个过程的展开,迫使人类对自身未来命运的反思成为当务之急,有必要置于智能技术发展的前端或至少与其互动发展。

二、关于人类本性的深度拷问

关于人类本性的拷问向来是哲学的主题,而人工智能的发展使这一主题由哲学家的思辨论证变成了迫切需要辨明的现实问题:谷歌公司提出把"永不作恶"作为公司的经营宗旨和员工的文化理念;腾讯公司提出把"技术向善"作为产品开发的技术底线和公司的发展愿景;新年伊始,"脸书"发布了整治深度伪造视频的新政策。然而,树欲静而风不止。如果说这些技术公司所坚持的"以人为本"的发展理念表现出技术公司的社会责任感,甚至会有政治意义，那么，当基因编辑技术有可能对基因进行定点编辑或修饰特定的 DNA 片段时，当未来的量子计算机有能力瞬间破解各式密码时，当脑机接口技术、芯片技术以及算法的发展有可能读取人脑的画面、提前掌握人的想法和让病患实现意念控制时，当井喷式发展的可穿戴技术日益普及时，人类生活的物质环境随技术的发展正在发生彻底的改变，这塑造了人的数字化与智能化的生存方式。

人的数字化与智能化生存，不仅使数字世界成为其生活的界面，而且还自觉地让渡了个人的行为信息，甚至失去了对个人信息的控制权或删除权。特别是随着 5G 时代的到来，数字世界与现实世界将合而为一，创造出一个超记忆性、超复制性和超扩散性的世界。在这个世界里，"所有的信息都被存在一个巨大的信息库中，在不被遗忘的情况下，可以随时随地获取……所有的知识，更普遍地说，所有的思想作品，即，所有的音乐、绘画、电影等，都能得到免费的批量复制和传播"。[1]但与此同时，智能化的算法系统也能够整合个人的所有数字信息，提供关于个人的镜像，再现个人的阅读兴趣、消费习惯、健康信息、生活方式、活动范围等日常生活。

尤其是，当把个人的数字信息与其独特的神经信息整合起来时，我们就不得不重新面对康德式的问题：我们能知道什么？我们应该知道什么？我们希望得到什么？然而，在数字世界里，我们已经把这些问题的答案拱手移交给了自动算法系统。这样，人的社会化变得越来越无形，人的数字身份变得越来越清晰，人在算法面前成为"透明人"。这必然会带来在现有概念无法回答或无法处理的许多问题。[2]

不仅如此，智能革命的深入发展还在工具与人之间插入了三种类型的

① Jean-Gabriel Ganascia, "Views and Examples on Hyper-Connectivity", In *The Onlife Manifesto: Being Human in a Hypeconnected Era*, edited by Luciano Floridi, Cham: Springer Open, p.65.中文版，卢恰诺·弗洛里迪，《在线生活宣言：超连接时代的人类》，成素梅等译，上海：上海译文出版社 2018 年版，第 8 页。

② 成素梅：《智能化社会的十大哲学挑战》，《探索与争鸣》2017 年第 10 期，第 41—48 页。

新生事物:其一,具有人类功能的非人类的智能机器人,包括两种类型,一种是有形的智能机器人,比如导游机器人、护理机器人等,另一种是由算法主导的无形的网络机器人,比如维基百科使用的机器人编辑等;其二,三星公司于 2020 年 1 月 7 日至 10 日在美国拉斯维加斯举行的国际消费类电子产品展览会上推出的由人工智能驱动的"虚拟人"或"数字人";其三,《美国国家科学院学报》(PNAS)在 2020 年 1 月 13 日刊出的文章称述的用非洲爪蛙皮肤细胞和心肌细胞相结合创造的首个活体机器人(即一种活的可编程的生物体)。[1]

　　这些新生事物的出现,打破了技术与人的传统界线,这些非人类的智能体,不论是有形的,还是无形的和虚拟型的,不论是芯片的,还是生物细胞的,都已经不再是传统意义上的技术。或许它们有无穷的良好应用前景,但所带来的问题将会更加棘手。比如,我们应该如何对待这类拥有人工智能的人造物的劳动成果? 如何应对由它们造成的伤害或损失? 如何理解它们表现出的智能、意识、行为、情感等类人特征? 是否应该赋予实体型的智能机器人在法律上的主体资格?[2]这些问题已经成为哲学社会科学研究的热点与重点。还有,三星公司新推出的"虚拟人"技术在多大程度上被允许推广应用? 生物型机器人在多大范围内被允许商业化?

　　这些发展迫切要求各国政府尽早出台规范化的约束机制和有效治理的全球标准。这些技术进展究竟是打开了人工智能的潘多拉魔盒,还是揭示了人工智能无限广阔的应用前景? 这种在赋能社会形成的二分选择的提问方式,如今在通向赋智时代时将会过时与落伍。因为这种提问方式,要么使

---

[1]　Sam Kriegman, Douglas Blackiston, Michael Levin, and Josh Bongard, "A scalable pipeline for desingning reconfigurable organisms", *Proceedings of the National Academy of Sciences of the United States of America*, January 13, 2020. https://www.pnas.org/content/early/2020/01/07/1910837117.

[2]　成素梅、高诗宇:《智能机器人应有法律主体资格吗?》,《西安交通大学(社会科学版)》2020 年第 1 期,第 115—122 页。

人像科幻片中那样陷入新的神话世界，即技术神话，最终会出于恐惧而约束
人工智能的发展；要么持有乐观主义的态度，放松警惕、笑看未来。从现实
立场来看，只要有一个国家大力发展人工智能，就会对其他国家产生敦促作
用。这样，既然人类发展技术的步伐不会停止，我们就既不能因噎废食，限
制其发展，也不能坐以待毙，任其无约束地发展。

可行的措施是，为了正确引导人工智能的发展方向与应用前景，我们必
须重新反思人与自然、社会、他人、自己、非生命的智能机器人，以及人工智
能与生物技术、神经技术、量子信息技术等深度融合之后有可能诞生的生物
机器人等新型实体之间的复杂关系，真正辨明人类的道德生存底线，守护
"人，之所以成为人"的本质特征，重建富有解释力的概念框架，丰富现有的
概念工具。要做到这一点，就需要我们把曾经在赋能时代位于边缘的哲学
人文社会科学置于赋智时代的中心地位，将智能技术的发展置于人文关怀
的土壤中和围墙内。这也许是斯坦福大学成立"以人为本"人工智能研究
院、北京大学成立"哲学与人类未来"研究中心的原因所在。

三、重建未来社会面临的挑战

智能革命已经使全人类结成了同一个命运共同体，在这个共同体中，人
与人之间和国与国之间不在于有多么的不同，而在于在许多方面有多么的
相似。因为未来智能社会的重建必须以辨明"人，之所以成为人"的本质特
征为基础。虽然经济学、社会学、心理学以及管理学早已提出了许多人性论
假设，但是，这些假设只不过是作者论证其思想体系的出发点或价值前提，
通常是形而上学的假设，而智能革命则要求我们依据"人，之所以成为人"的
最本质特性来守护人，并引导与规范智能类技术的商业应用和社会推广。

从人与自然的关系来看，在人类社会初期人是自然界的一部分，人的生

存完全受制于自然条件，人们不自觉地形成了敬畏自然、崇拜自然、神化自然的生活习俗、祭祀制度等。之后，人类从自然界中分离或独立出来，人与自然的关系从神秘的一体化关系变成对象性关系，即自然界（人）→自然界｜人。在这个转变过程中，人类第一次从前概念思维转向概念思维。美国哲学家塞拉斯认为，这种转变是整体性的，是跃迁到一个不可还原的意识层面或人类的层面，是人类逐渐地把自己与环境区别开来，使环境不断地"去人性化"，成为"删除人"的场所的过程，也是"人成之为人"的第一个过程。人类与其祖先最大的不同是有了深刻的真理。①所以，"人成之为人"的第一个过程是人类超越自然神话的过程。

然而，人的数字化与智能化的生存方式，将会使人与自然的关系发生逆转，自然界倒过来正在成为人的一部分，即自然界｜人→人（自然界）。在这个转变过程中，人类不仅越来越远离自然和控制自然，而且越来越生活在技术营造的环境中。问题在于，在由技术主导的这一转变过程中，认识关系将会变成权力关系。在这种情况下，人们对深刻真理的把握反而变得越来越难，不仅诸如深度伪造等技术的滥用会使乱象防不胜防，而且更可怕的是，人们将会失去求真的耐心，在碎片化的信息海洋中迷失方向，乃至失去自我。

因此，如何重建社会—技术—认知深度纠缠的问责机制，如何监管数字化的生活方式，如何防止人的神经数据被不法利用，如何提升人的生命境界，如何消灭由此而导致的新形式的异化——人与自己的异化，如何重建教育体系、分配制度、生产机制等，都将成为重建未来社会必须面对的核心问题。这表明，人与自然关系的第二次转变将是"人成之为人"的第二次过程，是人超越技术神话的过程。如果说，"人成之为人"的第一个过程是人类从浑然一体的自然界独立出来的过程，那么，"人成之为人"的第二个过程则是

---

① Scharp, K., asn Brandom, R.B., eds., *In the Space of Reasons: Selected Eassays of Wilfrid Sellars*, Cambridge: Harvard University Press, pp.375—376.

人类深度剖析自己和展开内在本质的过程。

从社会发展的视域来看,在智能社会里,物质生产的自动化与智能化和知识生产的自动化与智能化,不仅使机器能够替代人类去劳动,而且产生了超专业化的劳动分工,使跨地域乃至跨国界工作成为可能。工作场所的去人化将会使人的自由支配时间越来越多,人类工作的去场所化将会使职业竞争越来越激烈。智能社会的发展将会对人类长期以来实施的"按劳分配"原则提出巨大挑战,迫切需要重构新的社会分配制度。然而,社会分配制度的重构就像多米诺骨牌一样,会牵一发而动全身,带来整个社会机制的变革。令人担忧的是,如果我们不具备积极向上的休闲技能,更没有自觉地树立正确的休闲观,就会陷入比经济短缺更加棘手的精神贫困之中。[1]这揭示了人类追求的悖谬之处,一方面渴求获得解放,另一方面却有可能在获得解放之后反而陷入更加难以解决的精神困局。

从理论上讲,赋智时代是人类在克服了赋能时代以追求物质增效为核心或以经济建设为核心所造成的一系列负面效应,解决了非此即彼的二元对立思维方式所带来的思想困惑,消除了人类中心主义所导致的生态问题之基础上,重建人与自然的和谐共生关系,使人类有能力追求全面发展的理想时代。但在通往这一理想时代的道路上,却充满了对人类智慧更加严峻的考验。目前,我们正处于赋能与赋智的交叉发展期,我们对未来以休闲为主的智能社会的建设仍任重而道远,因为我们既没有监管和治理休闲社会的现成经验,也还没有为迎接休闲社会的到来做好充分的思想准备,依然需要在实践中摸索前行。

---

① 成素梅:《智能革命与休闲观的重塑》,《社会科学战线》2019 年第 11 期,第 12—19 页。

第四篇

休 闲 哲 学

第一章
智能革命与休闲观的重塑[*]

　　无人驾驶、智能机器人、机器学习、数据挖掘、图像识别、云计算、自然语言理解等技术的广泛应用，拉开了智能革命的序幕，不仅对政治、经济、社会、文化、军事等各个领域产生了深刻的影响，而且前所未有地改变着人类现有的生产方式、生活方式以及在工业文明基础上形成的一切制度框架。问题在于，当人类文明发展到这种受科学技术驱动发展的社会形态时，当大多数人有可能过着以休闲为主的生活时，如果我们没有养成健康的休闲习惯，甚至不具备恰当的休闲能力，那么，就会面临比物质贫困更加严峻的精神贫困与心理危机。虽然就眼前而言，我们通过制度变革有可能暂时缓解、避免或摆脱困境，但是，在原有框架内对现有制度进行细枝末节的调整，终究无济于事。实现整个价值观的转换，才是解决问题之道。实现价值转换的一个突破口是，基于对建立在"按劳分配"原则基础上的劳动观和休闲观的剖析，重塑迎接智能化时代到来的休闲观和劳动观。这既是关乎社会稳定的本体论问题，也是牵一发而动全身的格式塔式的观念转变问题，非常值得深入研讨。

---

* 　本章内容发表于《社会科学战线》2019 年第 11 期。

　　【基金项目】教育部哲学社会科学重大课题攻关项目"人工智能的哲学思考研究"（项目编号：19JZD013）的阶段性成果。

一、智能革命：从物质到思想

基于信息化、网络化、数字化与智能化的智能革命将会把人类社会带向哪里？这已经不是一个关于未来的理论设想问题，而是如何引导智能革命深入进行下去的实践操作问题。这也是为什么近些年来关于超智能、意识下载、失业、算法偏置、劳动的终结、机器人霸权、无用阶级、3D打印、5G网络、人机融合、认知与计算等概念以及有关人工智能方面的信息与研究成为各类新闻媒体和报刊关注热点的原因所在。这些报道与文献在宏观上反映出人们对未来社会的两种极端态度，一种是充满希望的积极乐观态度，另一种是深感恐惧的消极悲观态度。

然而，我们注意到，这些技术乐观主义者和悲观主义者之间的分歧，并不是由于他们各自掌握了新的关键技术或知识要点，而是因为他们对智能革命的前景持有不同的看法或说信念。剖析这些信念之争，固然有学术价值。但是，更加现实和更具有前瞻性的做法可能是，探讨两种截然相反信念所共同关注的问题。

智能革命不只是把人类从劳动中解放出来，而且正在全方位地替代人类去劳动，甚至去思考，这已经不是理论预言，而是正在发生于我们身边的事实。关于智能革命的乐观主义者和悲观主义者都不否认，人类在向着智能化社会迈进的过程中，大多数人的雇佣劳动时间必然将会越来越减少，自由支配的时间会越来越增多，只是他们对这种趋势可能带来的各种问题提供了相反的预言和论证。这表明，自由时间的增多虽然是人类有史以来一直向往的美好事情，但当理想真正有望变成现实时，事情却并非简单和乐观。我们不仅要面对社会转型带来的问题，而且还要面对如何克服人性弱点的问题。

　　具体而言,在人类文明的发展史上,机器一直是人类用来改造自然和解放体力劳动的有利工具,也是人类用来发展工业生产和提高劳动生产率的重要手段。然而,具备自主学习能力的智能机器的出现,使得智能机器不再只是附属于人的工具,而是成为介于人与传统工具之间的一类新生事物。智能机器具有的工具性决定了机器的有用性与功能性,而智能机器具有的学习能力和决策能力则决定了机器的属人性与自主性。智能机器具有的这两种特性,不仅模糊了人与机器之间的传统界线,对现有的伦理道德和法律体系提出了严峻的挑战,而且把技术革命的作用从过去只是改变人类的物质生产形态,拓展到现在有能力改变人类的思想生产形态,标志着智能革命实现了从物质到思想、从双手到大脑、从肌肉到心灵、从体力到精神,从有形到无形的拓展。[①]

　　就技术革命能够改变物质形态而言,不论是以蒸汽机为标志的第一次工业革命,以电力为标志的第二次工业革命,还是以计算机为标志的第三次工业革命,总是一方面在不断地消灭着传统的劳动形式,而另一方面又在不断地创造着新的劳动形式。对于劳动者来说,这三次技术革命带来的劳动形式的变化虽然也造成了部分技术工人的失业,甚至在工业革命初期的英国还因此而爆发了"卢德运动"。但是,从整体上来看,这三次技术革命和工业革命还是从客观上达到了改善劳动环境、降低劳动强度、提高劳动收入、强化"按劳分配"原则等效果。比如,有统计表明,在 1800 年到 1900 年之间,英国的 GDP 增加 600%,到 2000 年,发达工业国家的人均收入是非工业国家的 52 倍。[②]

　　然而,以智能革命为核心的第四次工业革命所带来的劳动形式的变化

---

① Baldwin, R., *The Globotics Upheaval: Globalization, Robotics, and the Future of Work*, Oxford: Oxford University Press, 2019, part 1—3.

② Prado, C. G., ed., *How Technology Is Changing Human Behavior: Issues and Benefits*, Santa Barbara: Praeger, an Imprint of ABC-CLIO, LLC, p.2.

则具有颠覆性：一方面，无人工厂、无人商店、无人饭店、无人旅馆、无人驾驶、机器人快递员等的出现，表明了机器正在全方位地替代人的体力劳动，造成蓝领阶层的整体性失业；另一方面，随着深度学习、强化学习等算法的日益优化，以及数据挖掘、搜索引擎、云计算、传感器、计算机视觉、量子信息等技术的快速发展，智能机器人已经走出工业领域，走进大众生活。它们不仅能够赋诗、作曲、绘画、翻译、驾驶、自动推送信息、自主诊断病症、进行法律援助、料理家务和从事医疗护理等，而且还能够主导资本市场、担任金融分析师、提供投资决策、评估投资风险、进行算法交易等，表明智能机器人和算法正在替代原先只属于人的部分脑力劳动，导致某些白领阶层的整体性失业。

智能革命虽然也带来了对人类劳动形式的改变，创造了新的职业岗位和工作类型，但是更为重要的是，智能机器取代人类劳动的总体趋势会越来越明显，最终，在未来的某个时候，将会使传统意义上的劳动不再成为人类生存的全部或重要组成部分，传统的劳动概念也不再成为人们感知人生意义与拥有成就感的主要参照，甚至使得人们长期以来信奉的"按劳分配"原则不再是人类最基本的分配制度。然而，这些改变不只是一个问题，而且潜藏着许多危险。

智能革命使我们在工业革命的土壤中栽培起来的"劳动概念"失去其存在的根基，更使我们拥有的可贵的独立思考能力在不经意间让渡于智能机器人或算法，有可能使大多数人变得越来越浅薄与浮躁。比如，搜索引擎对我们获取信息方式的改变，不仅塑造了我们对世界的认知，而且框定了我们感知世界的认知窗口。网站的自动信息推送对个人行为习惯的强化，不仅固化了我们对自己的认知，而且遮蔽了我们认知自己的想象力，体现出人与数字环境关系的逆转。特别是，由于智能手机和微信推送功能的日益普及，我们将会在浩瀚的数字世界里变得越来越被动，从对信息的主动搜索转向对信息的被动接受。这标志着以问题为导向的搜索时代的式微与以信息过剩为特征的投喂时代的开启。在投喂时代,当点击率和可读性取代了真理性与可信性成为新的评判标准时,人们的阅读品位与注意力将会不自觉地被从众心理和大众趣味所裹挟,表现出"点击替代思考""思想让位猎奇"的现象。在这种情况下,算法不仅成为当代社会中新权力的"经纪人",而且还会重塑社会与经济系统的运行,乃至科学研究方式。[①]

但是,我们无形中把独立思考的能力出让给智能机器或算法,是极其危险的,很有可能导致人与机器关系的逆转:不是人来操纵机器或算法,而是机器或算法来操纵人。因此,智能革命不只是一把双刃剑,还是解剖人类文明走向、社会体制和人性的一把手术刀。

我们现有的制度体系是在工业文明的基础上形成的,长期以来,我们已经习惯于把社会福利和劳动所得与职业联系在一起。一方面,这样的社会经济结构无法有效地应对智能革命带来的影响;另一方面,我们又没有形成让大多数人获利的可接受的政治运行机制。或者说,我们既无法在现有的劳动框架内应对智能革命带来的快速变化,也没有提出新的概念框架来引领进一步的变化。在这种情况下,如何重塑适应智能时代的劳动价值观和休闲价值观的议题,就成为一个摆在我们面前的重要问题。人类社会正在向着需要有新的文化观念与道德偏好来引导人们过休闲式生活的时代发展。

二、双重自动化与传统休闲观的困境

智能革命所导致的人类经济社会的转型,既不同于从农业经济社会向工业经济社会的第一次转型,也不同于从工业经济社会向服务型经济社会

[①] Kitchin, R., "Thinking Critically about and Researching Algorithms", *Information*, *Communication & Society*, Vol.20, No.1, 2017, p.15.

的第二次转型。第一次转型主要是从以土地为资源与以体力劳动为基础的生产与生活方式向以能源为资源与以机器生产为基础的生产和生活方式的转变。这次转型潜在地摒弃了农业社会特有的休闲生活方式，逐渐地确立了以发展物质文明为核心和实施"按劳分配"为原则的劳动价值观与社会契约。基于工业化大生产形成的社会体制，将这种劳动价值观渗透到人们生活的方方面面，并内化为一种道德偏好与思维方式。第二次转型是从以能源为资源与以机器为基础的生产与生活方式向以服务为资源与以消费为基础的生产与生活方式的转变。这次转型虽然主要是从劳动密集型向知识密集型转变，并且，提出了大力发展"知识经济"的口号，在更深层上，表现出去工业化进程的现象，但却没有对工业社会的制度与体制带来实质性的冲击。

而智能革命带来的第三次转型不仅是去工业化，而且是去人化的转型，即人类社会发展的机器人化，将使绝大多数人失去传统意义上的劳动岗位。特别是，当"云机器人"能够通过"云端"从其他机器人那里收集信息和吸取经验时，智能机器人将会在记忆力、运算速度乃至自主学习能力等方面完胜人类，涌现出"白领机器人"阶层。这种趋势就把自动化的进程推向一个新的阶段：从物质生产的自动化拓展到思想生产的自动化。①

对于人类社会的演进而言，在这种双重自动化的支配下，从服务型的经济社会向智能型的经济社会的第三次转型，不再是对前两次转型的强化，而是反其道而行之，构成了对传统劳动价值观的扬弃和对人类内在需求的休闲生活方式的回归。这种回归当然不是对过去的简单重复，而是经过了马克思所阐述的"否定之否定"的螺旋式上升之后的更加理性而自觉的回归，是生产力与科学技术高度发达，以及科学技术与社会深度纠缠的结果。问题在于，我们拥有了普遍有闲的可能与机遇，并不意味着我们就知道如何过好普遍有闲的生活，如何成为一个有益于社会与自我的身心健康之人。因

---

① Baldwin, R., *Globotics Upheaval: Globalization, Robotics, and the Future of Work*, Oxford: Oxford University Press, 2019, p.3.

此，智能革命的到来，迫切要求我们系统地揭示休闲与劳动的内在本质。

在这种背景下，追溯和批判工业时代形成的劳动价值观和休闲价值观，为我们重塑智能时代的劳动价值观和休闲价值观提供了有意义的参考框架和最佳出发点。

众所周知，人类社会的工业化进程开始于蒸汽机技术，发展于电力技术，成熟于以计算机为基础的信息化、网络化和自动化技术，即将解构于以人工智能为基础的智能革命。工业化生产的主要目标是以物质生产与经济建设为核心，追求个人和组织利益或资本的最大化，最典型的特征是，确立了人与自然之间的对象性关系，即人们普遍地把自然界当作取之不尽、用之不竭的资源库。社会机构的设置、社会制度的制定以及人们的思维方式、文化活动等都是围绕如何促进经济发展和繁荣物质生活而展开的。"按劳分配"成为任何一个工业化社会所遵守的核心分配原则。在这种价值观中，劳动是主要的，休闲是次要的，是附属于劳动的。工业化时代的休闲观大致可划分为下列四种观念。

第一种休闲观，休闲带来人性的异化。凡勃伦在《有闲阶级论》一书中把他所在时代的"有闲阶级"看成是一个保守、没落、腐朽的阶层。凡勃伦认为，这个阶层的人对其占有的财富倍感优越，并且，千方百计地凭借过度消费来炫耀自己的优越性。这是一种以异化的物质占有欲为主导的休闲观。凡勃伦以假发为例来说明问题。他举例说，假发原本是为秃头的人设计和生产的，但是，当有钱人把假发作为一种夸耀的装饰品来利用时，假发的价格就会远远超过实际价值，昂贵到真正的需求者买不起的程度，因此而变成一种身份的象征。凡勃伦认为，这些人不是靠自身内在的教养和社会公德的提升来赢得社会尊重，而是靠炫耀式的消费来标榜自己的财富，或者说，他们的消费是为了照顾"面子"，并不是满足真实的物质需求。凡勃伦把这种休闲看成是一种外表上很辛苦的职务，是他们为自己的有闲所付出的代价。①这样，当人

---

① 凡勃伦：《有闲阶级论》，钱厚默译，海口：南海出版公司 2007 年版，第 69 页。

们把以物质占有为核心的休闲观与新教伦理的教导结合起来时，就赋予休闲一种否定的形象，出现了人性的异化和消费的异化。

第二种休闲观，休闲等同于闲暇。在工业时代，凡勃伦描述的这种否定的休闲观只是极少数富人的特权，并没有普遍意义。随着工业进程的不断推进，在大多数人的理解中，"休闲"通常被看成是工作之后可以用来自由支配的时间或空闲时间，即把"休闲"等同于"闲暇"。问题在于，从时间分配的视角来理解"休闲"，很难从根本意义上揭示出休闲的真正内涵，也不会教导人们如何合理地或有教养地利用闲暇时间，反而促使人们把获得空闲时间作为追求目标。这种从自由时间的角度来理解休闲的价值观存在两大问题：

其一，我们在把业余时间当作劳动之余来看待时，明显地把劳动与负责任的事情放在优先或重要的地位，把空闲时间或自由支配的时间放在从属或次要位置，有时会赋予空闲时间功利价值，成为对劳动的一种奖赏或补偿。但是，我们应该看到，从时间的角度来理解休闲，并不是普遍适用的。在工业时代，对于失业人员或无法获得劳动机会的人来说，他们所拥有的空闲时间或自由支配的时间，并不是自己想要和追求的东西。这部分人的休闲时间是虚假的和负面的，反而变成他们深感焦虑与陷入贫穷的根源。

其二，对于绝大多数劳动者来说，当把获得自由时间变成一种追求目标时，就会极大地掩盖或降低如何利用自由时间的重要性，还会在无形之中为自由时间注入经济内涵，变成他人诱导的消费目标或商家开发的经济资源。这正是近几十年来大力开发休闲经济的主导思想与基本前提，也是人们随波逐流地消磨自由时间，而不注重提升自我修养和生命意义的原因所在。

第三种休闲观，休闲从属于劳动。是从活动论的视域把休闲理解为人们在自由时间内所从事的无报酬的和非强迫性的活动。这种休闲观虽然克服了作为自由时间的休闲观所遇到的问题，但是，仍然是信奉着韦伯的"新教劳动伦理"。新教伦理曾对资本主义的崛起起到了重要作用，转变了人的劳动观念,但却把休闲看成更好地为劳动服务,是从属于劳动的,也就是说,劳动是主业,休闲只是副业。

这种休闲观同样不利于我们挖掘休闲的潜能,难以让人意识到,拥有休闲的心态通常比劳动的心态更能拯救人的灵魂,反而容易导致休闲的异化,出现不适当的休闲现象:比如,沉迷于网络游戏等无法自我节制的娱乐活动、热衷于满足虚荣与欲望的无度消费、无法自控和不加批判地浏览各类推送信息等,进而把休闲活动完全窄化为娱乐、闲逛、购物、观光旅游、网络冲浪、无效阅读等活动。不可否认,娱乐与消费活动自然是人类生活的重要方面,但是,如果我们把休闲活动只理解为娱乐与消费,则会极大地掩盖休闲概念的丰富内涵及其内在本质。事实上,休闲概念的内涵比娱乐概念的内涵更丰富,更强调个人内在兴趣的挖掘与生命价值的提升。

第四种休闲观,是摒弃劳动与休闲的二分,从人的心理感受和精神状态层面把休闲理解为人们在感到身心自由的前提下所拥有的一种心态。然而,"感受"是一个非常个体化的体验,同样的事情或活动,不同的人会有不同的感受。这是对休闲进行经验层面的分析。这种分析有两个变量:一是基于可变的"感到自由"来区分休闲与非休闲状态;二是根据动机变量来限定这些状态。当我们把在活动中得到的满足,看成是源于活动本身,而不是源于外在奖赏时,这种活动被判定为是受内在动机驱使的行为;当我们把在活动中得到的满足看成是来自外部的奖赏时,即不是追求活动本身的满足,而是追求因为活动所受到的奖赏时,这种活动被当作是受外在动机驱使的行为。

这种休闲观虽然强调了休闲感觉的个体性与经验性,揭示了人们所从事活动的动机本身对休闲质量高低产生的影响,消除了劳动—休闲二分所带来的各种问题,但是,却无法在"真正的自由"还是"幻想的自由"之间作出区分,也难以在主观约束与客观约束之间作出区分。在劳动价值观束缚下,从人的心理状态来理解休闲是因事因人而异的,没有可操作性与普遍性。

可见,在工业化时代,当我们把休闲作为劳动之余来理解时,我们对休闲概念的用法与理解并不完全一致。①我们普遍把休闲简单地理解为是一种副业,只是部分地抓住了"休闲"概念的字面意义,但却掩盖了概念本身所蕴含的体现人的教养与成长之义,丢失了经典休闲观中阐述的对精神境界的追求和马克思所倡导的人的全面发展的追求。而由智能革命导致的双重自动化,需要我们从劳动的心态中解放出来,这就为我们复兴经典休闲观和马克思的劳动价值理论提供了机遇与可能。

三、智能化时代重塑休闲观的必要性

"劳动"和"休闲"既是历史性的范畴,也承载着时代价值;既随着生产方式的变化而变化,也随社会经济状况的变化而变化。从词源学来看,在中文语境中,"休"字意指"人"倚"木"而休,表示身体的休息,但在经典文献中还有"美善"的意思。"闲"与"忙"相对,但在古文献中也有"安静""文雅""通晓"之义,与人的心态、技能的掌握关联起来,体现出一种从容的状态。《论语·子张》中"大德不逾闲"里的"闲"有限制、约束之义,指不违背大的道德原则。因此,组合词"休闲"概念,与"闲暇""空闲"等概念有所不同,不仅具有文化底蕴,而且更加重要的是,还与人的精神境界联系起来,象征着过一种悠然自得和精神愉悦的有约束的生活。

"休闲"的英语表达是"leisure"。"Leisure"源于拉丁文"licere",意思是"to be permitted",在现代字典里定义为"freedom from occupation, employment, orengagement",即摆脱占有、雇佣或约束的意思。"休闲"的希腊语表达是"schole",而"schole"是英语中我们常说的学校"school"的最初

---

① Neulinger, J., *To Leisure: an Introduction*, Boston: Allyn & Bacon, Inc. 1981, pp.17—35.

含义。因此,从定义上来讲,休闲除了具有从占有、雇佣和约束中解脱出来的意思之外,还隐含有"教养"的意思。

休闲的这层含义在亚里士多德的思想中体现出来,甚至美国休闲哲学家托马斯·古德尔等人把亚里士多德尊称为是"休闲学之父"。①在亚里士多德看来,人的休闲是终身的,而不是指一个短暂的时段,是真、善、美的组成部分,是人们追求的目标,是一切事物环绕的中心,是哲学、艺术和科学诞生的基本前提之一,是"为了活动本身进行活动的一种存在状态"。亚里士多德还把休闲与幸福联系起来,把伦理学看成是使个人幸福的科学,把政治学看成是使集体幸福的科学。他认为,人们追求满足欲望,追求获得财富、名誉、权力,都是为了达到幸福。休闲是维持幸福的前提。人的抱负介于贪婪与懒惰之间;人的勇敢介于鲁莽与胆小之间;人的友谊介于争吵和奉承之间。这种强调凡事要适度的思想,反映了古希腊精英知识分子的休闲哲学。这种休闲观被称为经典休闲观。

20世纪60年代,德·格拉齐亚和皮普尔复兴了亚里士多德的休闲观。一方面,这种休闲观把休闲看成"一种生活方式",一种为了自身的缘故而从事活动的轻松感,强调人们在活动中只享受活动本身和活动过程,而不是为了达到活动之外的其他任何功利性的目标;另一方面强调在活动中体现出以"关心自己"为目标,即在具体的生活实践中,关心自己的修养与生活品质的提升。

当我们把休闲作为一种生活方式和存在方式来理解时,是把"休闲"作为一个动词来使用,作为生活过程来对待。这种休闲观在境界和内涵上已经超越了工业时代以追求物质利益最大化为前提的休闲观,能够为我们重塑智能化时代的休闲观提供智慧与洞见。如果说,在古希腊,是奴隶造就了像亚里士多德那样的少数社会精英的休闲式生活,在工业社会的初期是广

---

① 托马斯·古德尔、戈弗瑞·戈比:《人类思想中的休闲》,成素梅、马惠娣、季斌等译,昆明:云南人民出版社2000年版,第25页。

大的劳动人民成就了凡勃伦所批判的少数富人的休闲式生活,那么,在智能时代,当人类社会开始向着工作场所去人化、信息获取界面化、人类行为数据化、社会交往网络化、人机交互常态化的普遍有闲社会发展时,则是智能机器充当了过去"奴隶"的角色,使大多数人有可能过上普遍有闲的生活。

然而,我们如何过这种普遍有闲的生活,则是一个需要加以研究的问题。首先,我们需要转变休闲理念:即从索取与掠夺自然的生产与消费方式和作为劳动之余的休闲观,转变为爱护与关怀自然的生产与消费方式和以提升精神境界为核心的休闲观。其次,我们还应该意识到,对于当代人来说,解决如何进行休闲的问题并不比解决如何发展经济的问题更容易、更简单。毕竟,人类有史以来一直在为解决经济问题而奋斗,已经经过了多次社会转型,并积累了丰富的发展经验,形成了可行的社会契约,而相比之下,解决休闲的问题和重塑休闲观的意识,却是直到智能时代正在到来的今天,才引起人们的广泛重视。因此,重塑智能时代的休闲观既是一个前瞻性的理论问题,也是一个关于人类文明健康发展的实践问题。

四、重塑追求生命意义的休闲观

如上所述,在智能化社会来临之际,当休闲将有可能从附属于劳动的边缘走向引导劳动选择的中心时,休闲将不再被我们看成是通过劳动来获得的补偿或奖赏,而被看成是与人的成长相伴随的充实精神家园、丰富内心生活、追求生命意义、提升人生境界、践行生命智慧的一个过程,这是一种抽象的和广义的休闲概念。这种休闲概念是把休闲当作"动词"来使用的。而当我们把休闲作为动词来使用时,休闲就不再是与劳动相对立的概念,强调的也不是劳动之余,而是突出了人的成长与生命意义提升的过程。在这个过程中,"劳动"与"休闲"之间的关系不再是主业与副业或主导与从属的关系,而是我们在人生的不同阶段凭借个人兴趣与现实条件努力追求"道德至善"和"成己成人"的互补与互动关系。在这种关系中,经济的回报不再成为唯一的追求目标,反而会成为活动本身的一种伴随物或副产品。

　　然而,我们在迎接普遍有闲社会的过程中,用休闲价值观替代劳动价值观并不意味着劳动本身的消失,而是意味着劳动概念意义的提升和劳动形式与内容的扩充。这是因为,劳动本身提供了无尽的挑战,携带着与我们的自尊密不可分的目标和有用感,是人在成长过程中必须具有的经历,更是马克思阐述人的全面发展的前提条件。因此,我们需要通过劳动来提升自我价值和感知个人成就,就像需要食物一样。当智能化时代到来时,那些程序性的、无成就感的、重复操作的、无创造性的劳动,乃至基于过去数据进行推理的工作等将由智能机器来替代,人类前所未有地可以享受与专注于那些富有创造性的、能够提升生命意义和受内在兴趣驱动的活动。这就使我们的劳动性质和劳动方式发生了天翻地覆的变化,使创造性、个性化、多样性以及娱乐性等成为未来人类劳动的显著特征。所以,现在的问题不是以放弃劳动为代价来倡导休闲,而是在扩展劳动定义的情况下,如何学会把对兴趣的追求与成长的愿望内化在劳动过程中,使劳动本身变成由内在价值驱动的活动,并以休闲的心态来从事劳动。它们之间的关系列表如下:

心理状态	内在驱使	内在驱使与外在驱使	外在驱使
感到自由	纯休闲 成为一种生活方式	休闲——职业 休闲型职业	休闲——劳动 休闲型劳动
感到约束	纯职业 成为一项事业	职业——劳动 职业型劳动	纯劳动 不得已而为之

　　当然,上表中划分出的休闲与劳动的分类,不仅是因人而异的,而且就是同一个人,在不同的发展阶段,对同一种活动,也有不同的心理感受。因此,从人的心理状态出发,在大多数情况下,休闲与劳动的划分通常只具有相对的意义。对于某些人而言是劳动的活动,对于另一些人而言则是一种

休闲;在一种情况下是劳动的活动,在另一种情况下也会成为一种休闲。休闲与劳动的这种分类的目的主要是为了强调,在当今社会,要想走出工业文明带来的困境,必须超越唯经济的物化判断标准,有意识地把提升生命意义和成就感的维度增加到我们对一项活动或职业价值的评判中。休闲式的活动是一种积极主动的体验型活动,能够作为一种生活方式来追求,能够最大限度地发挥人的主观能动性。

这种休闲观超越了单纯地把休闲等同于自由时间和娱乐活动的理解,重点强调把休闲与人的幸福感和生命意义的追求联系起来,真正体现出让人能够"感到自由"与"有教养"和受约束的休闲含义。这里的"感到自由"中的自由是一种受自然条件和社会公德约束的有条件的自由,而不是随心所欲式的无条件的自由。人类社会的发展史已经表明,在人类面临着各种发展性危机的今天,关于美好生活与人类社会进步的衡量标准,已经不只是单向度的经济指标。充裕的物质生活与人的幸福感的满足并不总是成正比。关于幸福的经济学研究已经证明,当社会经济发展到一定程度时,物质财富的边际效用会变得越来越小,以追求幸福感和提高内在修养为核心的休闲式生活的边际效用反而会逐步增加。在这种情况下,以物化的劳动文化与劳动伦理为核心的发展观就会越来越不适应,迫切需要用以重视追求生命意义和内在幸福感为核心的休闲观来补充,乃至取而代之。

五、智能化时代是追求精神文明的时代

如果说,工业化时代是大力发展物质文明的时代,而人类发展经济的能力是人类文明经受的第一次考验,那么,智能化时代则是大力发展精神文明的时代,人类运用休闲的能力是人类文明将要经受的更加严峻的又一次考验。当前,如何健康地丰富人的精神生活和提升生命意义,如何树立良好的

社会风尚与社会道德,以及如何使人得到充分发展等一系列与人的修养和品性相关的问题是最根本的实践问题与实现问题。我们在转向智能化社会的制度设计中,需要嵌入如何引导人们重塑有助于大力发展精神文明的休闲观的基本要素。

这种休闲观不仅要突出休闲概念所包含的教养之义,而且还要突出休闲概念蕴藏的控制之义。一个人培育休闲能力的过程,既是学习如何为自己负责的过程,也是学习自我控制与自我完善的过程。在智能化社会里,人人都应该从休闲中获益,社会要为人们能够过上这样的生活而提供帮助。休闲是通过自我完善和自我认识而获得自由和提升生命意义的一个过程。这种过程是从被他人指引而走向自我指引、自我调节和自我控制的过程,是一个对休闲的认识由被动到主动、由不自觉到自觉、由从众心理到自我塑造的不断提高休闲能力的过程。如果这个过程得以开始,我们这个世界也许有望变得更加理性而包容,更加和平而美好。智能化社会的政治、经济、社会、文化等制度建设,需要建立在新的社会契约之上,需要围绕人的健康成长和全面发展来进行。

在这种休闲观中,既包括社会和个人的抱负,也包括生活格调在内。这种休闲观似乎是一种包括一切的观点。这种把多元维度概念化的目的在于,研究人与社会的每个方面,不是强调生活和社会其他方面的分离,而是看到这些方面的相互作用,看出融合与联合的结果。按照这种观点,劳动的含义与休闲的含义就密切地统一起来,接近马克思所倡导的"真正自由的劳动"。

人既不应该被单纯的求乐意志所左右,也不应该被单纯的求权意志所统治,人类应该追求更高尚的生存意义。当社会的发展进入到以休闲为中心而不是以劳动为中心时,社会制度所保障的是人们对幸福生活的追求,而不是人的工作,引导人们自觉地发现,在有生之年如何成为有用之人是很重要的问题和很大的挑战。一个减少人类的需求和有用机会的社会,就是一个荒谬的和没有价值的社会。反过来说,正是因为我们追求成为有益于社会之人,才使得有助于成就人的休闲哲学与休闲伦理的研究变得重要起来。

总而言之,人们只有在追求生命意义的休闲中,才能拥有健康的休闲生活,才能不虚度生命;学会如何成为具有高尚人格的人,才能在生活实践中提升生命价值,最大限度地发挥自己的创造力,成为追求卓越之人。这也揭示了马克思的劳动价值理论的前瞻性与深刻性。马克思把自由时间看成是人的全面发展的条件与前提,把劳动看成是人的"自由自觉的活动",把"人的全面发展"看成是共产主义者的理想目标和共产主义社会的基本原则。马克思阐述的劳动价值观是抽象的、理想化的、围绕人的内在本质的提升和人的各种能力的充分发展、把休闲与劳动高度统一起来的价值观。所以,我们可以说,智能化时代的到来,为我们践行、发展和丰富马克思的劳动价值论提供了可能性。

综上所述,人工智能这只蝴蝶已经展开了颠覆现有一切的翅膀,使人类彻底地从繁重、危险、单调、缺乏创造性等劳动形式中解放出来,为人类追求自由发展提供了现实可能。智能化社会是一个机器人化的社会,智能经济社会是一个从物质生产自动化拓展到思想生产自动化的经济社会。这种机器人化和全球化的发展趋势,需要我们重新定义劳动概念,重新塑造休闲价值观,重新设置社会契约和分配制度,重新建构推动终身学习和促进工作与兴趣融为一体的制度框架,重新创建防止社会失控的运行机制,避免暴发"新的卢德运动"。从这个意义上说,重塑休闲观以迎接智能化时代的过程,也是伴随着政治、经济、社会和文化全面改革的过程。因此,如何过好普遍有闲社会的生活是对人类智慧的全新考验。

第二章
后疫情时代休闲观与劳动观的重塑*
——兼论人文为科技发展奠基的必要性

在人类发展史上,瘟疫发生的次数并不少见,但是,时代不同,疫情的波及面、影响力、关注度、交织的因素等也各有所异。2020 年新年伊始暴发的全球新冠疫情,算是规模最大、持续时间最长、传染性最强、变异速度最快、相关因素最复杂、国际形势最严峻的一次全人类的健康危机,成为全球性的突发公共卫生事件,致使许多国家陷入艰难的疫情应对之中。新冠病毒的肆虐将政治、经济、文化、科学乃至种族等交织在一起,验证着不同社会治理模式的优劣,展示着各类文化理念的差异,确认着各国应对突发事件能力的高低,也考验着人们如何为保护彼此作出艰难抉择的决心。然而,正如阿尔贝·加缪所言,疫情既能把人置于死地,但也能超度人,向人指明道路。2021 年伊始,当人类希望借助疫苗之力将整个世界重新拉回到常态之时,我们非常有必要从这场抗"疫"之战中吸取教训,对人类文明的未来发展方向作出不同的思考。在这些思考中,深刻反省新冠病毒向人类发出的警示,重塑后疫情时代人与自然的关系以及休闲和劳动的关系,对于引导人类文明向着自然—社会—科技—人文高度整合的方向发展,强化科技与人文的

* 本章内容发表于《华东师范大学学报》(社科版)2021 年第 4 期。
　【基金项目】教育部哲学社会科学重大课题攻关项目"人工智能的哲学思考研究"(项目编号:19JZD013)的阶段性成果。

深度融合,既有理论意义,也有实践价值。

一、新冠病毒开启"人之为人"的第二个过程

对人类而言,新冠病毒可谓百般武艺、神出鬼没,我们既看不见,也摸不着,但它们却在很短的时间内,四处漂移,不断变异,疯狂传染,无情地吞噬了无数人的宝贵生命,使整个世界几乎处于停摆状态。世界卫生组织专家关于病毒的溯源工作以及相关科学家的研究表明,新冠病毒并非人为制造或实验室泄漏,而是来源于自然界。这表明,自然界通过新冠病毒的无情蔓延和对人类的猖狂进攻,向我们发出了非常有必要对工业时代以来形成的人与自然的关系,以及塑造这种关系的一系列发展理念作出深刻反思的大通牒。

在人类发展史上,人与自然之间的关系是随着人类生存环境的变化而变化的,而人类生存环境的变化又与人类文明的演进密切相关。法国技术哲学家埃吕尔在 20 世纪 60 年代出版的《技术社会》一书中将人类的生存环境的变化概述为从自然环境转变为社会环境,再从社会环境转变为技术环境。在自然环境中,人类完全是自然界的一部分,人生之于自然,亡之于自然,人际关系以互助与友爱为主,人们尚未形成善恶意识,以敬畏自然为其生存之道;在社会环境中,人类走上了战胜自然和控制自然的道路,道德规范、社会制度、文化习俗等成为规范人的行为准则,人的联合既成为全面征服自然的社会力量,也成为大力发展科学技术的环境力量。随着工业文明的崛起以及四次技术革命的展开,人类社会的发展越来越由依赖于科学技术的发展转变为由科学技术所驱动的发展。而当科学技术的力量渗透到人类的一切活动之中,成为人类生存的底色时,它们就反过来主导了人的思维方式和思想观念,成为评判人类活动的价值尺度。正如埃吕尔所言,在技术

环境中，"技术取代了自然，建构了自己的体制，成为人类必须生活于其中的复杂而完整的环境，并且，人类必定通过与技术环境的关系来定义自己……人的行为与特殊选择几乎不再有意义，所需要的是习惯或价值的全部改变"①。

埃吕尔所概述的人的生存环境从自然环境向社会环境的转变，意味着人与自然的关系从人完全依附于自然的混沌的一体化关系，转向人与自然相分离的利用与被利用或控制与被控制的对象性关系。在这一次转变的过程中，人类逐步摆脱了原始时期对自然界的被动适应状态，第一次自觉地从自然界中分离出来，向着成为自然界主人的方向演进，自然界变成了"删除人"的场所，人则越来越成为有能力摆脱自然约束的独立个体。美国哲学家塞拉斯将这种人与自然相分离的过程，看成是"人成之为人"的一种方式，这种方式是提炼出去除人性化的事物与过程的关于人的范畴。为此，塞拉斯认为，提炼范畴比消除迷信或改变信念更基本。②

人把自己与自然界区分开来的过程，也是人类学会运用概念思维反思自我，根据证据标准来衡量思想的过程，或者说，是人类从前概念思维向概念思维转变的过程。这种转变是整体性的转变，是跃迁到产生了整个人类的层次，人类明白了，人是什么，环境和自然现象是什么。本文把这个过程看成是"人成之为人"的第一个过程。这一过程最核心的目标和发展理念是追求物质丰富和设法征服自然、驾驭自然、改造自然和利用自然，这种发展理念和由此塑造的各方面的制度体系，进一步为人类大力发展科学技术奠定了基石，但是，古代发达的人文教育和人文研究在强化科学教育与科学研究的过程中和在商业化浪潮的裹挟下逐渐式微，乃至成为科学技术思维的附庸。

"人成之为人"的第一个过程可以被划分为两个阶段，一是人的社会化

① Jacques Ellul, *The search for ethics in a technicist society* (1983), International Jacques Ellul Society, https://ellul.org/themes/ellul-and-technique/ (2021 年 2 月 15 日查阅)。

② 参见 Kevin Scharp, Robert B. Brandom, *In the Space of Reasons: Selected Eassays of Wilfrid Sellars*, Cambridge, Massachusetts, London, England: Harvard University Press, 2007。

阶段,二是人的技术化阶段。在人的社会化阶段,人类形成了评判其行为的规范准则,有效的概念思维或理性思考成为人与人沟通的基本前提,出现了诸如打篮球之类的游戏活动,人不再是独立的个体,而是成为群体中的一员,具有了关系属性和主体间性,群体成为个人与可理解的秩序之间的中介。随着人的生存环境从社会环境向技术环境的转变,人类不仅凭借科学技术获得了统治自然的强大能力,而且还进一步将人与自然的关系从对象性关系转向了使自然"消退"或"无自然"的另一个极端,从而导致了人与自然关系的逆转或倒置:即,人与自然的关系从原初受制于自然,经过分离之后,最终逆转为主宰自然。

然而,物极必反,种其因者,须食其果。当许多人文学者对科学技术的这种极端发展倍感担忧,强调有必要将人文关怀置于以人工智能为核心的第四次技术革命的前端之际,乃至当科技工作者和科技公司也主动高举发展负责的技术或技术向善的旗帜之时,突发性的新型冠状病毒的全球大流行,以更加极端而残忍的方式对人类长期以来践行的漠视自然、掠夺自然乃至破坏自然生态的发展模式发出了强烈抗议,对人与自然的关系从"无人"状态转向"无自然"状态的过激行为进行了全方位的无情报复。

新冠病毒的大流行反过来成为人类最好的清醒剂。新冠病毒的肆虐警示我们,应该时刻牢记人类已经构成了一个命运共同体,掠夺自然的生存之道,导致了气候变暖、环境污染、能源短缺、瘟疫猖獗等人类面临的发展性难题;病毒的肆虐警示我们,应该反省长期以来形成的试图全面控制自然的发展观,要求我们必须自觉守护自然家园,重返敬重自然的发展理念;病毒的肆虐警示我们,应该时刻牢记,人类的福祉并不总是与物质的拥有量成正比,藐视自然规律,无节制地追求物质满足,往往会适得其反,导致人的异化;病毒的肆虐警示我们,应该重视精神文明建设、关注人的身心健康、传播健康文化、强化人与人的互助友爱、国与国的共赢共生;病毒的肆虐警示我们,在病毒面前,人的生命没有贵贱之分和贫富之别,等等。

诸如此类的警示,强烈要求我们必须将人与自然的关系从自然"消失"的单极状态重新返回到敬重自然的共生状态。人类重新回归于自然的过程带来了人与自然关系的第三次转型,这一次转型是人类摆脱"人成之为人"的第一个过程中所充斥的物质主义和技术主义桎梏,开启了人类必须自觉提升生命意义与精神境界,以及维护自己生存家园的"人成之为人"的第二个过程,这个过程也是人类更加深刻地反省自我的第二次觉醒。如果说,"人成之为人"的第一次觉醒是人从自然界中分离出来并学会不断控制自然和追求物质利益最大化的过程,那么,"人成之为人"的第二次觉醒则是人必须重新尊重自然,重新确立稚化思维的过程,即,在摆脱物质包袱或负担的前提下,重新拾回古朴的天真与诚实,追求精神愉悦和幸福生活,重置人类文明发展方向的过程。因此,"人成之为人"的第二个过程,也是找回人的第二次"天真"的过程。然而,与儿童时期具有的第一次"天真"相比,第二次"天真"是一种需要培育、养成和重建的更高层次的"天真",是建立在关于人类未来的伦理学之基础上的"天真"。

问题在于,来自大自然的新冠病毒向人类发出的警示,虽然意味着我们必须意识到人与自然关系的第三次转型的重要性与迫切性,开启人类超越物质功利、注重精神境界的"人成之为人"的第二个过程,但是,从可操作的意义上来看,这一过程的真正展开和落实,却是需要从全面检讨工业文明以来一直处于支配地位的物质主义和技术主义的发展理念,以及揭示工业时代形成的以劳动为主和休闲为辅的制度安排所陷入的困境开始。

二、超越工业时代的发展理念与休闲观的困境

美国社会心理学家费斯汀格在基于实证研究的基础上提出一个有名的"费斯汀格法则"。这个法则认为,一个人生活中发生的事情有 10% 是发生

在自己身上,而剩下的 90％则是由人对所发生的事情做出的反应而决定的。这个法则揭示了人的思维方式和所思所想对人的行为与决策所产生的强烈影响,正如莎士比亚所言"事无善恶,思想使然",同时,这也预示着,对于人类而言,能够及时筛掉或过滤偏颇的或错误的发展理念和发展方式,可能比盲目追求快速发展本身更加重要。在新冠病毒大流行期间,当个人的健康已经不再只是自己的私事,而是成为对社会负责的道德律令时,或者说,当疫情的阴影笼罩着一切时,正如加缪所言,"个人的命运已经不存在了,有的只是集体的遭遇"。这种集体遭遇要求国家政治必须放弃利润规则,全心全意地为人民的福祉而服务,而且也内在地揭示出,人类今日的集体遭遇,与昔日以单纯追求经济为中心的极其失衡的发展理念密切相关。因此,检视工业时代形成的发展理念成为引导未来发展的当务之急。当我们本着这种精神,重新回到生活世界来反思工业时代造就的发展理念和休闲与劳动二分的制度安排时,不难发现,这些观念导致的异化发展,已经使我们深陷显而易见的三大困境。

第一,人异化于自然而陷入生存困境。这包括两个层次,一是由休闲与劳动的二分和资本逻辑所导致的消费主义的生存方式和物质主义的发展观,造成了人对自然生态系统的无限掠夺与破坏,从而使人类不得不自食其果,面临环境污染、水资源污染、气候变暖、温室效应等全球性难题,乃至使自然界天然赐予人类的新鲜空气、清洁水源等自然条件和安全食品等生活资料变成了弥足珍贵的难得之宝,使人类逐渐丧失了天生具有的友善、诚实、互助等美德,从而身陷生存困境。新冠病毒的全球蔓延无疑是向这种失衡的发展模式亮出的"警告牌";二是人工智能、基因编辑、脑机接口、神经科学等技术的发展,使人类越来越有能力改造或干预自己身体的自然状态,使得编辑基因、增强记忆、增强情感等成为可能,这将会带来更多深层次的关乎人性和人类文明未来的大问题。因此,人与自然的和谐相处,不仅意味着人与自然界的和谐相处,而且还意味着人对自己身体的自然边界的守望,人类反思如何守望身体边界的过程,也是人类不断认识自我的第二次人性觉醒的过程。

第二,人异化于社会而陷入制度困境。休闲与劳动的二分,最终形成了重劳动而轻休闲的社会体制和分配制度。这种分配包括时间分配、资源分配、空间分配等各个方面。这种失衡的社会建制与思维方式,一方面,极大地挤压了因材施教和人格养成的教育空间,形成了急功近利的教育体系,乃至培养出重理轻文的偏科人才;另一方面,使人的休闲时间变成了另一种商业开发的目标,从而在更深层次上助长了物质主义与消费主义的生活观,特别是,当我们将物质性的攀比提升为判断人的成功与否的社会标准,乃至将生活的意义全部投射到拥有之物来体现时,更是直接助长了炫耀式的奢侈生活方式。在这种生活状态中,我们不再关注人的内心世界与学养内涵,而是关注人的外在装饰与行为标签。除此之外,自工业时代以来形成的量化管理方式与评价标准,又潜在地吞噬了人的休闲时间,乃至直接导致休闲方式的异化。而这种异化极有可能反过来进一步造成对自然生态的新的破坏,比如,当下流行的各种休闲农庄等旅游项目的同质化开发,就在很大程度上占用了农耕土地。

第三,人异化于自己而陷入成长困境。休闲与劳动的二分造成了人的同质化的成长模式。这种同质化包括评价标准的同质化,教育方式的同质化,城市规划的同质化,人的生活方式的同质化,以及休闲方式的同质化等。这些同质化发展不仅极大地扼杀了个人在成长过程中本来应有的多样性,营造了习惯于追求确定性和排斥甚至恐惧不确定性的思维方式,而且使自己处于新的被奴役状态而不自知。正如弗洛姆所言,人创造出来的工业化文明,反过来,成为压抑人性和奴役人的工具,人变成了待价而沽的商品,生命变成了获取财富的投资,因此,"19世纪的问题是上帝死了,20世纪的问题是人死了。在19世纪,无人性意味着残忍;在20世纪则意味着精神分裂般的自我异化。过去的危险是人成为奴隶。将来的危险是人可能成为机器人。……他们是'有生命的假人'。"①弗洛姆所揭示的这种"可能",无疑是我们在深化智能革命的今天,迫切需要摆脱的局面。

工业时代的发展理念和休闲观陷入的上述三大困境是相互联系的,也是整个工业社会所面临的发展困境的一个缩影。然而,这些困境在休闲与劳动二分的现有概念框架内和思维方式中是无法摆脱或无法克服的。因为在这种思维方式中,休闲不是作为人类精神的必需品,而是作为享有特权的自我纵容的奢侈品或懒散的代名词。对于富人而言,休闲变成了经济地位的象征和豪华生活的炫耀,对于普通百姓而言,休闲只是劳动之余的空闲,是恢复体力的前提和"挣来"的一种奖赏。这种将休闲视为是从属于劳动的发展理念,极大地扭曲了休闲概念的原初含义,这种以劳动伦理为中心的发展方式,残忍地剥夺了人类培育休闲能力的机会与自觉意识,从而使人的世界变得单一而趋同。

皮普尔曾在《休闲:文化的基础》一书中指出,我们必须面对过分强调劳动所带来的矛盾,从强迫性地迷恋于劳动的文化中恢复人的尊严,来获得对休闲的真正理解。因为我们回答人的生存能否以整天劳动的方式来充实的问题,需要我们在人类文明演化史的转折点处开启新的征程:即转向致力于理解"休闲"。皮普尔把劳动划分为三种类型:作为活动;作为勤奋;作为社会功能。然后,他通过与每种类型的劳动进行对比,来揭示休闲的本质。在皮普尔看来,与三种类型的劳动相比,休闲是一种能力,即放手的能力、沉浸于现实并与永恒的自然相交融的能力;休闲是以赞美的精神考虑问题的前提条件,即是内心快乐、自我和谐并与世界及其意义相一致的那些人才有可能拥有的状态;休闲是恢复人性的一条途径,即能够使我们从碎片化的劳动世界中找回消失的自我。②

---

① [美]埃利希·弗洛姆:《健全的社会》,欧阳谦译,北京:中国文联出版公司1988年版,第370页。

② 参见 Josef Pieper, *Leisure*, *The Basis of Culture*, South Bend, Indiana: St. Augustine's Press, 1998。

由此可见,在人与自然关系中自然的消失,以及在劳动与休闲关系中对休闲原初含义的扭曲,是相辅相成和遥相呼应的。当我们在人与自然的关系中,开始重视敬重自然时;在劳动与休闲的关系中,开始重视理解休闲时;在科学技术与人文的关系中,开始重视人的精神性与幸福感时,我们才会对人类文明的未来发展作出全新的不同思考,才能重塑尊重自然的发展模式,真正扬起"人成之为人"的第二个过程的风帆,奠定重新稚化和重建人的第二次"天真"的思想基础,使人文关怀真正为当代科技发展奠基,从而达到科技与人文的内在融合。

三、重塑休闲与劳动的融合统一

如果说,"人成之为人"的第一个过程是解决人的物质自立和行动自由的生存问题,那么,新冠疫情的蔓延迫使我们必须开启的"人成之为人"的第二个过程则是解决人的精神自立和行动自律的幸福问题。"人成之为人"的第二个过程也是人类学会重新稚化的返璞归真的过程。这一过程的演进与深化,将是环绕着真正理解休闲来展开的,而不是强化工业时代的劳动观念。

"休闲"既是一个耳熟能详的口语化的概念,也是依赖于地理环境、时代发展、文化理念等多种因素的概念。就其内涵而言,"休闲"不完全等同于"空闲"或"闲暇"。"空闲"或"闲暇"是相对于享有报酬的劳动或工作而言的,失业者、学龄前儿童以及离退休人员所拥有的自由支配时间,不能被称为真正的"空闲"或"闲暇"。失业者的空闲或闲暇是无奈之举,属于不希望拥有的被迫状态;学龄前儿童和离退休人员的空闲或闲暇则是一种生活常态。同样,许多人由于疫情的蔓延,被迫待在家中,也不等同于拥有了休闲。拥有自由支配的时间只是休闲的必要条件,而不是充分条件。

休闲含有道德境界、精神涵养、文化积淀的意蕴。在亚里士多德看来，"休闲"是真、善、美的统一，是伴随人终身的概念，是人的创造性活动得以展开和维持幸福生活的前提，也是很好地防御懒散的精神滋养品。在这种理念中，休闲与劳动的关系，既不是从属与主导的关系，也不是彼此排斥或相互对立的两个极端，而是休闲与劳动过程相交叉或相垂直的融合关系。从这个意义上来看，我们在工业时代形成的唯劳动的发展理念引导下，对休闲的理解与定位从起点开始就陷入了误区。

首先，从活动场所来看，我们通常认为，劳动场所的活动是以经济为导向的、有报酬的、受人管制的、有考核要求或衡量指标或奖罚机制的活动，休闲场所的活动相对于参与者而言是非经济导向的、无报酬的、自愿的或自由选择的，以及需要有支付能力的活动。这种习惯性的对比，事实上，不是劳动与休闲的对比，而是劳动与娱乐活动的对比。然而，休闲活动与娱乐活动虽然有很大的相关性，但是，在内涵上却有着本质的不同。

其次，在休闲与劳动的二分关系中，劳动与休闲不是平权的或同等重要的，而是劳动处于支配地位，是社会发展的核心，休闲隶属于劳动，是为劳动服务的。从时间维度来看，劳动时间是主要的，休闲时间是次要的，通常被称为业余或空闲时间，但将休闲时间等同于空闲时间，无法对空间时间内所从事活动的优劣给予适当的引导；从活动维度来看，劳动是正业，休闲是副业，但将休闲活动等同于非劳动性的活动，则会将没有报酬的所有活动都算作休闲活动；从经济维度来看，劳动是挣钱，休闲是花钱，但将休闲等同于消费行为，则既容易使休闲异化为个人财富地位的象征，成为炫耀或攀比的筹码，导致非理性消费，也容易导致休闲的异化，使一部分人的休闲变成另一部分人进行经济开发的资源；从社会维度来看，劳动偏重于生产，休闲偏重于体验与交往，但将休闲活动完全看成是为了体验与社会交往，会将休闲异化为另一种形式的劳动，反而将人宁静的独处、沉思等精神性活动排除在休闲之外。

这些维度所反映的理解只是我们对休闲概念的习惯性理解。在字典中,休闲通常被定义为摆脱劳动或从事没有责任要求的活动,比如休息、度假等。在学术领域内,休闲社会学、休闲教育学、休闲心理学等从不同学科视域赋予休闲概念不同的定义,但在总体上并没有超出把休闲时间理解为闲暇的范围。虽然这些学科对休闲概念的理解并非相互排斥,也不是竞争性的,而是代表了休闲的不同侧面或不同维度,具有互补性,但是,就其实质而言,这些研究依然是延续了劳动优位的思维方式,因而是对休闲的外围观摩,远远没有构成对休闲本质的揭示。

这是因为,在工业时代形成的休闲观和劳动观中,休闲是为了更好地劳动而展开的,劳动则是为了更好地进行物质生产而展开的,两者都与提高生产率相联系。在这种发展模式的驱使下,人们时刻存在的竞争意识所造成的忙碌与焦虑,事实上是在扼杀休闲。中文的“忙”字是由“竖心旁”和“亡”字组成的,而“亡”具有“失去”“灭”“死”等含义,而“竖心旁”是由“心”字演变而来,这样,由“心”和“亡”合成的“忙”字意味着是对忙碌之人发出的一种警示。就我们的器官特征而言,我们在匆忙和紧张时通常会感到“心慌”或“心跳加速”,我们只有在休闲的状态时,心脏才会健康地正常跳动。这也从一个层面印证了休闲确实是人类身心健康的前提条件。

因此,将休闲等同于空闲,将休闲活动等同于娱乐活动,是对休闲概念的一种误解。事实上,从劳动的定义来看,与劳动相对应的是玩乐,而不是休闲,尽管休闲也必定具有玩乐的内涵。劳动本身蕴含着特定的目的,一旦目的达到,就意味着劳动过程的结束。而在玩乐活动中,重点在于活动本身的内在意义,而不是活动的目的,玩乐的活动不需要有目的,玩乐的每个环节都是对快乐意义的展开。

这就是为什么只要玩乐活动是富有意义的,就能被玩家不断地玩下去的原因所在。从这个意义上来看,对于劳动者而言,当有目的的劳动成为富有意义的劳动,乃至是个人感兴趣的劳动时,劳动者同样能够忘我地沉浸在劳动过程之中,并在劳动过程中激发出创造力和度过美好时光,而不是企盼或期待过程的尽快结束。这样的劳动事实上就是休闲式的劳动。相比之下,如果劳动者在劳动过程中享受不到劳动本身的乐趣,在主观上希望过程尽快的结束,那么,这样的劳动就是异己的和被迫的劳动。因此,休闲式的劳动总是能动的、积极的、富有创造性、使时间本身充满活力的劳动。这足以表明,休闲与劳动并非总是非此即彼的对立两极,也并非总是利用与被利用的关系,而是有可能融为一体的互助关系。

"休闲"概念的原始含义中隐含有"教养"的意思,是人类在解决温饱之后,才有可能自觉地追求的东西。休闲活动不完全等同于物质消费、吃喝玩乐、观光旅游,休闲时间也不完全等同于业余或闲暇时间。在休闲的原初含义中,休闲是过赞美而肯定式的生活,强调人的宁静、从容、放松、乐观向上和生活世界的整体性;休闲是使生活充满乐趣和富有幸福感的触发器,而不是象征社会地位的奢侈品;休闲还是在不确定的生活世界中不断地选择成就自我和发现生命意义的风向标。

休闲与自由相关,但这种自由并不是随心所欲,而是指能够自由地过美好生活的能力。我们在休闲时,所考虑的问题不是"我们应该做什么事情",而是"我们应该成为什么样的人"和"我们应该过怎样的生活"。当我们把如何才有可能得到最美好的生活和有意义的生命体验作为选择目标时,我们的注意力就不再是关注责任和义务的问题,而是关注个人兴趣与社会担当的问题。这样,我们回到生活世界,重塑休闲概念的过程,是鼓励我们在日常生活中从主要关注道德,即责任层面,转向主要关注更广泛的伦理,即探索美好生活的层面。

在此过程中,当个人的能动选择与社会的积极引导融为一体时,我们就会发现,休闲赋予了生活全新的格调。德谟克利特强调,"人既不是借助肉体,也不是通过占有,而是通过公正和智慧来找到幸福"。"幸福是一种通过对行为和享乐的节制、对愿望的制约及避免对世俗占有物的竞争而获得的一种安宁的快乐。"①在福柯看来,"必须关心自己"这个原则是希腊文化中的一个古老格言,关心自己是"关于自身、关于他人、关于世界的态度";"也是某种注意、看的方式。关心自己包含有改变他的注意力的意思,而且把注意力由外转向'内'……关心自己意味着监督我们的所思和所想的方式。"②

另一方面,当我们考虑什么样的休闲生活是值得追求的生活时,就必然会涉及道德和伦理问题。因为有些能够给人带来快乐和美好的生活方式,却并不一定是合法的或值得追求的,比如,赌博、色情等活动。当我们决定了值得过怎样的生活时,还会进一步考虑,如何营造能够实现这种生活的社会环境和构建相应的社会制度,如何选择最有可能达到这种美好愿望的政府治理体系,如何使自然、环境、艺术、建筑、绿地、公园等元素在美好生活中发挥协调作用等一系列问题。因此,当我们将休闲看成是追求美好生活的核心时,休闲就不仅是个人的问题,而且也涉及城市规划、教育设置、社会建制、文化氛围和政治导向各个方面。当我们能够自觉地回到生活本身来理解休闲时,我们就可以借用马克思的话来说,这种理解"不是从原则出发,而是从事实出发"。

对于人类而言,美好生活是指克服了所有生物性的幸存所具有的先天欲望意义上的"美好",而不是维持生命的生物性需求。因此,休闲开始于我们对美好生活的向往,是积极的人生态度与生活选择。基于休闲来创造美好生活的活动,与纯粹的技术制作活动正好相反。在技术制作活动中,工匠是根据事先规划好的蓝图或预定目标获得预期结果,而通过休闲创造的生活却是在过程结束之后,结果才会显现出来,或者说,在过程展开之时,结果是未知的、多元的、不确定的,结果只是过程的产物,而不是预先设计好的或注定会达到的预期目标。因此,休闲式的生活和劳动是带有不确定性的、具

---

① 转引自托马斯·古德尔、戈弗瑞·戈比:《人类思想中的休闲》,成素梅、马惠娣、季斌、冯世梅译,昆明:云南人民出版社 2000 年版,第 25 页。
② 米歇尔·福柯:《主体解释学》,佘碧平译,上海:上海人民出版社 2005 年版,第 35、10、12 页。

有无限可能和充满挑战的、有能力拥抱多元性的生活和劳动,而不是通过某种因果规律来预测的注定有确定结果的单调的生活和劳动。

当我们回到生活本身来理解休闲与劳动时,不仅有助于积极地表达对未来美好生活的憧憬,而且带来了对工业化发展模式的格式塔式的改变或改造。这种超越以劳动为导向的休闲观和以经济利益为核心的劳动观,不仅要求我们自觉地重塑敬重自然的发展观,将世界作为一个整体来考虑,使我们自己成为面向整个存在的个人,达到人与自然、人与社会、人与他人、人与自己的四重和谐,而且我们基于这种理解所重建的社会,将会更有助于人的成长,更有可能将技术的发展从一开始就扎根于人文关怀的土壤之中。

因此,休闲不是为了劳动的缘故而存在。在以人工智能技术为核心的智能革命深入开展的今天,我们只有以休闲的方式来从事劳动,才能理解马克思关于使劳动不再只是人的谋生手段,而是成为人的"生活的第一需要",成为人的自由本质特征的体现,成为与人的成长过程相关联的一个组成部分等断言的真正涵义。这样,我们对休闲的追求就不再是对劳动的排斥,反而是成为劳动的新境界,成为内在于劳动过程的愉快地展现人的生活意义和精神面貌的积极历练。

四、结　　语

综上所述,休闲如同哲学和艺术一样,虽然本身并不是具有幸存价值的东西,但却是为人的幸福提供价值的东西。休闲不是奢侈的生活,而是生活的重要激发器,其最高目标是人的善良本性的展开,是宁静的积极心态的养成,是将人的内在价值与其环绕的事物有机整合起来的能力,或者说,是赋予人将世界作为一个整体来接受的能力。然而,这种整体性并不意味着完美,而是意味着,有能力将失败接受为生活的一个必要的构成部分。皮普尔将休闲看成是人类灵魂的条件和对"劳动者"形象的制衡。这些不同的思考带来了休闲观与劳动观的改变。而这种改变不仅关系到教育界、娱乐界、旅游业、社会建制、文化理念、城市规划、劳动形态、分配制度等各方面的重新定位,而且将会带来人类生存环境的第三次转变:即从埃吕尔阐述的技术环境,转向自然—社会—科技—人文深度融合和高度纠缠的"人文环境"。我们只有在人文环境中,才能恪守尊重自然的发展观,才能使"成己为人,成人达己"从抽象的理论信念落实为具体的实践过程,最终达到马克思所期望的个人的全面发展。

第三章
幸福生活的哲学思考[*]

——全面建成小康社会进程中的幸福观

党的十八大报告在六个地方提到了与"幸福"相关的概念。这是过去历届党的报告中从未出现过的。报告开篇把"增进人民福祉"与"继续推动科学发展,促进社会和谐,继续改善人民生活"等相提并论;把"共同创造中国人民和中华民族更加幸福美好的未来"作为报告的最终结语;报告把中国共产党一以贯之的"为人民服务"的根本宗旨和全面建成小康社会的美好愿望浓缩为使"人民幸福"的普适理念,把"人民幸福"看成是衡量我国经济增长的基本要素之一,看成是评价共产党的执政能力的有效标准之一,看成是发展社会主义道路的核心指标之一。[①]报告字里行间所蕴含的使"人民幸福"这一理念虽然貌似普通,但却是关心民生的新表现与新理念,把改善人民生活的宗旨,从物质层面提升到精神层面。这一提升无疑向我们提出了一个亟待深入研究的时代命题:什么是幸福?如何才能达到幸福?或者说,中国共产党在带领全国人民全面建成小康社会的进程中,应该引导人们确立什么样的幸福观?本文尝试着从剖析幸福、休闲与工作三者关系的视域,就此问题发表管见。

---

* 本章内容发表于《毛泽东邓小平理论研究》2013 年第 6 期。

① 胡锦涛:《坚定不移沿着中国特色社会主义道路前进 为全面建成小康社会而奋斗》《人民日报》2012 年 11 月 28 日。

一、从物质幸福到精神幸福的提升

2012年，中央电视台曾就"你幸福吗"的问题进行过街头采访。记者的问题只有一个，而群众的回答却千差万别。这说明，幸福的问题既简单又深奥。之所以说简单，是因为这一问题与每个人的日常生活休戚相关，也与每个人的每一成长阶段密不可分，男女老少都能说出自己的理解；之所以说深奥，是因为古今中外对这一问题并没有一个共识性的答案，也无法提出共同的指标来加以判断。当然，达不成共识，并不等于说人类智慧之贫乏，无法提供统一的回答或标准，也不能证明这一问题没有意义。而是说明，这一问题的答案本身是动态的、多元的、因人而异的、因时代而异的、因条件而异的、因环境而异的。幸福是相对于感受主体而言的，其范围极其广泛：可以是一个条件的满足、一种理想的实现、一个意外的收获、一种亲情的体验，也可以是一个追求过程、一种思想境界。幸福与具体的事实相关，但更与人的心理、修养、追求等因素直接相关，也不会游离于国家和社会之外。我们对幸福的理解与感受，既随社会、经济、文化等条件的变化而变化，也随个人的满足标准的变化而变化，还随自我修养与需求的变化而变化。

幸福是一个跨学科的概念，可以从各种不同的视域与不同的层面来讨论。心理学家通常把人的幸福与人的情绪状态联系起来，认为幸福是由积极的或愉悦的情绪所刻画的一种心理状态或情绪状态。这些情绪状态的范围很广，包括人的某种欲望的满足、快乐、娱乐、喜悦、非常愉快以及成功等。然而，这种幸福观在一定程度上降低了人的幸福层次，因为一条宠物狗在得到喜爱的食物时，也会表现出欢快、喜悦的样子。这种幸福观不能把积极进取之人与智障者、无知者以及没有进取心的人区别开来，因为对一个人来说是幸福的一件事，对另一个人来说未必如此。这种幸福观无法把至善的幸福与邪恶的幸福区分开来,一位吸毒者在毒瘾发作时,能够获得毒品,是一件令其兴奋的事情,小偷在偷盗成功时,也会感到快乐,这些人的幸福,显然是违法的、邪恶的、病态的、有害于他人和社会的。因此,用情绪状态来理解幸福,无法揭示幸福的内在本质。

美国经济学家萨缪尔森把幸福看成是效用与欲望之比:幸福与商品的效用成正比,与个人的欲望成反正,当欲望既定时,效用越大,越幸福,当效用既定时,欲望越小,越幸福。因此,节制欲望,追求效用,成为提升幸福的途径之一。而这一公式成立的前提假设是,人的欲望都是正当的、好的、能够有所节制。但如何节制欲望却不是经济学研究的主题。在发展经济的过程中,当人的欲望无限膨胀时,欲望就变成一切罪恶之源。2008 年,肇始于美国并波及全球的金融危机,在很大程度上,并不在于经济,而在于人心;不在于贫穷,而在于贪婪;不在于发展,而在于投机。然而,商品或事件的效用也是相对而言的,既与人的需求相关,也与赋予的意义相关。通常情况下,当人们的生活达到小康水平时,物质财富的边际效用会随之降低,快乐物质化的程度也会降低,随之而来的是,依靠物质财富来提升幸福感的力度必然会减弱,人们的幸福感开始从重视物质转向重视精神。在马斯洛的需要层次理论中,物质需要是人的低层次的需要,而精神需要才是人的高层次的需要。因此,经济学家心中的幸福观同样不能揭示幸福的内在本质。

在启蒙时代之前,人们的欲望主要通过道德教化与宗教戒律来规范,并用幸运、智慧、德行与上帝来填充幸福的内涵。苏格拉底认为,道德之人才是幸福之人,知识是人们获得幸福的关键;柏拉图认为,情绪上的快乐和幸福是两回事,单纯的感情快乐不是真正的幸福,用智慧和德性去追求美德和至善,才是幸福;亚里士多德认为,幸福是合乎德性的现实活动,是通过努力得来的,伦理学是使个人幸福的科学,政治学是使集体幸福的科学;而康德则认为,伦理学并不是幸福学,而是教人如何配享幸福,只有拥有德性之人,才配拥有幸福,因此,德性是幸福的前提。儒家幸福观的典范是安贫乐道,就像《论语·雍也》中描述的"一箪食，一瓢饮，在陋巷，人不堪其忧，回也不改其乐"那样。这是一种强调"以道为乐""与道合一"的精神境界的精神幸福。

这说明，真正的幸福既不是享乐主义的幸福，也不是禁欲主义的幸福，而是有益于个人成长与社会和谐的幸福，是积极的和至善的幸福。正是从这个意义来看，党的十八大报告把使"人民幸福"作为全面建成小康社会的一个指标来强调，就具有重大的现实意义与理论价值。当前，我国的发展令世人瞩目。随着物质生活水平的提高与城市化建设步伐的加快，中国人民的价值观与生活方式也在不断地发生变化。在这一变化过程中，不论是从现实生活的事实判断出发，还是从个人感受的价值判断着眼，从物质幸福到精神幸福的提升都是显而易见的。从生活形式来看，以提高修养、提升境界、发展兴趣为核心的休闲式生活的边际效用正在逐步增加。这样就把幸福的生活与休闲式的生活联系起来了。我国从 1995 年 5 月 1 日起开始实行每周五天工作制，1999 年，开始执行"黄金周"的长假制度，在 2012 年国庆节期间，政府又出台了"黄金周"小客车免收高速通行费的政策。这些举措无疑为我们提供了更多的休闲时间，起到了拉动内需、刺激消费和开发假日经济的作用，也在客观上提升了人们的精神幸福感。而当我们把自己的幸福感交给休闲式的生活时，随之便带来了另一个看似容易实则复杂的问题：什么是休闲？如何理解休闲？

二、休闲观与生命意义的提升

休闲至少有四个功能：一是放松身心；二是获得工作之外的满足；三是丰富生活经验；四是增进个人的身心发展和提升生命的意义。但是，休闲也有否定的一面，也有异化的情况。凡勃伦在《有闲阶级论》一书中就描述了一批有闲阶层的人所持有的一种异化的休闲观。凡勃伦所说的这些人是摆脱了生活贫困的富裕阶层的人,即很少参加或根本不参加生产性劳动的那些人。这些人的有闲是一种职务,他们要为自己的有闲付出代价。[①]他们把有闲看成是一个特权和地位的象征,他们不是依靠提高内在修养、见识与优雅的行为举止赢得他人的青睐与尊敬,而是在金钱文化的诱导下,靠标签式的炫耀消费来标榜自己的社会地位和财富。这种消费模式不是以需求为目标,而是以一种刻意的模仿与矫情为前提。这些现象在我国现阶段也很常见。与这种休闲方式联系在一起的幸福,无疑是一种扭曲的、异化的幸福。

在日常生活中,我们通常把休闲理解为工作之后可以用来自由支配的时间,即指空闲时间或业余时间。这种理解把时间划分为两个相互排斥的部分:工作时间与业余时间。这种区分把占用业余时间来工作看成是需要得到补偿的。这样,我们就潜在地把工作理解为是强迫的和负有责任的,具有优先性,而把空闲时间理解为是剩余的或可以"挣来"的另一种形式的财富。比如,加班工作后必须得到"时间补偿"或经济补偿,即获得工作之外的时间奖赏或应得的加班费。但这种理解不适用于失业人员。因为对于失业者来说,他们拥有的空闲时间是虚假的,是无法享受的,也是不希望拥有的,他们更不会为此而感到幸福。把休闲理解为"工作之余"的另一个困难是,易于把自由时间的追求变成目的本身,结果,在这段时间里干什么反而变得不重要了。除此之外,闲暇时间的利用变成了商家进一步开发并能带来经济效益的一个目标,即消费自由时间,从而使时间概念拥有了经济内涵。于是,我们有了"时间就是金钱"的口号,时间反而变得越来越珍贵。因此,从业余时间的角度理解休闲既不适用于所有的人,也无法揭示幸福与休闲之间的内在相长关系。

我们通常也把休闲理解为是在自由时间内所从事的非工作性质的活

---

① 凡勃伦:《有闲阶级论》,钱厚默译,海口:南海出版公司 2007 年版。

动。这种理解不是划分时间,而是划分活动,即把活动区分为工作性质的活动与非工作性质的活动。这种区分不是根据活动本身的性质来确定的,对于一些人来说是休闲的活动,对于另一些人来说却是服务于某些特殊功能的工作。比如,在旅游与娱乐活动中,对导游等服务人员来说,是一项工作,但对参与者来说,是为了身心的放松。读书、听音乐以及时下盛行的各类体验式活动,也是如此。这种理解虽然避免了作为闲暇时间的休闲定义之不足,但却把休闲看成是有目的的,而不是休闲本身。因此,在这种理解中,尽管休闲本身没有问题,但却不会使我们真正发现休闲的潜能。我们也难以自觉地意识到,拥有休闲的心态事实上比在工作时更能解救人的灵魂。虽然娱乐活动从来都是人的生活中的一个重要方面,也与人的幸福感密不可分,但如果把休闲仅仅理解为娱乐活动,可能会极大地降低休闲的地位与作用。事实上,休闲是比娱乐活动更广泛的一个概念,休闲与所有能使人感到有放松作用的、在个人兴趣引导下的、有意义的活动相关,而娱乐只是这些活动的一部分。

我们还可以把对休闲的理解与人的动机与心态的考察联系起来,把休闲理解为是人们在受内在动机的驱使下能够感到自由的一种心理状态。在这里,"感到"这个概念是一种个人的内心体验,同样的事情或活动,人的感觉是不一样的。这种理解有两个约束变量,一是运用"感到自由"来区分休闲与非休闲状态;二是进一步根据"动机"的性质来限定休闲活动。通常情况下,当我们把在活动中得到的满足看成是源于活动本身,而不是源于外在的奖赏时,这种活动被判断为是受内在动机驱使的活动;当我们把在活动中得到的满足看成是来自外部的奖赏时,即活动本身不是奖赏,而是由于从事活动而得到了奖赏时,这种活动就被当作是受外在动机驱使的活动。这种理解显然在一定程度上淡化了工作与休闲之间的区别,强调了休闲感觉的个体性,揭示了人的内在动机对提高活动质量和发挥主观能动性带来的积极影响。

当然，这里所讨论的活动是指那些在法律允许的范围内有益于人的身心健康、有益于提高人的生命质量与生活意义，以及有益于促进社会和谐和生态文明的活动。对于大多数人而言，过去最有意义的活动是确保生存，或者说，达到无忧的衣、食、住、行是近代以来人类追求的无可置疑的首要目标。但是，当我们在实现这一目标的过程中面对新的生存危机与异化的生活方式时，我们才发现，从根本意义上把人类文明的发展只定位于物质满足，是何等的狭隘与危险。现在最有意义的活动是能够确保人们通向幸福，达到愉悦的生活状态。愉悦的生活状态是一种能够把工作与休闲整合起来的生活状态。这种整合会带来一系列价值观与发展观的改变，而这些改变首先体现在如何看待休闲、游戏与工作的问题上。

三、休闲、游戏与工作的融合

可以在两种意义上使用幸福与休闲概念：一是作为名词来使用，把幸福与休闲理解成一种拥有的东西；二是作为动词来使用，通常与一种体验和一个过程联系在一起。在第二种意义上，幸福与休闲就不再是与劳动或工作相对立的概念，强调的是生命意义与内在驱动力，更能与人的兴趣爱好联系起来。这两种理解之间的区别实际上是把幸福与休闲理解为一个结果还是理解为一种体验之间的区别；是基于消费与占有的社会还是基于个人成长与追求生命意义的社会之间的区别，是通过对所有社会资源的无尽开发最终将会走向崩溃和毁灭的世界还是通过与自然界的和谐发展得以成长的世界之间的区别。[①]在第一种用法中，幸福与休闲是从事游戏娱乐的前提，不会感到幸福或没有闲暇时间，就自然谈不上游戏和娱乐活动。在第二种用

---

① Neulinger, J., *To Leisure: An Introduction*, Boston: Allynand Bacon, Inc. 1981.

法中,游戏娱乐活动与工作有可能统一起来,因为当把幸福与休闲作为一个过程和体验来理解时,过程之中的获得将有可能变得比目的本身更重要。

在儿童的心目中,游戏与工作是没有区别的。儿童眼里的游戏,有时会成为成年人眼里的工作,甚至成年人认为是辛苦的事情,儿童有时却会感到快乐、有趣和幸福。在日常生活中,这方面的事例并不少见。游戏与工作的最大区别在于,活动本身的性质与动机。游戏的性质与动机是内在的,是受个人兴趣引导的。游戏有可能激发出人的全部潜能,有助于发挥人的主观能动性,当把工作本身内化为一种有乐趣的生活方式,并被当作游戏来做时,就会把幸福的体验贯穿于其中,使经济的回报不再成为唯一的追求目标。

在这种意义上,强调幸福与休闲的重要性,并不意味着降低工作的重要性。强调休闲式的幸福生活,并不意味着替代工作。工作本身提供了无尽的挑战,是人成长的标志,也伴随着人的动机的重建。没有工作的人肯定是不幸福的。人们渴望获得一份工作就像渴望获得食物一样,工作携带着与人的自尊密不可分的目标与成就感、有用感。问题不是以放弃工作为代价来倡导休闲和理解幸福,而是如何学会休闲式地工作。只有在休闲式的工作中,才能把外在动力内在化。当人们不是为了外在奖赏而工作,而是为了活动本身的乐趣与成就感而工作时,休闲、游戏与工作就会达到三位一体的理想境界。在这个过程中,人的灵魂就能够得到更彻底的释放。因此,人们只有在休闲时,才能成为自己真正的主人,才能有助于获得自尊与平等,有助于超越功利世界,有助于为克服人的内在贫困提供永恒的机会。

受内在价值驱使是指所从事的活动完全是出于喜欢与兴趣,是受活动本身的吸引,希望从活动过程中获得乐趣;受外在价值驱使的活动是指活动本身不是奖赏,而是获得奖赏的前提,即活动成为一种手段,一种为了实现某种目标的途径。在现实生活中,完全由内在动机驱使的并能感到自由的活动显然是人们喜欢追求的一种理想状态。拥有这种状态的人是把工作作为一种游戏来做的,并在游戏式的工作中获得内在的乐趣与愉悦,甚至为了获得这种内在的乐趣与愉悦,自愿付出时间、金钱等努力,从而使工作本身成为一种生活方式;另一种极端情况是完全受外在动机的驱使并深受各种约束的活动,这是人们最不喜欢的或者最不希望的状态,是一种纯粹的劳动。这当然是两种极端情形,更普遍的情形是介于两者之间的各种中间状态的工作,即既受内在价值的驱使也受外在价值的驱使的工作。

显然,这样的休闲观已经超越了单纯把休闲等同于自由时间或游戏娱乐活动的定义,重点强调把休闲与人的幸福感和生命意义的追求联系起来,真正体现出让人能够"感到自由"与"有教养"的休闲含义。这里所说的"自由"不是随心所欲的无条件的自由,而是指受自然条件、社会公德和法律约束的有条件的自由,也是指人们能够具备的做事能力的自由。强调人的幸福与休闲的文明是以追求人的全面发展与有教养的行为举止为核心的文明,是以人、自然、社会和谐发展的绿色文明或生态文明为目标的文明,是追求人的生命意义最大化的文明。

四、追求整体论的幸福观

当真正的休闲式的幸福生活有望实现时,我们却远远没有做好迎接它的思想准备。这是因为,休闲带来的问题是与人的修养、追求、境界等相关的问题,是与转变生活方式和社会发展模式相关的问题,是如何树立良好的社会风尚与社会道德的问题,也是如何使人得到充分发展并感到精神幸福的问题。因此,如果说,我们发展经济的能力是对人类文明的第一次检验的话,那么,我们运用休闲的能力则是对人类文明的更重要的又一次检验。

我们准备和获得幸福与休闲的过程,是从他人的外在控制与指引走向自觉控制与自律的过程,是通过自我完善和自我认识,学会为自己负责、为他人负责、为社会负责并在有所担当与有所作为的前提下获得自由并发现意义的过程,也是对幸福与休闲的认识由被动转向主动的过程。如果这个过程得以开始,我们的社会就会变得更加和谐,我们的世界就会变得更加平和。无疑,中国特色社会主义社会就是使人们能够过上这样的生活的社会。

当社会的发展进入到以追求幸福与休闲为中心的时代时,我们就会自觉地发现,在有生之年如何成为有用之人的问题,是一个更加重要的问题和更有挑战的问题。不管社会多么富裕,政府多么民主,人民多么睿智,一个减少人类的需求和有用机会的社会是一个荒谬的和没有价值的社会。人们只有在休闲的状态中,才能学会成为有用之人,才能最大程度地发挥自己的创造力,才能有机会使自己成为追求高尚与卓越的人。这样的人才是一个真正幸福的人。

在全面建成小康社会的过程中,我们不仅需要大力开展经济建设,而且更需要吸取西方发达国家的经验教训,通过制定基于幸福的政策,重塑和复兴建立在简化物欲与充实精神之基础上的中国人的传统幸福观,为人们营造一个乐于追求高尚精神、正确理解生命意义、善于提升自觉意识的社会氛围。这无疑也是全面落实党的十八大报告精神,从实际出发、构建和谐社会、践行科学发展观、建成小康社会的题中之义。

第五篇

科学技术与社会

第一章
如何理解基础研究和应用研究*

20世纪以来,经济实力的强弱已明显地成为各国夺取优势的决定性因素。随着经济发展中科技含量的日益增加,各国政府把推动经济发展的目标越来越定位于科技政策的调整方面。其中,如何理解与怎样处理基础研究与应用研究之间的关系问题,成为制定科技政策以及决定国家投资趋向的重要价值基础。在新的世纪之交即将来临和知识社会即将兴起之际,就此问题的进展进行回顾与展望,无疑具有一定的现实意义。

一、布什的科学研究线性模式及其影响

布什是"二战"期间美国科学研究发展局(OSRD)局长,1944年11月(即"二战"结束的前一年)他遵照罗斯福总统的指示,预测如何在和平时期发挥科学的作用。经过近一年的潜心研究,1945年7月,他在著名的《科学:永无止境的前沿》的研究报告中,对基础研究下了明确的定义,并说明了基础科学和技术创新之间的联系环节。布什认为,基础研究是不考虑应用目标的研究,它产生的是普遍的知识和对自然及其规律的理解。①应用研究

---

* 本章内容发表于《自然辩证法通讯》2000年第4期。

① [美]V.布什:《科学:永无止境的前沿》,张炜等译,中国科学院政策研究室编,1985年,第51页。

是有目的地为解决某个实用问题提供方法的研究。按照布什的理解,这两种研究分别由两个不同的机构来承担,大学主要从事基础研究,企业或政府设立的实验室主要从事应用研究。基础研究和应用研究分别位于一个杠杆的相对两端。如图 1 所示:

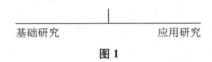

图 1

布什指出,相对于生产实践而言,"基础研究是技术进步的先行官"①。基础研究应当从过早地考虑实用价值的短视目标中解放出来,然后通过应用与发展研究的中间环节,转变为满足社会经济、军事、医疗等需要的技术发明,从而在根本上为技术进步提供间接而有力的内在动力。这种从基础研究到技术发明的序列模式,就是布什提出的科学研究的"线性模式"(linear model),如图 2 所示:

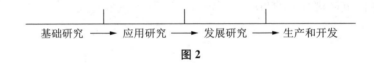

图 2

布什认为,在这一发展序列中,基础研究确立应用研究的方向;应用研究以创造和研制新产品、新品种、新技术、新方法、新流程、新规范为目标;发展研究是借助于基础研究和应用研究的成果,通过对材料、装置、系统、方法和过程……的有秩序的实用性研究,将理论形态的成果扩展为中间工厂试验、定型设计、小批量生产;生产和开发是最终将各种形式的研究成果转化为新商品的过程。由上图不难看出,在布什的序列模式中后面的研究总是依赖于前面的研究,从而突出了作为序列起点的基础研究的重要性。他强调指出:"一个在基础科学知识上依赖于其他民族的国家,它的工业进步将

---

① ［美］V.布什:《科学:永无止境的前沿》,张炜等译,中国科学院政策研究室编,1985 年,第 51 页。

是缓慢的,它在世界贸易中的竞争地位将是虚弱的。"①

　　布什的研究报告产生了广泛的社会影响,不仅已出版的各类词典对基础研究和应用研究的定义都与布什的观点基本相同,而且更加重要的是在一定程度上引起了美国政府对基础研究的高度重视。具体表现是政府用于基础研究的经费一直保持着稳定增加的趋势,并且支持基础研究的机构和形式也越来越多。尤其是从1957年苏联人造卫星发射到美国人首次登月成功这段时期内,联邦政府对基础研究的投资以20%的速度在增长。

　　在1966—1975年这十年间,由于科学悲观主义的盛行和通货膨胀等因素的影响,曾降低了对基础研究的资助力度。但是,从苏联入侵阿富汗开始,美国政府产生了新的危机感,再一次体现为对基础研究的重视。卡特和里根政府像30年前的艾森豪威尔政府一样认为,国家实力最终取决于科学进步,因此,他们在很大程度上恢复了曾经遭到削减的基础研究的经费预算。下表是美国联邦政府1980—1992年科研经费的支出情况。②

美国联邦政府 1980—1992 年科研经费支出表

单位:亿美元

年度 ＼ 项目	基础研究	应用研究	总支出
1980	66.23	98.09	164.32
1984	77.79	87.08	164.87
1985	82.90	88.15	171.05
1986	83.95	85.97	169.92
1987	89.42	89.98	179.40
1988	91.42	88.55	179.97
1989	97.96	93.90	191.95
1990	100.17	92.78	192.95
1991	106.29	99.29	205.58
1992	109.41	103.34	212.75

---

① ［美］V.布什:《科学:永无止境的前沿》,张炜等译,中国科学院政策研究室编,1985年,第52页。
② 《美国统计摘要》1993年,第601页。

以上数字说明,政府在科研经费的分配中,投资于基础研究所占的比重在逐年增加,从 1988 年开始超过了投资于应用研究所占的比例。这从一个侧面反映了美国联邦政府对于基础研究的重视程度。

冷战结束后上台的克林顿总统意识到,在新的国际环境竞争中,保证美国持续处于优势地位的关键,主要取决于科技能否在经济发展中发挥决定性的作用。在这种思想的指导下,克林顿政府在重视研究甚至是基础教育的条件下,更加强调科技成果的转化问题,突出了"战略研究"的重要性。"技术是经济增长的引擎,科学是技术发展的动力"是他们的指导哲学。这种哲学更加明显地显示出布什的观点所产生的深远影响。

二、布什模式的局限性

尽管布什关于科学研究的线性概念模式深刻地影响了美国制定科技政策的战略目标,但是,当我们把布什的线性概念模式放到整个科学史的背景之中加以分析时,不难发现,他把基础研究和应用研究割离开来的观点和单向度的科学研究的线性模式,是不全面的。事实上,科学史中充满了以求知为目标的基础研究和以实用为目标的应用研究共同引导的实际案例。19 世纪的微生物学家巴斯德(Louis Pasteur)的工作便是典型一例。①

巴斯德在化学、微生物学及免疫学领域内都作出了卓越的贡献。他在学生时代就体现出对科学研究的浓厚兴趣,并在以后的工作中热衷于纯粹的基础研究。他所从事的微生物研究工作引起了当时的企业家和政府的密切关注,随着基础研究的不断深入,他选择的问题和寻求的研究路线却变得更加实用。例如,1856 年,他为一位企业家解决从甜菜汁里提取酒精的实

---

① R.瓦莱里-拉多:《微生物学奠基人——巴斯德》,陶亢德等译,北京:科学出版社 1985 年版。

验所遇到的难题时,发现了微生物的发酵机理,这一发现为人们提供了控制发酵和限制腐烂的一种有效方法。同年,他受农业部的委托,研究当时使法国的养蚕业蒙受了惨重损失的一种流行病的治疗方法;他在研究炭疽和鸡霍乱的过程中,研制出了减毒炭疽疫苗,这种疫苗在用于动物的试验中效果甚好;1881 年他又着手研究狂犬病,于 1885 年研制出减毒狂犬病疫苗。临床实验表明,实验室中制备的减毒疫苗可以安全有效地防治人类疾病。巴斯德在研究微生物的基础上,形成了疾病细菌理论,建立了微生物学,同时也得到了明显的实用效果。

这个案例充分表明,求知欲和实用性如同一个硬币的正反两面一样,是相互联系在一起的。这类事例同样存在于其他学科领域。例如,为推进工业化进程的需要导致了开尔文(Kelvin)物理学的产生。[1]德国有机化学的发展奠定了德国化学燃料工业和药品工业的基础。美国的朗缪尔(Irving Langmuir)通过对电子器件表面的研究,创立了物理化学,并获得 1932 年的诺贝尔奖。还有为了减轻地震、风暴、干旱和洪涝的损失,诞生了地震学、海洋学、大气学等学科。在社会科学中也存在着由扩展基本知识和追求实用目标共同激发的研究案例。例如,凯恩斯(J. M. Kenynes)的微观经济理论,一方面,试图从根本上理解经济的动态发展,另一方面,企图解决令人苦恼的经济危机问题;还有近几年来盛行的企业伦理学、管理哲学等。

布什模式的另一个局限性是忽略了历史上实际研究情境中存在的相反情况。其实,在人类历史的早期,实用技艺是由技术的"改进者"来完成的,用玛勒桑弗(Robert P. Multhauf)的话说,"改进者"根本不懂科学,也没有从科学中得到过多少启发。[2]19 世纪末,第二次工业革命的产生,才改变了

① Crosbie Smith and M. Norton Wise, *Energy and Empire*：*A Biographical Study of Lord Kelvin*, Cambridge：Cambridge University Press, 1989.

② Robert P. Multhauf, "The Scientist and the 'Improver' of Technology", *Technology and Culture*, Vol.1, Winter 1959, pp.38—47.

这种情况。但是，我们不可否认，直到现在，还有许多技术创新仍然是在没有科学进步的作用下进行的。例如，在最近几十年里，日本在汽车和电子的市场中所占有的地位，不是来自基础研究的突破性发展，而是在追求好产品和降低成本的指导思想之下，对设计和制造过程进行的一些小而快的改进方法。[①]

玛勒桑弗认为，在科学发展的早期阶段和在开发产品市场的实用阶段，主要是实践孕育科学，而科学却没有能及时地指导实践。或者说，存在着科学研究的结构和过程是由技术进步来推动和激发的现实案例。例如，18 世纪的物理学家主要是试图通过解释已经在机器运行中运用的原理去发展物理学的；[②]20 世纪以来高新技术的崛起，更是为基础研究提供了许多新的课题。

这些案例从一个层面说明，进一步揭示基础研究和应用研究之间的相互关系是使科学研究模式更具有合理性的关键，是有助于制定正确的科技政策的关键。

三、科学研究的扩展型模式和二维象限模式

布什模式的局限性表明，在科学发展史上，许多贴有基础研究标签的项目具有明显的实用性，反过来，被认为是应用研究的一些项目中也含有基础研究的成分。考虑到这些实际情况，"二战"期间布什最亲近的同事之一，曾任哈佛大学校长的康南特（James B. Conant）在任美国科学理事会（NSB）主

① Ralph E. Gomory and Roland W. Schmitt, "Science and Product", *Science*, Vol.240, May 27, 1998, p.1132, 1203.
② Robert P. Multhauf, "The Scientist and the 'Improve' of Technology", *Technology and Culture*, Vol.1, Winter 1959, p.42.

席职务的首年报告(1951年)中,建议放弃"应用研究"和"基础研究"这两个术语的传统定义,把基础研究理解为是在科学领域中寻求拓展知识的所有研究。他把布什提出的"不考虑实用目标"的基础研究称为是"不受约束的研究"(uncommitted research),此外,他认为基础研究中还应该包括涉及应用,但又不等同于应用研究的"项目研究"(programmatic research)。[1] 1964年,美国国家科学基金会(NSF)的首届主任沃特曼(Alan T. Waterman)在辞去他的主任职务的讲话中,进一步把"项目研究"明确为是"任务导向的"(mission-oriented)基础研究,并明确指出,这种研究旨在帮助解决一些实际问题,它既不同于应用研究,因为研究者不受具体实用目标的约束,仍能按自己设计的方案进行研究;也不同于"自由的"基础研究,因为资助机构拥有对研究成果的使用权和支配权。所以,他认为,基础研究活动可以细分为单纯指向科学前景的"自由"研究和期望其研究成果具有可预见的实际应用的与"任务相关的(mission-related)基础研究。[2]后来,把这种研究简称为"有导向的基础研究"。

1970年,发达国家组成的经济合作与发展组织(OECD)在修改1962年由英国的决策者布鲁克斯(Harvey Brooks)起草的弗拉斯卡蒂指南(Frascati Manual)时,把基础研究定义为"获得新科学知识……而不主要直接指向任何特定的实际目标的研究";把应用研究定义为"获得新科学或技术知识……而不主要直接指向一个特定的实践目标的研究"[3]。与沃特曼的看法不同,他们把"有导向的研究"看成是应用研究的一个部分,把应用研究看成是技术开发的一部分,把基础研究看成是支撑整个研究大厦的

---

[1] National Science Foundation, *First Annual Report*, *1950—1951*, Washington: Government Printing Office, 1951, p.Ⅶ Emphasis added.

[2] Alan T. Waterman, "The Changing Environment of Science", *Science*, Vol.147, January 1, 1965, p.15.

[3] Frascati Manual, 1970, pp.13—15.

根基。①如图 3 所示,我们在此不妨把这种模式称为科学研究的扩展型模式。

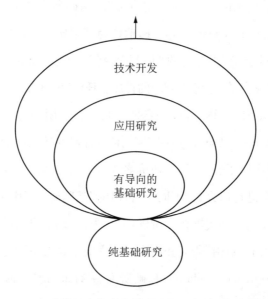

图 3 1970 年弗拉斯卡指南中基础研究和应用研究的概念图解

扩展型模式与线性模式的相同之处是都突出了"自由的"基础研究的地位。不同之处在于,它把含有实用成分的所有研究看成是相关于基础研究的相互包含的扩展关系,而不是相互依赖的前后推动关系。由图可知,通过切点强调了基础研究与应用研究和技术发展之间的双向促进作用,从而描绘出一幅动态的双向发展模式。

在这些基础之上,90 年代,《科学美国人》杂志的撰稿人斯托克斯(E. Stokes)在担任美国科学基金会的顾问委员期间,通过对整个科技史的研究,提出了科学研究的二维象限模式,如图 4 所示:②

---

① Frascati Manual 1970,p.15.
② Stokes,D.E.,*Pasteur's Quadrant:Basic Science and Technological Innovation*,Brookings In-sititution Press,1997,p.75.

研究起因		以实用为目标	
		否	是
以求知为目标	是	Ⅰ 纯基础研究 （玻尔）	Ⅱ 应用激发的基础 研究（巴斯德）
	否	Ⅲ 技能训练与 经验整理	Ⅳ 纯应用研究 （爱迪生）

图 4　科学研究的象限模式

第Ⅰ象限代表单纯由求知欲引导而不考虑应用目标的基础研究,他称之为玻尔(Niels Bohr)象限。斯托克斯认为,以玻尔为代表的原子物理学家对原子结构的探索,典型地代表了求知的研究类型。量子理论在 20 世纪 30 年代以来的一系列应用研究中所取得的辉煌成就充分显示了纯基础研究的巨大潜力,同时也代表了 19 世纪的德国和 20 世纪的美国的研究风格,这个象限相当于布什的"基础研究"概念。

第Ⅳ象限代表只由实用目标引导而不追求科学解释的研究,他称之为爱迪生(Thomas Edison)象限。斯托克斯指出,爱迪生领导的研究组织重视具有商业利益的各种发明,很少有兴趣追问发明项目背后所隐含的科学内涵,更不注重用物理学的基本原理对新技术作出解释。[①]这个象限的研究相当于布什的应用研究类型。

第Ⅱ象限代表既寻求拓展知识又考虑应用目标的基础研究,他称之为巴斯德象限。凯恩斯的主要工作、曼哈顿计划和朗缪尔的表面物理学的研究都属于这种类型的研究,主要特点是将纯基础研究与纯应用研究有机地结合起来,从而为"战争研究"的出现奠定了基础。

在这个模式中,斯托克斯所理解的"求知"主要指揭示自然的奥秘,"实用"主要指面向市场的技术开发。按照这种理解,既不由求知欲望引导也不考虑

---

① Nathan Rosenberg, "Critical Issues in Science Policy Research", *Science and Public Policy*, Vol.18, No.6, 1991, p.337.

实用目标的第Ⅲ象限的研究,主要是强化研究者的研究技能,并对已有经验进行分析与整合,为研究者能够尽快地胜任新领域内的工作打下良好的基础。

二维象限模式虽然较好地体现了科技史上已有的研究类型,但是却没有把这些研究之间的内在关系很好地体现出来。

四、值得深思的问题

综上所述,基础研究与应用研究虽然从表面上看是极其普通的概念,但是,当我们试图给出它们的明确定义时,或者说,试图在这两种研究之间划出明确的分界线时,概念自身所隐藏的困难就会体现出来,因为在两种极端的研究形式之间存在着既包含着基础研究又包含着应用研究的交叉研究类型,这部分研究究竟应该归属于哪个范围是难以确定的。或者说,也许根本就不存在任何分界线,所以,才导致出现了沃特曼、斯托克斯及 OECD 的指南中提出的三种不同类型的归属形式。无疑,这些观念变化在扩展了布什的原始定义的同时,也向人们提出了值得深入思考的一系列问题。

历史地看,不论是 OECD 的扩展型模式,还是二维象限模式,都在最基本的意义上无争议地保留了布什对基础研究和应用研究的原始定义。而问题的本质在于,在实践中如何区分这两种研究的性质,或者说,这两种研究之间究竟是否有分界线:如果认为没有,那么,应该如何理解它们的存在;如果认为有,那么,应该如何界定存在的分界线,如何评价类似于巴斯德研究类型的归属问题,是依据可能达到目标的前瞻性判断? 还是依据已经取得成果的回顾性判断? 在知识激增的大科学背景之下,不仅协作研究不可缺少,而且任何一项具有重大意义的研究都离不开社会,特别是政府的支持,而政府的决策导向和资源分配主要取决于前瞻性判断。由于这种判断标准的多元化,以及理论判断不可能穷尽具体实践过程中产生的各种不确定因素等多方面的原因,因此，"战略研究"比如何界定概念本身更加重要。特别是在高新技术领域内，推动经济发展，提高人的生活质量，维护人类生存环境已成为主要目标，在这些目标的驱使下，很难找到任何一种极端形式的研究类型。以美国为例，政府为了提高国际竞争力，在"经济至上"原则的指导下，倡导国家实验室与企业联合，这些联合体在利润共享、风险共担的宗旨下，将侧重于基础研究和侧重于应用研究的优势结合起来，共同开发新产品，既增强了实验室的科研能力，也加速了技术成果的市场转化。这也是我国近年来科研机构改革的主要方向。

当前不断提高的产品更新率表明，不仅由理论形态的知识向市场转化的周期越来越短，而且传统的基础研究同应用研究之间的交叉渗透、并肩合作的趋势越来越强，由应用激发的有导向的基础研究越来越位于主导地位。这样，只有摆脱传统的"要么是基础研究，要么是应用研究"的简单逻辑，才能进一步认识到由求知欲引导的基础研究在本质上同以实用为目标的应用研究之间的潜在依赖性。何况说明一项研究类型的性质还要依赖于研究环境的选择，同一项研究在不同的实验室将会向着不同的方向或按照不同的思路展开。例如，某种关于半导体材料的研究，在大学实验室进行可能被看作相当"纯的"(Pure)基础研究，而在贝尔实验室进行将被看作"应用研究"，因为贝尔实验室更关注市场的需求。

由此可见，基础研究、应用研究和技术开发之间的关系不再是传统的线性模式，它们之间具有交叉的网状关联。在这种关联中，从基础研究到应用的过程越来越短，有的甚至合而为一，即有的应用研究本身就包括了基础研究，有的基础研究可能是应用研究的成果。每一过程都具有相互促进的作用。特别是随着知识经济时代的崛起，产品的市场占有率不再唯一地取决于它的耐久性、实用性等传统指标，还与产品蕴含的文化背景、美学成分、鉴赏水平等人文因素有关，基础研究也正在向着跨学科、跨文化、跨国界等联合方向发展。在这种将基础研究、应用研究正在不断地与人文社会科学研究进行整合的背景下，我们认为基础研究与应用研究将会成为同一个研究过程的两个侧面，而不是两个极端。

第二章
析智力的内涵与本质*

　　随着全球经济发展形态的不断转变,知识经济、智力经济、信息经济、智能经济、高技术经济等新概念的相继提出,都立足于不同视角、在不同程度上把当代经济发展的重点聚焦于智力的开发与占有方面。于是,"智力"这个概念便迅速地走出心理学家的书斋,频频出现于各种报纸杂志,从而使它成为使用得最多,但却最缺乏明确界定的一个名词术语。有鉴于此,本文试图通过对各种智力论和对智力与人才、智力与知识、智力资源与自然资源之间的内在联系及本质区别的系统剖析,揭示智力的内涵与本质,以进一步推动素质教育的进程和为经济建设服务。

一、智 力 的 含 义

　　在汉语中,"智力"的含义由"智"和"力"的本义转化和发展而来。"智",一作聪明,如《孟子公孙丑下》:"王自以为与周公孰仁且智?"另作智慧、智谋,如《淮南子主术训》:"众智之所为,无不成也";力,有能力之义,如《孟

＊　本章内容发表于《自然辩证法研究》2000 年第 11 期。
　　【基金项目】山西省科委软科学项目"引进国外智力与发展研究"(项目编号:981014)的阶段性成果。

子·离娄上》:"圣人既竭目力焉……,既竭耳力焉"①。综合起来,智力意味着具有足智多谋的能力。战国时代的《韩非子》提到:"智力不用则君穷乎臣";东汉的王充在《论衡》中说:"夫贤者才能未必高而心明,智力未必多而举是";三国(吴)韦昭注:"能处事物为智"②。东晋陈寿著的《三国志·魏志·武帝纪》:"吾任天下之智力,以道御之,无所不可"。对智力的这些理解都蕴含了把智力等同于聪明地做事的某种能力。

在英文中,"intelligence"一词是于 19 世纪后半叶,由哲学家斯宾塞(H. Spencer)和生物学家高尔顿(F. Galton)从古拉丁语中引入的,用来反映个体在心理能力上的差异。他们相信,每个人都存在着这么一种天生的特点,它不能由其他特殊技能所代表。

可见,在词源学上,古人把"智力"当作"智谋和力量"来理解③,等同于"智慧""智能"。20 世纪初,随着科学技术的发展、人类文明程度的提高以及教育规模的扩大,"智力"概念进入心理学家的研究领域,其明显的标志是,20 世纪 20 年代,美国"教育心理学"杂志曾开辟专栏就智力的含义和本质问题展开了探讨。主要形成下列三种有代表性的观点:

其一,从理性哲学的观点出发,认为智力是指抽象思维能力。其代表人物是法国心理学家比纳(A. Binet)和美国心理学家推孟(L.M. Terman),他们把智力理解为正确的判断能力、透彻的理解能力、适当的推理能力,指出人的智力和其抽象思维能力成正比。

其二,从教育学的观点出发,认为智力是学习能力,学习成绩的好坏代表了智力水平的高低。持这种观点的心理学家以迪尔伯恩(W.F. Dearborn)为代表,他指出智力就是学习的潜能。

其三,从生物学观点出发,认为智力是适应新环境的能力。主要代表人

---

① 《辞海》,上海:上海辞书出版社 1989 年版,第 1228 页。
② 《中国大百科全书:心理学》,北京:中国大百科全书出版社 1991 年版,第 556 页。
③ 《辞海》,上海:上海辞书出版社 1989 年版,第 3665 页。

物是德国心理学家施太伦(L. W. Stern)和美国心理学家桑代克(E. L. Thordike),他们认为,智力是指个体有意识地以思维活动来适应新情境的一种潜力。

到 20 世纪下半叶,随着心理学发展的不断完善,心理学家从更深层次上对智力进行了研究,提出了比早期更加完善且具有不同内涵的各种智力理论。与早期单纯注重于智力概念的内涵的研究方法和思维方式所不同,这些理论更强调智力概念的过程性、操作性和实践性,把对智力内涵与本质的研究同人才培养、人的心理素质及环境等因素结合起来研究。

一种有代表性的观点是由美国耶鲁大学教授斯腾伯格(R.J. Sternberg)于 1985 年提出的"智力三元论"(triarchic theory of intelligence)①。这种观点从智力概念的层次结构出发,将智力分成三个层次来理解:其一,成分智力(componential intelligence),指个体智力活动所必需的内在心理机制,这种机制主要由三种智力成分构成,即,指导其他智力活动的元成分、实际执行任务过程中的心理操作成分和学习过程中的知识获得成分;其二,经验智力(experiential intelligence),主要指包括处理新任务的能力和加工信息的能力;其三,情境智力(contextual intelligence),主要指适应生活环境的能力、选择生活环境的能力和塑造环境的能力。

在此基础上,1996 年斯腾伯格从智力构成的视角,提出了"成功智力"(successful intelligence)的概念,赋予智力以新的含义。他认为,一种能够取得成功的智力应当由三部分智力构成,一是在分析问题的过程中体现出的分析性智力(analytical intelligence);二是在解决问题的过程中体现出的创造性智力(creative intelligence);三是在实际执行与操作应用中体现出的实践性智力(practical intelligence)。成功智力的三个方面构成了一个有机整体,"只有在分析、创造和实践能力三方面协调、平衡时才最为有效。知道

① 陈绍建:《心理测量》,北京:时代文化出版社 1993 年版,第 179 页。

什么时候以何种方式来运用成功智力的三个方面,要比仅仅是具有这三方面的素质来得更为重要。具有成功智力的人不仅具备这种能力,而且还会思考在什么时候、以何种方式来有效地使用这些能力"①。

斯腾伯格所提出的智力三元论和成功智力的概念是在假定人们已经具备了一定智力的前提下,对智力内涵的详细表述。这些表述无疑深化了我们对智力概念的进一步理解。但是,有所不足的是,他只是对智力概念进行了静态研究,而没有对如何才能使人们同时拥有成功智力的三个方面,怎样才能使人在实践中成功地运用这些智力做出决策性的建议。

第二种有代表性的观点是 1996 年由阿可曼(P.L Ackerman)提出的 PPIK 理论(intelligence-as-process, personality, interests, intelligenc—as—knowledge theory)。这种理论从过程论的视角,阐述了个人在成长过程中各种不同形式的智力之间的内在关联性,把智力的形成同对知识的学习结合起来,认为智力包括作为过程的智力和作为知识的智力两部分。这一理论是对 1965 年美国心理学家卡特尔(R.B. Cattell)提出的"易变的智力"和"已形成的智力"论的深化。易变的智力(fluid intelligence)是指一个人生来就能进行智力活动的能力,即学习和解决问题的能力,它依赖于先天的禀赋;已形成的智力(crystallized intelligentce)是指一个人把通过其易变的智力所学到的知识加以完善的能力,是通过学习语言和其他经验而发展起来的。已形成的智力依赖于易变的智力,它们构成了人们智力的两种形态。

阿可曼的 PPIK 理论认为,作为知识的智力是通过将作为过程的智力运用到学习实践中积累起来的,因此作为过程的智力主要隐藏在一系列的学习材料之中,把易变的智力长期运用到学习实践中,就会得到知识和技能。阿可曼在他的 PPIK 理论中还阐述了易变的智力与人的个性及兴趣之

① R.J.斯腾伯格:《成功智力》,吴国宏等译,上海:华东师范大学出版社 1999 年版,第 116 页。

间的相互依赖性,并肯定了专业知识在智力表现中所起的重要作用。运用 PPIK 理论,不仅能综合理解到,为什么不同知识水平的人,在理解同一文本时会获得不同收益之类的问题,而且能够自然地说明,在某一具体领域内,专家的优势正在于专家具有较高的知识水平和优化的知识组合。

不难看出,阿可曼的 PPIK 理论从智力发生论的动态视角,把智力的获得与学习知识和人的个性联系了起来,把只注重智力的内涵式静态研究推向同时注重智力的外延式过程研究的层面。这种研究视角的转变,同时意味着,心理学家已经对智力概念的研究从客体的立场上切换到主体的立场上;这种立场的切换,意味着对智力的内涵与本质的理解与对智力的开发、获得和应用的研究是不可分割的,而且说明,智力的产生和发展是个体先天素质、教育、环境影响以及个人努力和实践活动等多因素综合作用的结果。智力的强弱集中体现在反映客观事物深刻、正确、完全的程度上和应用知识解决实际问题的速度和质量上,并通过观察、记忆、想象、思考、判断等活动表现出来。

目前智力这一概念已超出心理学研究的范围,作为一种应用极其广泛的概念被加以使用,而且被公认为是一种资源、一种价值空前的资源来加以开发和利用,从而使怎样才能做到对智力资源的有效的充分利用和合理的深度开发,成为摆在学术界、社会学界、教育界及经济界的一大难题。事实上,解决上述难题的根本点在于,如何在真正掌握了智力的内在本质的基础上,将一系列行之有效的措施付诸实践。但是,了解了智力的含义并不等于已经掌握了智力的内在本质,还必须从分析智力与一些相关概念之间的联系与区别着手,才能更加明确地消除一些长期以来存在的各种误解。

二、智力与知识及人才

分析智力与知识及人才之间的联系与区别是进一步理解智力本质的根

本基础。历史地看,在智力与知识之间的关系问题上,存在着下列两种不同见解:

一种是以洛克(J. Locke)为代表的形式教育论,认为知识的产生是无止境的,人们不可能掌握浩如烟海的全部知识,所以,他认为,注重于开发智力的教育是更为有效的。洛克指出,用一些专门知识(如数学、音乐、古典文学等)去促进智力的开发,犹如使用哑铃去促进肌肉发达一样有效。后来,美国实用主义哲学家杜威(J. Dewey)进一步发展了这种认识,主张学校应采取体验式的社会教学方式,使学生在学校里能够对各种社会职业进行体验,以使他们能够从中发现自己的兴趣和发挥自己的聪明才智,达到在实践中开发智力的目的。这种观点强调了智力的实践性和动态性,但是,却在某种程度上忽视了知识的系统性,忽略了以物化形式而存在的智力因素,同时,也给人留下了这样做会使学校转变成浓缩了的社会模型之嫌疑。

另一种是以赫尔巴特(J.F. Herbart)为代表的实质教育论,认为有意识地专门去开发人的智力是不可能的,因为人的心灵只不过是一个容纳器,需要通过各种具体知识来充实,掌握了知识,自然就开发了智力,一个人拥有的知识越多,就越聪明。赫尔巴特的观点相当于长期以来在知识观念上所奉行的"仓库"理论(即认为人的大脑只是储存知识的"仓库",学习知识是为了不断地增加知识的储量,知识的储量越多,能力也一定会越大)。他把知识等同于智力,自以为有了知识就一定会产生智力,这种观点虽然强调了知识的智力负载,但却走向了另一个极端,否认了开发智力的主体性成分。

从认识论的角度看,知识是人类认识世界和改造世界所得到的认识成果及实践经验的概括和总结,是蕴含有智力成分的物化形式。智力则是人们掌握知识和运用知识从事各种创造性活动的能力表现,这种创造性活动凭借的是创造者组合原有知识进行创新活动的思维能力和思考能力。一个人在实践中创造、总结出来的知识,体现了他的智力水平。但是,相对于间接的知识而言,如果不能很好地"组织"和运用,缺乏科学利用知识的智慧大脑,那么作为间接的知识就不会产生出智力。在实践中我们看到,具有相同知识积累和水准的人,他们所表现出来的能力却大不相同,这正体现了他们所携带的智力的差别。例如,在爱因斯坦创立狭义相对论学说之前,与他在物理学方面的知识水平相当的人并不少见,但为什么只有他摘下了这个在当时虽已成熟而别人却没有摘下的果子呢?其原因正是因为他的思考力、洞察力和预见性胜人一筹。有没有这种能力也正是一位满腹经纶的书呆子同一位高明的科学家、理论家、经营家之间的重要区别所在。

从方法论的角度看,智力是掌握知识的条件或武器,智力是多种能力的有机结合,知识是人类社会历史经验的总结,对个体来说它是习得的结果,并以思想内容的形式为人们所掌握,是开发智力的基础或工具。排除智力,掌握知识,只能是徒托空言;排除知识,开发智力,也只能是劳而无获。孔子说:"学而不思则罔,思而不学则殆。"如果把这里的思,扩充为智力,学,理解为知识,那么,这两句话就把智力与知识的辩证关系说得相当透辟了。

事实上,人们要想成功地、创造性地完成某种活动任务,不仅靠他的智力,而且也要靠他的知识。任何人在某一方面具有的才能,都是曾经刻苦学习与训练获得知识而达到的。可见,智力的开发是在掌握和运用知识、技能的过程中完成的,没有掌握知识的活动,人的智力就无从表现,也无从开发。而掌握知识的难易和速度,又依赖于智力的开发水平。智力为知识的获得提供了有利条件,而知识的获得又进一步促进了智力的开发。

从发生学的角度来看,掌握知识的过程通常比开发智力的过程更快更容易,正如杰出的物理学家卢瑟福在描述当时物理学界的发展状况时,曾深有体会地说:"人们的知识在不断地充实着,而人们的智慧却徘徊不前"。开发智力是一个较漫长的过程,它比单纯地掌握知识更具有隐藏性和主体性。智力不完全表现为知识本身,它在人们得到知识的动态过程中体现出来。因此,可以认为,知识及其蕴含有知识的各种物化形式是一种潜在的智力资源。这一层次的智力资源主要包括各种专利技术、设计图纸、实验室成果等物化技术,以及知识及信息等理论成果。这些技术和成果只是智力成分的客观载体,是一种客体性的资源,对它的利用和开发离不开知识及技术的拥有者——人的参与。

在根本意义上,人才是生产与加工"智力"的母体,是最富活力、最具有特殊意义的智力载体。智力通过人们所具备的德、识、才、学体现出来。德,指道德品质;识,指远见卓识;才,指聪明才智;学,指知识和技能。英国著名学者贝尔纳指出,人才是"智力和经验高于一般人"的人①,智力是能力、智慧、智谋,简单地表现为人们认识客观事物并运用知识解决实际问题的各种能力。

不同类型的人才可以达到同样的智力水准,而不同智力水平的人却不一定都会成为社会所需的人才,更不会成为同样类型的人才。培养人才比开发智力更容易受到历史条件和环境因素的影响。例如,农业社会的人才为经验型的通才;工业社会的人才是纵向型人才(即专家);信息社会的人才是立体人才或系统人才(又称"T"型人才)。然而,不论是哪种人才,都携带了极高的智力,在他们身上,人的基本智力中的观察能力、记忆能力、思维能力、想象能力和实践能力的组合都达到最佳状态。智力水平高、经验丰富、科学技术知识渊博,是人才的实质和人才之所以能发挥作用的根基。所以,人才是智力资源的主体。这一层次的智力资源主要包含有人才资源以及协调不同部门之间和人员之间相互协作、强化组织的学习能力、激发组织创新意识的管理艺术和组织文化等资源。人才是智力的主要载体,是一种具有个体意识的主体性资源,管理艺术及文化是影响发挥智力的环境因素,是一种带有主体性特征的调解性资源。

如果我们把工具设备等物化成果称为硬件,把知识、信息等理论资源称为软件的话,那么可以把管理、文化等具有地域色彩的因素称为翰件,把人

---

① 参见 J.D.贝尔纳:《科学的社会功能》,陈体芳译,北京:商务印书馆 1982 年版。

才称为"活件"。智力资源正是这"四件"的有机组合。所以,从智力的内涵与本质及智力资源的组成上来看,智力资源显然具有不同于自然资源的内在本质。

三、智力资源与自然资源

在经济学中,"资源"一词,泛指为了创造社会财富而可以投入到生产活动中的一切要素。按其属性可分为自然资源和社会资源两大类:

自然资源是指在已有的技术、经济条件下可以被利用的自然物,包括可再生性自然资源和不可再生性自然资源两种。自然资源是一种可以独立存在的物质与能量的集合体,它与人类社会、经济、技术、文化等密切相关,是一种既具有物质性、同时又具有相应功能性(例如,可自然循环的资源)和使用价值的客观存在。

社会资源是指人类通过自身的劳动在开发利用自然资源的过程中形成的物质与精神财富,包括科学技术、文化、信息、组织形态、管理手段、劳动力、人才、法律、政策以及道德等等。智力资源属于社会资源的范畴。在社会的不同发展阶段,自然资源与智力资源的地位和作用不尽相同。随着社会生产力水平和科学技术水平的提高,在人们占有和利用的资源总量中,自然资源的比重会随着社会资源比重的上升而逐渐下降。例如,在自然经济时期,开发的资源多属初级加工品,主要取决于自然资源的丰度。20世纪以来,人类对自然资源附加工的次数增多、程度加深,物化到实物中的智力成分也在不断增加,智力资源愈益在资源的开发利用中占据了主导地位。

与自然资源相比,智力资源具有以下几个主要的基本特征:

(1)智力资源是有形资源和无形资源的组合。其中硬件、活件属有形资源,软件、翰件属无形资源;自然资源是有形资源,包含气候资源(阳光、温度、水分、空气等)，水资源(降水、地上水、地下水或淡水和咸水等)，生物资源(动物、植物及微生物等)，土地资源(陆地或平原、丘陵、山地、戈壁沙漠、冰雪高山等)，矿产资源(石油、煤炭、各种金属及稀有金属等各种矿物)等。

(2)智力资源比自然资源更具有可流动性。通常智力资源不易受时空条件的禁锢与约束。社会发展的物质文明和精神文明程度越高，智力资源的流动性将越强。智力资源在流动中最活跃的因素是作为"活件"的人才资源。

(3)智力资源具有可重复性和可兼得性。可以同时在不同的地方由不同的人使用，如软件和翰件;而自然资源具有不可重复性、不可兼得性，是一种可消耗性资源。

(4)智力资源可以做到有条件地共享。虽然智力资源中的专利技术不具有直接的共享性，但大部分技术在支付一定的交易费用之后是可以共享的;而自然资源一旦被一方占有就不可能再重复存在，因此不具有共享性。

(5)智力资源具有递增性。地球上的自然资源是有限的，开发得越多，存储量越少;而智力资源是一个取之不尽、用之不竭的宝库，智力资源在开发、运用中不仅不会减少，反而会不断增加，并随着历史的发展而不断丰富。由于它从根本上不同于基于自然资源用一点就少一点的特点，各国政府都在不断加强对智力资源的开发和利用的力度，使智力开发这一领域更趋活跃。

(6)智力资源具有商品性。基于智力资源的价值和使用价值，在其使用价值转换过程中呈现出商品属性，随着历史进程的加快及科技产业程度的提高，价值与使用价值表征的时间差距越来越小，使其商品性更加明显;而自然资源却并不都是商品，例如，目前发达国家为了保护自身环境所储藏的那些自然资源就不具有商品性。

(7)智力资源的获取投入是非一次性的和连续的。自然资源的获取，基本上是一次性的，以至于"开采"这个概念长期以来直接地与"资源(主要指自然资源)"联系起来,长期的无偿使用造成了资源危机,引发了事关全球的生态问题;与此不同的是,智力资源的获取需要长期而连续的投资。

智力资源的这些新特征,在更深层次上拓宽了智力的内涵,丰富了智力的本质,更加有说服力地显示出为什么开发和利用智力资源会成为 21 世纪的经济特征的原因所在。

四、结　　语

本文主要探讨了智力的内涵、智力与知识和人才的区别、智力资源与自然资源的异同关系,提出了智力资源是由硬件资源、软件资源、翰件资源和活件资源有机构成的、具有无限开发潜力的、越来越引人注目的有形与无形资源相结合的观点,限于篇幅,有关如何开发及怎样引进智力的问题,将另作探讨。

第三章
洛克菲勒基金政策对早期玻尔
研究所的影响[*]

当代科学研究的复杂化程度以及政府决策与基金政策对科学研究的导向作用，不仅使科学研究失去了原有意义上的纯粹性，而且使其变成了社会、经济、政治和文化的一部分。虽然第二次世界大战是一个重要转折点，但事实上，这种转变在"二战"前夕已经开始。玻尔研究所从 1921 年创建到"二战"前夕的转型发展便是典型一例。研究所创建之初恰逢美国洛克菲勒慈善基金资助基础科学的黄金时期，几年之后，随着基金资助总政策的调整，研究所的科研方向也发生了相应的转型。那么，洛克菲勒基金政策的改变对玻尔研究所前 20 年的发展起到了怎样的促进作用？这些基金政策又折射出什么样的发展理念？在当前我国科研资助力度不断加大，各方面的创新发展成为主旋律的背景下，以一个研究所的发展为例，对这些问题进行系统考察，无疑对于促进我国基金管理的制度创新和科学研究的国际化发展具有现实意义。

---

[*] 本章内容发表于《自然辩证法通讯》2015 年第 6 期。
【基金项目】国家哲学社会科学重大项目"西方科学思想多语种经典文献编目与研究"（项目编号：14ZDB019）的阶段性成果。

一、背 景 与 问 题

"玻尔研究所"是"尼尔斯·玻尔研究所"的简称。1965年,哥本哈根大学为了纪念尼尔斯·玻尔诞辰80周年,把玻尔在1921年亲自创建的"理论物理研究所"更名为"尼尔斯·玻尔研究所"。玻尔创建理论物理研究所的宗旨是,创造条件促进量子力学在丹麦的发展,包括两个方面,一是通过实验推动物理学家的理论研究,二是为培养年轻物理学家搭建平台。秉承这一宗旨,研究所在1921年落成不久,就使哥本哈根成为把量子力学的发展推向顶峰和彻底变革经典物理学概念体系的名副其实的国际学术交流中心,而且,在建所五年之后的1927年,量子力学的哥本哈根解释成为绝大多数物理学家接受的一种立场。由此,玻尔研究所也见证了量子物理学家在目睹摧毁经典物理学大厦时的无奈与绝望和创立量子力学概念体系时的兴奋与激动。

初创时期的研究所规模很小,玻尔本人担当着多方面的角色,既是所长,也是导师,除了一名助理、一名技工和一名秘书之外,研究所的研究人员主要以来自世界各地的访问学者为主,其中,大多数人是玻尔科学事业的合作者,他们围绕在玻尔的身边共同把量子力学的发展推向了高峰。随着量子力学形式体系的成熟,研究所的研究方向在20世纪30年代发生了转型。这种转型为研究所今后的发展打下了坚实的基础。目前,研究所的研究方向除了延续与发展了转型后的核物理学之外,还扩展到天文学、地球物理和气候研究、纳米物理学、粒子物理学、量子光学和生物物理学等领域。1985年,在玻尔妻子的支持下,成立了相对独立的玻尔文献馆,主要收藏现代物理学史资料,特别是玻尔的6 000份科学通信、500个单元的手稿以及量子力学早期发展的相关文献等。

　　玻尔从 1921 年到离世之前一直担任研究所所长一职,在长达 40 多年的所长生涯中,前 20 年左右的时间是研究所发展的关键时期。这 20 年不仅奠定了研究所今后发展的根基,而且,形成了研究所特有的哥本哈根精神。用"哥本哈根精神"来形容玻尔研究所的风格是由海森堡首先提出的,意指玻尔与研究所的年轻物理学家之间自由、平等、开放的交流形式与工作氛围,而不是指特殊理念。在他们中间最普遍和最有效的科学交流,不是正式的学术讲座和讨论会,而是无处不在的私下交流,特别是经常在玻尔家中进行的非正式集会时的自由讨论。①

　　从 1938 年到"二战"结束前夕一直在玻尔研究所工作的波兰物理学家罗森塔耳把这种自由风格看成是物理学研究获得成功的动力需求。因为在他看来,物理学研究不是被引导的,而是由环境培育培的。②当时,营造和维持这种能够引导人和激励人的和谐环境至少需要满足两大条件:一是有一群充满活力、以求知为乐的志同道合者和一位能够凝聚大家的核心人物;二是有为这些到访的物理学家提供研究保障的资金来源。玻尔从一开始就为营造这种自由讨论的学术氛围、为研究所的扩建以及为其他国家优秀的年轻物理学家的到访寻找奖学金倾注了心血。

　　然而,事情的发展通常会有两面性。现存的绝大多数量子物理学家提供的回忆录,主要谈到了玻尔的学术成就或玻尔与年轻合作者之间的动人故事等,却很少提及玻尔作为决策者和筹资者角色所展开的活动。直到玻尔文献馆现任馆长芬·奥瑟鲁德(Finn Aaserud)基于玻尔及其同时代人的大量私人通信、个人日记等原始资料以及他本人的采访完成的博士学位论文《科学的转型:尼尔斯·波尔、慈善事业和核物理学的兴起》于 1990 年出

① Aaserud, F., *Redirecting Science: Niels Bhor, Philanthropy and the Rise of Nuclear Physics*, Cambridge: Cambridge University Press, 1990, p.7;中文版:芬·奥瑟鲁德:《科学的转型:尼尔斯·波尔、慈善事业和核物理学的兴起》,成素梅、赵峰芳译,北京:科学出版社 2015 年版。

② Rozental, S., ed. *Niels Bohr: His Life and Work as Seen by His Friends and Colleagues*, Amsterdam: North-Holland Publishing Company, 1968, pp.149—190.

版,才第一次向学术界系统地揭示了贯穿于玻尔智力工作之中以筹资为核心的鲜为人知的故事,剖析了以美国洛克菲勒基金会为代表的慈善事业基金组织对玻尔研究所在"二战"前夕进行的科研转型产生的影响。鉴于国内学界对这方面的研究知之甚少,本文下面以玻尔研究所前 20 年的发展为线索,集中探讨洛克菲勒慈善事业基金政策的变化对玻尔研究所科研发展的导向作用。目标有二,一是展示洛克菲勒基金政策与玻尔研究所快速发展之间的正相关性,二是揭示洛克菲勒慈善事业资助自然科学的基金政策的改变所蕴含的决策理念的变化。

二、资助杰出科研机构的基金政策

在研究所落成一年之后的 1922 年,玻尔荣获了诺贝尔物理学奖。对于玻尔来说,这可谓双喜临门。研究所的落成为推进他所关注的也是当时最前沿的量子论与实验研究搭建了国际交流平台,诺贝尔物理学奖的获得意味着玻尔的学术成就得到了国际物理学界的普遍认可。他本人也因此而成为国际量子物理学界争夺的最佳人选,比如,不久之后,他就相继收到了来自英国皇家学会和费城富兰克林研究所优厚工作待遇的工作邀请。这些邀请引起了丹麦学界和政府对玻尔的重视。对于处于初创时期的研究所来说,这可谓雪中送炭、济困解危,玻尔的科学威望使他通过利用国内外慈善基金的资助来解决研究所面临的资金困难,提供了极其有利的条件。

1923 年初,玻尔研究所的访问学者人数的增加,超出了小研究所当时的承受能力,同时,研究所为了推动原子物理学方面的理论研究,需要进一步购买更先进的光谱仪。这样,寻找资金和扩展空间,成为玻尔考虑的核心问题。玻尔当时在丹麦无法筹到足量经费的前提下,想到了利用国外的慈善基金政策,来获得资助。于是,玻尔在丹麦朋友的鼓励与帮助下,向总部设在纽约的洛克菲勒基金会新成立的国际教育董事会（The International Education Board，下面简称 IEB）递交了资助申请，并在同年 11 月借赴美国耶鲁大学举办有威望的西里曼讲座（Silliman Lecture）之机，访问了 IEB 总部。朋友的大力支持与他到 IEB 总部的访问使研究所获得了 4 万美元的资助。这是 IEB 向玻尔研究所提供的第一笔资助。[①]之后，继续获得的 IEB 的资助，主要用于购买仪器、扩建实验和奖励科学的"幼苗"。[②]

美国的洛克菲勒基金会最初由美国实业家和慈善家约翰·洛克菲勒于 1904 年设立，1913 年在纽约正式注册，是美国最早的私人基金会，也是世界上最有影响力的少数慈善基金会之一。1922 年到 1929 年之间洛克菲勒基金会对自然科学的资助主要通过基金会下设的通才教育董事会（General Education Board，下面简称 GEB）和 1923 年在威克利夫·罗斯（Wickliffe Rose）倡导下新成立的国际教育董事会来进行。当时，罗斯对资助物理学的基础研究情有独钟。罗斯本人的这一价值取向和玻尔的学术声望，为玻尔研究所获得资助提供了千载难逢的机遇。从美国基金政策的大环境来看，20 世纪 20 年代的美国是有组织的私人慈善事业资助基础科学的全盛时期。罗斯力主成立 IEB 的决定也与当时美国的基金政策导向相一致。

罗斯曾经是一名哲学教授。他在 1910 年成为洛克菲勒慈善事业常规教育董事会的成员，1922 年被任命为该董事会主席。根据董事会的章程，GEB 只限于在美国范围内资助那些满足董事会的财政、管理和教育实践标准的大学，使教育成果、国内市场和区域发展一致起来。[③]罗斯推动成立 IEB

① Aaserud, F. *Redirecting Science：Niels Bhor，Philanthropy and the Rise of Nuclear Physics*，Cambridge：Cambridge University Press，1990，p.24.

② 弗里德里希·赫尔内克：《原子时代的先驱者》，徐新民等译，北京：科学技术文献出版社 1981 年版，第 252 页。

③ Kohler, R.E.，"A Policy for the Advancement of Science：The Rockefeller Foundation，1924—1929"，*Minerva*，Vol.16，1978，p.482.

的目标是试图把 GEB 的活动扩展到国际范围内,但其宗旨有所不同,之前洛克菲勒基金会主要偏重于对教育和应用科学的资助,而 IEB 则不是资助教育和应用科学,也不是资助具体的研究项目,而是采取"使强者更强"的策略,资助以杰出科学家为代表的研究机构的发展,使其变得更有优势。IEB实施的这一资助政策从一开始就使它成为玻尔研究所迅速提升国际地位和促进量子论研究的资金来源之一。

罗斯的"使强者更强"的策略包括两点:一是找到最好的国际自然科学研究中心,他考虑先在欧洲的大学中寻找;二是只在有限的时期内使最杰出的学生崭露头角。①具体来讲,一是资助以有威望的科学家个人为代表的研究机构购买实验仪器、扩建实验室和实施研究计划,而不关心研究计划的具体内容,或者说,不是完成具体的研究项目;二是为有前途的年轻科学家到这些最优秀的科学机构工作一年到两年提供奖学金。罗斯之所以制定这样的政策原因之一是因为,在他看来,优秀的年轻科学家尽早参与科学研究,也是教育的一个组成部分。

机遇总是提供给有准备之人。正当玻尔为刚成立的研究所寻找发展资金之时,IEB 实施的这两项资助政策,恰好为玻尔研究所的发展创造了有利条件。玻尔根据研究所创立时强调理论与实验相结合的需要,充分利用新设立的 IEB 的政策导向,向 IEB 提交了上面提到的第一份资助申请书。而IEB 在选择所资助的科学机构时,也恰好看中了玻尔的学术威望。两者一拍即合。在接下来的几年中,IEB 成为玻尔研究所发展的一个重要基金来源。另一方面,IEB 在把玻尔研究所选择为资助对象时,显示了科学家的科学威望在社会上的崇高地位,同时,印证了科学社会学家默顿所揭示的马太效应的存在。

IEB 的奖学金计划在 1924 年到 1929 年间达到高潮,1933 年终止,在自

① Aaserud, F., *Redirecting Science*: *Niels Bhor*, *Philanthropy and the Rise of Nuclear Physics*, Cambridge: Cambridge University Press, 1990, p.22.

然科学领域内,总共提供了 509 项奖学金,其中,物理学占到 163 项,远远超过其他领域。[①]在 IEB 的奖学金计划的支持下,玻尔研究所的访问学者人数大幅度增加,1927 年最多,达到 24 人,研究所在这一年公开发表的论文数量也最多,达到 47 篇。在受 IEB 资助的年轻物理学家中间,有来自德国的维纳·海森堡和帕斯库尔·约尔丹,来自荷兰的塞缪尔·高德斯密特,以及来自苏联的乔治·伽莫夫等人。[②]

玻尔研究所聚焦于当时最前沿的量子论研究,这一目标与 IEB 资助基础科学的政策,以及只强调质量和使"强者更强"的做法,相吻合。虽然在玻尔研究所的发展中,丹麦的其他基金,特别是嘉士伯基金(Carlsberg Foundation)也提供了很大的支持。嘉士伯基金是丹麦的一家私有机构,由丹麦嘉士伯啤酒厂创始人雅可布森(J. C.Jacobsen)于 1876 年设立,其宗旨有二,一是用来运营与资助他在 1875 年创建的嘉士伯实验室(当时,这个实验室主要从事与啤酒相关的科学研究),二是用来促进丹麦的自然科学研究。后来,还扩展到赞助社会工作和有益于社会的其他工作。但是,IEB 在 1923 年成立不久,很快就发挥了主导作用,实质性地强化了研究所在发展和巩固量子力学过程中的突出地位。

虽然我们不能极端地说,没有 IEB 的资助,就没有玻尔研究所的国际化发展和量子力学的哥本哈根解释,但至少可以说,有助于提出这种解释的核心人物海森堡正是受 IEB 提供的奖学金资助,才有机会来到玻尔身边工作。海森堡的不确定原理的提出,离不开与玻尔的学术讨论,玻尔的互补性原理是对海森堡不确定关系的升华。对此,海森堡是这样描述的,"我回想起同玻尔的多次争论,这些争论经常持续到深更半夜,并几乎是在满怀绝望中结束的。在争论之后,如果我独自到邻近的公园去散散步,那么在我的脑海里

---

①② Aaserud, F., *Redirecting Science: Niels Bhor, philanthropy and the rise of nuclear physics*, Cambridge: Cambridge University Press, 1990, p.23.

就会不断浮现出这样一个问题：大自然是否真的像我们在原子实验中所感到的那样荒谬绝伦。"①世界量子物理学家在关于如何理解量子力学的形式体系展开思想交锋时留下的那些动人故事，已经镌刻在研究所的每个角落，至今给人以振奋与启迪。

从时间上来看，1923 年，德布罗意在"波与粒子"的论文中，运用类比的方法提出了物质波的概念，1925 年海森堡、玻恩和约丹三人合作基于微观粒子的不连续性阐述了"矩阵力学"，1926 年薛定谔基于微观粒子的连续性创立了"波动力学"，同一年，证明了两种形式体系的等价性，玻尔于 1927 年 9 月 16 日在意大利科摩召开的纪念伏打逝世一百周年的国际物理学会议上第一次向大家阐述了量子力学的哥本哈根解释。量子论的这些发展史实表明，罗斯在 1923 年决定创建 IEB 时，恰好是量子论发展的关键时期，到 1927 年量子力学发展到顶峰时，IEB 崇尚基础科学的精英政策，也似乎开始在洛克菲勒基金会内部受到了质疑。这种时间上的相关性为初创时期的玻尔研究所的快速发展创造了天时、地理、人和的绝佳奇遇。

三、资助具体科研项目的基金政策

1927 年，不论是对于玻尔研究所来说，还是对于 IEB 来说，都是一个转折之年。

这一年，非相对论性的量子力学的形式体系及其被后人誉为正统的哥本哈根解释的最终确立，为人们认识微观世界提供了概念框架与话语体系，这既是理论物理学发展史上的一次飞跃，也拉开了物理家不得不自觉澄清

① 转引自弗里德里希·赫尔内克：《原子时代的先驱者》，徐新民等译，北京：科学技术文献出版社 1981 年版，第 254 页。

在经典物理学的基础上形成的自然观、理论观和实在观等哲学观念的帷幕，其中，玻尔与爱因斯坦分别于 1927 年 10 月 24 日至 29 日召开的第五届索尔维会议和于 1930 年 10 月 20 日至 25 日召开的第六届索尔维会议上就量子力学的自洽性和海森堡不确定关系的有效性问题展开两次论战，以及 1935 年以论文的形式就量子力学的完备性问题展开一次论战，充分说明了这一点。事实上，他们之间的争论已经不完全是物理学问题的争论，而是确定物理学理论所隐含的哲学假设之间的争论。随着他们争论的不断深入，哥本哈根作为量子力学研究的三个重要基地之一（其他两个地方分别是德国的哥廷根和慕尼黑）也享誉国际物理学界和哲学界。

这一年，IEB 把大量资金集中资助以少数杰出科学家为代表的科研机构的政策，在洛克菲勒基金会内部引发了争议，有人认为这种资助模式把对基金的使用权交给了少数有能力管理一个研究机构的杰出科学家个人来支配与管理，使得董事会的官员只成为基金的"二传手"，从而丧失了主动性与创造性。再加上，到 20 世纪 20 年代中期，包括罗斯在内的洛克菲勒慈善事业的第一代领导人几乎都接近于退休的年龄。在慈善事业方面，他们是自力更生的一代人，他们虽然都受过良好的高等教育，有自己的研究专长，但却都不是慈善基金的专业管理人员。因此，他们在制定基金资助政策时，通常缺乏全盘考虑，凭个人兴趣制定决策，结果造成了机构重叠和机构之间在资助项目时的无效竞争。

因此，到 1927 年，洛克菲勒慈善事业的理事会决定，在洛克菲勒基金的支持下成立一个"评估委员会"来调查重组洛克菲勒慈善事业的可能性。这个委员会由洛克菲勒基金会的主要理事福斯迪克（R.B. Fosdick）负责。福斯迪克是小约翰·戴维森·洛克菲勒（John D. Rockefller, Jr.）的律师。他经过全盘考虑之后，在 1927 年下半年，提出了一个把基础科学及其应用整合起来的理论框架，提交洛克菲勒理事会讨论，在他的理论框架中设想了五个部门：（1）物理科学和工程；（2）生物学和医学；（3）社会科学、法律和社会工作;(4)人文科学和艺术;(5)农学和林学。① 这一理论框架旨在通过对现存机构的兼并与重组,来统一洛克菲勒慈善事业各个机构之间的职能分割。

从总体上看,1928 年重组后的洛克菲勒慈善事业在总的基金资助政策上发生了三大变化:其一,强调完成项目与研究,不是教育或应用;其二,资助个人的研究,不是机构的发展;其三,资助一致认同的具体研究方案,而不是由受资助者在获得资助后来决定研究内容。可以看出,这三方面的变化基本上是相对于过去的基金政策而言的。这也说明,基金会的领导层在制定新的资助政策时显然受到了早期政策实践的影响或束缚。过去制定的资助方案,无论是好,还是坏,都提供了资助科学的某些模式,重组基金会的过程和基金政策的改变事实上是对过去不同模式的改组。②

罗斯主导 IEB 的资助政策介于 1920 年之前一般教育董事会侧重于教育与解决社会问题的计划和重组后的洛克菲勒基金聚焦项目研究的资助政策之间。IEB 以资助精英科学家的科研事业为主的基金政策,虽然在洛克菲勒基金会的历史上时间不算太长,可谓"昙花一现",但却为玻尔研究所的迅速崛起提供了难得的机会。当重组后的洛克菲勒基金政策选择某些研究领域内的研究项目作为资助对象时,IEB 的基金政策和罗斯支持基础科学的理想时代也随之结束。

对于玻尔研究所的发展来说,洛克菲勒基金会的总资助政策的改变,既是挑战,也是机遇。之所以说是挑战,是因为研究所从此逐渐地失去了一个重要而稳定的资金来源,在某种程度上,影响到玻尔研究所的科学发展,自 1928 年以来,研究所的学术活动与论文发表数量逐年减少,1933 年到达低谷,公开发表的学术论文减少到 17 篇。之所以说是机遇,是因为机构重组后的洛克菲勒基金资助政策为研究所的转型发展提供了新的导向和资源。

---

① Kohler, R.E., "A Policy for the Advancement of Science: The Rockefeller Foundation, 1924—1929", *Minerva*, Vol.16, 1978, p.510.

② Ibid., pp.482—483.

具体来说,主要取决于两个新设立的基金,一是 1933 年 1 月希特勒掌权之后,洛克菲勒基金会为保证欧洲科学家的安全转移临时设立的专项研究援助基金;二是重组后的自然科学部在总政策的指导下探索新的实施方案时,启动的"实验生物学"基金计划。

专项研究援助基金主要资助有成就的科学家的科学事业,而不是对个人的生活救济。这一政策导向事实上可以看成是变相地延续了 IEB 从前的政策。在这一方针政策的指导下,1933 年,洛克菲勒基金会通过专项研究援助基金,为 71 名德国学者提供了资助。到 1939 年,捐赠了大约 750 000 美元,援助了 193 人,其中,120 人定居在美国。①这些人员储备,为美国在"二战"期间成功研制原子弹提供了可能。虽然这项援助基金只是临时性的,实际上,也主要是为美国获得优秀科学家而设计的,但是,玻尔还是敏锐地抓住了新的基金机遇,成功地向这一专项研究援助基金提交了资助申请书,为研究所获得了两位难得的实验物理学家弗兰克和赫维西。

弗兰克和赫维西都是犹太人,弗兰克比玻尔大三岁,是哥廷根大学的物理研究所所长,1926 年由于通过原子碰撞实验对玻尔理论的实验证实而与他人共享诺贝尔物理学奖。赫维西比玻尔大两个月,是德国弗莱堡大学的物理化学教授,1926 年之前曾在玻尔研究所工作过六年,1943 年,由于放射性标记技术的广泛应用而获得诺贝尔化学奖。他们两人虽然都是实验物理学家,但是,从事实验研究的进路截然不同。弗兰克主要是通过实验来检验物理学的理论假设;而赫维西则热衷于把新开发的技术应用扩展到其他研究领域。弗兰克的到来促进了玻尔研究所在核物理实验方面的发展,而赫维西的到来则把先进的核物理技术应用于生物学研究提供了实验进路,从而为玻尔在不久之后利用洛克菲勒的自然科学部策划启动的"实验生物学"基金计划,把研究所的科研方向全面转向核物理学的理论与实验研究起到

---

① Aaserud, F., *Redirecting Science：Niels Bhor，Philanthropy and the Rise of Nuclear Physics*, Cambridge：Cambridge University Press, 1990, p.125.

了至关重要的作用。①

"实验生物学"计划是洛克菲勒机构重组后新成立的自然科学部在探索实施政策时设计的一项基金资助计划,目标在于把物理和化学技术应用于生物学领域,来促进生物学的发展。自然科学部创建于1928年,创建时全面接管了IEB的工作,占用了IEB设在巴黎的办公室,并留用了IEB的工作人员,使IEB只成为一个没有捐赠款的工作机构(operating agency)。但是,对于资助自然科学的基金来说,这种形式的兼并与重组,没有使政策的转型产生立竿见影的效果,再加上,自然科学部自成立以来,由于在开始几年负责人的频繁更换,所以,资助政策缺少方向性,至少在1931年之前,IEB资助精英科学家的政策还在产生一定的影响。一直到1934年,经过多次论证讨论,才最终定位于生物学领域,启动了"实验生物学"基金计划。这也表明,洛克菲勒基金会的资助政策的调整,事实上,并没有想象的那么理想和简单。

玻尔自1923年获得IEB的第一笔资助以来,一直与洛克菲勒基金会的主要领导人保持着良好的交往关系。当基金会负责人在1934访问玻尔研究所时,把启动"实验生物学"基金计划的消息告诉玻尔,并表示希望玻尔把研究所的物理学工作与基金会的生物学计划结合起来申报项目。玻尔本人虽然自1929以来在推广应用他的互补性论证时,在不同场合的演讲中提到了对生命问题和自由意志的理解,但是,他对生物学的热情,主要是出于对量子力学思想的推广应用和受他本人的哲学兴趣的引导,而不是为了研究具体的生物学问题。正是洛克菲勒自然科学部启动的"实验生物学"基金计划,促使玻尔把他对生物学的哲学兴趣,最终,转变为符合洛克菲勒基金政策以项目为导向的生物学进路。这条进路也成为研究所全面展开核物理学

---

① Aaserud, F., *Redirecting Science*: *Niels Bhor*, *Philanthropy and the Rise of Nuclear Physics*, Cambridge: Cambridge University Press, 1990, chapter 4.

研究的转角石。

符合自然科学部"实验生物学"基金要求的项目申请书是由玻尔与赫维西共同策划的。他们基于赫维西开发的放射线标志物技术在生物学中的应用为目标,整合当时哥本哈根的核物理学的实验研究与生物学资源,设计了把核物理学技术应用于生物学的一个符合"实验生物学"计划的实验项目,并向洛克菲勒基金组织提交了申请书。这项申请在 1935 年得到基金会的批准。研究所在获得这项资助之后,玻尔以此为契机进一步获得了丹麦其他基金的资助,从而使研究所的经济状况自 1934 年以来有了很大的改善。1936 年,玻尔又从洛克菲勒基金会获得了在研究所召开两次生物学会议的资助。第一次会议以遗传学为主题;第二次会议集中于动植物的代谢问题和对放射性标记物研究的展望问题。1937 年,研究所发表的论文数达到40 篇,创下了继 1927 以来的新高峰,在这些文章中,有关核物理学的论文占居多数。这标志着玻尔研究所的科研发展完成了从量子论的基础理论研究向核物理学与实验生物学研究的全面转型。①

四、结　语

综上所述,美国洛克菲勒慈善基金从 1923 年到第二次世界大战前夕在促进自然科学发展时,基金资助从精英政策向项目引导政策的变化以及为救助德国犹太科学家临时设立的专项研究援助基金与玻尔研究所的科学发展之间存在的这种正相关性,充分体现了社会基金政策对科学研究的促进与引导作用。如果说,IEB 的精英资助政策的实施对玻尔研究所科学研究的支持,在很大程度上归功于玻尔的科学威望的话,那么,在基金政策改变

---

① Aaserud, F., *Redirecting Science: Niels Bhor, Philanthropy and the Rise of Nuclear Physics*, Cambridge: Cambridge University Press, 1990, chapter 4.

之后,玻尔不仅能够及时利用洛克菲勒设立的临时基金,在研究所为同样有威望的实验物理学家提供发展平台,而且善于进行跨学科的整合,使物理学的发展"殖民"于生物学的发展之中,达到互利共赢的效果。从世界物理学的发展来看,在"二战"前夕兴起的核物理学研究,为尔后原子弹的制造和核能技术的应用提供了理论基础与技术保证。

第四章
信息文明的内涵及其时代价值[*]

近几年来,美国的《人工智能研究和发展战略计划》(NITRD)、欧盟的人脑工程项目、德国的工业4.0、日本的《大脑研究计划》以及我国于2017年7月20日发布的《新一代人工智能发展规划》等表明,在全球范围内,人工智能正在成为新一轮产业革命的驱动力。智能化产业革命的兴起,战略性地加速了全球信息文明的进程。那么,信息文明的价值前提是什么?它将会把人类文明推向何方?它与经济社会转型之间存在着怎样的内在关系?它形成了什么样的思维方式?对传统的伦理规范、思维方式、概念框架、产业结构、国家治理以及社会发展等提出了哪些挑战?在当前深化信息文明的进程中,诸如此类的议题是我们亟须关注和思考的。本文将基于对"文明"概念的辨析,剖析信息文明的内涵及其时代价值,以求为我们更敏锐地把握发展机遇,更有效地塑造人类文明的发展趋向,提供价值论启迪,为深刻理解"人类命运共同体"的发展理念提供证据支持。

---

[*] 本章内容发表于《学术月刊》2018年第5期。

【基金项目】国家社会科学基金重点项目"信息文明与经济社会转型的关系研究"(项目编号:13AZD094)和上海市哲学社会科学重大项目"信息文明的哲学研究"(项目编号:2013DZX001)的阶段性成果。

一、"文明"含义的辨析

概念既是我们认识世界和感知世界的界面之一,也是我们理解现实和预言未来的手段之一。概念工具箱的匮乏不仅会使我们拒斥无法理解和赋予意义的新生事物,而且会使我们对不确定的未来充满恐惧,乃至作出消极的评估。充实概念工具箱的方式主要有两种,一是提出新概念,二是澄清旧概念。而就概念本身的形成而言,人们有时也会给还没有完全理解的事物,取一个名称,人们用久了这个名称,也会变得熟悉,似乎就知道其所指称的事物。"文明"概念就是如此。从概念出现的频次来看,它是非常普遍的,我们通常把它看作一个很好理解的词语,但实际上,却至今没有完全理解它的真实含义,不论是从一般的用法来看,还是从相关文献来看,我们关于文明本性的观念依然没有达成共识。因此,本文在系统地探讨"信息文明"的基本内涵之前,首先需要澄清"文明"概念的含义。

从词源学上来说,"文明"是与"野蛮"和"未开化"相对立的概念。在古汉语中,"文明"不是一个词,而是"文"和"明"两个字的合用,比如,《易经》中"见龙在田,天下文明"。在现代汉语中,"文明"是指社会的一种进步状态。在西欧语系中,"文明"概念最早出现在法语中,不久之后,出现在英语中。虽然关于英语的"文明"概念是独立提出的还是来源于法语,已经无法考证,但在这两种语言中,"文明"概念的含义比较相近。法语中的"文明"概念源于动词"civiliser",意指达到精致的行为举止、城市化、改进[1],涵盖了政治、社会、经济、宗教、科学或道德等议题。但在德语中,最初"文明"与"文化"相对立,认为"文化"是内在的,包括价值、理想和社会的更高的道德品格,与较

---

[1] Brett Bowden, "The ideal of civilsation: Its origins and socio-political character", *Critical Review of international Social and Political Philosophy*, Vol.7, No.1, Spring 2004, pp.25—50.

高的道德培育目标相联系；"文明"是外在的，包括技巧、技术和物质因素，或者说，文化强调民族差异和群体特征，文明则是淡化民族意识，强调人类共同的东西。但是，并不是所有德国人都持有这样的观点，比如，黑格尔于1830年到1831年冬季在柏林大学的演讲中，就曾交替地使用"文化"和"文明"概念。①

　　这种词源学上的差异，造成了人们在使用文明概念时，也存在着两种用法，一种是作为"事实"的文明概念，另一种是作为"价值或理想"的文明概念。在第一种用法中，文明在很大程度上是一个中性的描述性术语，被用来确认特定人群普遍具有的可量化的价值，意指特殊民族或国家在特定时期的生活方式。这个意义上的文明概念具有多元的含义，在语义上难以与"文化"概念明确地区分开来，甚至容易对文明概念作出文化的理解。在第二种用法中，文明是一个"规范的概念"，通常可区分出文明、半文明和野蛮等不同的状态，在个人层面，指个人的行为举止是否合乎社会规范和是否有教养，在社会层面，指一个国家或社会的规范化与建制化程度，要求国家或社会能够组建成一个具有自治能力的合作社会。这样，追求文明，成为所有的社会都希望实现的一种理想，从而使文明负载了价值维度。

　　在第一种意义上使用文明概念的代表人物是塞缪尔·亨廷顿。他在《文明的冲突与世界秩序的重建》②一书中，明确地把文明看成是最广泛的文化实体，是最高的文化归类，或者说，是放大了的文化，认为两者都包括价值、规则、体制等。世界上有多少种文化，就有多少种文明。在这种用法中，"文明"概念与"文化"概念之间的不同，不是含义与语义之别，而是规模大小之分：文化可能是较小的集合体，而文明则是较大的集合体。但人们在实践

---

① Brett Bowden, "The ideal of civilsation: Its origins and socio-political character," *Critical Review of international Social and Political Philosophy*, Vol.7, No.1, Spring 2004, p.38.
② 塞缪尔·亨廷顿：《文明的冲突与世界秩序的重建》，周琪、刘绯、张立平、王圆译，北京：新华出版社1998年版。

过程中,具体使用哪个术语,却并没有一个统一的衡量标准。在这种意义上,亨廷顿所谓的"文明的冲突",实际上只不过是大的文化单元之间的冲突。①这样,在人类学、人种学甚至政治哲学领域内,当用多元文明的概念取代了一元文明的概念时,就相应地弱化了"文明"概念本身所蕴含的消除"野蛮状态"或超越"自然状态"的原始特征。

与亨廷顿相反,20 世纪最有影响的社会学家之一诺贝特·埃利亚斯,在他的成名之作《文明的进程》②中是在第二种意义上使用"文明"概念。埃利亚斯深受韦伯的影响,借鉴弗洛伊德的心理分析方法,从发生学和过程论的视域,剖析了欧洲各国的社会矛盾结构,揭示了人的行为举止逐步"文明化"和国家逐步形成的内在机制,特别是,揭示了作为文明进程的人的心理结构和社会结构在长期发展中的相互依赖关系,从而把"文明"看成是既没有起点也没有终点的一个动态的发展过程。由此,他把人的行为举止与社会结构在文明化过程中的长期演变,所表现出的不断减少甚至消除社会差别或人的行为差异的趋势,看成是西方文明的一个典型特征。

在埃利亚斯看来,不论是人的心理结构的变化,还是社会发展结构的变化,都不是以任何"理性"的方式进行的,也就是说,不是事先设计好的,而是相反,目的是在变化之后才会显现出来。这是因为,在一个国度里,虽然所有阶层的人不论其地位高低,都有自己的目标和计划,但是,个人的目标和计划不可能指出文明进程推进的方向。文明的进程虽然具有阶段性、方向性,但却不遵循任何目的论。由于文明的进程没有预定的目标,所以,也不可能把这个发展进程视为是进步的。文明的过程不是线性因果性的,而是充满了振荡并有起有落,只有经过长期的发展,才向着人的情绪越来越得到

---

① Wolf Schäfer, "Global CIvilization and Local Cultures", *International Sociology*, Vol. 16, No. 3, Sept. 2001, p. 304.

② 诺贝特·埃利亚斯:《文明的进程:文明的社会起源和心理起源的研究》第二卷,袁志英译,北京:生活·读书·新知三联书店 1999 年版。

控制、社会越来越整合的方向前进。这类似于马克思主义哲学所阐述的螺旋上升、波浪式前进的观点。

穆勒在 1836 年发表的《文明》一文中认为，文明术语是一个具有双重含义的概念，有时代表一般的人类进步，有时代表某些特殊的进步。在穆勒的文章中，他把文明看成是一种理想条件，也就是狭义的文明概念，意指与粗鲁或野蛮相对立，是人类和社会的最佳特征。他认为，在野蛮人或未开化的人的生活中，根本没有或几乎没有商业、制造业和农业，也没有联合或合作，穆勒把具有农业、商业和制造业成就的国家称为是文明的。在文明的国家中，人们具有共同的目标，享受着社会交往的快乐。①亚当·斯密认为，维持文明是要付出代价的。因为文明社会的第一要务是行使主权，而行使主权的前提条件是财富的积累和人口的增长。因此，文明成为保护社会成员免受外界暴力威胁和不公平对待的前提条件。②

当文明与行使主权联系起来时，文明就成为一把双刃剑。一方面，像埃利亚斯认为的那样，文明的潮流是人们在人际关系的内在机制的驱动下，在历史进程中，从生物性的自然人，变成行为考究的社会人；社会集团在社会进程的驱动下建立起有序的动态平衡结构。另一方面，文明不仅是全人类的发展方向，而且最终会变成一种垄断标准，被异化为率先进入文明的西方社会大张旗鼓地展开殖民运动的旗号。比如，1984 年出版的《国际社会中的"文明的标准"》一书，就从国际法的视域，探讨了欧洲人确定的文明标准，如何被延伸到整个国际社会，并影响亚洲各国的过程。③

而在霍布斯看来，文明化的品性等同于"财富""城市"或"政体"的政治

---

① Mill J. S. (1836), *Civilisation*, *Essays on Poilitics and Culture*, Edited by G. Himmelfarb, Garden City, NY: Doubleday & Company, 1962, pp.51—84.

② Brett Bowden, "The ideal of civilsation: Its origins and socio-political character", *Critical Review of international Social and Political Philosophy*, Vol.7, No.1, Spring 2004, p.36.

③ Gerrit W. Gong, *The Standard of "Civilization" in International Society*, Oxford: Clarendon Press, 1984.

特征,是把政治发展水平和生活方式结合起来的前提,财富是和平与休闲之母,依次是哲学之母,只有繁荣的国度,才会有哲学的研究,而"野蛮"则是缺乏政治权威的前提。因此,文明通过政治权威,享有休闲和哲学、艺术和科学的发展,与野蛮区分开来。文明的这些标志是呈现日益复杂的社会政治组织的先决条件和引导者。英国哲学家科林伍德认为,文明有三个要素:经济文明、社会文明和司法文明。经济文明是以文明地追求财富为标志,体现为文明生产和文明交易。所谓文明生产就是科学的生产,即受控于自然规律的工业生产,所谓文明交易就是指公平公正地进行交易,没有统治与压迫;社会文明是指根据联合行动的理念来满足人的社会性;司法文明是文明的决定性标志,是指通过民法而不是刑法来治理社会。①

这种观点意味着,文明本身是按照法治原则来引导的,从而把文明与社会进步和人性的完美联系起来,成为改进社会结构、促进技术进步、提高知识的一个过程,并具有了神圣性和动员的力量。在这种意义上,文明被界定为是人类对自然界和社会的控制,是一元的,而文化被界定为是人们对意义的社会建构,是多元的。这与韦伯的观点相一致,韦伯把文明化的过程理解为,不断增加人类对物理环境的控制,即一系列实践知识与学识和控制自然界的技术手段的集合;并把文化理解为,与主观感情影响的生活领域相关,是价值、规范的原则和理想的组成形态。按照韦伯的观点,文明具有技术优势,而文化则具有符号优势。②这意味着,文明主要指向器物与技术层面,而文化主要指向社会与精神层面。

在关于"文明"含义的这两种理解中,第一种理解把"文明"看成同"文化"一样,也与日常生活方式联系在一起,突出与强调了两者之间相似和叠

---

① Brett Bowden, "The ideal of civilsation: Its origins and socio-political character", *Critical Review of international Social and Political Philosophy*, Vol. 7, No. 1, Spring 2004, p. 36, pp. 43—44.

② Wolf Schäfer, "Global CIvilization and Local Cultures", *International Sociology*, Vol. 16, No. 3, Sept. 2001, pp. 309—310.

加的部分,却忽视了两者在内涵与起源上的差异,因而很容易造成两个概念的混淆。第二种理解把"文明"看成是人类摆脱自然控制、消除野蛮状态与追求自由发展的一个长远目标,因而突出与强调了"文明"与科学技术发展之间的密切关系。从这个意义上看,"文明"作为人类社会追求的一种价值目标,是全球性的和一元的,是驱动时代发展的神经系统;而"文化"作为体现人类生活的特有符号,是地方性的和多元的,是支撑时代发展的血肉之躯。

基于这种理解,当人类文明演进的驱动力,主要来自以信息与通信技术(简称 ICTs)为核心的技性科学(technoscience)①时,并且,当这种驱动力强大到足以变革基于工业文明形成的产业结构、社会结构、生产方式、生活方式等各个方面时,就会滋生出一种不同于工业文明的新型文明——"信息文明"。从这个意义上说,本文所讨论的"信息文明"概念,属于第二种意义上的"文明"概念,把"文明"看成是向着人类借助技性科学,来摆脱自然选择规律,向着社会化程度越来越高的方向演进的。只有基于这样的理解,我们才能说,可以在多元的地方文化中定位全球文明,在全球文明的世界中把握地方文化。

二、信息文明的内涵

"信息文明"是一种新型的文明形态。就像工业文明在农业文明土壤中诞生出来之后,最终成为农业文明的掘墓人一样,信息文明也是工业文明孕

---

① 本文把"technosicence"译为"技性科学",而没有译为"科学技术",是考虑到,科学技术已经有普遍接受的专门内涵,对应英文的"sicence and technology",泛指科学和技术两个不同的领域,而"technosicence"是一个复合名词,意指科学化的技术和技术化的科学的混合,是科学与技术相互交叉的领域,或者,科学的技术进路或技术问题的科学进路,诸如生物技术、计算机科学、纳米技术、机器人技术等,主要突出科学与技术之间的相互促进关系。

育出来之后,成为了工业文明时代的颠覆者。有所不同的是,工业文明对应的社会统称为工业社会,只是根据社会制度的不同,又呈现出资本主义社会和社会主义社会两种体制,而信息文明对应的社会却有着各种各样的称呼,比如信息社会、网络社会、后工业社会还有正在来临的智能社会等。这说明了"信息文明"涵盖的社会形态的多样性与复杂性,也反过来突出了信息技术与信息产业对当代经济社会转型所起的促进作用。

就内涵而言,"信息文明"不等同于"信息革命"。这是因为,广义的"信息革命"经历了语言、文字、印刷术、电信通信和批量印刷,以及当代信息与通信技术五次革命。"信息文明"是第五次"信息革命"的结果。虽然前四次"信息革命"始终贯穿于人类文明的整个进程之中,并且,从历史上来看,每一次信息革命的出现,都曾对人类文明的发展产生了巨大的影响,比如,语言与文字的发明使人类有了记载历史的工具,从印刷术的发明到批量印刷极大地降低了人类传播知识与技能的成本,电报电话的普及应用极大地缩短了人类远距离交流的时间并降低了交流成本,广播电视的发明为人类了解世界和丰富娱乐生活提供了更便捷的渠道,但是,人类社会的发展并没有因此而诞生出"信息文明"。这是因为,这四次"信息革命"虽然也带来了新的产业,可是,从总体上看,它们所改变的主要是人类记载、沟通、交流与学习的习惯和方式,并没有达到彻底地改变原有社会的商业模式和经济活动方式的程度,也没有对工业文明时代的生产力和生产方式产生大规模的变革,更没有促成工业社会形态的转型。

第五次"信息革命"开始于 1946 年第一台电子计算机的诞生,计算机不仅是 ICTs 的技术核心,而且是我们所说的自动化、信息化、网络化、数字化、智能化等发展的基础设施,它使人类社会由依赖于 ICTs 的发展,转向了由 ICTs 驱动的发展。这种由 ICTs 驱动的发展,实质性地变革了工业文明时代的方方面面。我们甚至可以说,20 世纪美国人发明的电子计算机所具有的划时代意义,足以与 17 世纪英国人发明蒸汽机的意义相提并论,换言之,就像蒸汽机的发明拉开了"工业文明"的帷幕一样,计算机的发明拉开了"信息文明"的帷幕。

然而,第五次"信息革命"并没有推翻或抛弃前四次"信息革命",而是以新的技术形式涵盖了或囊括了前四次"信息革命"。书写由手写变成了键盘输入甚至语言输入,网络视频、电子邮件和微信等成为新的交流手段。同样,信息文明也没有完全摒弃土地和工厂,而是以信息化、网络化、数字化和智能化的方式变革农业生产方式和工业生产结构。因此,从农业文明到工业文明再到信息文明的转型,并不是后面的文明完全替代或抛弃前面的文明,而是使过去的文明形态以新的形式呈现出来。

从这种意义上来看,"信息文明"是一个集合词,我们不能把"信息文明"拆分成"信息"与"文明"两个术语来分别解读其内涵。农业文明、工业文明和信息文明都是大写的"文明"(Civilization)。而我们通常所说的物质文明、精神文明、生态文明或绿色文明、经济文明、政治文明等,是在这些大写文明统摄下的小写的"文明"(civilizations)。大写的"文明"是由特定的经济特征决定的,是原生文明或一级文明,小写的"文明"是大写"文明"的组成部分。因此,"信息文明"是对我们当前社会文明形态的总概括。

就像人类从古代文明到农业文明,从农业文明到工业文明,都有长短不同的过渡期一样,从工业文明到信息文明,也是如此。如果说,以自动化和信息化为标志的工业文明的巅峰期,恰好是信息文明的孕育期的话,那么,以网络化、数字化和智能化为标志的信息文明的全面而深入的发展时期,则是工业文明的被替代时期。这两种文明形式的兴衰交替,首先在产业领域内完成,而在政治社会领域内,对基于工业文明形成的各种体制的变革,则是一项比产业变革更加艰巨的任务,目前还依然处于阵痛时期。正如美国历史学家斯塔夫里阿诺斯所说的那样:

从技术变革的产生到允许大规模发挥效用所必需的社会变革之

间,存在着一个时间差。造成这种时间差的原因是:技术变革因为能够提高生产能力和生活水平,通常很受欢迎,所以马上就会被采用;而社会变革则由于要求人类进行自我评估和自我调整,通常会让人感到威逼和不舒服,因而通常也就会遭到抵制。这就解释了当今社会的一个悖论,即人类获得越来越多的知识,变得越来越依赖自己的意愿去改造环境的同时,却不能使他们所处的环境变得更适合于居住。①

从人类文明的发展史来看,农业文明的诞生使人类由食物的采集者和狩猎者转变成为食物的生产者,由此远离了依靠自然界的施舍来谋生的生活方式,结束了居无定所的流动生涯,过上了依靠种植和驯养动物的定居生活,并创造了一个焕然一新的生活世界。农业文明的形成是一个极其漫长的过程,以千年计算。农业文明的核心要素是:农民、农村、农业、农场手工业、熟人社会、自给自足、等级结构等。在世界范围内,农业文明在不同国家出现的早晚完全是由地理环境决定的。在不同的地理环境中,技术手段、生产率和人口增长是不平衡的。这种不平衡使得掌握先进技术的人口可以分布到更广阔的区域。这与人类学家的文化支配定律相吻合,这个定律认为:

> 能够有效地开发一定环境中的能源的文化体制,常常会消灭效率较低的体制,以求得自己在该环境中的扩张……高级体制的特点就在于比低级体制更有效地开发各种不同的资源,因而在大多数环境中,它们比后者更有效,其活动范围也更广阔。②

这个定律同样适用于工业文明时代。然而,与农业文明依赖于地理环

---

① 斯塔夫里阿斯诺:《全球通史:从史前史到 21 世纪》第七版(上),董书慧等译,北京:北京大学出版社 2005 年版,第 7 页。

② 同上书,第 17 页。

境、凭借经验性技术的发展模式有所不同,工业文明的发展与自然科学、技术的发展密切相关。工业文明的科学基础是以牛顿力学为核心的近代自然科学。牛顿力学预设了决定论、还原论、因果性、朴素实在论、普遍主义、客观主义乃至绝对主义的哲学前提,强调理性思维方式,追求确定性和必然性的发展策略。在这些哲学假设和思维方式的支配下,机器化大工厂的流水线作业,社会化建制的等级结构,以追求资本和利润为核心理想的文化氛围,使人类的物质文化在过去 200 年内发生的变化比过去 5 000 年内发生的变化都大,同时,也使 19 世纪的欧洲凭借科学革命和技术革命率先发展成为世界的支配者。工业文明发展的结果是对农业生产进行了工业化改造,使人们在农业文明时代形成的生活方式、交往方式、生产方式、制度设计、概念框架、思维模式以及社会结构等各个方面都发生了翻天覆地的变化。

工业文明发展的进程比农业文明要快许多,以百年计算。工业文明的核心要素是:工人、工厂、资本、城市、陌生人社会、市场经济、层级化管理等。然而,工业文明缔造的机器化大生产以及资本主义制度,在极大地促进物质文明的同时,却把人类塑造成为"经济动物",生产不再是为了满足需求,而是为了创造需求,产品不再是为了使用,而是为了出售。问题在于,这样一个无节制地追求物质繁荣的社会,最终不得不在自身贪欲的支配下,落入异化的深渊,导致了许多在自身框架内无法克服的全球性发展难题,比如气候变暖、大气污染等。这些难题反过来成为信息文明的助推器。

信息文明的科学基础是以量子力学为核心的当代技性科学。量子力学预设了非决定论、概率因果性、整体实在论、模型论和域境主义(contextaulism)的哲学前提,强调域境论的思维方式,承认事物发展的不确定本性和各因素之间的关联性。信息文明的技术支撑是以 ICTs 为核心的当代技性科学,比如计算机技术、微电子技术、量子信息技术、通信技术、网络技术、人工智能、纳米技术、多媒体等。信息文明的发展以超链接乃至万物互联为特征,以高度个性化和互动性为目标,以信息的传播、挖掘、利用等为资源,以数字化和智能化发展为趋势。信息文明是内生于工业文明却反过来摧毁其支持体系、概念框架与思维方式的新类型的文明。信息文明的发展进程比工业文明更快，以十年计算。信息文明的核心要素是：网民、网络、信息、数据、社会资本主义、数字共享主义、追求全面发展和智能化生活以及扁平化管理等。

信息文明时代的思维方式，既是由信息文明时代占主要地位的当代自然科学的思维方式决定的，也是由信息文明时代的生活方式和生产方式决定的，可以概括为下列四个方面。

（1）概率性思维。这是认识不确定性的一种思维方式，它以量子力学为前提。在量子力学中，微观粒子具有内禀的不确定性，薛定谔方程只能给出粒子在测量中出现某种结果的概率大小，而不是确定的数值。正如物理学家玻恩所认为的那样，不确定性是基本的，确定性反而是概率等于1的特殊结果。这种认识改变了来自牛顿力学的确定性思维方式。从理论上看，目前，科研人员已经发现，量子多体物理有助于回答深度学习的一些问题，如有助于分析神经网络的表达能力等。从应用上看，在信息产业的发展过程中，不论科技公司还是互联网公司，它们的产生与发展主要依赖于各类风险投资、众筹和股权投资等。这些投资是以概率性思维为前提的。对于企业而言，聚沙成塔，集聚众人之力实现大众融资。对于投资者而言，不是投资当下，也不是投资过去，而是投资未来，信奉高风险高利润的概率性思维。

（2）创新性思维。这是善于破旧立新开创未来的一种思维方式。这原本是人类有史以来一直信奉的思维方式，但在信息产业的开拓者或创业者身上体现得尤其明显。这些人通常不是拥有高身价的富商，而是具有高智商的科技人员。他们凭借技术创新和理念创新，来开拓市场，赢得发展，成为深化信息产业发展的直接推动者。许多现在知名的大公司在起步时只是出于几个人执着的追求，这些追求不是为了赚钱而赚钱，而是凭技术、兴趣和理想而创业。这种思维反映了企业家精神和工匠精神的有机融合。他们不仅创立了各类新型的科技公司和互联网企业，而且在创业过程中边开发技术,边制定引导行业健康发展的相应的游戏规则。这也使得信息产业成为技术密集型产业,也是不断追求技术更新的领域之一。

(3) 共享性思维。这是扬弃所有权观念的一种思维方式。共享性思维并不是信息文明时代特有的。人类学家的研究表明,早在旧石器时代,食物采集部落中的家庭是相互协作的团体,它们共同为生存而斗争,过着有物共享和人人平等的生活方式。这是一种最朴素的共享性思维。自文明时代以来,所有权的概念日益成为主导。在信息文明时代,互联网平台为共享资产、资源、时间、空间、技能乃至理念提供了新的可能,共享性思维带来了共享的经济模式。这是自工业文明以来,在经济思维方式上的一个里程碑式的变革,也是"一个公司和个人之间关系的重要变革"[1],它不仅揭示了"现在的资本主义经济正显示出其脆弱的一面"[2],而且改变了人们的竞争、创造、用人等方式。这种思维方式不是追求垄断地位,而是追求最大的参与度;不是追求标准化,而是追求个性化与定制化;不是追求单一化和集中式发展,而是追求多元化和分散式发展;不是追求拥有,而是追求享有。

(4) 相互性思维。这是第三人称视角的一种思维方式,也是体现"人类命运共同体"的一种思维方式。在当前全球化的进程中,发生在美国的金融危机对整个国际经济产生的极大影响,揭示了国家之间的相互性;当前全球性环境问题的存在,揭示了人类与自然界之间的相互性;ICTs 的发展使自我概念从笛卡尔式的实体自我转变为关系自我,揭示了人与人之间的相互性;人工智能的发展使技术人造物成为人类生活的一部分,揭示了人与人造物之间的相互性。这些现存的相互性要求我们必须确定相互性思维方式,从相互关系出发来思考问题。

从这四种思维方式来看,信息文明的内涵是随着信息文明进程的不断

① 罗宾·蔡斯:《共享经济:重构未来商业模式》,王芮译,杭州:浙江人民出版社 2015 年版,第20页。
② 同上书,第65页。

深化而不断丰富的,特别是,随着未来智能化革命的全面展开,信息文明的内涵将会更加丰富,"人类命运共同体"的理念将会更加突出。

三、信息文明的时代价值

信息文明对工业文明的替代是在一个过程中逐步完成的,根据 ICTs 在经济社会转型过程中所起作用的不同,本文把信息文明的发展划分为三个阶段。

一是以自动化和信息化为标志的崛起阶段。在这个阶段,知识经济的凸显,使得在工业文明中占有绝对优势的"资本家"逐渐地让位于掌握着知识与技能的"知本家"。这一阶段的时间跨度大致为从 1946 年第一台电子计算机的诞生,到 1995 年网景公司推出浏览器,使人们能够方便地利用鼠标和键盘通过互联网浏览和传递信息这段时期。这里之所以没有选择互联网由军用转入民用的 1994 年,而是选择 1995 年作为时间节点,是考虑到在 1994 年,互联网的使用还是一项技术活儿,只有掌握了相关技术的少数人员才能使用,而 1995 年浏览器的发明,才使得上网变得简单易行起来,能够为大众所用。

互联网虽然是计算机之间的联网,也是以计算机为基础的,但是,它比计算机更彻底地改变了工业文明时期以自然资源为核心的产业结构和社会分级管理的层级化模式。如果说,计算机的诞生是对工业文明的深化与推动的话,那么,互联网的诞生则是构成了从工业文明向信息文明转向的转角石。因此,信息文明的崛起可以被理解为是工业文明走向鼎盛时期的伴随物或副产品。这个阶段最典型的标志之一,是知识和技术作为生产力的一个独特要素在经济发展中的作用开始超越"资本"扮演的重要角色。

二是以网络化和数字化为标志的全面发展阶段。在这个阶段,互联网不仅成为新的发展平台,而且成为改造过去一切习惯的新引擎。这一阶段的时间跨度,为1995年互联网开始商业化到2015年人工智能的全面发展这段时期。之所以选择2015年作为时间节点,是考虑到从2013年以来,各国政府纷纷出台政策助推人工智能的发展,使其成为许多行业发展的引领者,虽然有人把人工智能迎来爆发式发展机遇的2017年称为"人工智能之年",但是,从各国政府争先恐后出台的这些行动方针和发展战略,把人工智能的发展从学界的学术研发和企业的商业化发展,提升到国家战略高度的平均时间来看,2015年是一个中间年份。

互联网不只是20世纪末最伟大的一项技术创新,而且是一项具有重构一切能力的新类型的技术创新,它不仅在许多方面已然改变了我们的日常生活,而且还彻底改变了各行各业的商业结构和商业模式,成为信息沟通的直通道。生产者与消费者借助于互联网平台,能够做到按需生产和按需定制。这些发展无疑颠覆了工业文明时代习惯于追求大而全的集团式发展策略,致使商业模式向着碎片化、个性化、专业化等方向发展。维基百科改变了传统百科全书的编撰模式,可汗学院弥补了教育资源匮乏的现象,基于搜索引擎的信息查找替代了传统的人工查阅,网上购物和外卖服务让生活变得更加便利,在人们日常生活中,智能手机如同吃、住、行一样不可缺少,如此等等。这些新生事物足以表明,我们已经生活在将资源、信息、物品和人互联的世界里,万物互联不仅正在创造着无限的可能性,而且以难以置信的力量来重塑过去形成的一切,从而实质性地把信息文明推向了全面发展的繁荣时期。

三是以智能化为标志的高峰阶段。在这个阶段,正在进行的一切智能化的改造,正在使人类文明从利用科学技术来解放人类的体力,向着利用智能科学技术来解放人类智力的方向推进。时间跨度是2015年到未来某个时候。智能化技术是比互联网更具有挑战性的技术革命,也许,就像以ICTs为核心的信息产业把工业文明推向极端,并走向其反面一样,未来几十年内人工智能技术的不断泛化发展,也会把信息文明推向高峰,并内生出另一种新型文明——智能文明。如果说互联网对人类社会带来的挑战,主要集中于如何解决由突破传统游戏规则所导致的一系列冲突,那么,人工智能对人类社会带来的挑战,则是关乎"人类命运共同体"的大问题。人工智能必定会改变整个世界,而人类将如何塑造人工智能?这无疑是值得进行跨学科思考的根本性问题。

从人类文明的发展趋势来看,信息文明首次为人类从习惯于追求物质文明转向重视追求精神文明提供了平台与视域。这一转变不是量变,而是质变。从量子信息科学到神经科学、从无人驾驶技术到可穿戴设备、从智能家居到数字医疗、从自媒体到数字游戏、从物联网到智能城市、从平台经济到绿色能源等,所有这些发展不仅掀起了一场前所未有的政治、经济、社会、文化等领域内的大革命,有助于化解过去只立足于物质文明所导致的一切矛盾,而且有助于重塑人与自己、人与他人、人与社会、人与自然界之间的内在关系,确立一种大整体观与大发展观。这说明,信息文明具有重要的时代价值。

首先,信息文明有助于打造互动、包容、安全、便捷的全球化社区,促进人与人之间的相互理解与互动交流,树立"人类命运共同体"的发展理念。在工业文明时代,西方人依靠当时先进的技术革命,通过"海洋"替代"草原",或者说,以轮船替代战马,凭借殖民化或贸易等方式强行把全世界联合成为一个相互关系的社会。这种联合意识体现为以获得物质财富为目标,主要建立在经济活动之基础上。在信息文明时代,通过网络平台联系起来的全球社区,虽然也借助了 ICTs 革命的力量,但却不是强制实现的,而是人与人之间的自愿联合。这种超越国界、语言、文化、种族、肤色等自愿联合的全球社区,不仅在某种程度上能够反映人类集体共有的价值观,而且有助于相互理解,更好地探索人类文明的演进方向。

其次,信息文明有助于人们淡化竞争意识,强化共享意识,用社会资本主义替代工业资本主义。一方面,大批依托互联网平台的新型公司,开创了共享经济的新模式。比如,Uber 并不拥有汽车,却能够让人们随叫随到地使用汽车,变成了全球最大的出租汽车公司;Airbnb 并不拥有任何旅馆,但它提供的平台能够让人们住进世界各地出租的房间,变成了全球最大的旅馆业;淘宝没有实体商场,但它提供的服务能够让人们随时随地进行消费,销售额创下了实体商场望尘莫及的纪录。另一方面,当共享与协作替代了对所有权的追求,成为社会发展的核心动力时,就相应地推翻了受所有权意识支配所形成的价值观,股票融资、风险投资、众筹模式等不同程度地推进了社会资本主义的进程。

再次,信息文明使人类面临对人性的彻底反思,为人类自觉提高伦理道德素养提供了难得的机遇。随着以 ICTs 为基础的技性科学的发展,人类不仅能改变自己的生存环境,而且第一次有可能通过基因编辑技术来改变人类的基因结构,乃至有可能通过人工智能技术来改变人体结构。这将会带来地球发展的第三次大转折。地球发展的第一次大转折是从非生命物质中演化出生命,这是生命体的基因突变和自然选择的结果。地球发展的第二次大转折是从类人猿演化出人类,而人类的出现使自然选择的进化方式首次发生了逆转,人类不再是改变基因来适应生存环境,而是通过改变环境来适应自己的基因。①这就开启了人类凭借智慧越来越远离天然自然迎接人造自然的航程。农业文明与工业文明不同程度地强化了这一演进方向。信息文明则第一次把人类推向如何面对有可能改变自己的基因和身体结构的根本性问题。解决与回答这个问题,不再是单纯的发展科学技术的问题,而是关乎人类命运与人性伦理的大问题。这迫切要求我们学会在发展技术和应用技术的智慧之间达成平衡,自觉地成为负责任的技术开发者与应用者,从而把伦理、法律和社会目标植入到设计之中,而不再成为外在于人类的行

---

① 斯塔夫里阿斯诺:《全球通史:从史前史到 21 世纪》第七版(上),董书慧等译,北京大学出版社 2005 年版,第 5 页。

为约束。

最后，信息文明缔造了数字社会主义的共享制。信息文明是在工业文明的土壤中诞生出来的，但却不是对工业文明的延伸与拓展，而是对工业文明的反叛与颠覆。科学家发明互联网的初衷就是为了信息共享和合作研究，这是由当代知识创造的复杂性决定的。一方面，以 ICTs 为核心的技性科学的世界主义不断地消除学术保护主义，因为在知识生产者之间，当人与人的依赖关系越来越普遍、合作共赢越来越成为时代意识、个人创造越来越成为共有财产时，人人共享数字信息的行为方式和行动准则，就推翻了资本主义迫使他们接受的所有权的价值理念。另一方面，如果所有人拥有资源的成本，等同于一个人独占资源的成本，那么，独占资源就不再合乎道义。这些知识劳动者具有的共享意识的自觉性，变成了打倒传统所有权意识的思想前提。这样，联合取代竞争，合作取代独立，所带来的数字社会主义的共享制，就有可能颠覆曾经孕育它的资本主义的私有制，从而在实践中建构一种新形式的社会主义。

四、结语：面向未来，迎接挑战

信息文明正在把人类更加无可选择地置身于一个由技性科学营造的环境当中，不论是政治、经济、社会、文化、军事的发展，还是哲学人文社会科学的研究，如果不能置身于信息文明的域境中思考问题，都会成为孤岛而变得狭隘。"技术是把双刃剑"这种工具主义的观点，在信息文明时代已然过时。一方面，对于以软件产业和人工智能为主导的社会——技术系统而言，分布式伦理和分布式认知成为共识；另一方面，信息文明解构了基于工业文明形成的一系列二分观念：实体与虚在、主体与客体、公共空间与私人空间、自然与社会、人文主义与科学主义、精英与平民、体力劳动与脑力劳动等，使人类社会第一次由信息匮乏的状态逆转到信息过剩的状态,由基于牛顿力学范式的实体性思维,转向基于技性科学的共享与互动式思维,因而彻底地变革了人类的生存境况。这些变革也带来各方面的挑战,比如,对精英主义的挑战,对传统隐私观念的挑战,对传统法律体制的挑战,对人性的挑战,等等,也带来了各种新形式的犯罪。因此,在信息文明时代,当创新的速度远远超过监管能力时,我们应该如何面这些挑战与问题,重构我们的概念系统,就成为摆在我们面前的迫切问题。限于篇幅,我们将另文讨论。

第六篇

学术访谈

第一章
哲学与人工智能的交汇[*]
——访休伯特·德雷福斯和斯图亚特·德雷福斯

　　休伯特·德雷福斯(Hubert Dreyfus,以下简称休伯特)教授从 1960 年到 1968 年在美国麻省理工学院从事哲学教学工作。1968 年以来在美国加州大学伯克利分校从事哲学与文学教学工作。他曾担任美国哲学学会会长,被誉为海德格尔工作的最精准和最完整的解释者。他从 20 世纪 60 年代开始,与弟弟斯图亚特·德雷福斯(Stuart Dreyfus,美国计算机专家和神经科学家,以下简称斯图亚特)合作,从现象学的观点出发批判传统的人工智能研究,之后,进一步把研究视域扩展到对一般人性问题的思考。2000 年麻省理工学院出版社同时出版了纪念休伯特·德雷福斯哲学研究的两本论文集:《海德格尔、真实性与现代性:纪念德雷福斯论文集 1》和《海德格尔、应对与认知科学:纪念德雷福斯论文集 2》。罗蒂在第一卷的导言中认为,休伯特的工作填平了分析哲学与大陆哲学之间的鸿沟。2005 年,休伯特荣获美国哲学学会的哲学与计算机委员会颁发的巴威斯奖(Barwise Prize)。休伯特的工作生动地证明,哲学家也能在科学技术问题上发挥作用。现在,80 多岁的休伯特仍然不知疲倦地工作在第一线。为了进一步理解他的哲学思想的发展脉络和他们围绕技能获得模型所折射出的哲学思

＊　本章内容发表于《哲学动态》2013 年第 11 期。

想,我们邀请休伯特进行一次学术访谈。在访谈过程中,他的弟弟斯图亚特也在一些问题上发表了自己的看法。休伯特曾于 2009 年 6 月 23 日访问上海社会科学院哲学所,在他访问期间,我们曾就一些相关问题进行过交流。本访谈是近期先通过电子邮件然后进行电脑视频来完成的。

一、关于现象学的问题

问:休伯特教授,您好,我们首先想了解的是,您从现象学出发对人工智能提出一些看法,是否起到了作用?

休伯特:我对哲学家们能够充当科学技术的批判者这一角色很感兴趣。因此,我作为一名哲学家,曾受政府基金管理部门(比如国防部)的邀请做他们的投资顾问。他们问我,向符号化的人工智能提供资助,是否有价值。我说,"肯定没有价值"。于是,他们停止了对这个领域的资助,然后,人工智能就进入所谓的"寒冬"期。这意味着,没有人再从事这项工作。我不能说,这是我造成的,我只能说,我的看法被当局采纳了,我赢了。

问:您认为您的哲学观点主要来源于海德格尔,那么,在您看来,海德格尔的名著《存在与时间》的关键点是什么呢?

休伯特:海德格尔是一流的哲学家,他看到,应对技能是建立在所有的可理解性和理解之基础上的。但是,这并不是故事的全部。其他哲学家,特别是美国的实用主义者,也看到了这一点,但重要的哲学与人工智能的交汇是,用海德格尔说的话,听起来像是斯图亚特的技能模型,也就是说,当你成为一名专家时,你完全融入到情境当中,并且,以不再有"你"的方式,全身心地投入其中。当一名运动员在比赛中处于最佳状态时,他完全为比赛所吸引。这就是海德格尔的伟大思想,因为他试图拒斥 400 年来一直深受欢迎的他那个时代的观点,也就是在哲学中占有统治地位的重要的法国哲学家笛卡尔的观点。笛卡尔说，人是独立思考的个体；海德格尔说，不，人不是独立的个体，而是沉浸在世界之中。人是活动和工具的整个域境的一部分。海德格尔摧毁了笛卡尔的权威。现在，仍然有一些笛卡尔的信徒，但是，也有一些人知道，当我们是专家和表现出最佳状态时，我们并不是独立的人。我们被完全吸引到整个情境当中。我们的生存方式基本上是被卷入的(to be involved)，海德格尔就是揭示了这一点的第一位哲学家。

斯图亚特：我来补充一些内容。学习开车的一位初学者把自己看成是操作一台机器的某个零部件。这被称为分离的立场。当一个人成为一名专家级的司机时，他感受到自己是要到达某个地方。在这一点上，他被卷入了世界。

问：那么，在你们看来，海德格尔的现象学思想在现象学界和哲学发展中起到了什么样的作用呢？

休伯特：在所有的哲学发展中，海德格尔摆脱了笛卡尔的观点。他不相信，人是用心灵表征世界的主体，也就是说，人是独立的智者，心灵拥有所有的图像本身，这些图像属于外部世界。这只是斯图亚特描述的"初学者"的方式。海德格尔采用"在世存在"(being-in-the-world)这个概念，意指完全被世界所吸引。那就是"专家"。

斯图亚特：就我们的七个阶段的技能获得模型(model of skill acquisition)[即(1)初学者阶段；(2)高级初学者阶段；(3)胜任阶段；(4)精通阶段；(5)专长阶段；(6)驾驭阶段；(7)实践智慧阶段]而言，前三个阶段是分离的。在第三阶段和第四阶段之间有一个大的突变。在精通阶段，人们有了对情境的卷入感，而不是与所处的情境分离开来做决定。这种感觉只能来自经验。然而，在第五阶段，需要做什么和如何去做都是被卷入世界的结果。人们完全沉浸在技能的世界中。

休伯特：当你们摆脱了笛卡尔的思想时，你们也就摆脱了大约1650年以来完全相信笛卡尔的所有哲学家，比如，休谟、斯宾诺莎和康德等西方哲学史上的所有这些大人物。如果你们理解海德格尔的话,那么,海德格尔对他们所起的作用是相当深刻的。我们在心中拥有世界的图像,这显然是不正确的,而且还导致了对世界的那些表征是否符合实在的疑问。只有当我们达到理论反思的水平时,或者说,当我们开始获得一项技能时,这才会发生。

问:你们在阐述技能获得模型时,经常会引用梅洛-庞蒂的观点,那么,海德格尔的现象学和梅洛-庞蒂的现象学之间有什么异同呢?

休伯特:在人与世界的关系问题上,他们俩人的观点基本相同:当我处于最佳状态时,我完全被世界所吸引。但是,除了差不多三个句子之外,海德格尔从来没有谈到"人有身体"这样的事实。他在《存在与时间》中指出:"这是一个大问题,但我们在这里不研究这一问题。"此外,他也没有谈到知觉,知觉是我们看事物的主要方式。他认为,我们有身体,但重要的是,我们抓住了身体;我们有知觉,但重要的是,我们抓住了知觉。但这恰好不是他想要谈论的话题。海德格尔承袭了哲学,但仍然有未完成的工作:那就是,说明如何把我们的身体纳入到哲学的讨论当中,以及我们如何感知所融入的世界。梅洛-庞蒂在他的《知觉现象学》一书中接受了这一任务。

问:在你们所阐述的哲学观点中,熟练应对似乎起到了非常重要的作用,是这样吗?

休伯特:是的,熟练应对是一切的基础。熟练应对就是我们处于最佳状态。这是成为大师所必需的。对于处理问题来说,熟练应对很流行。

二、现象学和工人智能

问:1964 年,您应兰德公司的邀请,评价艾伦·纽厄尔(Alan Newell)和赫伯特·西蒙(Herbert Simon)的工作,他们开创了认知模拟(cognitive simulation)领域。您能告诉我们,兰德公司为什么会邀请您这位哲学家来评价似乎与哲学不相关的认知模拟领域内的工作呢?

休伯特:在人工智能的发展史上,把现象学和人工智能联系起来,那是一段令人着迷的插曲。分析哲学家和认知心理学家接受了笛卡尔看问题的分离方式,并把一切都看成是理性的、遵守规则的,等等。可我争辩说,如果是那样的话,他们不可能获得智能。于是,他们就设法排挤我,把我赶出了麻省理工学院,理由是我借麻省理工学院的名望,提出了这些疯狂的观点。

有趣的是,我是对的。现在,我赢得了老一代人工智能研究者的尊敬,因为他们已经明白,他们运用规则不可能获得智能。我花了许多时间讨论常识和框架问题。不管怎么说,以这种方式,人工智能是无望的。分离的遵守规则的思维方式并不是我们的行动和感知的基本方式。熟练的专家是不遵守规则的。

斯图亚特:我于1955年到兰德公司工作。我卷入了思考如何用数学模型帮助人们更好地做出决策的问题。我卷入的这个领域称为运筹学。1958年,赫伯特·西蒙在《运筹学》杂志上发表了一篇文章。西蒙是人工智能领域的三大创始人之一,也是兰德公司的顾问。直到那篇文章发表之后,我才知道他在做什么。在那篇文章中,他说,数学建模不能帮助人们做出决策。未来,运用人工智能能够比人做出更好的决策。因此,他在本质上是说,我和兰德公司研究运筹学的每个人都是误入歧途。就这样,我了解到,兰德公司卷入了人工智能的研究。西蒙的文章给出了人工智能在未来10年内将会实现的四个预言,其中的一个预言是,计算机能战胜国际象棋冠军。我就把兰德公司当时所做的研究和西蒙的预言告诉了我的哥哥休伯特。休伯特研究了西蒙等人的方法,他所感兴趣的哲学使他相信,如果以他们的方式来做的话,人工智能将会失败。

休伯特:我们应该说明的一个问题是,计算机如何能够战胜象棋大师。

斯图亚特:正如你们可能知道的那样,大约在西蒙提出10年内计算机能战胜国际象棋冠军这一预言的40年之后,运用模拟人的思维方式,极大地提高了世界锦标赛的质量。做到这一点,是用计算机算出了未来比赛中所有的可能步骤。因此,西蒙的预言不仅很不成熟,而且,他基于他处理人工智能问题的方式有权做出这一预言,他的这种信念从来就没有被证实过。

休伯特:我们需要为人工智能新的研究方式起一个名称,这种新方式不是认知模拟——不是推理,不是遵守规则,而且,现在我认为,它是我不想用的那个词。当人们说符号化的人工智能时,那是人工智能领域的这类误解的另一个名称。当运用规则的人工智能在逐渐衰退时,我的一个学生,具有讽刺意味地把它称为"好的过时的人工智能"(简称GOFAI)。我告诉你们,因为在我写GOFAI错在哪里的文章时,它是与认知模拟具有的错误一样的主题,只是名称不同而已。这只是笛卡尔式的支配技能模型的较低层次的规则。

问:您运用现象学的理论与方法批判传统的以符号表征为基础的人工智能,这可以看成是对现象学的一种应用研究吗?

休伯特:是的,重要的是,在哲学中,"现象学"这个名字有两种不同的用法。朴素的现象学仍然是笛卡尔式的,那就是,它仍然相信,心灵是独立存在的,心灵通过图像、表征与世界相符合,但另一方面,还有一些人会说,我们恰好不是这样的。当我们确实处于熟练的最佳状态时,我们是沉醉在世界之中。这种现象学并不能被称为"朴素的现象学",而是被称为"存在主义的现象学"。这是一个重要的区别。这两类现象学是完全对立的。胡塞尔在一本他称之为《笛卡尔的沉思》(Cartesian Meditations)的书中解答了朴素的现象学的问题。朴素的现象学与存在主义的现象学相差甚远。

问:您在1972年出版的《计算机不能做什么:人工智能的极限》一书中是运用海德格尔和维特根斯坦的观点,对认知模拟和人工智能的生物学假设、心理学假设、认识论假设和本体论假设进行了一一反驳。最后您得出的结论是,当前人类面临的风险,不是超智能机器的降临,而是低智能人的出现。这种观点是否隐含了一种悖论呢？一方面，超智能机器的产生需要设计者有更高智慧，另一方面，智能机器的使用，又会降低人的智能。比如说，与过去凭经验诊断的医生相比，总是借助于各种机器检测结果进行诊断的医生，其凭经验诊断的医术水平就会降低，您如何看待这一问题呢？

休伯特：那些认为技术将会排除技能的人提出了一个令人感兴趣的问题：如果你有给某个病人做检查的心电图仪、核磁共振仪等所有的高科技仪器，难道你就对医生的医术没有要求了吗？心电图仪和核磁共振仪未必使医生的医术下降。也许他们将会得到看懂心电图、X 光片等图像的技能。因此，高技术器械带来了一个不同的领域。

问：1949 年 10 月 27 日在曼彻斯特大学举行的"心灵与计算机"的学术会议上，波兰尼向会议提交了一篇论文，标题是《心灵能够用机器来表征吗?》，在这篇文章中，他根据哥德尔和塔斯基的观点，阐述了人的直觉与判断的运用不可能通过任何一种机械论来表征的观点，并且，他还与图灵、纽曼等人讨论了这个问题。您的观点似乎与波兰尼的观点很类似，您对波兰尼的观点有何评价？

休伯特：波兰尼是一个令人敬佩的人。他的《个人知识》和《意会的维度》是非常令人感兴趣的两本书。他是一位不断钻研哲学的化学家，他向会议提交的文章很重要，他给出了否定的回答：心灵不能用机器来表征。但这并不意味着，而且，他的意思也并不是说，当你在全神贯注地做某事时——他以盲人的拐杖为例——你的心灵好像不是分离出来看看这根木头的属性，然后，为它提供一种解释。事情不是这么发生的。你已经与这根拐杖融为一体，你在感觉着拐杖末端的世界。对于这一点来说，波兰尼是对的。但在一个有趣的方面，他是错误的。我曾遇到过波兰尼，我们还就他的《个人知识》一书中的一段进行过讨论。他在这一段描述了现象学，然后指出："但是，我们当然是遵守规则的"。接着，他举一个例子，当你在骑自行车时，你为了保持垂直，必须向着摔倒的方向扭转车轮。你扭转车轮角度的大小，随着你的车速的变化而变化。就此而言,这就是一个规则。而我认为,这恰好是错误的。

斯图亚特:在人工智能之后,兴起了被称为神经网络和强化学习的研究。这种研究没有说,存在无意识的规则(unconscious rules),而是讨论大脑工作的方式,结论是,即使你不去学习规则,你也能学会骑自行车。你只是通过大量的实践掌握了骑自行车的窍门。神经得到了协调,这样,你就不会摔倒。因此,我只是想说,实际上重要的是,当你转而反对过时的人工智能时,你要意识到,你通过学习规则不可能获得技能,但是,你能够通过其他方式获得技能。

问:您认为意会知识能够转化为明言知识吗?

休伯特:意会知识能够转化为明言知识,但不会捕获到技能。你能够发现意会知识的大致规则,并使它成为明言知识,但将失去技能和直觉。你充其量能达到高级初学者的层次,也许只是初学者的层次。

问:据说,您的《计算机不能做什么:人工智能的极限》一书被翻译成20种语言,已经成为人工智能研究者的必读之作,甚至明斯基(Minsky)、麦卡锡(McCarthy)和维诺格拉德(Winograd)等人工智能专家已经在践行您的观点,人工智能专家会经常与您讨论人工智能的发展与研究吗?

休伯特:明斯基和麦卡锡是最重要的两位人工智能的研究者。维诺格拉德以反对人工智能而著名。他通过读海德格尔的著作发生了转变。因此,我们不能把维诺格拉德与明斯基和麦卡锡相提并论。明斯基和麦卡锡都错了。他们继续研究人工智能,不理睬任何人。只有维诺格拉德与我讨论问题。维诺格拉德已经把我的观点付诸实践。其实,人工智能的研究者已经失败了,没有必要讨论。曾经有一段时间,我们在麻省理工学院和伯克利有很大的公开辩论。每年都有大约300名学生集合起来争论过时的人工智能。但现在,我们知道,当你在应对时和处于最佳状态时,心灵没有什么了不起。当你是初学者或当你反思你在做什么时,你才会意识到心灵。像明斯基和麦卡锡这样的人恰好没有看到这一点。

三、技能获得模型

问：您在运用现象学的观点思考人工智能发展问题的过程中，您与您的弟弟一起提出了技能获得模型；你们是如何想到要提出这样一种模型呢？您们认为这个模型的重要价值何在？

斯图亚特：就技能模型而言，我们提出这个模型与思考如何提高飞行员的应急反应技能联系在一起。我们要考虑如何最好地教飞行员进行应急反应。这致使我们提出了七阶段的技能获得模型。我们看到了前三个阶段是什么，因为我们关心对飞行员的实际训练。他们可能需要从运用人们提供的规则开始。但是，必须很小心，当你训练飞行员时，他们明白，这并不是在他们成为专业人员后最终处理问题的方式。因此，飞行员为了能够学得更好，他们需要规则，以便能够得到经验。但是，在教学中，必须告诉他们，当他们最终掌握了驾驶技能之后，就不会再根据现在所学的这些应用规则来驾驶。许多教育的失误在于，开始时不会告诉学生这些事情。当用了越来越多的规则使得技能的履行开始变得越来越困难时，应该告诉学生，当他们成为真正的专业技术人员之后，技能将容易得多。我认为，对于教育来说，技能获得模型的最大意义在于，有必要让学生准备采取困难的阶段三和比较容易的阶段四之间的步骤。这就是对哲学家的观点的困难理解与更自然地获得像哲学家那样的思考能力之间的区别。

问：在这个模型中，最有新意的地方是，当学习者达到了域境敏感阶段时，他对问题的处理就变成了直觉式的熟练应对，也就是说，他只是根据掌握的技能随机应变地处理眼前的问题。你们认为，这种经过训练获得的直觉与人天生的本能之间有什么异同呢？

斯图亚特："本能"是在出生时大脑中预编程序的某种东西。本能包括当你的手遇到火时会自动缩回。对于鸟类来说，如何筑巢。在我的理解中，"直觉"完全是建立在通过经验来学习的基础之上的。许多人误以为，直觉不一定需要通过经验来拥有。在某种程度上，你可能不可思议地知道，你在自己没有经验的情境中或类似的情境中去做什么。

问：你们在阐述技能获得模型时，多次使用了"无理性"和"无意识"这样的术语，这两个术语之间有什么关联吗？

斯图亚特：对我们来说，"无理性"意味着，没有使用技能模型的前三个阶段。我们发明了这个术语，但我们使用它时，与无从区分是非（amoral）这个词的用法一样。这意味着，我们不用推理或进行分离就能搞清楚去做什么。非理性意指运用了错误的推理。无理性意指不用进行推理。无意识意指，我们不能说明，你为什么这样做事。除了专家的直觉的熟练应对是无意识的之外，还有其他的问题。另一个例子是所谓的联想思维。你向一个人提供一个词语和另一个词语或你想到的一种观念。无意识包括，除了以经验为基础的大脑神经元的突触引起事情的发生之外，这个人不能说明什么。

问：你们在阐述熟练应对时，多次强调情感卷入的重要性，并认为，学习者嵌入域境的程度越深，对域境的敏感程度就越高，这种现象也适用于科学研究的情况。但是，您在《心灵高于机器》一书中，并没有对科学研究的情况做出更多的阐述，大部分阐述还是立足于日常的技能活动，比如，开车、下棋等。那么，您能更具体地阐明一下，我们如何用这个模型来说明科学家的认知技能的获得情况？

斯图亚特：如果人们没有熟练应对问题的能力，就不能做科学研究。一般情况下，这个能力不可能像在许多活动中那样从反复试验中学到。相反，它是通过观察和模仿有技能的科学家的学徒关系学到的。当然，如果人们不知道关于科学的所有事实，就不可能进行科学研究。因此，科学研究是两种情况的结合：人们必须拥有在我们的技能获得模型的前三个阶段中所获得的事实性知识，也必须具备这个模型的后两个阶段的熟练应对能力。

问：库恩认为，当科学理论处于常规时期时，科学家只是运用现有的范式解决问题，而不对范式本身做出进一步的思考，只有到了科学革命时期，才对范式提出批判。你们的熟练应对是否类似于库恩的常规理论时期？你们如何评价库恩的常规科学时期？

斯图亚特：就科学探索而言，我们的模型只应用于常规科学。科学革命牵涉到创造性的问题。我们没有研究科学探索的特殊技能，但我猜想，关于常规科学，我与库恩有一点分歧。他把科学探索中采取的步骤解释成是受类似于过去记住的情境的感觉引导的。他确实意识到，这是不可思议的，因为人们似乎不知道如何提问或回答这样的问题："在哪方面类似？"我认为，认知神经科学的当前研究说明，人们不需要提问或回答这个问题。这种替代的观点被称为执行器—评价器时序差分强化学习。

问：根据这个技能获得模型，学习者从新手到专家的提升，只有在经过从域境无关阶段进入到域境敏感阶段之后，才有可能。如何来理解这个过程呢？

斯图亚特：我当前的说明就是我刚才所提到的。专长是通过强化学习各种不同的情况，哪些可行，哪些不可行，而产生的。成功的行动造成了对大脑中导致这种行动的神经元的突触的强化。

问：专长以过去的经验为基础，那么，专家的创造性应对是如何形成的？换言之，专家为什么能做出情境化的反应并且表现出创造性？

斯图亚特：在这一点上，我不认为任何一个人都能够成功地说明创造性。休伯特在他合作出版的《披露新世界：企业家精神、民主行动和团结的培养》一书中，触及这个主题。我在《科学、技术与社会公报》上发表的一篇文章中也论及这个主题。

四、关于当代哲学的一些看法

问：你们在 2011 年出版了《万物闪耀》（All Things Shining）一书，在出版之前，纽约时报还刊载介绍这本书的相关信息。这本新著进一步发展了您关于熟练应对的观点吗？

休伯特：确实如此。在某种程度上，这本书就是研究我所说的"实践智慧"这一最高境界的社会技能和人们如何获得这项技能。在我们的生活中几乎每时每刻都面临着各种无情的"流畅自如"的选择，可是，我们的西方文化没有向我们提供明确的选择方式，我们的书就是关于这方面的。这种困境似乎是不可避免的，但事实上，这是相当新的困境。在中世纪的欧洲，上帝的感召是最基本的力量。在古希腊，照亮诸神的整个万神殿随时准备为你描绘适当的行动。像在"运动场上"的运动员一样，你已经与世界融洽地协调起来，完全沉浸在世界之中，你不可能做出"错误"的选择。然而，如果我们的文化不再是理所当然地相信上帝，我们还能够有荷马时代的好奇和感恩的心情，并被它们所揭示的意义所引导吗？我们的答案是，我们能做到。

我们通过考察文学、哲学、宗教立论来重新展望现代人的精神生活，挖掘出了意义的古老来源，而且，教导我们如何每天重新发现我们周围神圣的、闪耀的事物。本书改变了我们对我们的文化、历史、神圣的实践和我们自己的理解方式。它提供了一个新的——而且是很古老的——方式赞美和感激我们在现代世界中的存在。我相信，中国的历史上也记载了这种看世界的相同方式。

问：这本书的出版是否意味着，您的研究在经历了从现象学到人工智能之后，又转向了对更加一般的人性问题的思考？

休伯特：确实如此。

第二章
海伦·朗基诺的语境经验主义 *
——在斯坦福大学的访谈

　　海伦·朗基诺(Helen Longino)于 1973 年获约翰·霍普金斯大学哲学博士学位,2005 年至今担任斯坦福大学哲学教授,2008 开始担任斯坦福大学哲学系系主任职务,主要从事科学哲学、知识论和女性主义研究,是国际知名的科学哲学家,代表作有《作为社会知识的科学:科学探索中的价值与客观性》(1990 年)和《知识的命运》(2002 年)。我于 2007 年 7 月到 2008 年 7 月在斯坦福大学进行学术访问期间,与朗基诺教授就科学知识、语境论、实在论与经验主义的问题进行了多次讨论。在讨论的过程中,我深深体会到,她的语境经验主义的观点代表了后历史主义科学哲学的一个重要的发展方向,有必要关注。为了让国内学术界能够直观地了解与把握她的语境经验主义的基本观点,我在多次讨论的基础上整理了这篇访谈,以飨读者。

　　成:海伦·朗基诺教授,您好! 非常感谢您在百忙中多次邀请我在如此美丽的斯坦福大学一起喝咖啡,并讨论我们共同关注的一些敏感的当代科学哲学问题,使我们进一步加深了对彼此学术研究工作的了解。我对您的

---

* 本章内容发表于《自然辩证法研究》2009 年第 8 期。
　【基金项目】教育部新世纪优秀人才支持计划入选项目和教育部人文社会科学研究基金重大项目"量子测量解释研究"阶段性成果。

语境经验主义的观点很感兴趣，您能够详细地谈一下您的观点的起源及其基础或前提吗？

海伦：我很愿意也很高兴与中国学者进行学术交流。就您提出的问题而言，从我个人的知识背景来说，我发现，有三种思路是有说服力的：其一，用来支持理论假设的证据，不足以充分地确定这些假设。我自己在1979年发表的《证据与假设》这篇论文中，分析了确证的问题，后来，我在阅读皮埃尔·迪昂（Pierre Duhem）的著作时，支持了我的分析；其二，科学判断通常反映了超越证据的考虑，库恩（Kuhn）、费耶阿本德（Feyerabend）以及对特殊研究项目的分析；其三，科学家仍然把经验证据看成是做出判断的最终依据。语境经验主义能把职业科学家（practicing scientist）的这种经验主义态度与依赖于语境的因素（用我的词汇来说，是"背景假设"）结合起来，确定证据的相关性。我之所以提出了语境经验主义，是因为我看到，对确证问题的传统分析，比如，由卡尔·亨普尔（Carl Hempel）提供的阐述，不可能适用于最有趣的科学推理。它适用于归纳关系，但不适用于这种情形的假设：这个假设包含的术语涉及在描述证据时不包括的那些实体与关系。上述三个方面的第三点使我放弃了经验主义，与库恩观点和费耶阿本德观点的缺点相结合的第二点，使我信奉语境论。

成：您在《作为社会知识的科学：科学探索中价值与客观性》一书中把价值区分为两种类型：一是构成价值（constitutive values）；二是语境价值（contextual values）。当我们考虑观察负载理论和科学家自己的信念时，我们如何能够真正地在这两类价值之间做出区分呢？您的语境经验主义的主要观点是什么呢？

海伦：我建议，把这种区分作为一种分析的区分，以便搞清楚关于科学究竟是价值无涉的/价值中立的，还是负载有价值的争论（既然真理也是一种价值，这种争论就不可能只是关于价值本身的争论）。在科学论证中，价值可分类为不同的构成功能或语境功能。构成价值有助于确定相关证据、不同类型的证据的相对权重、假设的相对似真性,等等。语境价值与我们会如何运用科学探索的结果、我们想要什么类型的知识等相关。它们不是内在于推理过程的。然而,这种区分不可能是绝对的区分,而且,区分本身是依赖于语境的。《作为社会知识的科学》一书的主要论点之一是,可分类为语境的价值通常在科学判断中起到了构成价值的作用。我试图用案例研究来证明这一论点。

　　成:在哲学史上,经验主义有着悠久的历史。我们能够说,在最近的60年内,科学哲学的主要论题之一正是对各种不同的经验主义进行批判性的评价。我试图把这些经验主义大体上划分为四个阶段:第一个阶段是源于休谟(Hume)的朴素经验主义(naive empiricism);第二个阶段是源于穆勒(Mill)的现象主义(phenomenalism);第三个阶段是源于卡尔纳普(Carnap)的逻辑经验主义(logical empiricism);第四个阶段是范·弗拉森(van Fraassen)的建构经验主义(constructive empiricism)或当代新经验主义(contemporary new empiricism)。我认为,您的经验主义应该属于最后一个阶段。如果是这样的话,那么,您的语境经验主义与其他的经验主义,特别是范·弗拉森的建构主义有什么区别呢? 如果您的观点不是建构经验主义,那么,它是什么呢?

　　海伦:我同意我的经验主义属于最后一个阶段。范·弗拉森的建构经验主义和我的语境经验主义都把经验主义看成是一种认识论,即,关于信念和理论的可接受性基础的理论,而不是一种意义理论。但是,在范·弗拉森的经验主义致使他走向反科学实在论的地方,我的经验主义致使我走向了多元论(pluralism)和暂时性(provisionally)。我承认,在对作为一种形而上学论题的科学实在论进行的所有论证中,没有一种论证是有说服力的。但是,我更感兴趣的问题是:思考我们能够对从特殊研究项目中得出的经验结论说些什么(我认为,科学哲学的作用是提供各种探究模型,以使普通百姓理解和在有限的程度上评价根据科学方法所提出的结果)。建构经验主义强调经验的适当性,与真理形成了鲜明的对比。语境经验主义确实对经验适当性相当于什么进行了一定的探索,而且,强调把暂时性、偏爱性(partiality)和多元性(plurality)作为经验上确证的假设和理论的典型特征。语境经验主义与平常的实在论或阿瑟·法因(Arthur Fine)的自然本体论态度(natural ontological attitude)是相容的。

　　成:您能更详细地说明,如果站在语境经验主义的立场上,那么,我们应该如何理解真理的意义?

　　海伦:让我从我思考真理的简要说明开始我的回答。我把真理看成是在语义成功的概念或关系家族中的真理。这个家族的其他成员包括相似性(similarity)、类似性(resemblance)、同构(isomorphism)、同态(homomorphism)、近似等概念。我在《知识的命运》一书中提出的"确证"概念,包括了所有这样的语义成功的概念。当然,一旦我们把像相似性和类似性之类的不太绝对的概念包括到语义成功的术语的范畴中,那么,相对化的条款也一定随之而出现。相似性、类似性和同态在某些方面和在某种程度上是有效的。成功存在于与所要求的方面和程度相符合的模型或表征当中,也就是说,是相对于预定的方面和程度而言的。不管是一种表征、一个理论,还是一个模型,确实位于与其预期的目标相符合(即使当所谈到的方面和程度是能胜任的时候)的这样一种关系当中,这是一个与我们关于问题的信念无关的论题。的确,不管我们的表征是否像所希望的那样符合其预期的目标,人们都能够把对科学知识的探索描述成是寻找确定性。

　　这种理解是如何与语境经验主义联系起来的呢?我追随许多其他哲学家的观点,断言我们并不寻找不合格的真理。如果我们的确如此的话,那么,我们只寻找最容易的真理。我们从事科学研究是为了回答特殊的问题,我们希望的答案会使我们以可靠的和可信的方式与世界进行相互作用。因此,我们寻找特殊类型的真理:比如,自由落体的机制与轨道运动的机制、特性及其功能的提出等。这些问题导致了关于研究的空间结构的假设和关于在这个空间中研究关系的适当方法的假设。这些提供了进行研究的部分语境,即,数据在其中获得了支持特殊假设的证据地位的部分语境。

成:波义德(Boyd)认为,后实证主义的科学哲学向着三个方向发展:第一,向着更精致的经验主义方向发展(例如,范·弗拉森,1980);第二,向着社会建构论的方向发展(例如,库恩,1970);第三向着科学实在论的方向发展(例如,普特南,1972,1975a,1975b;Boyd 1983,1990a)。我认为您的思想不完全属于任何一个方向。您的观点与社会建构论的观点之间有什么异同呢?

海伦:我承认,我的思想与这三个方向的每个方向都有某些共同之处,但是不与任何一个方向完全一致。就语境经验主义和社会建构论而言,两者都认为非经验的考虑在理论选择过程中是有影响的。库恩的看法取决于他关于意义和观察负载理论的论证。可是,应该记得,他不承认社会建构论者利用了他的观点。与库恩不同,语境经验主义坚持认为,观察术语具有独立于它们所运用的理论的意义。然而,独立于背景假设,它们就没有任何理论价值,更确切地说,它们的证据的重要性取决于背景假设。这些假设(能够把构成价值与语境价值结合起来)决定了观察和实验结果的证据的相关性,也使某些观察结果比另一些观察结果更突出。

然而,我所强调的社会性指出,某些背景假设起源于进行科学研究的社会语境,而且坚持认为构成科学探索的认知过程的这种社会的(也就是,交互式的)特征。在《知识的命运》一书中,我建议把我的观点叫作"批判的语境经验主义(critical contextual empiricism),来强调批判的主体间性(critical intersubjectivity)或交互作用(interaction)在我的图像中所起的作用。与更极端的社会建构论不同,(批判的)语境经验主义不接受科学判断一定会受到外在因素控制的观点。相反,语境经验主义坚持认为,在假定这些因素发挥了潜在影响的前提下,对知识或认识的可接受性的一种说明,必须包括避免这些因素所推翻的相关方面。我提出,批判的交互作用是不陷入求助于先验标准或先验实在的唯一方式。在《作为社会知识的科学》一书之后，我也论证了这样的观点：科学共同体为了使他们之间的批评讨论具有有效性，他们一定要满足某些结构要求（structural requirements）。

成：批判的交互作用的重要性意味着，您强调了，在科学家获得他们的结果时，科学修辞学所起的作用吗？如果是这样的，您如何理解知识的本性？知识是世界的知识呢？还是世界的模型的知识呢？

海伦：这是一个重大的问题。我确实认为，把批判推理式的交互作用合并起来作为科学方法论的关键因素，使科学修辞学变得重要起来，但是，科学修辞学的许多学生不一定会想到这个方面。作为哲学家，当我们质问，在一个科学共同体中，推理式的交互作用是否满足批判的语境经验主义的条件时，令人感兴趣的共同体的特征之一，当然是可以用来达成共识的修辞方法。这些方法包含了敏感的强制性的或情感的要求吗？这种修辞致使偏见发挥了作用吗？公众交谈的标准（相互尊敬，不滥用语言）是确定的吗？当然，在科学中，修辞和假设（在语境经验主义中的部分语境）是价值的矢量。但是，批判的交互作用是揭示与消除特殊价值，而不是加强它们。这就是为什么我认为，批判的交互作用对于辩护来说是必要的，通常被公认为是知识观的一部分的原因所在。

至于您的第二个问题，我说，我们在研究中寻找的知识是世界的知识。然而，我们通常认识的世界，是在某种理论中模型化了的世界。对我来说，这意味着，我们的知识是部分的和带有视角的。之所以说知识是部分的，是因为一个模型选择了某些方面的现象，并没有表征所有的现象。如果作为一个模型，它表征了所有的现象，那么，从定性的角度考虑，它是完全一样的。之所以说知识是带有视角的，是因为现象的这些方面的选择不是随机的，而是根据某种观点、某种视角进行的。然而，这种模型是一种工具，通过这种工具寻找对世界的认知。有时，我认为，科学理解是一个模型的知识，即模型的元素、元素间的相互关系、动力学等的知识。但是，我没有把这种想法发展得更远。

成：就科学实在论的论证而言，我认为，从 20 世纪 60 年代至 90 年代共有三种论证方式：塞拉斯的科学映像的论证（scientific image argument）；"无奇迹"论证（no miracles argument）（例如，斯马特，1963；普特南，1975；波义德，1983）；以及哈金的操作论证（manipulation argument）。不幸的是，这些论证都没有为科学实在论提供一种有力的论证。科学实在论已经意识到，如果我们仅仅沿着传统的思想路线进行论证，将是没有任何希望的。当前，他们试图为科学实在论寻找新的出路。其中，一个很重要的方向是语境实在论（contextual realism）。这种观点的代表性人物是中国的科学哲学家郭贵春教授。自从 1997 年以来，他一直带领他的研究小组从多方面开展语境实在论的研究（我本人也是这个小组的主要成员之一），并且已经发表过几篇有价值的论文。按照郭贵春教授的观点，我们当且仅当基于语境论（contextualism），并把语境作为一种本体，才能为当代科学提供一种具有辩护力的实在论的理解。在我们的讨论中，他认为，如果您只是把语境论与经验主义结合在一起，您将会面临相对主义的困难。您是否同意他对您的观点的这种看法呢？如果不同意的话，您是如何避免相对主义的？

海伦：我愿意更多地了解关于语境实在论的观点。不过，就相对主义而言，我不认为语境论与经验主义一定会使我们面对有疑问的相对主义。有疑问的相对主义是指：说"怎么都行"（anything goes），除了个人的偏好之外，对认识的可接受性没有任何制约。语境经验主义确实提供了某些限制：一旦一个人确定了假设和分类，那么，就限制了那些已测量的量和已观察到的特性是可接受的。而且，还能对假设和分类提供某些附加限制。因为为了提出一个唯一正确的说明来理解所有的现象，这些限制不可能在独立于语境的观察中完全被排除掉，换句话说，排除这些限制总是不可能的。这就是多元论者走向多元论的原因所在。可以并存着多种多样的说明，有些说明不可能绝对地优越于另一些说明，对于特定的认知目的或实践目标来说，每一个说明都是有用的。

成：如果您认为并存着多种说明，那么，您如何阐释在科学史上，为什么科学家在一个特定的阶段只承认一种理论？

海伦：我不认为在科学史上的任何一个特定阶段只有一种理论。有时，科学史是以这种方式写成的，但是，许多时期是并存着多种理论。有时，这些理论处于活跃的竞争当中，而有时，它们在不同的语境中起作用。在19世纪的欧洲物理学中，积极追求基本物理要素的粒子（原子）理论和能量理论，这些理论彼此是竞争对手。在20世纪，光子和电子被认为既是粒子又是波。后来的物理哲学家罗伯·克利弗顿（Rob Clifton）认为，在多元论者的物理学中，这些理论不再是竞争对手，而是两者择一。在某些语境中，光子和电子一定被模型化为粒子，在另一种语境，被模型化为波。哲学家保罗·泰勒（Paul Teller）认为，类似于液体力学的东西，有时，液体最好被模型化为粒子的集合，有时被模型化为波。在生物学中，能够从以基因为中心的观点、从心理学的观点或从生态学的观点，提出有机体的模型。这方面的例子有很多。最近在我与过去的两位同事沃特斯（C.K. Waters）和凯勒特（S. Kellert）合作主编的一本书中，提供了当代多元性的其他事例。相信用这种或那种不同的方式理解一种特定现象的那些人可能认为，只有一种理解方式是正确的。有些哲学家也这样认为。我与我的同事都觉得，这反映出，坚持根本没有经验依据的一元论的形而上学立场，是无根据的。当然，希望拥有一种说明，可能有具体的理由，但是，所希望的理由不是信念的理由。这种多元论的态度可能在原则上推广到对在不同文化语境中产生的自然现象的科学理解。证明这种想法是很困难的，但不是不可能的。

成：当然，在语境经验主义与语境实在论之间的异同有必要进行更深入与题解详尽的研究。有趣的是，我们都坚持认为，应该从语境论的视角出发来理解当代科学。现在，我想进一步了解，您认为语境分析作为一种方法论，它的典型特征是什么呢？

海伦:这是一个有趣而困难的问题。就我的情形而言,我之所以采纳语境方法论,是因为我注意到,形式关系(formal relations)不可能获得/表达观察数据与假设(这些假设不完全是对数据报告的概括)之间的确定关系。只要人们认为辩护性推理与逻辑相符合,在推理的过程中,它就会比单纯的数据报告和假设陈述包括了更多的东西,但是,在这一点上,所面临的一种挑战是,在一个语境的许多不确定的要素中,如何辨别哪些要素在人们感兴趣的现象(比如说,某种推理)中发挥了作用。我用一种相当特定的方法论,试图确定我所研究的特殊现象与什么语境相关。我希望我们能够进一步深入地讨论这种挑战。

第三章
拉图尔的科学哲学观*
——在巴黎对拉图尔的专访

布鲁诺·拉图尔(Bruno Latour)是法国科学哲学与科学知识社会学家,他与布鲁尔(David Bloor)和柯林斯(Hary Collins)等人共同创立与发展了科学知识社会学,他们的理论对传统的科学哲学思想进行了尖锐的批判,同时,也为科学哲学的研究提供了一种新的思维方式。2005年9月中旬,我在巴黎拉图尔的办公室就他的科学哲学观进行了专访。

问:您是一名科学哲学家,还是一名科学社会学家?

答:在法国,学科的从属关系很弱。在我这一代人之前,法国所有的社会科学家首先是作为一名哲学家来培养的,例如,列维-斯特劳斯(Levi-Strauss)和福柯(Fouvault)都是这种情况。20世纪70年代之后,才从大学一年级开始开设了社会科学的课程。另外一个理由是,无法把这两个学科分离开来,不是因为哲学能为社会科学提供基础,社会科学不能为哲学提供基础;而是因为社会科学提出的所有重要问题同时也是哲学问题。如果以中国的情况为例,对于中国当代的社会学家来说,否认弗朗索瓦·朱莉恩

* 本章内容发表于《哲学动态》2006年第9期。
【基金项目】教育部哲学社会科学重大课题攻关项目"当代科学哲学发展趋势研究"(项目编号:04JZD0004)的阶段性成果。

(Fancois Jullien,国内通常译为弗朗索瓦·于连)关于中国古代哲学研究的非凡工作,显然是愚蠢的。只有哲学才能非常灵活地吸收社会科学所揭示的世界的发展方式。这也符合实用主义的传统,例如,约翰·杜威(John Dewey)。最后一个理由是,我的工作一直是从事"经验哲学"的实践研究,也就是说,借用社会学中的实地考察(field work)的方法来解答哲学所提出的问题。这就是我为什么以转向实验室研究为前提来理解科学真理的原因所在;当我希望了解技术时,我着手描述地铁的项目;当我希望理解法律时,我在法国最高法院进行调查研究。总之,两者之间无法分割,我既是一名哲学家,也是一名社会学家。

问:您是一名相对主义者,还是一名实在论者,为什么?

答:我不愿意陷入这样的困境。这种对立是被部分认识论的专政所强加的,现在,对新闻记者和电视节目来说,这确实是一个问题,但是,对于严谨的哲学家或社会科学家来说,却并不是一个问题。请原谅我的直言。就我的理解而言,大多数人,包括当前的罗马教皇本诺特16世(Benoit XVI)所称的相对主义意指绝对主义的观点,即"我有我的观点,而不关心他人是否有不同的观点,相信无论你想要什么都不重要,每一种观点都与其他的观点一样有价值"。但是,正如在科学哲学与科学社会学中所讨论的那样,坚持这样一种"相对主义"的定义是荒谬的。这是一种绝对主义。这样一种立场恰好意味着相对主义的反面,他们不探索不同观点之间的关系。现在,如果你在整个科学史、科学伦理学与科学政治学的领域内认真地重视相对主义的问题,或准确地说,我所说的关系主义(relationism),那么,实在论的所有进展必须归因于关系主义及其方法的进展,也就是说,从一种观点转向另一种观点的能力,以及在不可通约的观点之间建立联系的能力。例如,透视画法的发明对于技术与艺术的出现是非常重要的:自18世纪以来,现实主义的绘画技巧与从一个参照系投射到下一个参照系的能力相一致。首先,早期确定的透视画法限于现实主义的范围内,但是,当我的同胞发明了投影几何学时,现实主义的绘画技巧也以同样的速度递增。当然,爱因斯坦的相对论也是真的。相对性与理论同兴衰,而且,一方的每一次进步都会反作用于另一方。为什么认识论者不希望看到这是由于他们纠缠于某些完全无关的事情的原因所在:他们希望科学事实成为无可争辩的、绝对的,即不是任何一个人建构出来的,也不依赖于任何物质性。他们需要一种绝对的观点(a view from nowhere),这种观点既不受到审查,也不允许加以说明。因此,当科学社会学家揭示出科学中确立关系的方法与手段时,认识论者开始厉声说:"相对主义、相对主义"。然而,这实际上是一项令人同情的策略:他们是那些希望使自己保持绝对主义(即著名的绝对的观点)的人。这不是我们的观点。不应该忘记,相对主义只不过是绝对主义的一个反义词。当然,这在伦理学中比在科学中更加真实;转变观点和从一种立场转变到另一种立场的可能性是以道德观的所有进步为基础的;记得德勒兹(Deleuze)说过这样的话:"相对主义不是真理的相对性,而是关系的真理"。因此,请把我完全看成是一名普通的科学家;更加关系主义,因而更加实在论。

问:科学知识社会学的三个学派,即爱丁堡学派、巴思学派和巴黎学派,有什么区别?

答:我猜想,从中国学者的观点来看是没有区别的。我们已经在下列问题上达成共识:对科学实践进行极细心的经验研究;喜欢坚定的实在论者对科学的看法;以及有兴趣关注社会世界的图像。现在,如果你更加严密地研究就会发现我们之间有两方面的区别:一是哲学上的;二是社会理论上的。在社会理论方面的区别很大:爱丁堡学派在其早期非常满足于继承了涂尔干传统的欧洲社会学家对社会所下的定义。我们不是如此,我们相信,如果不对社会的定义进行深入的修正,就没有任何一种对科学的人文社会科学研究(sicence studies)①是可能的,至少不可能提供任何一种社会说明。第

---

① 我在这里将"sicence studies"翻译为"对科学的人文社会科学研究",其目的是与自然科学家进行的科学研究相区别,主要是指人文社会学家对科学的元理论研究。

二个理由是哲学方面的。爱丁堡学派深受维特根斯坦的影响,也就是说,把哲学的定义完全局限于只适合语言和依循行为规则的人类符号。我们坚决不同意这种观点。在哲学中有许多其他传统关注科学的形而上学和本体论问题,而且,我们相信,这些问题对于人们掌握把科学与社会交织在一起进行科学的人文社会科学研究的看法是基本的。我已经在《潘多拉的希望》一书中详细地描述了这两点,因此,我冒昧地提出请你参考我的这些工作。你也不应该忘记,爱丁堡学派早期的观点主要关注认知问题和心理学问题。布鲁尔最初是一位心理学家。巴恩斯(Barnes)的工作基本上是如何把心灵进行分类,他确实使心灵社会化,但是,整个方案仍然是康德哲学的方案:对于巴恩斯与布鲁尔的社会化来说,世界提供了许多分离的事件,而心灵占了相当重要的部分。我认为,这纯粹是幻觉效应,而且,如果有什么区别的话,我更喜欢中国人的解答和论证,事物具有倾向性。对我来说,把整个哲学传统局限于康德,以及把整个社会学传统局限于涂尔干,是没有任何意义的。

问:您于1979年出版的《实验室生活》一书是与强纲领的观点相一致的,但在1985年再版时,您从副标题中删去了"社会"一词,这是否说您准备改变或已经改变了观点,为什么改变?

答:当然,如果我在三十年之后的现在重写《实验室生活》一书,自然会有很大的不同。但是,在1979—1985年间,我还没有来得及改变自己的观点,我只是在意识到大多数人对社会说明的观念赋予完全不同的意义时,删除了"社会"这个词。对我来说,这意味着,有一天成为一名实在论者,并提出一种完全不同的实践说明,大概相当于早期马克思精神中的"唯物主义的说明",或相当于在福柯精神的启示下,从根本上"去看看事情是如何进行的"……然后,我发现,对于我的大多数同行来说,"社会"意味着弱化了对真理的断言,这是内在于语言和符号维度的一种冒险。因此,我放弃了这种看法。我必须说明,现在我对"建构"这个词也有某些疑虑,这个词不是一个好词,因为它不完全是实在论者的术语。但是,《实验室生活》已出版了三十年之久,因此,我希望我现在的工作已经有了某些进步,而且走在了前面! 我仍然认为,它确实是一本有用的书,因为它一劳永逸地揭示了社会说明的弱点。

问:您的行动者网络理论的主要观点是什么?

答:我已经为牛津大学出版社再版的行动者网络理论(以下简称"ANT")撰写了一个全新的导言,这里不想重复。这里我唯一能说明的问题是,ANT恰好提供了爱丁堡学派和通常的科学知识社会学所缺少的社会理论。因此,为了使我们对科学的人文社会科学研究具有意义,我们应该发展ANT。它是对社会科学所下的非涂尔干的定义,一言以蔽之,它把社会看成是联合的科学(science of associations),而不是与经济学、心理学等学科相比,能被称为社会科学的一个特殊领域。你能从我的网站下载这本书的导言,我会为你提供它是如何形成的想法。为了回答你前面提出的关于爱丁堡学派的问题,ANT在某种程度上澄清了下列问题:为什么我们提供的"社会说明"不同意对"社会"所下的定义。应该注意到,普遍问题总是,社会学家是从关于世界的态度、关系和联合范围内的一组假设开始进行研究,这很有局限性,以至于他们无法追随行动者自己令人惊讶地形成的联合。他们经常会受到限制,因为他们没有觉得,要把我们生活中的人、组织、事物之间的令人惊异的混合坚持下去。ANT在某种程度上说:"好的,这类联合是默认的立场,而不是例外,因此,我们最好训练自己遵从那些联合,而不是不断地说:这里是社会,那里是道德,这里是技术,那里是法律,不应该把所有这些领域混合在一起。"

问:那么,您的建构论思想是什么? 现在,您是否仍然承认自己是一名建构论者?

答:正如我前面讲到的,建构论可能是一个稍微会令人误解的术语,因为只要你使用这个术语,人们就会以为,你指定了一种素材,好像建构论特别是社会建构论意味着,某物是通过社会因素建立起来的。但是,建构论并不是在某种程度上定义某物是由什么构成的;而只是说,它具有历史性,即它是依赖于时间、空间和人而存在的,它会有成败,更重要的是,要使某物得以存在下去,必须维持它和小心地呵护它。把某物看成是一个建筑物,建构论一词正是从这里产生的:每一个建筑物都有一段历史,如果必须把它保存下来,就必须对它进行维护。因此,根据这种建构论的概念,浮夸是没有价值的,我的意思是说:我们只不过认为,科学和技术、政治和道德并非无中生有(come from nowhere)。当然,认识论者注意到,只要你说"建构论",他们就欣然接受你的说法,并且说,"啊! 你的意思是说,科学是由社会因素建构而成的",我们当然不会那样说。首先,因为我们给社会下了完全不同的定义(正如我前面所说明的那样,我们认为社会是联合);其次,因为说某种东西是建构而成的,并不意味着我们知道构成它的材料是什么。我希望能阐明这个问题。至于要知道我是否仍然称自己是一名建构论者,我的回答是肯定的,因为我大量地利用了传统的科学哲学概念,即规范的概念。建构论的最大优势在于,它能够再一次提出区别"好的"建构与"坏的"建构的问题,经典的科学哲学方式本身很难提出这个问题。换言之,在我看来,建构论被强加了一个不可动摇的偏见,在很大程度上,这是科学哲学的规范要求所导致的,因为在科学的限定范围内没有停止这种规范要求。

问:既然如此,您的建构论思想与布鲁尔的强纲领之间又有什么异同呢?

答:我已经回答了这个问题。但从超科学的人文社会学研究范围之外的观点来看,确实存在着小小的差别,我从布鲁尔对辉格党主义的尖锐批评中受益匪浅。不过,从哲学与社会理论的观点来看,他的批评过分狭隘,也确实言过其实。他关于科学与技术相结合的创造性和奇异性研究更令我惊讶。我认为,那些创新比他所认为的更加极端地把我们的形而上学与社会理论假设分割开来。但是,他仍然是我们亲密的同行,不要忘记,爱丁堡学派除了布鲁尔之外还有多纳尔·麦肯齐(Donal Mackenzie),我很钦佩麦肯齐在科学的人文社会科学研究方面所做的工作,特别是他关于金融市场和一般经济学理论,他也是我们不可多得的同行。因此,我认为,你不应该太多地介绍不同学派之间的起因。同样,学派这个概念也是一种简化,我认为它并不很重要。我要再一次强调并指出这种区别是:布鲁尔有兴趣表明,从世界输入的其他任何东西都是相等的,可以把结果中的小小区别追溯到社会与认知领域内的微弱差异。它只是有趣而已。对我来说,可以提出许多其他问题,特别是下列事实:在大多数情况下,从世界输入的任何东西并不是完全相等的,因为我们与世界的关系不是接受输入的关系。这是最糟糕的经验主义类型。或者,更准确地说,我所称的第一种经验主义是由洛克(Locke)在 17 世纪和 18 世纪发明的。但你们中国人的重要事情是,你们通过对经验的非常奇特的定义方式,来避免走这种弯路。这里,我再一次遵循了朱莉恩的观点,特别是他早期在《事物的倾向性》一书中阐述的观点。因此,为了回答你提出的关于布鲁尔的问题,我认为,他基本上是康德主义者,也就是说,他的唯一问题是试图找到解决下列问题的办法:在认知主体的内心里发生了什么,社会维度对认知主体对世界(在很大程度上,这个世界本身是无形的,或者说,至少不在社会科学家的范围内)的分类方式产生了什么影响。这当然是值得尊重的项目,但它把我感兴趣的许多哲学问题搁置一边,正如我在《自然界的政治学》一书中所表明的那样,特别是因为只从社会学或认知科学的观点出发,不可能提出规范的问题。你必须讨论普遍世界的问题,而不仅仅是讨论科学的社会维度的问题。因此,正如布鲁尔震惊地发现的那样,你需要形而上学和本体论。

问:您的思想也是从符号学开始的吗?

答:我不知道我的思想是从哪里"开始的",但是,我承认,我得益于格瑞马斯(Greinmas)提出的符号学理论,他的一位弟子弗朗索斯·贝斯泰德(Francois Bastide)去世前是我多年的同事。通常,文学理论比大多数社会科学家更加超前、更加深奥和更加依赖于经验(除了文学理论的经验来源是文本的之外，我承认，它比社会科学中的经验来源更容易获得）。因此，假定已知在科学、技术和政治中的发明与叙述的总量，认真研究文学小说世界的每一种形式都是非常有用的。我认为，我运用了符号学，而且，进一步促进了对其他问题特别是技术问题的解决，所以，你也能说，我的工作依赖于符号学的思想。现在，你必须要理解的是，符号学既有优势也有劣势：优势是，突出了自身既不受语境影响也不受相伴随的整个有害的社交理论影响的意义形成机制，因此，通常情况下，符号学家和文学研究者比社会说明者更精明；而劣势是，抛开语境不说，与文本实践相比，符号学家不可能再与其他的意义形成实践相结合，即使他们曾为此付出过努力。所以，你需要非常谨慎地运用符号学。

问：20 世纪 50 年代斯诺曾提出两种文化的观点，一种是科学家的文化；另一种是人文知识分子的文化。现在，有些科学社会学家提出只有一种文化的观点，您的观点呢？

答：我从来不理解斯诺的这种论证，顺便说，他的论证名不符实。斯诺的观点是非常新奇的，但并不深刻，它更严格地依赖于你如何定义文化这个术语。斯诺的文章和对这个空洞概念的大多数讨论都是指教育问题，当然，在这里他确实是对的：一个领域（比如说，生物化学）内的学者与学生对莎士比亚的无知与文学系的人对酶的无知一样明显。但是，根本不存在以此为基础的两种文化，而是存在着与大学里的课程设置一样多的几百种文化。现在，如果人们更严肃地把文化理解成是人类学家所称的文化，恰好因为一些学者知道莎士比亚；另一些学者知道酶，就说文学与生物化学之间没有关联，这种说法是荒谬的。任何一位有能力的人类学家都会直接看到明显无关的事情与大量无意识的事情之间的关联。当然，这并不是斯诺所能想象的。但是，我确信，我并不同意这种观点，因为我十分怀疑一般的文化概念。于是，把两种文化的争论归结为：存在着一种研究自然界的科学文化和研究文化或人类价值的文学或法律的文化。这当然是极其错误的理解，是阿尔弗雷特·诺斯·怀特海（Alfred North Whitehead）所称的"自然界的分叉"和所有无意义的现代思想的来源。因此，我在这里无疑同意柯林斯的观点，对于更善于辩论的人来说，如果他把自然界分叉，如果他承认分割成自然界与文化，因此而区分出研究事实的人与研究价值的人，那么，就没有任何一种文明是可能的。但是，这里仍然有另一种方式回答你的问题，这就是必须研究全球化。于是，这里"一种文化"是指一种能够延伸到全世界的现代化，我非常有兴趣与中国学者讨论的正是全球现代化的问题，但不幸的是，我的研究还没有被译成中文，用英语很难回答这个问题。这个问题简化为中国当前的发展是否是现代化的一种极端情形，或者，是在欧洲用这个术语所指的一种很深远的转折。正如我在《我们从未现代过》一书中所论证的那样，与中国学者讨论这个问题，对我来说是非常关键的，因为未来世界在许多方面都依赖于你们国家对这个问题的回应：你们当前的发展是正在为现代化注入第二次兴奋剂吗？或者说，从未现代过的中国人正在拥有现代化和正在深刻地改变着现代化吗？换言之，你们准备成为什么样的现代人呢？当前当中国坚定不移地变成现代化的国家时，我们阻止其成为现代人，至少在欧洲是相当荒谬的。不过，这个问题不容易出现。

问：您对 20 世纪科学哲学发展有何评价？

答：我不能保证我有足够的知识来回答这个问题。对我来说，传统的科学哲学是相当成问题的，而且，作为哲学的一个子领域是一种危险的偏见。我认为，我知道什么是哲学，什么是科学，但是，我认为没有必要把一个领域称为科学哲学。通常这是指认识论，在 90％的情况下，我称之为"政治认识论"（Political epistemology），即在某种程度上，通过定义科学来研究政治，这种研究既不是质问，也不是批评。现在，在科学哲学领域内，已经做了一些认真的工作，但是，更确切地说，我把这些认真的工作称为科学技术史和科学技术人类学，也就是说，科学哲学变得与科学的人文社会科学研究难以区别开来。我在这里似乎有些武断，但我确实喜欢看到，能证明一个专门的

子领域是必要的：如果它是在没有表达政治的条件下来研究政治的话，那
么，我更喜欢明确地称之为"政治哲学"；如果它确实是研究科学如何进行
的，那么，我认为，科学史与科学社会学做得更好些；如果它是研究由科学提
出的形而上学问题和本体论问题，那么，哲学完全适合于进行这种研究。因
此，我并不建议学生擅长于科学哲学，而是擅长于哲学。所以，我不能真正
地评论 20 世纪科学哲学的演变。我也不相信，实际上存在着或应该存在着
这样一个领域。但是，请不要接受我的错误，我完全赞成哲学和科学的人文
社会科学研究，我所反对的正是科学提出的认识论问题至少是客观性问题
的观念，在这一点上，我同意约翰·塞尔(John Searle)的观点：科学之所以
令人感兴趣，并不是因为它提出了认识论问题。在这方面，他与怀特海的观
点相一致：在科学中，令人感兴趣的事情不是"我们能做什么"，而是"我们知
道做什么"。我能提出的首要问题是 17 世纪的怀疑论所遗留下来的问题，
也是过时的问题。当然，我应该说，至少除了昂贵的实践之外，科学是客观
的。有无数的哲学家仍然质问这样的问题："我们的认识实际上是客观的
呢？还是在某种程度上是主观的呢？"这种思想已经超出了我的范围。当
然，我确信，科学是客观的。但是，现在，我们知道做什么的问题，也就是什
么是很有趣的问题。因此，非常有趣的问题是：我们所做的正是我们所知道
的吗？我们如何能够承认这一点呢？请注意，怀疑论现在与过去都不是一
个有趣的哲学趋势，它只是对绝对论者的荒谬陈述的回应，但是，在哲学中，
这些回应决不是一个好的导向。这样，我终于回答了你的问题，我会说，
20 世纪已经表明，被称为科学哲学的一个哲学的特殊子领域最终逐渐地走
向了瓦解，我认为，这是一个很明确的发展趋势，它允许我们现在质问，科学
所提出的真正重要的问题：本体论问题、政治学问题以及形而上学问题，不
过，我的这些观点可能完全是错误的。

问：您认为法国的科学哲学与英美科学哲学之间存在着什么样的差异？

答：过去的法国传统是受加斯顿·贝彻劳德(Gaston Bachelard)启示的

理性主义传统,但在当代,这个传统并没有得到真正的发展。有所发展的是繁荣科学史的传统,科学史的传统与从理性主义传统中可靠地继承下来的有说服力的内在论的成分相一致,而且,这基本上是相当好的。我不相信,在英美哲学中,存在着一个具有相同性质和历史基础的科学哲学,而这也可能是由于我的无知。我与英美哲学家没有太多的对话。历史地看,主要是经验主义与理性主义之间的差异。在悖论的意义上,法国的理性主义使他们更少地成为经验传统的俘虏,他们能够探究完全不同的研究项目,关注迪昂(Duhem)、柏格森(Begson)、贝彻劳德、西蒙顿(Simondon)和福柯的思想。在我看来,这比英美经验主义中的客观性与主观性之间不明确的争论更加丰富。现在,法国的问题是,这种理性主义使他们几乎不能理解实用主义,因此,这是我所说的第二类经验主义。但是,毫无疑问的是,在我的记忆中,法国传统中从来没有丢失科学的形而上学与科学政治学。我基本上认为这是更富有成效的。

问:您认为法国的科学哲学家有哪些人?

答:法国有优秀的哲学家、著名的人类学家和社会学家,但是,我没有把科学哲学说成是一个孤立发展的领域,如果你沿着前面回答的思路,这是有益的。柯瓦雷(Koyré)中心的小组和道米尼克·帕斯特(Daminique Pestre)正在茁壮成长。存在着一个非常有趣的理性主义的内在论学派,更奇怪地说叫作 REHEISS,这个学派在理性重建方面作出了杰出的贡献。我们拥有优秀的数学人类学,包括研究中国科学的大量材料在内。因此,我说,巴黎为人们的工作创造了一个非常重要的生态系统。当然,也有许多其他的趋势。其中之一是从福柯的思想出发所做的工作在科学史领域内仍然得到了广泛的理解并起到了非常积极的作用。大量的工作集中在科学技术政治学方面。我确信,有些名字你是不会从英语世界里知道的。

第四章
科学知识社会学的宣言[*]

——与哈里·柯林斯的访谈录

　　哈里·柯林斯(Harry Collins)是英国卡的夫大学社会学资深教授,知识、专业知识与科学研究中心主任,世界著名的科学知识社会学家。2005年4月5—12日,他在山西大学科学技术哲学研究中心进行学术访问期间,我就柯林斯的科学知识社会学思想对他进行了专访。

　　问:柯林斯先生,您能明确地谈谈您的观点与布鲁尔和拉图尔的观点之间的差别吗?

　　答:与拉图尔相比,我更接近布鲁尔的观点。至关重要的是,我与布鲁尔的思想都是基于维特根斯坦的后期哲学;而拉图尔则始于符号学和其他法国哲学。首先,我把自己称为"方法论的相对主义者",布鲁尔说我应该被称为"方法论的理想主义者",并且说,这种观点是站不住脚的。我无法理解他为什么会这样说,因为似乎对我而言,方法论的相对主义是他自己的"对称性原理"的实际推论。在这里,布鲁尔的确有某种误解。我们曾经就此问题交换过意见,但是,没有达成共识。

* 本章内容发表于《哲学动态》2005年第10期。
【基金项目】国家教育部哲学社会科学研究重大攻关课题"当代科学哲学发展趋势研究"(项目编号:04JZD0004)的阶段性成果。

20世纪70年代初,我与爱丁堡学派的差别很大,因为我以为自己是一名认识论的相对主义者,而他们却不认可相对主义。到1981年,我意识到,我无法证明认识论的相对主义,并解释说,我已经改变了自己的思想,成为一名方法论的相对主义者。我在1981年刊登在《社会科学哲学》上的《什么是真理、理性、成功或进步》一文中对此进行了说明。在这篇文章中,我指出了布鲁尔的强纲领与我的"相对主义的经验纲领"(EPOR)的某些区别。特别是,我注意到,除了中间两个信条之外,强纲领的第一信条和最后一个信条是不必要的。关于相对主义的最新讨论,可参见我与人合作主编的《一种文化》一书的第15章。

我与布鲁尔的差别更多地集中在实践方面。他的一生主要以哲学家的风格工作,即他的工作来自学习,而我的思想往往来自实地考察(field work),有时,作为方法论的相对主义,我的哲学思想所关注的是我研究的实践。但是,布鲁尔与我的这种差别越来越不明显。爱丁堡学派的成员很快在巴思大学着手进行我所从事的实地考察研究;在当今世界上,还没有任何一个人能比爱丁堡的唐纳德·麦肯齐(Donald Mackenzie)在方法上和程序上更接近于"巴思学派"(Bath School)的进路。当前,布鲁尔已转向经验研究——他正在对第一次世界大战期间的空气动力学进行详细的历史分析。

我与拉图尔在学术训练方面有重大的差异。我是一名社会学家,而拉图尔是一名哲学家和人类学家。作为一名人类学家,他相信,外行的观点是有价值的,而我则认为,当外行注意到新文化的特征时,他们只不过是对内行赋予这些事态的意义感到困惑而已。在我看来,重要的是尽可能彻底地了解你所研究的群体,然后,再"使你自己远离"这个群体。拉图尔作为一名外行在索尔克研究所(Salk Institute)开始了他早期的实地考察研究,然而,就我所知,他从未在一个实验室里花费过大量的时间,而我为了接近这种完美研究的理想,与研究引力波的科学家一起,渡过了我生命中最近十年。这些年来,拉图尔没有设法接近科学家;而我则竭尽全力不断地加深对科学家的了解。

或许，正是这种差别说明了其他问题。任何一个人都可以说，拉图尔是在远离科学的情形下发展理论的，因而他的理论所需要的科学知识很少，而且，这意味着，不要求学者们一开始就关注科学。他以符号学为出发点，强调了他要求学者们关注文学、文化研究和其他人文学科；我的进路则需要投入到科学中去——也许，更多地求助于科学共同体中的科学家。我的工作是有意劝说科学家认真地接受社会学，我还通过对探测引力波案例的跟踪研究，写了一本专著《引力的阴影》(Gravity's Shadow)。

此外，我着迷于科学并认为自己是一名科学家。我相信，科学——我意指，通过科学，承诺对明确的（在我的事例中是社会的）真理的认真探索，不管这种探索是否能够达到目的——比把世界看成是一个被解释的"文本"更加引人注目。把世界看成是一个文本或一个符号系统，鼓励人们提出包罗万象的理论。因此，拉图尔认为，甚至应该把人类与机器和动物之间的差别视为一种解释。我认为，我们的理论是很不全面的，这些理论会把人类置于世界的中心。当一个理论太全面时，对世界没有任何效用，只是使一切保持原样，尽管它是用不同的话语描述这一切的。一个关于万物的理论是提出了关于无(nothing)的假设。我们可能会说，关于万物的理论面临着波普尔所担心的不可证伪的危险；我们无需接受波普尔的证伪标准就可明白，一个较好的理论是在接受它的过程中经得住反驳的理论，因为我们知道，经得起考验的理论是很重要的。总之，我更喜欢小得足以揭示科学世界的理论。为了改造世界，我们必须拥有中间层次的理论——大得足以为我们提供与常识相反的洞察力，但是，不能大到把概念同样地应用于任何事物的程度。

最后，在拉图尔与我之间还存在着一种道德上的差异。拉图尔拥有马基雅维利式(Machiavellian)的科学理论：科学真理是从最强的协作中涌现出来的。就我所能了解的情况来说，他为了尽可能地吸收观察世界的许多其他方式，通过提出非常抽象的理论，并因此而调整很灵活的观念，使这一点在他自己的工作中融入实践;这些普遍的理论能够与很大范围的其他观念相一致,因此,对于那些希望在不改变其实践的前提下,把自己看成是从事最前沿的新观念研究的人来说,这是很有吸引力的。他使别人易于接受自己的思维方式的这种策略,是非常成功的,特别是,因为他不需要进行艰苦的实地考察和深入了解科学世界。对于拉图尔来说,科学是什么的描述似乎导致了科学和社会科学应该怎样的规定:如果一种科学观是通过建立同盟来增加说服力的,那么,一种社会科学观也应该通过建立同盟来获得权威。另一方面,尽管我把科学描述成一种普通的活动,与任何其他人类活动没有什么两样,但是,我并不认为,任何事情都是你应该如何行动的结果。事实上,我是一位关于科学责任的浪漫主义者,我认为,即使科学完全是社会性的,个体科学家也仍然应该像科学家而不是社会学家的那样行事。科学家应该仍然相信,任何一个人都有可能发现真理,而且,真理的发现是在严格地避免做出让步的同时,通过建立有洞察力的理论、不懈的观察和实验获得的。这同样适用于社会科学。我于 1982 年刊登在《科学的社会研究》杂志的《特殊的相对主义:自然的态度》一文中第一次表达了这种观点。在这篇文章中,我论证说,科学家的研究,应该把自然界看成是真实的;而社会科学家的研究应该把社会世界看成是真实的。这也是方法论的相对主义。

在"自然科学态度"的范围内,科学英雄依然是把世界作为个体来接受的那些人,与此同时,我作为一名社会学家,承认他们达到了他们似乎要达到的目的,只是因为他们的研究语境。因此,我的科学观的动机是反驳,然而,正如我所理解的那样,拉图尔的理想科学的动机是合作。不幸的是,我的理想使同盟更加难以形成。

我们一定不会忽略我们自己所受的社会学训练:如果人们有机会继续运用在教室里使他们成功的旧技巧——特别是,阅读文献和分析文本的技巧——进行研究,那么,许多人将会对自己所熟悉的方式做出选择。我的观点是,我们必须坚持新的而且是困难的工作方式。这些使我们走出了教室和办公室。如果我们继续进行新的训练，那么，这种训练必须是新型的实践所要求的：只有按这种方式，我们才能发展维特根斯坦所说的一种新的"生活形式"(form of life)。一种新的训练必须是一种新的生活形式，而不只是用新的词汇来描述旧的事情。

问：您在 2001 年合作主编了一本名为《一种文化》的论文集。可是，早在 1959 年，斯诺就曾根据自己的亲身体验出版过一本名为《两种文化与科学革命》的影响很大的小册子。在这本书中，斯诺认为，知识分子（主要指人文学家）与科学家（主要指物理学家）之间存在着彼此互不理解的鸿沟，他们形成了两种不同的文化。您为什么不同意斯诺的观点，主张只有一种文化呢？

答：科学知识社会学已经表明，科学在很大程度上是一种普通的活动，这正是我说只有一种文化的理由。换言之，科学与制造知识的其他方式非常类似，至少，当我们寻找科学与其他知识在逻辑上或程序上的差异时，这也正是书名《一种文化》的由来。

问：如果根据科学知识社会学家的观点，认为只有一种文化，而且，这种文化还是由社会建构的，那么，如何理解像手机、电视机以及其他技术制品的成功应用呢？

答：自 1981 年以来，我已经对真理和实在论的问题不感兴趣。几千年来，人们一直对真实的与相对的或同一问题的其他形式争论不休，如果我们回到一千年前，仍然有些大学允许思想自由，那么，我们会发现，所进行的争论是相同的。实在论与相对主义之间的战争是不会有结果的——既不能被证明，也不能被反驳。现在，我把相对主义作为一种方法来使用，并不对世界的形成方式做出某种断言。

关于电视和其他技术产品的问题，让我首先根据我在 1981 年前所做的工作来回答，电视机的存在并没有证明相对主义是站不住脚的。存在着许多可能的答案，但是，我只选择一个答案，即我无法确定电视机的存在。在这方面，我是逻辑实证主义者的一个好伙伴，因为逻辑实证主义者也无法确定像电视机、人类、墙壁或比瞬间的感知更多的任何东西的存在。如果逻辑实证主义,或者说,任何其他形式的证实或证伪的哲学体系,成为说明我们关于无法论证的真世界的知识的一种满意方式,那么,最终,实在论是比相对主义更经济和更有吸引力的理论。但是,一个接一个的哲学体系并没有找到一致地描述我们如何认识现象(与实体相对)的关键所在,因此,电视机等技术产品是不解决任何问题的。

现在,让我根据 1981 年后的观点进行回答。我只是说,"那不是我的问题"。我的问题是区分真假,然后,根据当时的目的,即我为了进行可信的和有兴趣的案例研究,选择分界线。这就是方法论的相对主义。

问:1985 年,您出版了一本《改变秩序:科学实践中的复制和归纳》的专著,这本书的主要观点是什么?

答:复制意味着其他科学家对实验的重复;归纳是对过去的实验进行概括。这本书所论证的观点是,一个可重复的实验成功地确定了特许一种新的归纳概括——例如,我们过去探测引力波的经验允许我们概括地说,引力波在未来也是可检测的。这个论证的新颖之处在于,不是通过复制一个实验,而是通过一个一致同意的下列决定,来确立一个实验的可复制性:所有产生了"X"的实验都是好的实验;而所有不产生"X"的实验都是不好的实验。在并存的意义上,这一点确保了真正的复制类型——产生 X 的那些复制——于是,X 的存在,在未来能够成为归纳概括的主题。

问:您在 1990 年出版的《人工专家:社会知识和智能机器》一书中讲到了"行为的体现"(the shape of actions),其主要观点是什么?

答:"行为的体现"是作为一种手段,来彻底解答我在《人工专家:社会知识和智能机器》一书中首先提出的问题。在这本书里,问题是由下列论点引起的:既然所有的知识都具有社会集体性(social collectivities),既然所谓的智能机器并不属于人类的社会集体,因此,假如我们所说的智能是指能够模仿人类的行为,那么,它们就不可能是智能的。我表明,即使对简单的智能机器而言,例如,拼写校正器,这也是正确的。问题在于,因为所有的知识都是社会的,所以,它一定包括比如说算法这样的知识。但是,我们有能计算的普通电脑(袖珍计算器),因此,我的论证一定是错误的!

最初的一部分解答方案是注意到,袖珍计算器所进行的计算不同于人类的计算方式。例如,假如计算 $7/11 \times 11$ 的总数,大多数袖珍计算器会给出类似于 6.999 9 的答案;而一个人不用进行任何计算,就"知道"是 7,电脑不知道如何近似或适当地四舍五入,而所有计算的应用都要求进行近似和四舍五入。知道如何近似和适当地四舍五入,是知道对一个问题的正确解答意味着什么的问题。因此,有可能认为,$7/11 \times 11$ 的正确答案实际上是循环小数 6.999 9,但是,有人说,这没有真正理解问题,而我们社会集体的成员能理解。

为什么这只是最初一半的解答方案呢? 因为在没有必要进行近似的地方,例如,我们不把计算应用于世界的现实问题,而只是进行一种算术练习,计算器对求总数来说仍然是很有用的。这些情形中的依据是什么呢? 回答是,人类是如此的多才多艺,以至于他们能酷似机器,即使机器不能酷似人类。有时,我们表现了酷似机器的一种行为。这是一种假象,好像我们不是社会集体成员。算术练习就是此类行为的一个例子。

《人工专家》一书中第一次提出这些解答方案。在"行为的体现"部分,马丁·库施(Martin Kusch)和我应用了区分"多形态行为"(plimorphic acticn)和"单形态行为"(mimeomorphic actions)的观念,"多形态行为"是指普通的人类行为,所谓由于相同行为对应于许多"表现"或举止;"单形态行为"是指酷似机器的行为,在这里,相同的举动每一次都用来例示同一种行为。我们根据这两类基本的行为类型及其子类型,描述了许多人类所做的事情。运用这种区分,你能够确定(带有某些困难),哪类行为机器能模仿,哪类行为机器不能模仿。

问:那么,您曾说过的互动的专业知识是指什么呢?

答：我所断言的是，我花了十年多的时间与科学家生活在一起，我具备了运用某种技巧与他们谈论他们学科的专业知识——这就是互动的专业知识。它不同于建造引力波检测器的能力或在物理学杂志上发表一篇论文的能力；我把这些能力称为"可贡献的专业知识"（contributory expertise）。我在《现象学与认知科学》杂志上发表的《作为第三种知识类型的互动的专业知识》一文中，试图用哲学语言说明互动的专业知识。重要的是，一旦人们在两类专业知识之间做出区分，就会提出更复杂的分类。我们称这种分类为"专业知识周期表"。例如，比互动的专业知识水平低的专业知识，我们称之为"来源于第一手资料的知识"（primary source knowledge），它是通过阅读科学杂志得到的，而不是通过与核心层的科学家之间的谈话得到的，这些科学家知道，哪篇论文值得阅读，哪篇论文应该被忽略。水平更低的专业知识是"大众理解"，它是通过阅读二手资料获得的，这些文章通常是由新闻记者撰写的，其中包括对一手资料的消化吸收和简化的版本。我们现在需要理解，这些不同的专业知识进行相互作用的方式。

问：您认为应该改变哲学研究的方式吗？

答：正如你从上面的回答中所看到的那样，我确实认为，科学哲学应该从 SSK 中吸收某些思想。但是，吸收社会学已产生的思想是很不够的；正如我所描述的那样，最好要掌握"互动的专业知识"，在没有获得"可贡献的专业知识"的情况下，互动的专业知识只能持续一代人。重要的是应牢记，正如乔·韦伯论文的命运所表明的那样，文献知识不同于科学知识；哲学系必须长期保持与科学社会学的"核心层"相联系，如果他们打算长期坚持相联系的思想，那么，这将是进行哲学研究的最好方式。然后，第二步是，改造科学哲学系，使有些人更多地以社会学的方式做事。正如维特根斯坦所说的那样，"不是寻找意义，而是寻找用法"。下一步是，如果我们希望哲学吸收社会学的思维方式，并且不再失去它，那么，一些哲学家也必须接受社会学的行动方式；思考和行动是同一个硬币的两面。

问:尽管科学知识是社会建构与发明的产品,但是,它也包含了真理的因素,您同意这种观点吗?

答:问我们什么是"不太极端的"社会建构论的进路,这种提问方式是无益的。我认为,我们一定是重实效的。我所做的每一项社会学研究都包括了我把世界的大部分看成是真实的。当我调查科学家们关于他们是否检测到引力波的分歧时,我不把引力波看成是实在,但是,我把伏特计、激光、反射镜、电线、示波镜、钢管、混凝土砌成的洞穴以及洞穴中放置的探测器看成是真实的。我在相对主义的意义上看待这里的每样东西:毕竟,我可以生活在梦中(唯我论)或文本中,但是,我没有选择这样做。这不是一种哲学的选择,而是策略上或方法论上的选择。如果我选择在相对主义的意义上看待一切,那么,我对探测引力波的说明,将转向对整个实在的说明:我的已经相当厚的著作,将会变得与宇宙一样大。因此,如果我希望探究世界,而不是仅仅谈论世界,我总是在某些时候选择把某些东西看成真实的。

于是,我们必须问的不是真理观的意义,而是它的用法。我用真理保护我不受同类项目的潜在倡导者猛增的影响,但是,我用非真理(non-truth)打开我要分析的世界的突破口。我在哪里用真理,在哪里用非真理,取决于我希望做什么。因此,在我探究的过程中,不是谈论事实真相——我不理解的一个概念——我是自觉地选择我把什么当作是真的,把什么当作是建构的。

问:除此之外,您还想对科学哲学家提出哪些建议呢?

答:学习科学知识社会学家的实践并非易事。就像学习其他实践一样,需要一个学徒期,不只是阅读,至少要学会六种技巧。

(1) 选择社会学的研究项目;

(2) 获得进入科学领域的突破口;

(3) 知道描述你所看到的事情;当一个项目出错时,知道如何调整;

(4) 当一个项目出错时,知道做些什么;

(5) 知道在相对主义的意义上分析什么,并把什么看成是世界的一个

确定部分,以便提出与常识相反的观念;

(6) 撰写研究计划。

问:您关于专业知识的研究,在哪些方面与这一点相符合呢?

答:关于专业知识的研究是与相对主义—实在论的争论相垂直的另一个方向。我们已经着手进行研究的被称为专业知识和经验研究的项目——我们在《科学的第三次浪潮》一文中称之为 SEE。

我相信,我们必须理解专业知识,这是一个迫在眉睫的问题。专业知识的新的哲学/社会学(在这里,其实哲学与社会学没有区别),应该不同于从前的研究进路,即既研究精通的专业知识(perfect expertise),也研究不太精通的专业知识。这是至关重要的,因为科学越来越面对公众的不太精通的专业知识,而且,这是不可完全忽视的。我们需要知道哪类专业知识,是很不全面的科学的专业知识,也需要讨论其应用。我们已经着手以新的方式思考和研究专业知识。新的思考开始于我前面讨论的并得出"专业知识周期表"的互动的专业知识与可贡献的专业知识之间的区分,但是,我必须强调,这只是项目的开始。现在,我们必须试图理解专业知识的所有类型和用法。这既是一项哲学项目,也是一项社会学项目。

正如我们所看到的那样,正是互动的专业知识,使得人们有可能共同承担大的科学项目,而且,有可能进行真正的跨学科研究。更令人惊奇的是,互动的专业知识通常是同行评论的媒介!我们正在卡的夫进行某些实验,来帮助我们更好地理解互动的专业知识。我们正在试图发现,当我们谈论互动的专业知识和可贡献的专业知识时,是否有可能说出它们之间的区别。为了做到这一点,我们玩儿童所谓的"模仿游戏"。我们假设,色盲即使无法区别颜色,但是,在辨别颜色方面,具有几乎完美的互动的专业知识,因为他们是被用语言表达颜色的人培养成人的。于是,我们假设,他们应该有能力像不是色盲的人一样谈论颜色,也应该有能力假装成为能够看出颜色的人。另一方面,我们假设,不能立即感知乐符音高的那些人,将没有能力假装成为能感知乐符音高的极少数人（能听出"正确音高"的那些人）。我们正在通过评价生活在偏远地方的人用计算机键盘键入问题，来检验我们的假设，而且，通过观看他们键入问题的答案，尝试得出谁在打字。到目前为止，这种实验似乎支持了我们的假设，我们也希望不久发表一篇描述这项工作的论文。我们为什么做这些实验呢？因为人们要想完全确信一种观念，必须让这种观念发挥作用。

问：如此看来，究竟是存在着两种文化，还是存在着一种文化呢？

答：当我们远离逻辑问题或程序问题，而转向关于生活方式或文化问题时，我们能够明白，存在着观看世界的特殊的科学方式和非科学方式。但是，不存在斯诺认为的两种文化。首先，观看世界的科学方式远比斯诺想象得更适用。举例来说，在运用主观方法的社会学中，我所定义的科学进路适用于解释案例研究。我所说的科学文化并不是通过科学论证和实验的严密性、复杂性和客观性来描绘的；科学方法与其他认知方式很相似。不过，我们所认为的科学态度仍然是独特的，具有做好工作的完整性；具有以真理为目标的意义，即使真理是不可能发现的；具有向他人做出解释的义务；具有在不妥协的前提下，思考和表达新的和非正统思想的自由；具有清楚明白地说明自身的意向；以及尊重经验和专业知识。其中的某些方面只是好的专业知识，但是，当一个人把它们全部加在一起时，他就得到了获取知识的进路，尽管，无法用任何一种逻辑方式证明这一条进路是最好的，但是，它是一种好的道德。很难证明什么是好的道德，因此，我只是说，如果一个人不明白，获得新知识的这一条进路是一种好的方式，那么，他们的感觉就有点错误。这个定义使许多哲学家也走进科学家的生活。它也使许多其他哲学家和社会学家走进非科学家的生活。有些学者不关心明确地写出和表达他们的思想，而是喜欢通过信徒的聚集，获得名誉，这些信徒热心于阐述被设计的模糊陈述的意义。我们根本不可能确保，我们的作品和格言会是同样可解释的，但是，我们有意图试图只提出一种可利用的解释，不管这种解释是否通俗，它对科学实践是十分关键的。

第五章
如何理解微观粒子的实在性问题*
——访斯坦福大学赵午教授

科学实在论与反实在论之争是当代科学哲学研究的最核心论题之一。在这个论题中,争论最多的焦点之一就是,究竟应该如何理解理论实体的本体性问题。这里的理论实体是指由科学理论假设的实体,例如电子、光子等微观粒子。在科学哲学家中间,关于宏观实体与微观实体之间的关系问题至少有三种观点:第一种观点认为,宏观实体是真实存在的,微观实体只是一种表象,是理论解释现象的一种工具,这种立场主要以不同形式的经验主义者为代表;第二种观点刚好相反,把宏观实体看成是微观实体的表象,这种观点以美国科学哲学家塞拉斯(Wilfrid Stalker Sellars,1912—1989)为代表,他在 1962 年的《哲学与人类的科学映像》一文中阐述了这种观点;第三种观点认为,两者都是存在的,或者说,两者都具有实在性,这种观点以苏格兰籍的澳大利亚科学哲学家斯马特(John Jamieson Carwell Smart,1920—　)为代表,他在 1963 年出版的《哲学与科学实在论》一书中阐述了这种立场,这也应该是物理学家比较倾向于支持的一种立场。对这种科学哲学基本问题的研究,如果能够与理论物理学家进行对话,了解物理学家对

* 本章内容发表于《哲学动态》2009 年第 2 期。
【基金项目】上海社会科学院项目"量子纠缠的哲学问题研究"与 2007 年教育部新世纪优秀人才支持计划入选项目的阶段性成果。

微观粒子的实在性问题的理解,是很重要的,也是很有帮助的。2008 年
3 月 20 日,我很荣幸地在斯坦福的直线加速器中心,对赵午教授就这个问
题进行了专访。

　　赵午教授于 1970 年毕业于台湾清华大学物理系,后来师从杨振宁先生
研究高能物理,并于 1974 获得博士学位。博士毕业至今一直从事加速器理
论研究。现为美国斯坦福大学直线加速器中心教授,曾出版了《高能加速器
不稳定性理论》一书,并曾荣获 2008 年度的欧洲物理学加速器学会成就奖。

　　成:赵教授,您好! 在经典物理学中,我们从来不怀疑理论描述的对象
是存在的,因为理论描述与实际测量是相对应的,即理论计算的结果,总是
能对应于一个实际的测量结果。但是,在微观领域内,由于理论的抽象程度
的提高、其对象的可感知性的消失,我们对对象的认识只能完全依赖于理
论。例如,量子力学对粒子的描述与量子测量结果之间不再具有对应关系。
在这种情况下,关于微观粒子的实在性问题的理解,在科学哲学中就变得重
要起来。有些科学哲学家认为,根本就没有这样的粒子存在,微观粒子不过
是物理学家为了描述现象所使用的一种纯粹的概念工具,没有任何真实性。
您作为从事基本粒子理论研究的物理学家,是否能先从非相对论的量子力
学的基本理论出发,通俗地谈一下您是如何理解像电子和光子这些基本粒
子的存在状态的呢? 或者说,在研究加速器时,您认为被加速器加速的那个
对象是真的,还是只是某种概念描述或虚构?

　　赵:这些粒子当然是真的。只是当我们描述一个粒子的行为时,我们通
常用经典图像或量子图像来描述它。这两种图像是完全不同的。它们提供
的最终答案,有时是相同的,有时是不同的。重要的是要认识到,即使是它
们能给出相同答案的那些情形,它们在基本概念与物理内涵方面也是完全
不同的。在非相对论量子力学中,微观粒子实际上是一种算符,这些算符在
我们熟知的空间坐标中可以用波函数的形式表达出来。所有物理量实际上

都是算符的事实是非相对论量子物理学中的一个基本概念,在经典物理学中完全没有这种特性。

成:按照量子力学的理论描述,当把微观实体或微观粒子的行为用波函数来表达时,波函数的性质决定了,在两个以上的粒子系统中,粒子之间必然存在着一种非定域性的关联,薛定谔最早把这种非定域性(non-locality)的关联称为量子纠缠(entanglement)。现在,量子纠缠已经成为量子计算和量子信息科学发展的重要资源。特别是,随着短距离的量子通讯技术的成功实现,量子纠缠现象已经成为既有理论基础又有实验证据的一种客观存在。量子纠缠不仅从理论上拉近了现实与科幻的距离,成为一种神奇的力量,预示着会带来更加深刻的技术革命,而且,对于哲学研究来说,由量子纠缠现象所带来的冲击比过去任何时候都为巨大,主要涉及对微观粒子的实在性、定域性、因果性等问题的重新阐述。我的问题是,在您的理解中,量子非定域性概念与量子纠缠概念之间是一种什么样的关系呢?

赵:我的理解是:如果用一个波函数 F(a,b)来描述粒子 a 和粒子,那么,这两个粒子就已经注定了它们是相互纠缠在一起的了。一旦纠缠在一起,对这两个粒子往后的运动的描述就一定会导致非定域性。纠缠概念和非定域性概念就它们基本上都起因于波函数 F(a,b)的这个性质来说,是相同的。因此,这两个概念在基本意义上是一回事。

我刚才说一旦我们用 F(a,b)来描述两个粒子,那么这两个粒子就注定了纠缠,其实也不尽然。要两个粒子纠缠在一起对波函数 F(a,b)还是有要求的,那个要求是什么呢? 拥有两个不纠缠——因此避免了非定域性——的粒子的唯一办法是,当波函数 F(a,b)可以分解为两个单独的波函数的乘积的特例情况下,即 $F(a,b)=F(a)\otimes F(b)$。如果是这样的话,这两个粒子还是可以免于纠缠的。但如果不是的话,那么,这两个粒子就注定了要纠缠在一起,也注定了要产生非定域性。

当然,上面的陈述假定了量子力学的概率解释,即概率密度等于 $|F|^2$。

如果这种概率解释由于某种原因是无效的,那么,上面的陈述也是无效的。

让我们回到讨论纠缠的问题。纠缠当然是一种完全非直观的现象。甚至于可能有人(也许包括爱因斯坦)希望,纠缠被实验否证。然而,我想提出的观点是,了解到量子纠缠真的是确有其事,而且,得到了实验的证明,是令人安慰的。否则,我们现在相信的带来难以想象的巨大革命的许多物理学原理将不得不全部被抛弃。量子纠缠概念违反了我们普通人的直觉,幸运的是,到目前为止它被证明是正确的。

我想说的是,一旦我们接受量子力学的波函数概念及其概率解释,纠缠就成为一个不可避免的必要概念,而且它必须是对的。很容易明白这一点,不需要借用精辟的 EPR 悖论来阐明,我下面给出一个例子。

考虑一个弹性散射实验。我们利用散射装置散射一个粒子。这个粒子要么散射到检测器 1,要么散射到检测器 2,这两个检测器相距 1 英里,在散射实验结束之后,粒子要么在 1 中,要么在 2 中,显然不可能同时既在 1 中又在 2 中。这是很明确的经典力学的描述。这也是这个简单实验的必然的和唯一正确的结果。

现在,我们尽可能地用量子力学的波函数概念和概率解释来描述同样的实验。散射后的粒子被用波函数 F 来描述,波函数 F 的空间范围涵盖了检测器 1 和 2。有了粒子被检测器 1 检测到的特定概率(比如说,1/2),其余的概率(即其余的 1/2)是被检测器 2 检测到的。因此,一旦知道了检测器 1 的结果,你立即会知道检测器 2 的结果。在某种意义上,这已经是一种纠缠。只是因为在这个例子中,现行量子力学的纠缠结果与经典力学所预期的结果是完全一致的,以至于一般不去细想的话,就不把它当作一种悖论来讨论。

在经典描述中,粒子在散射的那一瞬间已经被决定了是向着检测器 1 散射,还是向着检测器 2 散射,即使对它不进行观察,也是如此。散射瞬间之后,它只以小于光速的速度慢慢地、稳定地沿着它的方向前进。在这种描述中,没有用到波函数、没有纠缠、没有非定域性、没有波函数的塌缩、没有超光速,以及没有违反因果关系。但是,在量子力学中,一旦我们接受了波函数和概率解释,所有这些微妙的问题就随之出现了,而且非出现不可,否则,要出很大的翻盘问题。

成:这就是说,物理学家首先肯定这些被散射的粒子是存在的,这是实验能够进行的前提条件。然后,才有可能讨论对它的描述问题。在这个散射实验中,如果我们用经典语言描述的话,粒子在散射后,向着哪个检测器散射,是由初始条件决定的,与是否观察无关。这是很容易理解的。但是,如果我们用量子力学语言描述的话,就会出现新的难以理解的情况。我不明白的一个问题是,在您的上述表述中,给人的感觉似乎是,纠缠是由描述实验的语言造成的,而不是粒子自身的特性。如果把纠缠理解为粒子自身的特性,那么,不能够揭示出散射粒子的这种特性的语言,就不能用来描述这个实验,尽管碰巧其最终结果是一致的。

赵:是的,我们首先肯定这些被散射的粒子是存在的,然后设法解释它运动和作用的规则。

在经典语言中,一旦发生散射,即使没有进行任何观察,粒子也要么射向检测器 1,要么射向检测器 2。粒子绝对不会既射向检测器 1 又射向检测器 2。在量子力学的意义上,粒子散射之后、检测之前,波函数同时涵盖了检测器 1 和检测器 2,也就是同时存在着检测器 1 的概率和检测器 2 的概率。所以在散射后检测前,量子力学说,这个粒子是同时出现在检测器 1 和检测器 2 当中的,这一点是和经典力学的说法完全不同的。但是,一旦你检测时,如果这两个检测器分开得足够远的话,那么,假如你在检测器 1 中检测到粒子,就不可能再在检测器 2 中检测到。从经典力学的观点来看,这是绝对正常的,完全没有讨论的必要。但如果您在量子力学的意义上观察这个系统,那么,你用来描述这个系统的波函数在经过检测的步骤时,就必须经过一个塌缩的过程,才能得到正确的答案。它就已经是一种纠缠在起作用。在目前这个简单的实验里,经典力学和量子力学给出相同的最后答案,但它们的基本概念和物理内涵都是截然不同的。

成:现在,如果把您的散射实验中的粒子用宏观实体来代替,比如说,一个小铁球沿着一个轨道弹出,这个轨道在中间分叉变成了两个轨道,根据经典概率的计算,在正常情况下,我们也能知道小铁球进入每一个轨道的概率是1/2。这与根据量子力学的波函数计算出的概率有什么不同呢?

赵:对于每一个检测器来说,概率当然都是1/2 在经典意义上和量子力学意义上都是这样的。两者并没有给出不同的最终答案,这也是为什么一般不把这个单粒子弹性散射实验当成悖论来讨论的原因。然而,从基本意义上看,即使当它们给出了相同的最终结果,它们也是非常不同的。在经典意义上,它是简单的和直接的。可是,在量子力学的意义上,你必须提出纠缠才能获得正确的答案。

在我的观点中,纠缠的论点如下:在经典图像中,是明确的。但是,在量子力学的意义上,你允许使用的唯一语言是波函数,用涵盖了相距1英里的检测器1和检测器2的一个波函数来描述实验,在散射后检测前,我们有 $|F_1|^2=1/2$ 和 $|F_2|^2=1/2$。但现在,此刻,比如说,你用检测器1检测到粒子,你立即预知检测器2的读数是零,即使检测器2的波函数在这个瞬间照理说仍然是非零的,因为来自检测器1的信息还没有传播到检测器2。如果当检测器1检测到粒子之后,来自检测器1的信号通过光速还没有到达检测器2,在这段时间里,我完成了在检测器2的测量,那么,请问,我在检测器2中测到粒子的概率是多少? 是1/2呢,还是0呢? 按照F(2)的波函数,我应该有1/2的机会在这里检测到一个粒子,但这是错误的。概率实际上是零,和经典力学的预测是一样的。这意味着,在检测器1检测到一个粒子的行为突然地和立即地把检测器2的波函数从F(2)的值从1/2变到了0。它塌缩到了零的理由是由于纠缠。这是一种类型的纠缠。从经典力学的观点来看,在检测器1检测到粒子之后,检测器2必然测不到粒子的这个结论,

根本是微不足道的,但从量子力学的观点来看,它是极其非凡的,即使它们具有相同的最终答案。

成:您的意思是说,经典概率是不会变的,在测量前与测量后是一样的,或者说,经典概率本身只与多次测量相关;而在量子力学的意义上,波函数反映出的概率在测量之前和之后是不一样的,是会发生变化的,是这个意思吗?

赵:"塌缩"是指波函数,因此,在经典力学中没有被称为塌缩这样的事情。但在经典力学中,粒子在发生散射那一瞬间之后,一定要么向着检测器1运动,要么向着检测器2运动,绝对不可能是两者同时。如果粒子是向检测器1运动的话,那么,在散射的瞬间之后,粒子向检测器1运动的概率已经变成了100%,而向检测器2运动的概率已经变成0%了,即使您不进行任何测量,也是这样的。

在量子力学中(至少是在薛定谔方程中),物理图像和描述使用的语言就完全不同了。在这里,唯一的语言是波函数及其概率解释,即使在粒子"散射瞬间"(严格地说来,"散射瞬间"在量子图像中是不明确的。但是我们在这里不讨论这一点。)之后,波函数在空间中展开了,如果没有进行测量的话,粒子就会同时既在检测器1,也在检测器2,这个物理图像在经典力学里是不可思议的。然而,当进行了一次观察时,在这个简单的散射实验中,经典图像和量子图像都恰好给出了相同的最终结果。我论证的观点是,纠缠在量子力学中是必然的。否则,将会出现很大的问题。这种论证我在前面已经给出,这里不再重复。

成:在通常的理解中,量子纠缠应该是对两个粒子以上的系统而言的,对于单粒子系统,也会有量子纠缠现象出现吗? 如果是的话,在单粒子系统中,量子纠缠是指两个检测器之间的纠缠吗?

赵:是的,纠缠是指含有两个粒子的情形。但是,在两粒子系统中,引起量子纠缠的物理机制,即使在一个粒子的情况下也是同样要起作用的,就比如在我们所讨论的单粒子散射实验中。所以,在我看来,这种情况应该被考虑成是一种纠缠。当我们讨论纠缠时通常强调两粒子系统的理由,只是因为在两粒子系统中,纠缠比较容易产生一些违反直觉的类似于悖论的最终结果而已。在我们的讨论中,我把纠缠概念推广到了单粒子的情形。

在前述的单粒子散射实验的分析中,没有做出任何一种关于两个检测器之间的纠缠假设。事实上,到目前为止,甚至没有假设两个检测器是量子力学的系统,当然就更没有提到它们之间的可能的纠缠。我认为,一个重要的问题是,在有些更复杂的情况下,为了使测量系统成为自洽的,最终,有必要把检测器也看成量子力学系统,因而,把整个系统(粒子、散射机制、检测器1和检测器2)看成是一个整体的量子力学系统。在我的想法中,这种可能性还是有的。

成:既然纠缠是量子力学的概念系统与形式体系自身所蕴含了的,那么,我们应该把纠缠理解为是波函数的性质,波函数的概率解释的性质,还是两者共同的性质? 在这个散射实验中,经典概率与量子概率在最终测量之后的结果上是相同的,那么,在本性上,两者有什么区别呢?

赵:为了描述量子力学,波函数和概率解释是被一起考虑的。否则,当您计算波函数时,您干什么呢? 是为了什么呢? 您计算波函数,是为了计算概率。因此,必须把它们一起作为物理学工具来使用。当两者共同考虑时,纠缠结果才假定为是有意义的。

在我们这里讨论的这个简单实验中,经典力学和量子力学当然是不一样的,只不过在该实验中,它们给出了相同的最终结果而已。但是,在其他实验中(例如,双缝实验),它们可能给出不同的结果。我用这个简单实验作为例子的原因是,其一,我知道正确的结果应该是什么;其二,我想要举例说明,纠缠在量子力学中是一个基本的必要条件,不需要动用非常奇特的实验(例如,EPR)来领会这一点。

成:当您承认有时需要把整个两个检测器也看成是量子力学系统时,您的这种理解是不是接受了冯·诺意曼的观点？

赵：当我说检测器可能不得不被考虑为整个量子系统的一部分时，我没有提倡这种思想。到目前为止，在所讨论的这个简单实验中，我没有必要这样做。我想说的是，如果有一天，某人需要说明另外一个难以理解的量子力学悖论，他需要调用检测器的量子力学本性，我将对此不太感到惊奇。

至于冯·诺意曼，他的纠缠的讨论似乎是针对在粒子与检测器之间的，而不是在两个检测器之间。在不太精确的意义上，我们或许可以认为，所有的纠缠都来自波函数，因此，它们都有共同的起源。如果是这么想，然后又把整个系统都量子化的话，或许就不在乎或看不出来是谁和谁纠缠了。

成：可是，在您给出的散射实验中，当您为了说明纠缠现象的起源把波函数 $F(1)$ 和 $F(2)$ 分配给两个检测器时，事实上，您已经在用量子力学的语言来描述检测器，这与冯·诺意曼的考虑是完全一致的，怎么能说没有提倡把检测器考虑为量子系统的一部分呢？现在，我们还是回到关于电子等微观粒子实在性问题的讨论上来。一开始，您说在量子力学中，电子实际上是一个算符，既然如此，我们应该如何看待电子的实在性呢？

赵：正如您说的那样，我事实上大体同意冯·诺意曼的观点。我前面所说的只是在这个简单实验中，我不认为我不得不提倡这种观点。比如，我没有像冯·诺意曼那样把检测器本身也用波函数来表示，在这里，F 代表的是粒子的波函数，不是检测器的波函数。

我在设法说明，一个电子确实是存在的，但只是作为抽象空间中的一个算符而存在。我们称之为电子的这个对象只是算符投影到人类能够观察到的非常有限的特殊时空中的映像（image）。换言之，在我们的内心里，您和我心目中的电子，只有当我们观察它时，它才在那里。当我们不观察它时，它是一个抽象空间中的一个抽象算符。"抽象"这个词只对有限的人类才是有意义的。

成：算符只是对"电子"在抽象时空中的一种数学表征，而不是对象本身。如果认为，在我们不观察它时，电子是一个抽象空间中的一个抽象算符，这是否意味着，算符就是对电子这个术语所指称的那个对象的存在状态的真实描述呢？

赵：我们人类不应该自称，我们所看到的，才是"实在"的。这可能是人类的一种傲慢自大的观点，我们应该尽可能地避免这种观点。真实的东西好像是在一个抽象空间当中。一个电子确实存在于这个抽象空间中。它有无数种方式来表现自身。如果人们观察它，由于人类的局限性，他只能通过电子在四维时空(3维空间加1维时间)中的投影来观察它。即使我们今天通过很精密的仪器来观察它，我们仍然是在有限的四维时空通过仪器来观察。或者有一天，我们能超出这些限制再观察它时，它可能有另一个"实在"的不同外表。

在这一点上，让我们现在回顾一下理论物理学发展与演化的历史，特别是20世纪30年代出现量子力学之后。我们会注意到，理论物理学的整个历史不断地、无法阻挡地朝着抽象的方向发展。从经典力学到非相对论量子力学，从非相对论量子力学到量子场论(含有二次量子化和重整化)，从麦克斯韦方程到规范场，从规范不变性到纤维丛，等等，都是向着抽象程度越来越高的方向发展的例子。物理学家对宇宙现象的了解越来越不得不依赖抽象的描述，这种依赖的程度越来越深入，以至于让人们不得不想到或怀疑，也许一个电子的真正实体是存在于抽象的空间中，而这种抽象空间中的存在才是真正的"实在"。注意"抽象"两个字是对人类而言的。电子自己一点也不觉得需要什么抽象。

大概允许我这样说，什么是一个电子呢？特别是什么是你所说的"对象本身"的那个电子呢？这里有两种可能的观点：

(1)对象本身=我上面提及的抽象实在。

(2)对象本身=电子正像我们在限于四维时空中设想观察它的那样。

正确的等式是(1)，不是(2)。电子真的是存在的。但是，它们并不像你我所设想的那样存在着。完全没有错,电子愉快地存在和生活在一个我们人类认为是"抽象的"空间当中。在这里,我并不是在说我们看到的四维空间中的电子不是真实的,它们是真实的,但它们只是真实的冰山露出的一角,不能和真实画上等号而已。

其实,真正最神奇的还不是这一点。最神奇的是,为什么描述一个电子以及它存在生活于其中的这个抽象空间是与数学完全一致的?数学似乎是不谋而合地描述了这种真正的"实在"。数学怎么会又凭什么会如此特殊呢?好像还没有人知道其原因,这真是太美妙、太神秘了。这种神秘性是可以非常令人敬畏的。甚至可以相信,这种源自数学的神秘性导致了人们对自然界的更深刻的评价,对于某些人来说,这甚至可能是他们虔信或皈依宗教的理由。

成:这就是说,我们现在认识到的微观粒子实际上只存在于一个抽象的数学空间当中。这个数学空间是多维的,而我们的观察只能在四维时空中进行,因此,我们所观察到的只是它们的一个侧面,或者说,一个投影。这个投影虽然不是微观粒子本身的真实存在状态,但是,我们至少可以确信,这些微观粒子是真实存在着的,波函数描述了它们投影在四维时空中的存在状态。您的这种观点意味着,您承认电子等微观粒子与我们宏观意义上看到的实物粒子一样,都是真实存在的,只是它们的存在空间和存在方式有所不同。如果确实是这样的,那么,您是如何看待微观粒子与场之间的关系的呢?或者说,在量子场论中,微观粒子处于什么样的地位呢?

赵:我基本上同意您所说的。只是我对波函数有保留意见。波函数并不是实在,或至少还没有证据表明,它是实在或实在的一部分。波函数是我们为了把我们所观察到的现象描述为实在所发明的一种方法或一种语言。它是一种工具。不可思议的是,这种工具在实验中已经证明是有效的,而且有惊人的极高的精确性。另一方面,这种工具也有许多明显的问题——否则,我们也不会在这里拼命讨论它。在这一点上,我把波函数看成是一种工具,它目前还不应该等同于"实在"。

我们之前的讨论基本上是站在非相对论量子力学的观点上进行的讨论。如前所述,理论物理的发展目前已经远远超出了薛定谔方程和波函数的范畴。而且,一旦我们超越了薛定谔方程,抽象程度就会一步步快速提升。比如说规范场就是奇怪的对象。从纯经典的观点来看,它们仅仅是某种抽象的数学现象,本身非常有趣,却起不了物理作用。但是,引人深思不解的是,规范不变性原理似乎同时又扮演了所有物理相互作用的基本的潜在原理的角色。一旦你要求规范不变性,粒子与场之间如何相互作用的关系就会自然而然地、无可避免地出现。为什么会如此呢?没有人知道其原因,我们目前对物质的了解,恐怕顶多只能算是在知其然,而不知其所以然的勉强及格的程度,但是,我们目前看到的已经是太美妙了,令我们叹为观止。

成:经典粒子的运动是用力、速度、加速度、质量等等概念描述的,我们用来表示这些物理概念的数学符号通常都具有精确的物理意义,或者说,数学符号是有所指的,它的指称对象赋予其物理意义。但是,在量子力学中,波函数是一个非常不同的数学符号,它本身没有物理意义,只有它的振幅才有物理意义,因此,它本身就没有所指。这样,在如何理解波函数的本性问题上,就出现了争论。按照您上面的理解,您一方面承认,从现有的实验来看,波函数所描述的微观对象的特性是真实的,例如,量子纠缠;另一方面您又主张把波函数只看成是一种工具,由于对工具的评价只有好坏之分,没有真假之别,那么,在这种意义上,您是如何理解量子力学的实在性的呢?

赵:您刚才问到有关微观粒子与宏观粒子都是真实存在的,只是它们的存在空间与存在方式有所不同,我没有及时回答。您这个说法我也是要大大存疑的。我不认为看微观粒子与宏观粒子的时候是需要人为地将它们分开来的,就好像看到一个大一点的物件就用经典力学描述,小一点的就用量子力学描述。这样的想法是违反物理学原则的。物理学希望达到的是用同一个框架来说明和解释所有的物理现象,与物件的大小无关。我们现在相信,不管是微观粒子,还是宏观粒子,它们都生活在量子世界中。经典力学是错的,量子力学至少目前看来是对的。只是对宏观粒子而言,经典力学虽然是错的,它还能当成很好的近似来使用,所以,还有它存在的价值而已,对微观粒子来说,它连近似的资格都没有了。

现在让我试着回答您刚提出的这个问题。在我们试图说明我们所观察的现象时,我们"发明"了被称为波函数的重要概念,并且,我们"发明"了对这个波函数的概率解释。到目前为止,这两个发明结合在一起已经以极高的精确度描述了我们所观察的领域,包括纠缠在内。

这意味着波函数不仅是一种工具,而且本身就是一种"实在"吗?也许是的。但是,如果20年后人们发现,我们终究被迫放弃把它当成真正的实在的期望,我将不感到惊奇。这两个发明加起来产生了很深奥的问题,这就是为什么我们在试图说明它们时会如此艰难的原因所在。到目前为止,我们仅仅是千钧一发地在勉强维持着我们得来不易的对量子力学的那一点了解。这也是为什么我在先前说到量子纠缠得到实验证实时,让人们大大地松了一口气的原因。

我想提到关于波函数的另一个方面,即只有波函数的振幅才有"物理意义"(根据概率解释),它的相位没有"物理意义"。但精妙之处在于,在阐述物理学的基础原理方面,似乎相位有着深刻的"物理意义"。规范不变性基本上应用于相位,正如我前面所说的那样,这在现代理论物理学中起着非常基本的作用。相位的行为表现(特别是它在规范变换下的行为表现)决定了所有粒子和场之间相互作用的规则,这是天大的事情。这样看来,波函数的相位是"没有物理意义的"吗?不,它可能是有极其重要的物理意义,仅仅是它的物理意义不是人类能直接观察到的而已。

成:这就是说,到目前为止,以波函数的概率解释为基础的现行的量子力学的成功运用,恰好印证了爱因斯坦所说的概念思维能够把握实在的观点,只是量子力学提供的这种概念思维离常识相差太远,人类的观察能力远远落后于人类的思维创造能力。因此,我们不能因为我们观察不到电子,就否认电子等微观粒子是存在的。问题在于,一旦我们把这些粒子接受为一种抽象的存在,就需要根据以量子力学的概念体系为基础的微观理论的思维方式,提炼出与经典物理学不同的新的科学实在观。在这种新的实在观没有确立之前,关于波函数的本性的争论是很难停止的。您同意这种看法吗?

赵:是的,我同意您所说的。我来补充一个评论。我对您说的"概念思维"是什么意思有点疑惑。我在这里的解释是,您的概念思维的意思是,我前面提到的"抽象思维"。正是这种思维把物理学带到了抽象空间,也正是这种思维由于某种原因与数学有着密切的联系。如果这是您说的"概念思维"的意思,那么,我的确同意您的看法。

成:通过您的这些评论,我对微观粒子的实在性问题和现行量子力学在物理学家心目中的地位有了很深的了解。从您上面的讨论中,使我真正意识到,粒子世界真的是奇妙无穷,它的抽象性与隐蔽性只是对我们人类的认识能力而言的。我们现在对这些粒子的理解,也只是根据我们人类有限的能力所得出的理解,这些理解还会随着科学的不断发展得以完善与修正。或者说,我们一方面在根据理论描述来理解粒子世界;另一方面又通过不断揭示出的粒子世界的新特性来修改着我们的理解。限于篇幅,我们关于微观粒子的实在性的话题暂且先谈到这里。非常感谢您在百忙中抽时间为我阐述您对微观粒子实在性问题的理解与观点。

赵:我也很高兴有这个讨论的机会,说了一些个人粗浅的看法。

第七篇

报 纸 文 章

第一章
从人类文明转型中把握智能革命影响*

　　察势者明，趋势者智。深刻把握全球科技创新的前沿趋势，对在"十四五"开局之年推进新一轮国家中长期科学与技术发展规划的制定实施，加快建设科技强国，赢得国际格局深刻调整的主动权，具有重要的战略意义。对全球科技创新前沿趋势的深刻把握，需要从人类文明转型的大视域来全面理解第四次科技革命带来的深层影响。

　　第四次科技革命是以网络化、数字化和智能化为标志的革命。前三次科技革命是赋能，目标是拓展人的肢体能力，追求物质生产的自动化与最大化，其结果是将人类文明转向工业文明和进入信息文明。第四次科技革命是赋智，目标是增强机器的感知力与判断力，追求物质与知识生产的自主化，这一发展过程将为人类实现劳动解放奠定物质基础，成为智能文明的缔造者。网络化使网络成为记录个人兴趣、追溯文化变迁、预测社会事件以及揭示社会境况等的新阵地。数字化使人的生活方式从购买有形实物向订购无形服务转变。智能化正在颠覆基于人与工具二分所建构的制度和法律法规。这样，当变革与颠覆成为未来发展的常态时，就迫切要求我们在深化智能革命的进程中，加强跨越传统学科的交叉研究，将曾经位于边缘的哲学人文社会科学置于文明转型的中心，前瞻性地出台引导、约束和规范开发与应

---

* 本章内容发表于《光明日报》2021 年 2 月 2 日。

用赋智技术的相关政策,以此引领智能文明的健康发展。

网络化、数字化和智能化的发展将会带来第三次商业浪潮。在前两次商业浪潮中,"标准化处理"的流水线作业使工人成为生产线的"螺丝钉"。"自动化过程"使机器变为生产线的"灵魂",工人成为机器的看管者,导致人的去技能化和经济发展的再设计,涌现出第三产业。第三次商业浪潮是基于人机合作优势的"自适应过程"。人与机器彼此赋智,提高了人的创造力与想象力,使人能够获得超强能力,并将人的知识与智慧沉淀到固定资产中,从而孵化出以数据、知识与技能为核心的创造型产业。问题在于,如果我们在拓展人机合作的商业模式时,治理能力、政策引导乃至个人素养跟不上科技创新的步伐,就会出现技术乱象和商业陷阱。因此,我们在借科技创新之力得经济发展之道时,首先需要确立"以治理促发展"的科技创新理念,以伦理关怀和法治建设为根本,积极探索规范人工智能开发应用的制度体系,在引导新一轮文明转型的过程中贡献中国智慧。

网络化、数字化和智能化的发展与以相对论和量子力学为核心的第二次科学革命直接相关。第二次科学革命的展开,涌现出激光器、晶体管、核能等新技术以及量子化学、量子生物学、量子医学等新学科。到20世纪末,以量子密码、量子通信、量子计算机等技术的发展,带来了第二次量子革命,使量子纠缠、量子叠加态等奇特属性,像电磁波一样,成为宝贵的技术资源。近年来,以美国为代表的发达国家和谷歌等科技公司纷纷部署发展量子科技,试图通过战略性投资来创造新的商机,通过借助量子资源为解决能源、健康、安全和环境等全球性难题提供方案。鉴于量子科技的基础性、通用性和革命性,从量子视域来重新看待世界已经成为共识。因此,我们需要为深化量子革命和推动量子产业发展,探索教育、科学、技术、工程和企业协同创新的一体化协作机制。

智能文明不仅是建立在科技基础上的文明,而且必须是植根于人文土壤中的文明。因为基因编辑、脑机接口等技术的发展,可穿戴设备的普及,将会彻底改变人类生活的物质环境,迫使人类必须面对"什么是人"的古老问题,展开关于人类未来的伦理拷问。这表明,向智能文明的转型,不是发展信念的转变,而是概念范畴的重建。如果说,早期人与自然的分离拉开了"人成之为人"的第一个过程,是人类超越自然神话和开始拥有真理的过程,那么,重新守望自然性和踏上回归自然的征程所开启的"人成之为人"的第二个过程,则是人类超越技术神话和寻找自我认同的过程,是将人的生存环境从科技环境转向人文环境的过程。

　　一言以蔽之,明方向,辨大势,赢未来,智能革命正在使人类文明发生新的转型,这种转型不仅将全人类的命运绑定一起,而且呼吁人文关怀为科技创新奠基。

第二章
"元宇宙"构建的"喜"与"忧"*

　　近来，一些重要媒体相继发文关注"元宇宙"概念。有的是前瞻性的乐观展望，有的是忧虑性的谨慎提醒。"元宇宙"术语之所以成为继大数据、人工智能、区块链等概念之后的又一个流行概念，主要源于国内外大型科技公司和投资界的合力推动，"元宇宙"（Metaverse）被描述为人们能够借助预设环境、手机软件以及头盔、眼睛等设备在其中交互、工作和娱乐等的互联的虚拟世界。

　　人们将"Metaverse"翻译为"元宇宙"，从语义上来讲并不十分确切。"Metaverse"是"Meta"和"Universe"的合体字，"Meta"字根源于希腊文，本意是"在……之后"，具有"超越"或"升华"等引申含义。按照马克·扎克伯格的说法，"Meta"具有超越之义：一是超越屏幕界面，营造具有临场感的 3D 虚拟世界，使用户能够在技术环境中获得在物理世界中由于各种原因无法实现的尖端体验，或至少与物理世界一样的生活感受；二是超越静态的内容浏览或平面视觉设计，创建实时交互的立体空间，使用户能够在其中实时修改内容，获得身临其境的满足感；三是超越单一，实现跨学科协同发展和多技术整合应用，比如，在线平台之间的互联，各类相关技术的汇聚等，使用户能够以活生生的化身形象在不同的虚拟世界之间穿越，获得沉浸式体验，释

＊　本章内容发表于《光明日报》2021 年 11 月 26 日。

放想象力，营造丰富多彩的虚拟生活。

这种愿景将会把互联网的发展推进到 4.0 时代。互联网 1.0 诞生了电子邮件等；2.0 实现了实时信息互联，出现了平台经济、共享经济等；3.0 实现了物联和移动互联，涌现出直播业态、自动驾驶等；4.0 有可能实现智联乃至万物互联。这种展望与指向为"元宇宙"概念打开了无穷的想象空间，其关键词是虚拟、感知拓展、沉浸式体验、自动满足、多主体实时互动、无代码或低代码、去中心化等，目标是彻底消除现实世界与虚拟世界的二分，实现虚拟生活与现实生活的无缝对接或互补融合，比如，用户可以通过化身在虚拟世界里参加虚拟的音乐会、艺术创作和展览、体育比赛等。5G/6G 网络、大数据、自然语言处理、图像识别、机器学习、区块链、芯片、脑机接口等领域的发展越来越为"元宇宙"的建造提供多方面的技术支撑。而这些发展反过来又会改变我们的家庭、交通、工作场所等环境结构，最终带来更深层的社会变革。

然而，"元宇宙"概念虽然绘制了互联网发展的未来蓝图，使信息化、网络化、数字化和智能化越来越成为人类社会的基础设施，但也意味着技术发展正在从变革外部自然拓展到变革人类自身的内部自然，这对在工业文明时代形成的制度安排、概念框架、生活理念等带来了前所未有的挑战。就理念而言，20 世纪 60 年代诞生的虚拟世界并不能与"元宇宙"概念同日而语。因为"元宇宙"所创建的数字化环境会导致人与环境关系的逆转，不再是人来适应环境，而是环境能够自动地根据人的行为数据乃至神经信息等来预判或理解人的意图，从而自主地满足人的潜在需求。这种投喂方式放大了人的好奇心或猎奇感，精准广告投放的诱导，又会使人无形地丧失求真意识，热衷于成瘾式的游戏生活；"元宇宙"所营造的去中心化、去权威性、多人实时互动、多空间实时切换等宏大场景，在创造了新的在线文化、虚拟主流化的商业模式，以及深度释放人的创造力与能动性等的同时，却无痕迹地构筑了新的控制框架，带来新的中心化，加剧全球数字鸿沟。

更加关键的问题是,在这种具有永久记忆功能的数字世界里,去中心化的数字身份系统和动态环境参数实时监测系统的建立,使人们只信任人留下的数据,而不是信任留下数据的人。人与人关系的深度虚拟化,有可能导致新的精神虚无。数字孪生在使人成为信息透明体的同时,为信息滥用和误导开了方便之门,还有可能造成使真实世界中的问题更加恶化等在线伤害,使个人的隐私保护变得更加困难。所以,"元宇宙"不只是对未来技术与社会发展方向的设想,还是发出了对"人,如何成之为人,应该成为什么样的人"以及塑造怎样的文明未来等关乎人性问题的灵魂拷问。

这份关乎人类命运未来的时代答卷,要求大型科技公司成为人类解放的贡献者,而不是人类命运的终结者;要求技术人员成为保护人类命运的守门人,尽可能前瞻性地预估新技术可能造成的社会危害,而不是人类旅途中收费站的创建者;要求哲学社会科学工作者从专注于阐释古纸文本拓展到关注社会现实;要求监管部门从出台宏观的伦理治理原则拓展到建立能够应对不确定性和管控随机风险的一体化监管机制等。

"元宇宙"概念是世界各国大力发展数字经济以及进行数字化转型的一部分,是跨学科、多技术融合发展,特别是人机双向赋智带来的可能结果。"元宇宙"理念倡导的虚实融合乃至脱实向虚的发展趋势,对人类全方位提高数字素养、培育和强化社会担当意识以及追求更有意义的生命过程,提出了更高的时代要求。

第三章
"十四五"新词典:"加强网络文明建设"*

党的十九届五中全会审议通过《中共中央关于制定国民经济和社会发展第十四个五年规划和二〇三五年远景目标的建议》(以下简称"《建议》"),首次明确提出"加强网络文明建设"。建设具有中国特色的网络文明,无疑是我们面临的重要任务。

随着以信息与通信技术为核心的智能革命的深入展开,人类文明越来越从依赖于科学技术发展的形态转向由科学技术驱动发展的形态,人类社会不仅从工业社会转向信息社会,而且有迹象表明,正在迈向智能社会。在人类社会快速转型的进程中,网络化越来越像水和电一样成为人们生活的基础设施,特别是,新冠肺炎疫情的全球肆虐,更是加速塑造了"一切在线、万物互联、扫码操作、点击支付"的生活方式。这表明,互联网平台已经不再只是提供了一个虚拟空间,更不再只是充当传递信息的直通车,而是成为人们重构一切的驱动力,成为变革社会的转角石。

但与此同时,随着信息化、网络化、数字化和智能化的更新迭代与彼此强化,互联网也变成了网络乱象的滋生地,各种低俗网络文化的蔓延,防不胜防的网络诈骗事件的频发、网络谣言四起以及滥用个人信息等现象,带来

---

* 本章内容发表于《光明日报》2020 年 12 月 1 日。

了前所未有的治理挑战。因此,加强网络文明建设不仅是大力推进社会主义精神文明建设的应有之意和提升文化实力的现实需求,而且是部署落实《建议》中明确提出的到 2035 年建成文化强国的战略选择。

加强网络文明建设,不能简单地采取监视、过滤、删帖、封号等消极措施来完成,而应该当作一项系统工程来落实,需要确立复杂性思维和相关性思维,在全面了解当代信息与通信技术的本质特征基础上,以明确的法律法规来管制,以积极的价值引导为准则,至少从下列四个着力点为抓手来全面推进。

首先,加强网络文明建设,需要以大力推进保护个人信息的法制化进程为基础,处理好社会的不透明性和人的透明性之间的关系。因为人的网络化生存创造了一个超记忆、超复制、超扩散的数字世界,在这样一个数字永生的世界里,人不仅失去了对个人信息的控制权、管理权与删除权,具有了自己无法管控的数字身份或数字画像,而且解构了传统意义的私人空间和公共空间概念,建构了一个虚实结合的网络空间,也被称为"第三空间"。在这种情况下,如何保护人的个性化数据、行为习惯、兴趣爱好等信息的私密性,成为加强网络文明建设的第一个着力点。

其次,加强网络文明建设,需要以提升人的判断力为基础,处理好促进平台经济发展和净化网络空间之间的关系。人的网络化生存使人的注意力成为商家开发的经济资源,也成为算法系统抓取个人的信息感知趋向和进行有针对性的推送相关信息的合理依据,从而拉开了投喂时代的帷幕。而投喂时代既是一个信息极端碎片化的时代,更是一个寄生于自媒体之上的信息真假难辨的时代。在此情况下,如何提升人们过滤虚假信息和判断事情真相的能力,成为加强网络文明建设的第二个着力点。

又次,加强网络文明建设,需要以重塑问责机制为基础,处理好促进网络技术的向善发展和控制人对网络的心理依赖之间的关系。一方面,人的网络化生存使搜索引擎成为人们透视世界的主要窗口,使人与搜索引擎之间的关系，从认知关系转变为权力关系。另一方面，搜索引擎具有的个性化推送能力，使人与数字世界之间的关系发生了逆转，不是人来适应数字世界，而是数字世界来适应人，从而进一步固化了人的社会分层，遮蔽了人的认知视域，从而使人们关于认知责任的追溯变成了将认识论、伦理学和本体论内在地联系起来的全新议题，使对基于搜索引擎的认知责任的追溯，既不能完全归属于使用者或设计者，也不能完全归属于工具本身，而是归属于整个网络系统中交互性的内在行动。基于此，如何重塑科学—技术—社会—认知一体化系统中的问责机制，成为加强网络文明建设的第三个着力点。

最后，加强网络文明建设，需要前瞻性地为智能革命的深化发展有可能导致的各种改变做好思想准备与政策引导，需要处理科学技术的快速发展和概念工具箱的落后与匮乏之间的关系。当代科学技术的信息化、网络化、数字化和智能化发展，将会把人类社会带向科学—技术—社会高度纠缠的社会。在这样的社会中，人的解放将向着从双手到大脑、从肌肉到心灵、从体力到精神、从有形到无形的方向拓展，最终，使人类拥有充足的自由支配时间。在此情况下，如何重构新社会契约、如何重塑劳动分配机制、如何丰富人的精神生活、如何促进人们追求高尚的生命意义，将成为加强网络文明建设的第四个着力点。

第四章
形成引领全国的超大城市"数治"新模式，上海应该怎么做？*

2021年1月，上海市委、市政府公布了《关于全面推进上海城市数字化转型的意见》（以下简称"《意见》"），阐述了上海进入新发展阶段全面推进城市数字化转型的重大意义，提出了城市数字化转型的总体要求，形成了构建数据驱动的数字城市基本框架，明确了推动"经济、生活、治理"全面数字化转型的战略方针。

《意见》的出台，将上海城市发展推向了前所未有的新高度。推进城市数字化转型，是人类文明从工业时代和信息时代全面迈向智能时代的一个重要环节。一方面，在城市数字化转型过程中，迫切需要重塑新的问责机制；另一方面，以数字化为基础的智能化发展，是对人类自治能力的全新考验。稳健推进上海城市数字化转型，亟须在以下几个方面进行深入思考。

首先，为了推动数字化转型的快速发展，需要充分利用网络平台开放、自由和去中心等功能，为居民提供建言献策的互动平台。

在这方面，维基百科的运行经验是有借鉴价值的。维基百科从一开始就是网络化与数字化的产物，它一方面借助互联网平台来创建新词条和修订旧词条，比传统的百科全书更能跟上科学和社会发展步伐；另一方面，借

---

*　本章内容发表于上观新闻网，2021年3月8日。

助数字化的存储平台,维基百科克服了纸质图书的版面限制,使编辑能够尽可能详细地编撰内容,甚至补充插图进行辅助说明。在上海城市数字化转型过程中,如果借鉴维基百科的这种开放式运行模式,为城市居民提供建言献策的反馈互动平台,将有助于推动城市数字化转型发展真正落到实处,让居民既成为城市数字化转型的受益者,也成为主动的治理者,真正践行"人民城市人民建,人民城市为人民"的重要理念。

其次,上海城市数字化转型将会迎来数据流变的时代,在这个时代,我们需要的不只是赋能,更是全方位地赋智。

赋能是对人类能力的增强,是前三次技术革命的延续,其思维方式还停留在从简单工具到自动化生产线的层面。赋智则是机器能力的增强,使机器能够在某种程度上具有理解力与感知力,这是以人工智能、量子信息、互联网、大数据、云计算、合成生物学、基因编辑、神经科学、再生医学等技术为核心的第四次技术革命最重要的优势之一。赋智不仅将人机关系从过去的工具关系与对立关系转向合作关系乃至融合关系,而且在人与工具之间诞生了一类能够体现人类功能的智能机器。上海在大力推进城市数字化转型过程中,只有立足于发挥赋智优势,才能充分地释放城市发展与增长潜力,实现推动"经济、生活、治理"全面数字化的发展目标;才能基于信息化、网络化、数字化与智能化的协同发展,深入挖掘和有效发挥网络"机器人"的治理潜能,从而极大地提升人机合作的治理能力,形成《意见》中所说的"形成引领全国的超大城市数字治理新模式"。

再次,上海城市数字化转型不仅需要法规先行,更需要人文关怀。

一方面,在数字世界里,人与世界的关系发生了逆转,不再是人来适应世界,而是世界来适应人;另一方面,以人工智能为核心的技术发展正带来物质生产的自动化和知识生产的自动化,这种双重自动化为人类的劳动解放提供了现实基础。在这种背景下,人的数字化生存既能带来意想不到的应用前景,也会带来前所未有的治理难题。未来,有可能拥有大量休闲时间的人类该如何安顿心灵？如何找到生命意义？我们迫切需要在数字化转型伊始，为这些问题提供政策准备、营造环境氛围。由科技驱动发展的社会必须是自然—社会—科技—人文协调发展的社会，在这样的社会中，科技人员与企业家的个人素养与伦理情怀至关重要。上海在推进城市数字化转型的进程中，必须摒弃过去"先发展，后治理"的思维方式与发展路径，将哲学人文社会科学的研究置于经济发展与社会治理的重要位置，积极开展关于人类未来的伦理学研究。

最后，上海城市数字化转型既不是某个人的事情，也不是某个单一群体的事情，而是生活在这个美丽城市中所有人的共同任务。

在这种情况下，将推进城市数字化转型的目标仅仅定位于构建一个数字孪生世界的层面，是远远不够的，而是需要更进一步，创建有助于重塑各方主体角色、实现线上线下协同共进、激发全要素之间动态互动的充满活力的全新城市。在超大城市数字化转型的过程中，随着人的生活方式从传统的购买商品向订购服务发生全方位转变，不断流变的数字世界在解构一切传统有形活动的同时，也在不断地建构着无形的数字化服务。服务的不断优化升级、线上线下的动态互动，既为城市发展注入新的活力，也必然会带来与此相关的管理者、企业家、科技人员、城市居民等多方主体的角色重塑。只有充分激发城市中多方主体的主动性与积极性，才能更有利于协同推进城市的数字化建设，将人民追求美好生活的愿望真正落实到城市数字化建设的"神经脉络"之中，真正构筑共建共治共享的数字化城市。

第五章
科学创新亟待一体化机制保障

　　科技创新既是人类文明发展的基础,更是科技探索的灵魂。科技创新的程度不同,破旧立新和改变世界的程度也随之不同。科技创新是科学创新与技术创新的统称,两者并不完全等同。科学创新的初衷在于探索未知,以求真为目标;技术创新的初衷则在于改造世界,以实用为宗旨。21世纪以来,科学与技术表现出深度融合态势,二者越来越并入一体化发展轨道,科学创新范式也随之发生变化。由此,深刻把握科学创新范式的转变及其社会影响,日益成为我们制定教育方针政策、人才评价机制以及科技创新战略的重要前提。

一、基于个人认识论的小科学范式

　　传统的科学创新范式,是随着近代自然科学的发展而确立的。近代自然科学是以经典物理学为核心并运用实验方法与数学方法建立起来的,被广泛地称为"实验科学"。实验既是科学发现的策源地,也是区分事实与意

*　本章内容发表于《中国社会科学报》2021年9月28日。
　【基金项目】教育部哲学社会科学重大课题攻关项目"人工智能的哲学思考研究"(项目编号:18JZD0013)的阶段性成果。

见或信念的金标准。实验事实被普遍地定义为与理论无关的"经验基元",是对于实验对象的客观认知,因而是价值无涉的。人们对实验事实的这种理解是根深蒂固的,乃至作为科学哲学第一个流派的逻辑经验主义者主张用"观察命题"来证实"理论命题"。

在这种传统科学研究中,实验是科学创新的首要基础,如果科学家没有展开深入的实验探索,就不可能得到原创性的科学事实;理论体系是科学创新的核心,如果科学家缺乏系统而扎实的学科训练与深邃的科学眼光,就不能够从杂多的实验事实中概括出具有相对普遍性的理论体系。实验在这里起到了科学发现与科学检验的双重作用,即科学理论必须是从实验中来,再到实验中去。实验层面的科学创新是具体的或特殊的,理论层面的科学创新是抽象的或普遍的。实验与理论之间的循环发展带来了科学的不断进步。

在这种传统的科学创新范式中,科学家是在兴趣与好奇心的引导下,在实验事实的支撑下,从事探索性的科学研究。科学社会学家把这种科学称为"小科学",社会认识论者将传统科学认识论称为"个人认识论"。因此,传统的科学创新,是以科学家个人的实验创新为基础、以揭示世界的本质为目标,较少考虑面向实际应用的创新。

二、基于社会认识论的大科学范式

当代科学创新范式的转变,是由当代科学研究方式的变化决定的。20世纪下半叶,科学研究在整体上发生了一系列变化。科学研究不再完全是科学爱好者满足好奇心的"玩物",而是科学家养家糊口的职业;科学研究的对象越来越远离人的感官感知范围,基础研究变得高深莫测;大型科学实验成为一项系统工程,其复杂化程度越来越高;实验结果对材料、技能、环境等各方面的要求越来越高,其可重复程度越来越低;有些实验事实的确立成为科学共同体的集体决定,乃至"观察渗透理论"成为后逻辑经验主义科学哲学家的共识。科学社会学家把这种科学研究称为"大科学",社会认识论者将当代科学认识论称为"社会认识论"。

到21世纪,随着以人工智能技术为核心的第四次技术革命不断深化发展,智能机器人不仅在我们日常生活中发挥了信息监管、搜索、推送、编辑等作用,而且已经成为科学家的得力助手,日益广泛地参与到科学研究过程当中。《科学》杂志在2017年的一篇文章中曾将智能机器人称为"网络科学家",认为这将在心理学、计算生物学等领域带来一场革命。智能机器人具有的互动性、自主性与自适应性等特征,进一步将科学认识论从"社会认识论"拓展为"分布式认识论"。

"大科学"意味着科学探索成为规模大、投资大、社会影响大的综合研究。"社会认识论"意味着科学探索进入集体创新时代:实验与理论之间的关系,由传统的归纳关系转变为通过相互印证而达成共识的说明关系。在这种关系中,理论和证据相符合的认知关系,与机理和现象相融贯的本体论关系,内在地统一起来,成为一个硬币的正反两面。而"分布式认识论"则强调了智能机器人在科学认知中的作用。

科学探索方式和科学认识论的这些变化,使科学创新与技术创新内在地交织或捆绑在一起。科学创新与技术创新的一体化发展,呈现出基础理论研究、基础应用研究、应用理论研究、应用研究等不同类型,科学创新也随之发生了范式转变。

三、范式创新亟待机制保障

当代科学创新范式的转变,对在工业文明时代形成的教育体制、人才评价标准、科研立项机制以及科技发展战略等提出了严峻挑战。我国现有的教育体制与学科设置是在传统科学学科划分基础上形成的。绝大多数教科书只陈述科学定律的解题方式,很少关心定律的形成过程。同样,老师的课堂教学只帮助学生理解科学定律的用法,而很少剖析科学家的创新经历;实验课主要是在老师安排下做出预期实验结果,并撰写实验报告,很少能真实体验到实验中蕴含的创新之义。

毫无疑问,正在进行的教育体制改革看到了这种重知识传授而轻能力培养方式的弊端。但是,如何将学生的能力提升与创新意识的培养贯穿于整个教育过程,并不仅仅是教育本身的事情,还涉及社会的其他方面。一个最重要的方面,就是关于教师的考评标准和人才评价机制变革。近年来,虽然教育部发布了"破五唯"专项行动通知,但在落实中却颇有难度。科学史与科学哲学的研究表明,在科学史上,只有新范式的确立,才能导致旧范式的消亡,而不是相反。因此,当前的教育改革不是频繁出台否定性指导意见,而是需要出台可执行的替代方案。

科学创新与技术创新的一体化发展,带来了科学创新范式的改变,并不是改变科学以探索未知为目标的初衷,而是更加强调科学创新的不确定性和无法预料性,这对传统的科研立项评价机制和运行程序提出了挑战。正如丁肇中曾在演讲中所说的那样,科学家在探索未知的过程中,通常会获得无法想象和无法预料的事实,而这些事实是项目实施过程的产物,并非在撰写项目申请表或任务计划书时所能预料到的,许多科学发现是偶然或意外获得的。

因此,我们在推动以科技创新驱动社会发展的过程中,需要制定尊重科学探索本质特征的科技发展战略来促进科学创新,需要通过一体化的社会改革来保障科学创新。

第六章
量子理论孕育了怎样的新科学哲学范式*

大力推进量子科学技术的研发和相关产业的发展，已经成为各国政府依靠科技制胜的核心战略之一。美国实施的"量子加速计划"、欧盟发起的《量子宣言：技术新时代》等都在抢占量子产业发展先机，我国的量子网络建设、墨子号量子通信卫星的发射，以及"九章"量子原型机的研制，已经位于世界前列。这些发展带来了二次量子革命。而支撑这些发展的理论基础则是近百年之前创立的量子力学。没有量子力学，就没有激光、半导体、核能、先进的医疗设备以及一切智能装置等，更不会有二次量子革命。但是，量子力学的基本原理和内禀特征却与我们的日常认知相差甚远。当我们接受以量子力学的全新方式来重新理解世界时，就需要改变过去基于常识和近代自然科学形成的一系列哲学观念，而且，这种改变具有颠覆性，将会孕育出新的科学哲学范式。

一、量子化观念：物理学家凭直觉
思维进行概念创造的结果

"量子"概念是德国物理学家普朗克在解决黑体辐射问题的过程中提出

---

* 文章内容发表于《文汇报》文汇智库，2021 年 6 月 8 日。

的一个概念,意指在黑体辐射过程中,黑体所释放或吸收的能量不可以取任意值,而是以最小份额为单元,取不连续的值,即黑体发射或吸收的能量是一份一份地进行的,这种认知被称为"能量量子化"假说。"量子"代表能量的最小单元。后来物理学家们通过实验发现,除了能量之外,粒子的角动量、自旋等都是量子化的,到 20 世纪 20 年代,物理学家们以量子概念为基础,创建了量子力学的理论体系,量子化成为物理学家理解微观世界的新视域。

量子化观念的确立,不仅意味着我们必须放弃物质是无限可分的日常认知,放弃过去建立在连续性假设基础上的因果决定论,而且还使许多经典概念成为意义不明确的术语。针对这种情况,玻尔举例说,一个小孩子拿着两便士跑到商店,向售货员买两便士的杂拌糖,售货员递给他两块糖,然后说,"你自己把他们混合起来吧"。海森堡认为,这个故事表明,就像当我们只有两块糖时,"混合"一词显得不再适用一样,当我们运用位置、动量、测量、现象之类的经典概念,来描述电子或光子之类的微观粒子的运动规律和对它们进行的测量时,这些概念的适用范围或语义也会受限制。

在海森堡看来,造成这种困难的根源在于,我们的语言是在我们与外在世界的不断互动中形成的,拥有语言是我们生活中的重要事实。但是,当我们将经典概念从宏观领域延伸到微观领域时,不应该指望这些概念还会保持原来的含义。哲学的基本困难之一是,我们的思维悬置在语言之中,当我们最大限度地扩展经典概念的使用范围时,就必然要面对它们丧失原义或赋予其新义的情况。因此,我们接受量子力学的概念框架,就意味着,接受由此带来的概念变革。

从方法意义上来看,量子力学不是物理学家从实验现象中抽象归纳的产物,而是他们打破经典概念框架的束缚,凭借直觉思维,在解决新实验与旧理论之间矛盾的过程中,进行概念创造的结果。量子力学的数学描述运用的是希尔伯特空间。而希尔伯特空间是一个多维的抽象空间,在宏观世界里没有相对应的形式，我们无法根据惯用的图像思维来理解，只能通过数学来把握。而且，理论物理学在从非相对论的量子力学到量子场论、超弦和量子引力理论的发展过程中，这种数学化趋势日益明显。

经验方法和归纳推理的退出，数学方法和直觉判断的凸显，自然会迫使人们提出更加尖锐的问题：对于无法进行图像思维的量子论应该被刻画为形而上学，而非物理学吗？或者，把与实验关系不密切，甚至实验基础越来越弱化的量子论的数学化发展，说成是"童话般的物理学"吗？这意味着量子论告别了对实在本性的揭示、背叛了对真理的追求、失去了成为科学的资格吗？当前大力发展的二次量子革命对这些问题的回答无疑是否定的。这些问题的提出也表明，量子理论的发展向传统的自然观、理论观、实在观等提出的挑战是多么巨大和何等严峻。

二、"像是从一个人的脚下抽走了地基"，量子力学蕴含的三大革命性哲学假设

普朗克的"量子"概念足以与牛顿的"引力"概念导致的革命相媲美。牛顿力学的创立不只是标志着自古希腊以来思辨科学的终结，而且还实质性地影响了近代哲学的发展，比如，以休谟为代表的经验论和以康德为代表的理性论，都是从牛顿力学中获得启迪，才提炼出各自的哲学体系。同样，量子力学的建立也不只是标志着人类撬开了不连续世界的大门，带来许多过去无法知道的科学发现和技术突破，而且也蕴含着全新的哲学假设，从传统的哲学观念来看，这些哲学假设是离经叛道的。

在量子力学诞生的早期岁月里，新旧哲学观念的较量，首先在物理学家中间展开。没有这种较量，爱因斯坦等人就不会发表基于经典实在观来质疑量子力学完备性的著名文章，薛定谔就不会在 1935 年提出量子纠缠概

念;没有这种较量,就不会出现关于量子力学的解释之争,玻姆就不会提出隐变量量子理论,具有划时代意义的贝尔不等式也不会在 1964 年出现。物理学家关于如何理解量子力学及其内禀特征的分歧,正是接受或不接受量子力学蕴含的哲学假设的分歧。这些假设主要体现为下列三个方面。

其一,概率因果性假设。原子世界是概率的,而不是决定论的,这是由量子概率的本性和薛定谔方程中波函数的概率解释决定的。在量子力学中,求解方程只能得到关于测量结果的一种概率分布,而得不到物理量在测量之后的具体数值。量子概率既不是方法论上的权宜之计,也不是知识论上的无知表现,而是具有根本性。这意味着,我们对因果决定论的追求,是未经审思便接受下来的常识观念,不是不可动摇的绝对真理。

其二,域境实在论假设。量子力学是对世界的整体性模拟,只表达了特定条件下的认知内容,而不是符合意义上的直接描述。这是由量子力学的理论体系决定的。在日常生活中,我们运用的概念指向真实的对象本身,概念与对象具有一一对应关系,由它们构成的理论被认为是对世界的描述。但在量子领域内,诸如光子、电子之类的微观粒子则是依赖于理论而存在的"实体",通常被称为"理论实体",是希尔伯特空间中的一种抽象实在,它们只是理论上的指称,不是真实的指称。它们和赋予其意义的理论与世界之间只具有同构关系。

其三,非分离的整体性假设。在量子领域内,处于叠加态的两个或多个粒子,完全失去了个体性,即使它们分开之后,也不能再被拆分为各个独立的个体,而是始终被作为一个整体来对待。这是由量子态的叠加原理决定的,这是典型的量子效应,被称为量子纠缠现象:意指相互纠缠的两个粒子,即使远隔万里,也能产生相互"影响",这种影响是即时的,与时空距离无关,它们之间的关联是一种纯粹关联,我们只有诉诸数学,才能理解这种非分离的整体性,而不能根据传统的因果相互作用来理解。

这些哲学假设与我们的常识相违背。在经典领域内,我们通常认为,自然界是连续的和因果决定论的,理论是对世界的正确描述,物体具有个体性或定域性,两个相互作用过的物体,一旦分离开来,就会彼此独立地存在。而在量子领域内,这一切都不适用。为此,爱因斯坦深有体会地说,他为了使物理学的理论基础与量子力学的知识相适应所付出的一切努力彻底失败了,这就像是从一个人的脚下抽走了地基,在任何地方也找不到可以立论的坚实基础了。这道出了量子力学蕴含的哲学假设的革命性。

三、后经验时代的科学哲学需要超越各种二分观念,深入到科学家的创新活动中重新理解科学

以建立量子力学的理论体系为标志的第一次量子革命,虽然对 20 世纪科学哲学的发展已经产生了深刻的影响,比如,普特南的内在实在论、哈金的实体实在论、范·弗拉森的经验建构论、法因的自然本体论态度等,都在不同程度上与他们对量子力学新观念的理解与吸收相关。但是,从他们各自阐述的哲学思想体系来看,他们依然是在逻辑经验主义奠定的科学哲学范围内讨论问题,这表明,这些影响还没有促使他们从整体上产生出新的科学哲学范式。

逻辑经验主义是科学哲学的第一个流派,其标志性的特征是,坚持可证实性原则和拒斥形而上学,即认为只能够被经验直接或间接证实的理论才是科学的。尔后的科学哲学是在批判逻辑经验主义的过程中演进的,虽然学派林立,观点迥异,但大体上它们都是围绕如何理解理论与经验的关系、理论与观察的关系,以及理论实体的本体论地位等论题展开的。这些进路继承了近代以来经验科学的思维方式。在经验科学时代,实验不仅是不可错的,并且还发挥着发现理论与检验理论的双重功能,实验具有的物质性、能动性、可感知性以及可重复性,为经验科学奠定了本体论化的实在论

基础。

以量子力学的基本原理为技术资源的第二次量子革命的兴起,不仅促使我们接受量子力学蕴含的哲学假设,改变我们的传统思维方式,而且意味着需要重建新的科学哲学范式。如果说,量子力学是一群物理学家在潜心解决实验现象与现有理论之间矛盾的过程中创造出来的话,那么,将非相对论的量子力学与相对论结合起来的当代量子论的发展,则是物理学家基于统一理论的坚定信念,在既没有现实的实验基础,也暂时看不到能被实验证实的可能性之前提下,进行理论思维与概念创造的结果。这种发展趋向拉开了后经验科学时代的帷幕。

在后经验科学时代,科学哲学需要为如何理解以数学化和模型化为特征的量子理论的科学性,提供论证方案和贡献认知智慧;需要将科学哲学的论域空间,从科学的辩护域境扩展到科学的发现域境;从关注科学家的研究成果扩展到关注科学家的直觉认知能力;从关注理论理解扩展到关注实践理解;从关注科学史扩展到关注科学创新;从理论反思的认识论扩展到基于行动感知的认识论;从对理论知识的哲学探讨扩展到对科学创新的哲学理解;从关注理论与实验或观察的关系扩展到关注认知能力与实践的关系等。这些研究视域的扩展和问题域的转变将会带来新的科学哲学范式。

一言以蔽之,在以数学化为特征的后经验科学时代,具有颠覆作用的科学创新是科学家基于长期的科学实践,在深度嵌入到问题域中获得的具有穿透力和前瞻性的直觉认知,是无法追溯因果链条的具有原创性的认知飞跃。因此,后经验时代的科学哲学需要超越各种二分观念(比如,理论与观察二分、主体与客体二分等),深入到科学家的创新活动中重新理解科学。

第七章
量子科学哲学的兴起*

当前,新时代中国特色社会主义建设进入依靠科技创新驱动发展的关键时期。习近平总书记在科学家座谈会上曾就充分认识加快科技创新的重大战略意义、加快解决制约科技创新发展的一些关键问题,以及大力弘扬科学家精神作出了重要论述,明确指出基础研究是科技创新的源头,而科技创新离不开创造性思辨的能力、严格求证的方法、假设与猜想等。这些需求为科学哲学的发展带来了新机遇。

量子力学作为第二次科学革命的核心理论,提供了认知微观世界的基本理论与概念框架,奠定了量子计算等前沿技术的理论基础,成为第四次技术革命的奠基者和经济发展的推进者。在科学史上,还没有一个理论像量子力学那样如此彻底地颠覆了我们对实在的认知与理解。对于理论物理学家而言,以量子力学为核心的量子理论提供了理解实在世界的新态度;对于其他科学家和技术专家而言,量子理论成为推进从遗传学到超导等相关领域发展的新引擎;对于哲学家而言,量子理论开辟了思想的新领域,彰显了科学与哲学在科学前沿和思想深处的融合与互动,拓展了科学哲学研究的

* 本章内容发表于《中国社会科学报》2022 年 2 月 22 日,原文标题是"量子科学哲学:科学与哲学的深度交融"。
【基金项目】国家社科基金重大项目"当代量子论与新科学哲学的兴起"(项目编号:16ZDA113)的阶段性成果。

新视野,孕育和促进了"量子科学哲学"的真正兴起。

一、"量子科学哲学"兴起的必要性

美国哲学家约翰·塞尔在 20 世纪末发表的《哲学的未来》一文中预言,21 世纪的科学哲学发展是把科学哲学家至今没有接受 20 世纪科学尤其是量子力学带来的哲学挑战,说成是科学哲学界的一件"丑闻"。塞尔的看法并不完全夸大其词。量子理论的核心概念是"量子化"。量子化观念的确立以及在此基础上形成的理论,第一次打开了人类探索与认知微观世界的大门,摧毁了在"连续性"观念基础上建立的理论框架和传统认知,带来一系列颠覆性的哲学挑战。

首先,从概念与语言的运用来看,思维总是悬置在语言中,当我们最大限度地扩展已有概念的用法,并不知在哪里可以放弃这个概念的传统用法时,最终会陷入其没有意义的情境之中。物理学家在运用经典概念来理解量子理论时就遇到了这种情况。在量子力学创立初期,玻尔提出互补性原理,解释同一个对象在不同测量设置中表现出的粒子性和波动性,后来有学者将"互补性原理"同"光速不变原理"相提并论,认为是发现了在量子领域内不能同时使用某些经典概念的事实条件。与此相反,海森堡把在量子领域内坚持使用经典概念和经典思维方式看作危险的方法,认为微观领域内诸如位置、速度、测量、现象等经典概念,已经失去了其原先被赋予的意义。如果意识不到这一点,必然会导致无尽的争论,为此,他希望哲学家和物理学家能够明白量子力学所带来的概念变革。玻恩则主张,在现实的科学研究活动中,基本概念的含义并不是一成不变的,而是不断延伸与发展的。比如,"数"的概念最初是指整数,后来扩展到分数、无理数、虚数等。同样,在量子领域内,物理学家应扩展"实在"概念的含义,才能理解与把握量子理论的实在性。这些不同见解向我们提出了如何理解经典概念在量子领域内的语用、语义以及适用性等问题。

其次，在量子力学中，薛定谔方程的解与测量结果之间的脱节，造成两个层次的断裂。一是微观粒子的真实存在情形与理论描述之间的断裂。这使得粒子在测量过程中所起的作用不可知，因而阻断了因果性思维的链条。二是这种不可知的作用与可知测量结果之间的断裂。对测量过程的任何理解都成为蕴含着某种哲学假设的一种解释。在这些解释中，为量子理论增加因果决定论基础的努力始终没有间断。与此同时，当物理学家只能借助抽象的数学思维来理解诸如量子纠缠等违背直觉的现象，并让数学成为他们的研究向导时，数学家也开始进入量子理论的研究行列。比如，他们试图通过研究复几何和辛几何之间的镜像现象来验证弦理论的预言。这种数学思维方式的确立和日益远离经验的理论发展，对如何理解统计因果性、理论的实在性、测量结果的可靠性、数学与物理学关系乃至自由意志等提出一系列哲学挑战。

最后，自量子力学诞生以来，理论物理学一直沿着量子化道路不断发展，从能量量子化到电磁场量子化再到时空量子化，从非相对论量子力学到量子场论再到量子引力理论等。在这个过程中，基本粒子家族不仅越来越庞大，而且其特性也越来越独特。但有意思的是，物理学家对微观粒子的定义却还未达成共识，至今仍歧见并存。从理论认知上看，量子理论告诉我们，微观粒子具有宏观粒子所不具备的新特征，既可生可灭和相互转化，又无法分辨和不可克隆，且不同类型的粒子又具有不同特征。比如，构成物质原材料的费米子满足泡利不相容原理，而传递作用力的玻色子却并非如此，反而全同玻色子更喜欢处于同一个量子态，这种特性奠定了凝聚态物理学的基础。这些现象颠覆了我们对"物质是无限可分的""自然界是连续的"等直观认识，提出了许多在经典科学基础上形成的无法解决的深层哲学挑战。科学哲学家对诸如此类哲学挑战的回应，须超越建立在经典科学基础上的哲学框架,摆脱量子理论的形式体系。这为"量子科学哲学"的兴起提供了必要前提。

二、"量子科学哲学"兴起的可行性

在科学发展史上,从 1880 年左右统计力学兴起到 1930 年量子力学推广应用大约 50 年的时间,既是物理学家取得突破性进展的年代,也是哲人科学家不断辈出的年代。19 世纪末 20 世纪初,玻尔兹曼、奥斯特瓦尔德和马赫就原子是否具有实在性问题的争论,20 世纪 20 年代以来爱因斯坦与玻尔关于量子力学的逻辑一致性、内在自洽性和理论完备性的争论,不仅成为当时哲学会议的热点话题,而且很多相关文章刊发在哲学类杂志上。经过一个多世纪的发展,哲人科学家论述的原始文献不断被整理出版,关于其哲学思想的研究成果也日益增多,特别是库恩等人曾在 60 年代用了近 3 年时间对量子力学创始人或参与者进行了口头采访。这些进展为研究量子力学史和量子物理学家的哲学思想,并从中挖掘新的哲学洞见,提供了极其珍贵的原始资料。

从量子理论的整个发展史来看,20 世纪 20 年代量子力学形式体系的建立,向我们揭示了微观粒子具有波粒二象性、量子测量具有不确定性、量子概率具有根本性、量子态叠加原理蕴含了量子纠缠和非定域性的关联等令人震撼的新概念和新认知,带来了第一次量子革命。到 20 世纪末,量子力学基本原理的拓展应用,诞生了量子信息论、量子密码学、量子纠缠理论、量子信息技术等日新月异的新领域与新技术,掀起了第二次量子革命,排除了人们对量子力学概念体系的质疑。然而,量子技术发展对量子科学原理的间接印证,虽然揭示了常识性认知的局限性,但并不意味着人们对量子科学有了一致性的理解。因此,像康德的科学哲学思想为理解"科学"概念成功进行论述那样,生活在第四次技术革命时代的哲学家,也须主动承担起系统地消化与吸收量子理论的历史使命。

事实上,自量子力学诞生以来,许多科学哲学家都试图基于对量子力学的理解来阐述自己的哲学观点。赖欣巴赫的概率意义理论、库恩的范式论、费耶阿本德的多元论、普特南的"内在实在论"、范·弗拉森的建构经验论、哈金的实体实在论以及法因的"自然本体论态度"等,都在不同程度上吸收了量子理论的观点。弱实在论者把量子力学看成是对世界的直觉思维方式的一种可修正的经验约束。结构实在论者则认为,在量子理论中,深奥的数学不变性才是真理的标志,就所假设的实体和过程而言,有意义的是数学结构,而不是量子力学的解释。

上述三个层面为量子科学哲学的兴起提供了丰富的文献资源、思想资源和理论资源,使其由可能性与偶然性发展到现实性和必然性。

三、量子科学哲学研究的问题域

量子科学哲学不是对传统科学哲学的完全替代,而是拓展科学哲学的研究领域,并反过来深化我们对传统科学哲学论题的反思。其主要目标是基于量子理论基本原理所蕴含的前提与假设,深入量子物理学家的哲学思想中,挖掘新的哲学见解,应对重大哲学挑战,变革思维方式,提升对科学的新理解。

第一,理解自在实在、对象性实在和理论实在的区别与联系。传统科学哲学框架是在经典科学基础上形成的。在经典科学领域内,科学家主要是提出理论体系来理解和说明实验现象,认知者、测量环境、认知对象之间有着明确的边界,实验既是归纳理论的前提,也是印证理论的证据,在这里,作为研究对象的对象性实在是自在实在的一部分,理论所描绘出的理论实在被认为是对自在实在的直接描述。然而,在量子领域内,对象性实在只能扮演承上启下的角色,成为沟通自在实在和理论实在的中间桥梁,并不再像经典意义上的对象性实在那样,与自在实在具有等同关系,而是成为一种新的实在形式,一种由自在实在和仪器共同建构出来的实在。这样,自在实在、对象性实在和理论实在分别构成了三个不同层面的实在。如何理解三者之间的区别与联系,成为量子科学哲学研究的问题域之一。

第二,揭示科学家洞察力或直觉判断力形成过程和认知价值。对这个问题的研究,有助于制定更合理的科学政策和形成更有效的科学教育体制等。传统科学哲学是在分析哲学框架内建构起来的,专注于探讨理论命题的意义、理论与观察、事实与价值、理论变化与概念指称等问题,力图为科学的成功辩护,但并不关注科学家的认知直觉或领悟能力等因素。然而,在数学化程度越来越高并且越来越远离实验的量子理论中,以及在实验室科学或工程科学中,科学家的洞察力或直觉判断力虽并不像理论与证据那样总是能够以命题的形式明确地表达出来,却同理论与证据一样有价值,甚至更有价值。洞察力或直觉判断力能使知识融会贯通,引导科学家超越实验证据的束缚,创造性地提出革命性的概念和理论,还能引导工程科学家有针对性地设计出精妙设备,挖掘科学世界中有意义的新问题并验证新理论。因此,量子科学哲学研究需要揭示科学家嵌入认知实践中激发出来的领悟能力的认知价值。

第三,重新剖析现象、事实、理论、测量、实在等相关概念之间的复杂关系。在经典科学中,我们通常是在本体论意义上讨论问题,经典思维方式是将认识论问题本体论化的思维方式。而在量子理论中,物理学家则是在认识论意义上使用概念和语言。如果我们意识不到运用概念层次的这种变化,就无法对量子革命有更清晰的认识。正如海森堡在《爱因斯坦与玻恩通信集》序言中所评论的那样,只有当科学家愿意付出巨大努力扩展其哲学框架和改变思想进程的结构时,才能理解新的经验证据。同样,科学哲学家也只有乐意付出努力,基于量子科学蕴含的哲学假设来修正过去不经审思和批判的常识观念时,才能实现更好地理解科学的目标。

第四,揭示科学活动的民主性和阐释集体认识论。在量子力学诞生之前,物理学理论通常都与物理学家的名字联系在一起,比如,牛顿力学、麦克斯韦方程组、爱因斯坦相对论等。这些理论和定律虽然也与其他科学家的努力分不开,但在理论贡献方面,主要成就归功于个人。哲学中的认识论研究基本上也不考虑社会因素与集体讨论中科学家之间的相互启发等因素。量子力学的诞生不仅开启了强调关注集体智慧的先河,揭示了科学活动民主性与求真的复杂性,还体现了通过数学描述来拯救现象,而不是基于现象归纳来提炼方程的方法论技巧。集体认识论主要关注科学共同体内部的认知活动与达成的科学共识。在当代科学研究中,个人称霸一个领域的时代似乎难以再现。然而,集体认识论不完全等同于社会认识论,因为其不关注社会影响等非认知因素。传统科学哲学中的认识论属于个人认识论范围,科学知识社会学家讨论的社会认识论则侧重于社会等非认知因素对科学研究活动的影响。

第五,系统地阐述科学说明(explanation)、科学理解(understanding)和科学解释(interpretation)之间的关系。在传统科学哲学中,亨普尔的科学说明模型主要探讨科学理论对现象的说明方式,认为科学说明与科学理解无关。然而,自量子力学诞生以来,关于量子力学的解释建立在不同理解基础上,而不同的理解又蕴含了不同的哲学假设。这样,就分化出两个层面的理解。一是根据理论来理解现象。这种理解是依据科学定律进行的,属于科学说明,比如,用万有引力定律来分析自由落体现象。二是对定律或理论的理解。这种理解不可避免地蕴含了个人的哲学假设,属于科学解释,比如,量子力学的解释。这些关系的澄清突出了对科学理解的研究。

当然,量子科学哲学研究的问题域是开放的,并不仅限于上文提到的五个方面。如前所述,20世纪的很多科学哲学家都关注量子力学的哲学问题,并出版了一些具有重要价值的学术论著,但就目前而言,作为一个研究领域的量子科学哲学还未真正兴起。一方面,在第二次量子革命兴起之前,关于量子力学是否算得上完备理论的质疑从未间断;另一方面,这些研究要么是在传统经典科学的概念框架内进行,要么是经典概念与量子理论思想的嫁接,并没有完全摆脱经典思维方式而从量子思维出发来讨论问题。尽管如此,这些研究为量子科学哲学的真正兴起提供了历史积淀。概而言之,以量子力学为核心的量子理论的发展,奠定了当代哲学发展的新基石,呼唤着与其范式相一致的新哲学出现。

历史地看,在人类发展史上,自然界早于人类,人类早于语言,语言早于科学。当量子理论的发展远超出日常概念和经典概念适用范围时,抽象的数学语言就成为科学家认知和描述世界的新工具;当量子理论经历新一轮的概念变革时,就更能体现出哲学对物理学的重要性。因此,量子科学哲学是物理学洞察力、数学创造力和哲学批判力的融合。正是在这种意义上,海森堡认为,科学家的工作都以哲学看法为基础,其哲学态度决定了工作所能达到的高度;石里克认为,"伟大的科学家也总是哲学家";玻恩评论道,"理论物理学是真正的哲学";意大利理论物理学家卡尔罗·罗维利则论证说,"正像最好的科学紧密联系着哲学一样,最好的哲学也将紧密联系着科学"。诸如此类的观点意味着,系统深化量子科学哲学的研究力度,既是哲学发展之要,也是科学发展之需。

图书在版编目(CIP)数据

科技时代的哲学探索/成素梅著.—上海:上海
人民出版社,2022
(上海社会科学院重要学术成果丛书.论文集)
ISBN 978-7-208-17970-7

Ⅰ.①科… Ⅱ.①成… Ⅲ.①科学哲学-研究 Ⅳ.
①N02

中国版本图书馆 CIP 数据核字(2022)第 186514 号

责任编辑 于力平
封面设计 路 静

上海社会科学院重要学术成果丛书·论文集
科技时代的哲学探索
成素梅 著

出 版 上海人民出版社
    (201101 上海市闵行区号景路 159 弄 C 座)
发 行 上海人民出版社发行中心
印 刷 苏州工业园区美柯乐制版印务有限责任公司
开 本 720×1000 1/16
印 张 27.5
插 页 2
字 数 358,000
版 次 2022 年 10 月第 1 版
印 次 2022 年 10 月第 1 次印刷
ISBN 978-7-208-17970-7/B·1657
定 价 118.00 元